Stefan
Schomann

*Auf der Suche
nach den wilden
Pferden*

Stefan
Schomann

# *Auf der Suche nach den wilden Pferden*

Galiani
Berlin

1. Auflage 2021

Verlag Galiani Berlin
© 2021, Verlag Kiepenheuer & Witsch, Köln
Alle Rechte vorbehalten
Covergestaltung: Manja Hellpap und Lisa Neuhalfen, Berlin
Covermotiv: © mauritius images / Tierfotoagentur / m.blue-shadow
Vorsatz: © Harald Schmitt
Nachsatz: © Denis Wyschnewsky / Radioökologisches Schutzgebiet
Tschernobyl
Lektorat: Henry Riechers
Gesetzt aus der Adobe Garamond
Satz: Buch-Werkstatt GmbH, Bad Aibling
Druck und Bindung: CPI books GmbH, Leck
ISBN 978-3-86971-213-0

Weitere Informationen zu unserem Programm finden Sie unter *www.galiani.de*

»Das asiatische Urwildpferd,
dieses vielleicht interessanteste aller Säugetiere.«

*– Brehms Tierleben –*

Andentaucher †, Asiatischer Strauß †, Auerochse †,
Balearengämse †, Berberlöwe †, Brillenkormoran †, Dodo †,
Europäischer Wildesel †, Felsengebirgsschrecke †,
Goldkröte †, Guam-Flughund †, Heidehuhn †,
Jangtse-Delphin †, Javatiger †, Kaiserspecht †,
Kalifornischer Tapir †, Karolinasittich †,
Kawekaweau-Gecko †, Labradorente †, Maorikrähe †,
Madeira-Kohlweißling †, Mammut †, Moa †,
Mondnagelkänguru †, Nördlicher Darwinsfrosch †,
Quagga †, Raubkärpfling †, Riesenalk †, Riesenfaultier †,
Schomburgk-Hirsch †, Stellersche Seekuh †,
Südchinesischer Tiger †, Türkisara †, Wandertaube †,
Westkamel †, Wollnashorn †, Wolterstorff-Molch †,
Xerces-Bläuling †, Zwergbaumratte †

# Inhaltsübersicht

## From Chernobyl with Love
### 426

Brief an einen Freund – Annäherung an die Zone –
Lokaltermin im Reservat – Wir bauen eine Bärenfalle – Prypjat
und Pompeji – Asyl für Schmusekatzen – Adieu, Vanilka – Die
wehmüthige Thierliebe in uns

## Abspann
### 453

Losung – Geisterbeschwörung – Bildnachweis – Danksagung

# Der letzte Augenzeuge

Das Dorf heißt Biidsch; Nyamsuren ist der Schweißer. Wenn er ein Wasserrohr flickt oder die Karosserie eines dieser alten, unverwüstlichen russischen Lastwagen, dann stieben die Funken wie Goldregen auf den sandigen Velours der Steppe. Anders als die meisten seiner Nachbarn betreibt er ein Handwerk, fast alle Übrigen sind Hirten. Zudem zeichnet er sich dadurch aus, dass er, Nyamsuren Muchar, der wohl letzte Augenzeuge ist, der die *Tachi*, die Wildpferde der dsungarischen Gobi, im Westen als Przewalskipferde geläufig, vor ihrer Ausrottung noch gesehen hat. Er kann beeiden, dass sie hier einst heimisch waren.

Biidsch wird je nach verwendeter Umschrift auch Bij oder Byj buchstabiert; ausgesprochen wird es etwa wie das englische *»beach«*. Was zu kuriosen Missverständnissen führt, zu semantischen Luftspiegelungen, wenn jemand ausgerechnet hier, in der meerfernsten Region der Erde, etwa kurzerhand vorschlägt: *»Let's go to beach!«* Verwundert es doch schon, dass hier überhaupt etwas ist und nicht nichts. Abgesehen von drei Grenzstationen bildet Biidsch den letzten mongolischen Außenposten am Nordrand der Gobi.

Es war im Winter 1967/68, erinnert sich Nyamsuren, unten in den Tachin Schar Naruu, den Gelben Tachi-Bergen an der Grenze zu China. Er reibt sich unwillkürlich die Hände, als müsse er sie selbst jetzt noch vor dem Erfrieren bewahren. »Statt Handschuhen hatten wir nur unsere Ärmel«, erklärt er. »Aber so kannst du kein Kamel lenken; das geht nur mit bloßen Händen.« Dreizehn Jahre war er damals, als er mit seinem Großvater auf die Jagd zog. »Er wollte mich anlernen, mich überhaupt ins Leben einführen. Auch die Kälte war ein Lehrmeister.« Vom Winterlager, wo die Familie mit ihren Schafen, Ziegen und Kamelen stand, ritten sie noch vor

15

Sonnenaufgang in die Berge. Im letzten Licht des Tages näherten sie sich schließlich einem Wasserloch, krochen hinauf auf den Kamm und spähten hinab in die mit Schilf und Büschen bestandene Oase, deren Boden mit saftigem, fast stechend leuchtendem Grün ausgepolstert war, während sich hinter ihnen nur bleiches Geröll und ein paar uralte Felsen erstreckten.

Sie pirschten auf Kulane. Diese großen mongolischen Halbesel, auch Dschiggetai genannt, sehen Pferden ähnlicher als Eseln. Doch als zwei Dutzend von ihnen zur Tränke kamen, erfasste Nyamsuren sofort, dass einer aus der Art schlug. »*Tachi!*«, staunte der Großvater. Und flüsterte dem Enkel zu, dass diese wilden Pferde früher die Steppe bevölkert hätten, nun aber fast gänzlich verschwunden seien. »Schau es dir gut an, wahrscheinlich siehst du nie wieder eines.« Es war eine goldbraune Stute, kräftig und wachsam. Äußerlich unterschied sie sich nur leicht von den zahmen Pferden, die er kannte. Und doch war sie von anderem Schlag, war schroffer und struppiger, mit einem klobigen Kopf, an dem die Augen fast schon bei den Ohren saßen, mit schwarzer Bürstenmähne, hellem Bauch und Streifen an den Läufen. Der Umstand, dass sie sich den Kulanen angeschlossen hatte, deutete darauf hin, dass sie vereinsamt war. So fand sie Schutz im Kollektiv der Herde, und Gesellschaft dazu.

Aus Verwunderung über diese Erscheinung, beteuert Nyamsuren, hätte der Großvater damals nicht geschossen. Drei Jahre später habe sein Schwager noch einmal eine alleinstehende Stute gesichtet; möglicherweise handelte es sich um dasselbe Tier. Danach sah man nie wieder auch nur die Spur eines Wildpferdes.

Bis 1992 eine kapitale *Antonow* über Biidsch kreiste und, in Ermangelung einer Landebahn, einfach auf der planen Steppe aufsetzte, einen Sandsturm im Schlepptau.

16

Es wäre tröstlich, ließe sich die Geschichte von Mensch und Pferd als die Geschichte einer Begegnung erzählen, gar als Märchen vom gelben Pferd. Doch sie taugt allenfalls zum Schauermärchen. Gewiss, die Menschheit erfuhr durch dieses Tier tatsächlich einen märchenhaften Aufstieg, seine Zähmung revolutionierte Transport, Handel und Kriegsführung. Bis zur Erfindung der Dampfmaschine war es der wichtigste Dynamo der Zivilisation. Für die Wildpferde aber bedeutete die Domestikation den Anfang ihres Endes. Kein einziger Vertreter dieser Untergattung überlebte in Freiheit, selbst das Wissen um sie ging verloren. So blieb etwa vom Tarpan, dem osteuropäischen Wildpferd, das Ende des 19. Jahrhunderts vom Erdboden verschwand, kein einziges Fell erhalten, von einer tauglichen Fotografie nicht zu reden. Vom Schicksal der zwischen Ural und Altai beheimateten Wildpferde wissen wir noch viel weniger, obwohl – oder gerade weil – wahrscheinlich aus ebendieser Gruppe die Hauspferde hervorgingen. Wir wissen eigentlich nur, dass auch diese Stammform ausgestorben ist. Einzig der fernöstlichsten Spielart, den *Tachi* eben, war ein etwas gnädigeres Geschick beschieden. In der notdürftigen englischen Umschrift firmieren sie auch als *Takhi*. Der Singular lautet auf Mongolisch eigentlich *Tach*, und auch im Plural ist das ›i‹ am Ende kaum zu vernehmen. Doch hat sich im Westen das zutraulichere *Tachi* für die Ein- wie für die Mehrzahl eingebürgert. Auch mein erstes Pferd, und zugleich mein erster Freund, ein lebhafter, aber stets anstelliger Schecke, auf Rollen montiert und mit dem obligaten Knopf im Ohr, hörte nicht auf den Namen *Blitz*, sondern auf *Blitzi*.

Ursprünglich waren die *Tachi* bis nach Sibirien und in die Mandschurei hinein verbreitet; am Ende vermochten sie sich jedoch nur in jener Region südlich des Altai-Gebirges zu halten, die man die Dsungarei oder auch Dschungarei nennt. Die Mongolen, Kirgisen, Kasachen wussten immer um die wilden Steppenpferde; sie haben sie gejagt und als Weide- und Wasserkonkurrenten bis in die

17

Wüste hinein verdrängt. Auch chinesische Nachschlagewerke unterscheiden eindeutig zwischen Haus- und Wildpferden; die älteste Erwähnung reicht dreitausend Jahre zurück. Im Westen dagegen hatte man bis zu ihrer Entdeckung durch Nikolai Michailowitsch Przewalski 1879 keine Kenntnis von ihnen. Klammer auf: Die korrekte deutsche Transkription lautete eigentlich Prschewalski. Einer Laune der Naturkunde in Gestalt von Iwan Semjonowitsch Poljakow, Konservator am Zoologischen Museum der Akademie der Wissenschaften zu Sankt Petersburg, ist es jedoch zuzuschreiben, dass mit der wissenschaftlichen Bezeichnung die polnische Schreibweise um die Welt ging. Als Taxonom von Berufs wegen Spezialist für Abstammungsfragen, wollte Poljakow der polnischen Herkunft des Entdeckers die Ehre geben, auch wenn diesem selbst als glühendem russischem Patrioten gar nicht daran gelegen war. In Wirklichkeit war sein Urgroßvater ein Kosake gewesen, der auf Seiten polnisch-litauischer Truppen gegen Russland gekämpft und seinen Namen polonisiert hatte. Schon der Großvater hatte diesen Seitenwechsel dann wieder rückgängig gemacht. Um nicht ständig springen zu müssen, verwende ich durchgängig die polnische Schreibweise mit dem charakteristischen ›rz‹, die zugleich die zoologische Nomenklatur bildet. Es wird wie ein weiches ›sch‹ gesprochen. Allein die ungarische Literatur buchstabiert ihn jedoch auf siebenundsechzig verschiedene Weisen. Mögen auch noch so viele Geschöpfe Innerasiens seinen Namen tragen, von der Rose bis zum Rhododendron, vom Wildyak bis zum Gecko und von der Gazelle bis zum Lemming, unsterblich gemacht hat ihn allein das Pferd. Es ist eine seltsame Sache mit dem Nachruhm. Bei Richthofen, einem anderen großen Asienforscher, könnte man meinen, dass von all seinen Werken nur das Zauberwort von der Seidenstraße auf uns gekommen ist. Von Przewalski blieb nur das Pferd. Klammer zu.

Im Westen also hatte man bis zu seiner Entdeckung keine Kenntnis von ihnen. »Es ist völlig rätselhaft«, wunderte sich der ungarische Archäozoologe Sándor Bökönyi, »wie ein Säugetier von so großen Körpermaßen den Zoologen so lange unbekannt bleiben konnte«. Das einzige Großwild ähnlichen Kalibers, das noch länger unsichtbar blieb, war das Okapi. Es lebt freilich auch vorzüglich getarnt im zentralafrikanischen Urwald. Die *Tachi* dagegen stehen in der Steppe wie auf dem Präsentierteller. Doch das Offensichtliche kann ein probates Versteck sein. Besonders dann, wenn die, die sich eigentlich damit befassen sollten, nie ernsthaft Ausschau danach halten. So auch im Fall einer weiteren Art wilder Pferde, die ähnlich spät zur Kenntnis genommen wurde wie die *Tachi,* ausgerechnet die größte von allen: das Grévyzebra. Man entdeckte es dort, wo niemand nach ihm gesucht hatte: im Pariser Zoo.

Die Steppe ist der Hinterhof Eurasiens. Und doch hält gerade sie diese beiden Sphären zusammen. Man könnte elftausend Kilometer weit von Wien bis Wladiwostok reiten und müsste dabei weder zufüttern noch nennenswerte Erhebungen überwinden. Die Dsungarei wiederum ist der entlegenste Teil dieses Korridors, *a gap in the map.* Ob von Paris, Petersburg oder Peking aus, sie gilt allen gleichermaßen als Synonym für Unzugänglichkeit. Dabei zeigt bereits ein flüchtiger Blick auf den Globus, dass sie ausgesprochen mittig liegt, im Herzen dieser ebenso unförmigen wie unmäßigen Landmasse, die es von der Fläche her als Einzige mit den Ozeanen aufnehmen kann. Schon Alexander von Humboldt verortete in der Dsungarei den Mittelpunkt des Doppelkontinents, und er setzte alles daran, ihm so nah wie möglich zu kommen. Ein solch erhabenes Gebiet konnte gar nicht unbedeutend sein. So wie es in jeder Familie verkannte Verwandtschaft gibt, so birgt jedes Land, jede Stadt, jedes Haus solch unbestimmte, missachtete Winkel. Bis jemand ausgerechnet dort einen Schatz findet, oder einen Freund, oder ein gelbes Pferd. Und so spielt dieses Buch mitten am Rande, im Zentrum der Peripherie. Es ist ein Versuch in eurasischer Heimatkunde, mit dem Pferd als Leittier.

Die frappierend späte »Entdeckung« der Wildpferde durch westliche Forscher glich einem naturkundlichen Krimi. Damit wurde das Schicksal dieser Art allerdings fast schon besiegelt. Zwar hatte sie es geschafft, von der Domestikation verschont zu bleiben, doch nun stellten ihr neben den einheimischen Jägern auch noch westliche Museen, Zoologische Gärten und Wildtierhändler nach. Da die scheuen *Tachi* sich nicht fangen ließen, metzelten die Häscher ganze Herden nieder, nur um der Fohlen habhaft zu werden. Zugleich gelangte die örtliche Bevölkerung im Zuge fortwährender Kriege und Unruhen an immer bessere Waffen, und entlang der Grenze trieben mal Räuber und mal Soldaten ihr Unwesen, meist beides in Personalunion. Während der neun Jahrzehnte, die zwischen der Entdeckung der *Tachi* und ihrer Ausrottung verstrichen, haben, angefangen mit Przewalski, höchstens zehn westliche Reisende sie überhaupt in Freiheit zu Gesicht bekommen. Dagegen ist das Einhorn ein Allerweltstier.

Einige wenige Exemplare jedoch, ebenjene unter furchtbaren Verlusten gefangenen Fohlen, überlebten in verschiedenen Tiergärten und einem Reservat in der ukrainischen Steppe. Ein paar weitsichtigen Privatpersonen und Institutionen ist es zu verdanken, dass die Nachfahren dieser wenigen Tiere dreizehn Pferdegenerationen später wieder in ihrer angestammten Heimat, den Randgebieten der Gobi in China und der Mongolei, ausgewildert werden konnten. Doch noch immer zählen sie mit rund neunhundert freilebenden Exemplaren zu den seltensten Großtieren überhaupt. Der Pandabär, Inbegriff der bedrohten Tierwelt, bringt es auf immerhin zweitausend Exemplare. Und so fällt dieses eurasische Epos denn in ein rares Genre: eine Tragödie mit glücklichem Ausgang.

Die *Antonow* kreiste über Biidsch wie ein mythischer Vogel, der einen Schatz bringt. Hunderte Schaulustige waren aus nah und fern herbeigekommen, selbst Verwandtschaft aus der Haupt-

stadt. Wobei nah und fern in der Gobi unwirksame Kategorien darstellen. Alles kann nah oder fern sein, oder nah und fern zugleich.
»Die Ferne, die man erreicht«, spricht Lao Tse, »ist nicht die wahre
Ferne.« Auch drei Tage Fahrt aus Ulaanbaatar (russisch Ulan-Bator)
sind nicht wirklich weit, zum einen, weil nichts dazwischenliegt,
zum anderen, weil die Zeit keine Macht über die Gobi besitzt. Sie
hat dort weder Zutritt noch Gültigkeit.

In diesem eigentümlichen Zwischenreich, in dem Raum und
Zeit außer Kraft gesetzt scheinen, erlebten Przewalskis Pferde ihre
Wiedergeburt. Kräftige Helfer wuchteten sechs forstgrüne Kisten
aus dem Bauch des Flugzeugs. Ein Schreinermeister aus dem Alpenvorland hatte sie maßgezimmert; für ihn eine reizvolle Abwechslung zwischen Särgen, Kommoden und Wandtäfelungen für Wirts-
häuser. Für Nyamsuren bargen sie Himmelsgaben aus einer anderen
Welt. Mit klopfendem Herzen näherte er sich den Kisten. Innen
blieb es ruhig. Schließlich trat er heran, bückte sich, bückte sich
noch etwas mehr, spähte durch die Futterluke, steckte seine Hand
hinein und stupste das Tier an der Schnauze. »*Tachi!*«

# Urwelt im Isartal

»Ich könnte mich noch weiter über die Tugenden dieses Volkes
(der Houyhnhnms, die wir bei uns Pferde nennen) auslassen; doch
da ich binnen kurzem ein eigenes Buch über dieses Thema zu
veröffentlichen gedenke, so verweise ich den Leser darauf.«
– *Jonathan Swift, Gullivers Reisen*

Als Nyamsuren mit seinem Großvater das letzte Przewalskipferd
in freier Wildbahn erspähte, sah ich mein erstes im Münchner Tierpark Hellabrunn. Lange Jahre blieb er der einzige Zoo, den
ich kannte, und so glaubte ich, dass Wildpferde eben zum tiergärtnerischen Kanon gehörten, nicht anders als Pinguine, Tiger und Giraffen. Doch damals verfügte allenfalls ein Dutzend Zoos weltweit
über diese Tiere, mit kaum mehr als hundert Exemplaren. Hellabrunn beherbergte die größte und selbstverständlich schönste, originalgetreueste Herde. Es war eine Münchner Spezialität, ein zoologisches Schmankerl, das Lebenswerk von Heinz Heck, der den
Tierpark zu dieser Zeit noch führte.

Der Besuch dort war jedes Mal ein Feiertag für mich. Denn
er verhieß eine Weltreise. Bereits in den zwanziger Jahren hatte
Heck Hellabrunn als Geo-Zoo angelegt, gegliedert nach Erdteilen und Lebensräumen und nicht, wie bis dahin üblich, als eine
begehbare Systematik nach Art der zoologischen Sammlungen
und Lehrbücher: hier alle Katzen, dort alle Unpaarhufer, dort alle
Vögel. Hellabrunn dagegen versammelte die Tiere in »geographischen Bildern«, Wohngemeinschaften, die ihren natürlichen Habitaten nachgebildet waren. So behauste die Südamerika-Anlage
Wasserschweine, Pampashasen, Ameisenbären und Nandus; nur
die Jaguare blieben außen vor. Der Gang zu Känguru und Emu
ersetzte eine Weltumsegelung, der Anblick der Zebras, Gnus und

Antilopen geriet zur Stippvisite in der Serengeti, und der Abstieg ins Souterrain des Aquariums glich einem Tauchgang in die Tiefsee.

Zusammen mit den Wisenten sowie den rückgezüchteten Auerochsen und Tarpanen bildeten die Przewalskipferde das Herzstück des »Urwildparks«. Dort kam zur Weltumrundung noch eine Zeitreise hinzu, auf der einst heimische, doch längst verschwundene oder gar ausgestorbene Großtiere wieder lebendig wurden. Hellabrunn nahm *Jurassic Park* vorweg. Und wäre dort nicht mittlerweile eine Kontinentalverschiebung im Gange – der Parkteil *Afrika* wandert in den bisherigen Parkteil *Europa* –, ich fände die Anlage noch heute mit verbundenen Augen. Eine Pirsch auf verschlungenen Wegen, deren beständige Krümmung allein schon Abenteuer verhieß, ein Defilee über allerhand Brücken und Inseln hinweg, vorbei am Wisent, vorbei am Wolf, untermalt von den blechernen Rufen der Kormorane und Gänse, welche die Gehege als freilebende Beigaben bereicherten.

Die Przewalskipferde verfügten über eine der größten Außenanlagen, eine Lichtung in der Waldwildnis, eine Reminiszenz an die Gobi. Das Schönste war ihre Farbe. Ein sattes blondes Steppengelb, leicht glänzend dank einem Hauch von Goldocker, akzentuiert zum einen durch das Weiß von Bauch und Maul und zum anderen durch das Schwarz von Schweif und Mähne. Zehn, zwölf Tiere bevölkerten die Anlage, ein Hengst mit mehreren Stuten, dazwischen ein paar Fohlen und Jährlinge. Die meiste Zeit grasten sie vor sich hin und hatten so gar nichts Wildes, Feuriges an sich. Manchmal trottete eines hinüber zum Unterstand. Hin und wieder aber kam Bewegung in die Herde, und dann preschten zwei, drei Tiere um die freistehenden Birken herum, als spielten sie Fangermanndl. Doch sie repetierten einfach zwischendurch ihre Rangordnung. Noch trugen einige, als ein Versprechen auf gelingende Integration, kernbayrische Namen wie Rochus, Rasso oder Sigi. Wobei der Zeitgeist bereits umschwenkte, so dass nun Roger, Rovina und Sirikit zum Zuge kamen.

Wenn es im Herzen Europas eine Landschaft gibt, die auf exotische Waldwildnis einzustimmen vermag, die vorgeburtliche Umschlossenheit gewährt und amphibische Labyrinthe birgt, so sind es die Isarauen um München. Ein Mato Grosso im Alpenvorland. Hellabrunn liegt an einem Altarm, eingefasst von steilen Ufern. Unten in der Senke führte die Pforte hinein in ein geheimnisvolles Reich. Auch jedes einzelne Tier dort barg ein Geheimnis; nie konnte ich genug bekommen von all der rätselhaften Schönheit und Andersartigkeit, die hier versammelt war. Doch auch ohne den Zoo bilden die Isarauen ein bedeutendes Habitat. Hier leben, noch im Stadtgebiet, Uhu und Eisvogel, Ringelnatter und Kreuzotter, Prachtlibelle und Schillerfalter. Im Fluss tummeln sich Urviecher wie der Biber oder der Huchen, ein dreißig Kilo schwerer Salmonide. Vor einigen Jahren kreuzte gar ein Pelikan stoisch vor der Praterinsel, just vis-à-vis des Bayerischen Landtags. Handelte es sich um einen weiteren Vorboten des Klimawandels? *Sieh da! Sieh da, Timotheus!* Zwar stellte sich heraus, dass er einem Tiroler Zoo entfleucht war, doch auch ihm waren die Isarauen höchst einladend erschienen. Thomas Manns ungewohnte Liebeserklärung an sie gilt bis heute: »Das ist kein Wald und kein Park, das ist ein Zaubergarten.«

Auch die Isar selbst ist Wildnis: *Isaria,* die Reißende – ein Sturzbach vom Kaliber eines Stroms. Im Stadtgebiet war sie freilich durch Befestigungen und Stauwehre gehörig domestiziert und an die Kandare genommen worden. Doch inzwischen hat München diesen letzten deutschen Wildfluss zurückgewonnen. Wildnis hat Konjunktur. Aus ödem Gerinne wurden wieder weite Schleifen, aus reizlosen Überflutungsflächen artenreiche Biotope. Im Herzen der Stadt bildete die urbane Feuchtsavanne des Englischen Gartens seit je den Inbegriff bajuwarischer Lebensart. Und dann war da noch die Pupplinger Au: ein berüchtigtes, zugleich verstörendes und verlockendes Nacktbaderevier, verteilt über zahllose Kiesbänke und abgeschirmt von Erlen, Weiden, Tamarisken. Eine Landschaft im Fluss. Beständig verlagert die Isar hier ihr Geschiebe und sucht sich neue Wege im alten Bett. Nach einem Hochwasser findet sich ein Strommast schon mal am linken statt am rechten Ufer wieder. Klopfenden Herzens betraten wir Kinder diese Urlandschaft, in der eingeengte Städter ihre Auswilderung betrieben. Wir aber pirschten auf die eigentlichen Attraktionen der Au – Smaragdeidechsen, Schwalbenschwänze, Grünspechte. Und einmal sogar auf einen Schwarzstorch auf der Durchreise.

Herbert Riehl-Heyse schrieb dem Reporter ins Stammbuch, er sei, wie jeder Mensch, dazu verpflichtet, seine Mythen einzuholen. Wer dies eines Tages vollbringt, kreuzt seinen eigenen Weg. So begegnet der fast Sechzigjährige dem gerade mal Sechsjährigen wieder. Zwei und derselbe. Für ein paar kostbare Stunden und Tage offenbarte Hellabrunn damals die Welt. Später, erheblich später, doch ein jegliches hat seine Zeit, bei den Bären in der jakutischen Taiga etwa, oder bei den Urwaldriesen am Ufer des Ubangi, oder bei den Walrossen, die auf Eisschollen durch eine frankophone Arktis trieben, später dann also, bei den wogenden Bisonherden in Süd-Dakota, oder den Pelikanen auf den großen Balkanseen, die sich keineswegs verflogen hatten, sondern seit Jahrzehntausenden dort heimisch waren, oder damals, im schwerelosen Taumel an den Riffen vor Celebes – da war die Welt wie Hellabrunn. Man konnte sogar, nun schon für kostbare Tage und Wochen, mitten darin übernachten und vernahm dann das Heulen der Wölfe im winterlichen Yellowstone, lauschte dem Dschungel am Río Pastaza, wo es in allen Tonlagen zirpte und trällerte und gluckste und klopfte, weit opulenter noch als in der Pupplinger Au, verfiel schließlich dem Sirenengesang der letzten Gibbons in den Bergen von Yunnan, einem fordernden Flehen hoch in den Wipfeln, und spürte einmal auch die Erde erzittern, als die Nilpferde am Manyara-See sich zwischen den Zelten hindurch in die Büsche schlugen.

Auch Tarpane, Wisente und Auerochsen verfügten in Hellabrunn über geräumige Gehege, der Urwildpark bildete einen Kontinent für sich. Mit diesem Projekt haben Heinz Heck und sein Bruder Lutz Zoogeschichte geschrieben, und Zoologiegeschichte dazu. An der Rettungszucht der Wisente und der Przewalskipferde waren beide maßgeblich beteiligt. Die letzten freilebenden Wisente im Urwald von Białowieża in Russisch-Polen waren während des Ersten Weltkriegs aufgerieben worden. Danach ergab eine weltweite Inventur, dass nur mehr sechsundfünfzig Exemplare von Europas größtem verbliebenen Säugetier in Gefangenschaft lebten. Alle heutigen Wisente stammen von zwölf dieser Gründertiere ab. Bei den *Tachi* war die Lage ähnlich kritisch, auch wenn hier noch eine ungewisse, doch schon damals verschwindend geringe Zahl in freier Wildbahn lebte. Die älteste Herde in menschlicher Obhut, die in Askania Nova in der Ukraine, ging im Zweiten Weltkrieg zugrunde. Etwa dreißig weitere Tiere befanden sich, über die halbe Erde verstreut, in Zoologischen Gärten und Wildgehegen. Ohnehin stammen alle heutigen Przewalskipferde von nur zwölf Gründertieren ab. Als dreizehnte kam dann noch Orlitza III, die berühmte Orlitza III hinzu, eine später gefangene Nachzüglerin.

In jenen Jahren wurde die Öffentlichkeit sich der Gefahr des unwiderruflichen Aussterbens zahlreicher Arten bewusst. »Es ist eines der erschütterndsten Kapitel in der Geschichte unserer Tage«, bekannte Lutz Heck, damals Zoodirektor in Berlin und als Doktor der Philosophie der effektvollste Stilist des Hauses Heck, »wie eine ganze, lebensstarke Tierart weggewischt wird vom Erdboden, ausgelöscht fast, einzig durch die Unvernunft der Menschen, ihre Habgier, ihren Ehrgeiz, ihre blinde Zerstörungswut, und wie ebendiese Menschheit, auf einmal zur Besinnung gekommen, die letzten Trümmer ihres Vernichtungswerkes zusammensucht und wieder wachsen läßt in planvollem Schutz.« Das Rettende wuchs also auch. Gemeinsam mit Gleichgesinnten zwischen Rotterdam und Warschau, Cincinnati und Adelaide machten die Hecks sich daran, eine neue Arche zu zimmern, »um diese Letzten ihrer Art vor dem völligen Untergang zu bewahren«. Darin bestärkte sie ein Sensationserfolg mit anderen Urtieren: Nach mehreren Anläufen glückte in München die erste Geburt eines Afrikanischen Elefanten in Gefangenschaft. Ein Langzeitprojekt, erfolgte sie doch nach Elefantenart beinahe zwei Jahre nach der Paarung. 1939 zeigte Hellabrunn auch noch den ersten Pandabären in Europa.

Allmählich begannen die Zoologischen Gärten sich zu ehrgeizigen Zucht-Häusern zu entwickeln. Bis dahin war es ihnen vor allem um das Tier als Schaustück zu tun gewesen, nicht um die Reproduktion, geschweige denn die Arterhaltung. Bei Bedarf ließen sie einfach neue Exemplare aus einer vermeintlich unerschöpflichen Natur fangen. Tote Affen wurden durch neue Importe ersetzt. Auch waren die Bedingungen in den meisten Zoos nicht so, dass die Tiere auf Vermehrung erpicht gewesen wären.

Freilich stieß die Idee des Artenschutzes damals wie heute oft genug auf Achselzucken. Lutz Heck pflegte zu erwidern: »Was bringt es ein, wenn einige Wisente unter Bäumen stehen und grasen? Was hat man von ihnen? Nichts, nichts hat man von ihnen als die Freude an ihrem Dasein.« Einem Dasein, dessen voller Wert sich spätestens dann offenbart, wenn man es seiner Alternative gegenüberstellt, dem Nichts. Ist uns ein Geschöpf erst einmal abhandengekommen, kann keine Macht der Welt es je wiedererlangen.

Oder vielleicht doch? Hat nicht die Wissenschaft gewaltige Fortschritte bei der Entschlüsselung des Erbgutes gemacht? Schicken sich die Alchemisten in den Gen-Laboren nicht schon an, ausgestorbene Arten zu klonen und Mammute oder Riesenalks wiedererstehen zu lassen? In den dreißiger Jahren war die Biotechnologie weniger ausgereift, so dass die Hecks sich konventioneller Verfahren bedienen mussten. Um den ausgerotteten Auerochsen zu reanimieren, verpaarten sie urwüchsige Hausrindrassen: Spanische Kampfstiere und Korsische Kühe, Podolische Steppen- und Schottische Hochlandrinder. Sie warfen sie gleichsam in einen Topf und schufen daraus eine neue, archaisch anmutende Rasse, die auch als »Heckrind« bezeichnet wird. In gleicher Weise kreuzten sie urtümliche Hauspferde sowie Przewalskipferde miteinander, um das entschwundene europäische Wildpferd, den Tarpan, zu doubeln. Die Naturgeschichte ging in Revision. Es war ein utopisches Projekt, eine Züchtung, um alle vorhergehende Züchtung ungeschehen zu machen. Die Zeit sollte umgekehrt, die Domestikation rückwärtsbuchstabiert werden – ein zoologisches Palindrom. Die ersten Exemplare kamen 1932 zur Welt. Den Brüdern wurde später ihre Nähe zum Naziregime und ihr Enthusiasmus für Erbgang und Rasse angekreidet. Doch sie folgten eher dem Zeitgeist als den Ideologen. Ursprünge waren eine Obsession der Epoche. Zur gleichen Zeit machte sich etwa der polnische Tierarzt Tadeusz Vetulani daran, den Tarpan auferstehen zu lassen. Auch er suchte in abgeschiedenen Landstrichen nach Pferden, die dessen Phänotyp möglichst nahekamen. Er fand sie in den Koniks, was nichts anderes als »Pferdchen« bedeutet, robusten Bauernponys aus dem Waldland von Zamość, südöstlich von Lublin, in denen noch viel Wildpferdeblut floss, war doch die letzte bekannte Tarpanherde Anfang des 19. Jahrhunderts darin aufgegangen. Graf Zamoyski hatte ihr in seinem weitläufigen Tierpark Asyl gewährt. Später haben Zamość und seine Wälder noch einmal Kulturgeschichte geschrieben, als Geburtsort von Rosa Luxemburg, deren Vater dort im Holzhandel tätig war. Nicht von ungefähr studierte sie zunächst Biologie. Vetulani siedelte seine knapp vierzig Tiere umfassende Herde dann aber im Urwald von Białowieża an, um auch das Verhaltensrepertoire der Wildpferde wiederzuerwecken. Die weitere Auslese sollte der Natur überlassen bleiben; anders als den Gebrüdern Heck stand ihm mit dem dortigen Nationalpark, der damals noch komplett auf polnischem Territorium lag, eine Landschaft zur Verfügung, durch die noch in historischer Zeit Wildpferde gestreift waren. Der Zweite Weltkrieg machte seine Bemühungen dann weitgehend zunichte.

Später werden wir einem Beispiel begegnen, dass das Konzept der Rückzüchtung auch vor den Hominiden nicht haltmachte. Als Gegenbewegung zur fortschreitenden Entwurzelung der Moderne forschte man damals überall nach Ahnen, Quellen, Mutterschößen. Der zunehmenden Verunsicherung suchte man mit stärkerer Verankerung zu begegnen. Schon in den zwanziger Jahren präsentierte Hellabrunn publikumswirksam die Tierwelt aus »Germaniens Urwäldern«. Diese Rückbesinnung war eine Reaktion auf die Entfremdungen der Moderne, war die notwendige Folge einer Zeit, in der die heimischen Naturräume rapide schwanden. Der Steinbock war aus den Alpen so gut wie verschwunden, und selbst der Rothirsch drohte infolge großflächiger Rodungen und der Expansion von Landwirtschaft, Siedlungs- und Straßenbau auszusterben. Hätte die Jägerschaft sie nicht durchgefüttert, die Restbestände hätten zwei harte Winter in Folge womöglich nicht überstanden.

Schon bei den Auerochsen, seit jeher programmatisch auch »Ur« genannt, hatte es bemerkenswerte Versuche gegeben, die Art zu retten. So hatte Landgraf Wilhelm IV. von Hessen 1571 einen fünfhundert Morgen großen »Thiergarten« anlegen lassen, der Europas Fauna fürsorglich versammelte. Die Ure grasten zu Füßen der Sababurg; die ältesten Eichen dort dürften sich noch an sie erinnern. Auch Hirsche, Gämsen, Bären wurden ausgesetzt, und dazu noch, fast schon im Stile der hagenbeckschen Tier- und Völkerschauen, Elche und Rentiere »nebst einer wilden Lappen-Frau«. Den entschlossensten Versuch, das Aussterben der Wildrinder abzuwenden, unternahm der Herzog von Jaktorow in Polen. Er stellte die Tiere mitsamt ihrem Habitat unter Schutz und heuerte Leibwächter für sie an. So fristeten sie ihr Gnadenbrot, bis 1627 auch die letzte Kuh verendete. In den Wäldern von Zamość, wo später auch der Tarpan seine letzte Bastion hatte, scheinen sie sich noch etwas länger gehalten zu haben, und aus dem Königsberger Tiergarten wurden noch vier Dezennien später einige Exemplare vermeldet. Schließlich aber war *Bos primigenius,* der Stammvater aller Hausrinder, unwiederbringlich verloren.

Die Hecks verfolgten dann ein mehr als ehrgeiziges Ziel, wollten sie doch nicht nur bedrohte Tierarten vor dem Verschwinden bewahren, sondern sogar verschwundene wiederbeleben. »Es war wie ein Märchen, nur sehr viel aufregender«, bekannte Heinz, der jüngere, zurückhaltendere der Gebrüder. Zugleich wollten sie durch ihre Versuche der »Volksbelehrung« auf die Sprünge helfen, wollten »lebende Denkmäler« der Natur- wie der Kulturgeschichte schaffen. Auch die »Degeneration durch Leistungszucht« war bereits ein Thema. Es war, als hätte jemand einen Tunnel durch die Zeit getrieben, und man spähte fassungslos hindurch ans andere Ende. Wobei auch diese Anschauungswesen beinah wieder ausgestorben wären, denn nur einige Dutzend Auerochsen alias Heckrinder und Tarpane alias Heckpferde überlebten den Zweiten Weltkrieg, wurden doch sowohl der Berliner Zoo wie auch der Münchner Tierpark von Bomben verwüstet.

Parallel zu den Züchtungen in Zoologischen Gärten entstanden Schauanlagen wie das »eiszeitliche Wildgehege« im Neandertal oder der Wisentpark im niedersächsischen Springe. Darüber hinaus setzten die Hecks und andere »Ur-Macher«, wie man sie scherzhaft nannte, verschiedene Großsäuger in Schutzgebieten aus. Mal Wisente, mal Przewalskipferde, mal hecksche Auerochsen, auch mal Elche, und mal alle zusammen. Es war ein Experiment in zwei Richtungen: Wie würde die Wildnis die Zootiere verändern, und wie diese die Wildnis? Der Krieg machte diese frühen Versuche zunichte. Mittlerweile hat indes eine erneute Rückbesinnung auf die »vergessene Megafauna« eingesetzt, auf jene Herden großer Huftiere, die in den Szenarien der Klima- und Vegetationskundler, aber auch im Weltbild vieler Naturschützer oft schlicht nicht vorkommen. Doch die Vorstellung von undurchdringlichen Wäldern als europäischer Urlandschaft ist eine Mär. Nur weil der Mensch die großen Pflanzenfresser derart dezimierte, konnte der Wald sich ungehindert ausbreiten. Keine Naturlandschaft in Europa, auch kein Nationalpark, bietet heute ein authentisches Bild, eben weil so viele Huftiere fehlen; von subversiven Kräften wie dem Biber nicht zu reden. Hingegen vermittelt Hellabrunn mit seinem Mosaik aus Auen, Wiesen und Wald eine durchaus taugliche Vorstellung der einstigen Urlandschaft und präsentiert ihr Tierleben auch in seiner ganzen beglückenden Vielfalt. Prompt löst der Anblick der schwergewichtigen Herden und des halb offenen Waldlandes Wohlbehagen in uns aus. Die Kassenhäuschen denken wir uns einfach weg.

Je mehr Arten auf einen Lebensraum einwirken, desto mannigfaltiger gestalten sie ihn. In zahlreichen Beweidungsprojekten kommen Przewalskipferde, Heckrinder und urtümliche Haustierrassen mittlerweile ganzjährig als ökologische Werkzeuge zum Einsatz. Sie sollen Naturschutzgebiete, Wiesentäler oder aufgegebene Truppenübungsplätze offen halten. Selbst die Todeszone von Tschernobyl ist durch Nachfahren von Orlitza III wiederbelebt worden.

Just zu der Zeit, als die Hecks ihre Urwelten erschufen, stachelten sensationelle Funde prähistorischer Figuren und Felszeichnungen die Phantasie der Öffentlichkeit zusätzlich an. Von der Schwäbischen Alb bis zu den Pyrenäen und von den Lofoten bis zur Ägäis kamen immer mehr davon zum Vorschein. Eine eiszeitliche oder, wie man damals noch zu sagen pflegte, diluviale Menagerie, die Kamele, Strauße, Wisente, Löwen, Nashörner und Mammuts versammelte. Wer diese Ungetüme derart lebensecht darstellen konnte, musste sie selbst noch gesehen haben. Nirgendwo aber wurden derart spektakuläre Bildnisse entdeckt wie bei Lascaux im Südwesten Frankreichs.

# Die Pferde von Lascaux

»Es scheint, als wäre die Kunst auf die Welt gekommen wie ein
Fohlen, das von Geburt an auf eigenen Beinen stehen kann.«

*~ John Berger*

Die Hügelkuppe von Lascaux erhebt sich am Eingang zu einem Engpass. Von Norden kommend, hat die Vézère sich
hier durch ein Massiv aus Sandstein gebohrt und ein Labyrinth aus
Siphonkurven, Steilufern und schroffen Höhen geschaffen. Etwa
sechzig prähistorische Stätten reihen sich entlang dieses dreißig Kilometer langen Flussabschnitts im Périgord aneinander. Ein Bal-
lungsraum der Vorgeschichte, dessen Jagd- und Lagerplätze von der
Zeit der Neanderthaler bis hinein ins Mittelalter durchgehend genutzt worden sind. Dies mag den stolzen Titel rechtfertigen, den
die Region sich gab: das Tal des Menschen.

Im September 1940 durchstöberten vier Jugendliche den Hang-
wald von Lascaux. Natürlich suchten sie einen Schatz – Urform allen archäologischen Drangs ins Verborgene. Ihr Begleiter, ein Hund
namens »Robot«, jagte ein Kaninchen, das in einer Erdspalte verschwand. Sie erwies sich als der verschüttete Eingang zu einer Karst-
grotte. Die jungen Leute zwängten sich hindurch und gelangten in
einen ovalen Saal vom Volumen einer Dorfkirche. Im Licht ihrer
Ölfunzel dämmerten immer mehr Tiergestalten hervor und mit ihnen die Ahnung, etwas Einzigartiges entdeckt zu haben. Seit rund
siebzehntausend Jahren prangte hier das größte Felsgemälde der
Welt im Untergrund.

Sie schworen einander, das Geheimnis auf ewig zu bewahren.
Nach drei Tagen wusste es das ganze Tal. Der Priester Henri Breuil,
der mit wahrem Furor alles Urgeschichtliche erforschte, eilte nach
Lascaux und erlebte eine Offenbarung. Bald entwickelte sich der

Fund zur Touristenattraktion. Doch die Besucher veränderten die empfindliche Atmosphäre in der Höhle, und so musste sie 1963 für die Öffentlichkeit geschlossen werden. Später entstand unweit des Originals eine detailgetreue Attrappe, Lascaux II. Parallel machte eine Wanderausstellung als Lascaux III weltweit die Runde. Doch dann tauchte am Nordrand der Provence eine Rivalin auf. Die Malereien der Grotte Chauvet mögen weniger formvollendet wirken, dafür sind sie doppelt so alt. Unpassenderweise wurde dieses Wunderwerk nach einem der Höhlenkundler benannt, die es 1994 entdeckt haben. Zwei Jahrzehnte später eröffnete nebenan eine Nachbildung, die seither jährlich rund sechshunderttausend Besucher verzeichnet. Das Périgord wollte nachziehen. Mit einem spektakulären Faksimile, das zugleich hypermodern und archaisch anmutet: Lascaux IV. Entworfen wurde es von dem norwegischen Architektenbüro Snøhetta, das auch die Oper in Oslo gestaltet hat. Wie die Originalhöhle, so ist auch ihr Ebenbild als Kultstätte konzipiert. Mit pharaonisch schrägen Wänden, mit viel Beton, dem Fels der Moderne, und mit einem starken Zug ins Horizontale. Die gezackte Silhouette erinnert an eine Fieberkurve; ein Zeitblitz, der in die Gegenwart einschlägt. Ende 2016 eröffnete das Haus im Beisein des letzten noch lebenden Entdeckers, der damals »Robot« nachgestiegen war.

Vor gut zwanzig Jahren hatte ich das Glück, auch das Original besuchen zu können. Wie schon zu Urzeiten gerät der Einstieg zur Initiation. Vorab die Einweisung im Waldhäuschen, wo der Höhlenwart gedanklich in die Unterwelt einführt, um drinnen nur mehr das Nötigste reden zu müssen. Dann die paar Schritte bis an die Pforte, hinter der es siebzehntausend Jahre in die Tiefe geht. Der mit schweren Steinquadern eingefasste und mit einer Stahltür versiegelte Eingang betont den sakralen Charakter des Ortes. Eine Schleppe breiter Stufen führt hinab wie in ein Heiligtum. Mehrere Schleusen sollen Licht und Außenluft fernhalten. Die Schuhsohlen werden in einem Formalinbad desinfiziert, eine chemische Läuterung. Das Pizzicato Aberhunderter von Wassertropfen hängt als Klangvorhang vor der letzten Tür, dahinter herrscht modrige Kühle und Finsternis. Wie im Kino glimmt eine Notbeleuchtung an den Wänden.

Ich hatte mir vorgenommen, einen kühlen Kopf zu bewahren und, falls gar Enttäuschung aufkeimen würde, sie auch zuzulassen. Umsonst – die Wirkung war derart stürmisch und absolut, dass diese Bilderzentrifuge bis heute in der Erinnerung rotiert. Hier haben Meister ihres Fachs Regie geführt. Bei aller Rauschhaftigkeit wirken sowohl die Komposition des Riesenrundgemäldes als auch seine einzelnen Elemente von souveräner Überlegung geprägt. Als Gesamtkunstwerk funktioniert Lascaux noch wie am ersten Tag, wie auch die Farben, das Rot, das Schwarz, das Ocker, an den feuchten Wänden leuchten, als wären die Maler nur mal eben rausgegangen, um frische Luft zu schnappen. Je länger man emporschaut, umso mehr Figuren treten hervor. Ein steinernes Firmament, an dem die Tierkreiszeichen aufgehen. Animal, Anima, Animation. Pferde sind dabei überproportional häufig vertreten. Hirsche und Rentiere wurden weit öfter erlegt, da sie etwas langsamer und, nun ja, auch etwas unbedarfter sind, und weniger wehrhaft dazu. Doch als Motiv tauchen sie nur vereinzelt auf, während Pferde exzessiv gemalt wurden. Mit über dreihundertfünfzig Exemplaren handelt es sich um das mit Abstand populärste Tier in Lascaux, es steht für sechzig Prozent aller Darstellungen. Dieser Anteil hat sich quer durch die Kunstgeschichte kaum verändert; drei von fünf jemals gemalten Tieren dürften Pferde gewesen sein.

In der Höhle kommen sie als Ponyparade auf einem Sims vor, als quirlige Herde, als fallendes oder sich wälzendes Pferd, mal lebensgroß, mal als Fragment. Sowie als »chinesische Pferde«, wie der Abbé Breuil sie taufte, erinnerten sie ihn doch an Grabmalereien, die er in China gesehen hatte. Vor allem aber ähnelten sie frappierend jenen Wildpferden, die Przewalski sechzig Jahre zuvor in der chinesischen Dsungarei entdeckt hatte: die ockergelbe Färbung, die Stehmähne, der schwarze Aalstrich auf dem Rücken, der etwas bullige Körperbau. In wogendem Reigen prescht die wilde Jagd rund um die Kuppel, man glaubt sie schnauben, brüllen, galoppieren zu hören, meint Moschus und Pferdeäpfel zu riechen. Das Fleisch war immer schon im Fels verborgen, die Maler setzten es nur frei. Eine Wölbung geriet zum Fetthöcker eines Wisents, ein Grat zum Widerrist eines Pferdes, ein Loch zum Kuhauge. In diesem Ausgehen von der Materialität des Untergrunds drückt sich eine frappierend moderne Kunstauffassung aus. Ebenso im Nebeneinander verschiedener Maßstäbe und Perspektiven, von figurativer Bestimmtheit und äußerster Abstraktion, in der Stilisierung fast bis zum Logo, im Einsetzen des Kunstwerks in die Natur und in der aktiven Teilnahme der Betrachter. Man könnte die Schöpfer von Lascaux unbesorgt zur nächsten Biennale einladen.

Die letzte Phase der Initiation bildet die Wiedergeburt, die Rückkehr in die Wirklichkeit. Die linde Luft, das Grün, das Licht, all das nimmt man wie in Trance wahr, tief atmend und in gesteigerter Intensität. Doch zugleich wirkt alles hier draußen denkbar unerheblich, oberflächlich eben, und mit einem Mal so sterblich.

Als die Malereien entstanden, herrschte in Südfrankreich ein Klima wie heute in der Mongolei, nur mit kühleren Sommern. Zwischen den Gletschern der Alpen und der Pyrenäen erstreckte sich eine weitläufige Kältesteppe mit opulenter Fauna. Ein paar Kilometer flussabwärts versucht der Wildpark von Le Thot sie in Fleisch und Blut zu präsentieren. In klassisch heckschen Arrangements weiden Wisente, Auerochsen, Steinböcke, Tarpane und Przewalskipferde in weitläufigen Gehegen. Amüsiert berichtet der Tierpfleger, er müsse den Besuchern erst erklären, dass diese Pferde nicht zum Streicheln geschaffen seien, dass sie sich auch mit noch so frischem Gras nicht anlocken ließen, und dass sie nie gezähmt worden sind.

Seit der Eröffnung von Lascaux IV hat sich auch hier die Zahl der Besucher verdoppelt, was die Einrichtung eines Wolfsgeheges ermöglichte. Mammuts, Höhlenlöwen und Wollnashörner muss die Phantasie ergänzen.

Sowohl im Wildpark wie in der Nachbildung der Höhle tummeln sich Kinder und Schulklassen. Die steinzeitlichen Bilderbücher finden in ihnen ihr verständigstes Publikum. Im Freiluftatelier von Le Thot pinseln und pusten sie an künstlichen Felsen um die Wette. Kinder besitzen einen privilegierten Zugang zur vorgeschichtlichen Welt. Die Tierwesen sind ihnen nah, die geheimnisvolle Verbindung von Kreatur und Kreativität lebt in ihnen fort.

Mehrere Tage lang streife ich danach durchs Tal. Folge der von Pappeln gesäumten Vézère, wandere über die durchfurchten Plateaus, tausendfältig wie ein Gehirn. Verwunschene Dörfer schmiegen sich an die Klippen, hie und da dräut eine Ritterburg herüber. In den Wiesen blühen Orchideen wie anderswo Unkraut, Schmetterlinge taumeln um sie her. Verstohlen kampiere ich in der Nähe prähistorischer Plätze, zum einen, um den wilden Mann zu spielen, vor allem aber deshalb, weil sie regelmäßig an den schönsten, lauschigsten Ecken liegen. Mit einer schützenden Felswand im Rücken, freiem Blick nach vorne, einer Wasserstelle nahebei, und einem leichten Lüftchen, das die Mücken fortbläst, dazu nicht weit von einer Furt, durch die das Wild ziehen musste. Die reichen Vorkommen von Feuerstein machten das Tal überdies zu einem paläolithischen Industriegebiet. Dieses bevorzugte Muster für Lagerstellen findet sich quer durch Eurasien, und über die eiszeitliche Landbrücke gelangte es mit den ersten Amerikanern bis nach Alaska. Auch Lascaux IV folgt unwillkürlich diesem Archetypus. Es bietet Rückendeckung durch den Hang, Schutz vor Wind und Wetter, weite Sicht sowie ein paar Springbrunnen als sprudelnde Quellen. In den Höhlen selbst haben die Menschen dagegen nie gelebt, sie dienten ihnen nur als Unterstände, Kühlkammern und Kultstätten.

Jede Ausgrabung im »Tal des Menschen« brachte vor allem neue Fragen ans Licht, erhärtete nur ihre eigene Unwahrscheinlichkeit. Nach Zufallsfunden in verschlafenen Dörfern wurden Jahrzehntausende benannt, so das Magdalénien und das Moustérien. Fünf Skelette aus einer Felsnische bei Cro-Magnon gaben gar einem ganzen Menschentyp den Namen, dem ersten mit rundum moderner Anatomie. Einige der frühesten Immigranten Frankreichs, tauchten sie hier vor knapp vierzigtausend Jahren auf. Der Name könnte treffender nicht sein: Cro-Magnon heißt in der hiesigen Mundart schlicht »großes Loch«. Ein leerer Ursprung, ein nutzloses Geheimnis. Der Schoß der Zeit, dem wir entsprungen sind.

Das Périgord würde zu den abgeschiedensten Landstrichen Europas zählen, wäre es nicht in zwei Disziplinen Weltspitze, in der Prähistorie und in der Gastronomie. Beide stehen in Verbindung, gibt doch klassische Jäger- und Sammlerbeute der Küche Kolorit: Nieder- und Federwild, Trüffel, Pilze, Nüsse und Waldfrüchte. Auch Pferde werden vielfach noch verschmaust, gleichberechtigt mit Rind- und Schweinefleisch. Einige Reitbetriebe sind gar dazu übergegangen, jene Tiere, die eingeschläfert oder geschlachtet werden müssen, am Ende selbst zu essen, bevor die Abdecker nur Schuhcreme, Kleister und Hundefutter daraus machen. So haben alle teil am Kreislauf von Werden und Vergehen. In Ländern wie Frankreich, Italien oder Island, die *Hippophagie* betreiben, in denen also Pferdefleisch verzehrt wird, ist der einstige Charakter als Wildbret noch erkennbar. Und damit der Ursprung unserer Faszination: Pferde waren nicht Freunde, sondern Beute. Wir hatten sie zum Fressen gern. Die Geisterherden an den Wänden von Lascaux waren sowohl Kriegs- wie auch Liebeserklärung an diesen kapitalen Fang.

Neben einer Handvoll prominenter Fundstätten gibt es Dutzende kleinerer Schlupfwinkel im Tal. Die meisten befinden sich in privater Hand. Auch Cap Blanc gehörte lange einer Familie aus der Nachbarschaft, die sich liebevoll darum kümmerte. Mittlerweile hat der Staat es übernommen, prompt geht es merklich spröder zu. Der Faszination tut dies keinen Abbruch. Ein mannshoher horizontaler Spalt birgt einen fast vierzehn Meter langen Fries mit Pferden, die mitsamt Augen, Zähnen, Nüstern, Mähnen und Schweifen aus dem Kalkstein herausgemeißelt wurden. Der Raum davor diente als Basislager. Was uns der röhrende Hirsch im Wohnzimmer, war diesen Leuten die Pferdeherde an der Rückwand ihres Biwaks. Man kann sich unschwer vorstellen, wie die sich überlagernden Figuren im Feuerschein zu tanzen begannen und die Steinwand zur Leinwand wurde.

Eine aparte Kuriosität stellen die blauen Pferde von Villars dar. Sie wurden nicht etwa mit blauer Farbe gemalt, sondern sind hauchdünn von Kalkspat-Ausfällungen überzogen, so dass man glauben könnte, Yves Klein habe seine Hand im Spiel gehabt. Ganz in der Nähe betreibt Laurence Perceval eine Araberzucht; darüber hinaus nutzt sie die Tiere für die therapeutische Arbeit. »Schon C. G. Jung wusste: Pferde bringen uns ins Hier und Jetzt«, erläutert sie. »Zugleich spiegeln sie uns. Unsere Emotionen, unsere Blockaden, unsere Ängste. Und gestatten uns so, zu besseren Menschen zu werden.« In ihren Kursen präsentiert sie opulente Bildbände über vorgeschichtliche Kunst. »Die Felsbilder zeigen, dass diese frühen Menschen nicht nur mit dem Überleben beschäftigt waren, sondern dass sie auch geträumt haben. Pferde hatten etwas Fesselndes, ja Weihevolles für sie. Auch dann, wenn sie sie gegessen haben.« Perceval ist davon überzeugt, dass die Menschen damals anders mit Tieren kommuniziert haben, dass diese Fähigkeit heute aber weitgehend verloren gegangen ist. Das Pferd als Menschenflüsterer: »Tiere können direkte Botschaften an unser Gehirn senden. Etwas Ähnliches haben die Urmenschen vielleicht mit ihren Bildern versucht.«

Eine weitere Pilgerstätte für jeden Pferdefreund bildet die Höhle von Pech Merle, eine Fahrstunde südöstlich. Sie birgt die berühmten »Tigerpferde«, die auf den ersten Blick wie Apfelschimmel wirken. Existierten etwa noch andere Spielarten des Urpferdes? Die Höhle gibt die Antwort. Ähnlich wie in Lascaux waren es auch hier junge Leute, die 1922 den Eingang zu einer verschütteten Grotte fanden. Bewehrt mit Taschenlampen und einem kleinen Seil, entdeckten sie eine der prächtigsten Tropfsteinhöhlen weit und breit. Zwischen den Gesteinstürmen prangten überall Malereien an den Wänden wie in einer unterirdischen Galerie.

Auch hier war es ein Priester, der das schamanische Erbe fortführte. Amédée Lemozi, der örtliche Curé, setzte die besten Detektive auf die Vorgeschichte an, die er in seinem Sprengel finden konnte: die Bauernkinder. Wenn er ihnen allwöchentlich den Katechismus nahebrachte, holte er hinterher seine Sammlung steinzeitlicher Utensilien hervor. Solltet ihr draußen so etwas entdecken, oder gar Zeichnungen an den Felsen, dann gebt mir Bescheid. Auch die Kinder von Pech Merle hatte er so zu ihrem Abenteuer angestiftet. Später bildeten seine Fundstücke den Grundstock für das dortige Museum. Es zeigt die Habe der Cro-Magnon-Menschen, Waffen, Werkzeuge, Kleidung und Schmuck. Pfeil und Bogen sind noch nicht dabei – sie wurden erst nach Ende der Eiszeit entwickelt. Dafür finden sich dreiundzwanzigtausend Jahre alte Nähnadeln aus Wildpferdknochen. Anders als im Fall der Speerschleuder wüssten wir auch heute noch problemlos damit umzugehen.

Über metallische Stufen geht es dann vierzig Meter in die Tiefe. Der Anblick des ersten großen Saales ist buchstäblich traumhaft – eine in den Boden hineinversenkte Kathedrale, die über und über mit Tropfsteinen behangen und bestanden ist, die sich über mehrere Ebenen erstreckt und in weiteren Hallen fortsetzt. Im oberen Teil winden sich die Wurzeln einer Eiche wie ein Rapunzelzopf mitten hindurch. Auch ohne die Malereien wäre dieses Märchenreich eine Sehenswürdigkeit ersten Ranges. Doch die geringste Spur menschlicher Anwesenheit verwandelt alles. Dafür genügen schon ein paar Felsritzungen; Tiergestalten wirken erst recht elektrisierend. Nicht zu reden von dem zufällig erhalten gebliebenen Fußabdruck, Schuhgröße vierunddreißig, ein Kind wohl, das durch eine Pfütze stapfte. Vollends sprachlos machen die dezidiert hinterlassenen Zeichen, für die ihre Schöpfer jeweils eine Hand an den Fels legten und dann Farbpulver darüberpusteten. Der Abdruck blieb als Negativ erhalten. Der Größe und den Proportionen nach zu urteilen, dürften es Frauenhände gewesen sein. Ähnlich entstanden die zahlreichen Punktierungen, bei denen sie die Farbe direkt auf den Fels gespuckt haben. Diese Bilder haben eine halluzinative Qualität. Als ereignete sich ein Kurzschluss von der Urzeit ins Heute.

In den fünfziger Jahren sorgte André Breton während einer Führung für einen Eklat, als er mit dem Daumen an einem Mammutrüssel rubbelte, angeblich, weil er die Echtheit der Malereien bezweifelte, in jedem Fall aber, um sich wichtig zu machen. Wegen Beschädigung eines Kulturdenkmals wurde er zu einer hohen Geldstrafe verurteilt, dann jedoch begnadigt. Es entbehrt nicht der Ironie, dass ausgerechnet der Begründer des Surrealismus handgreiflich wurde, als er sich mit diesen meisterhaften Manifestationen des kollektiven Unbewussten konfrontiert sah.

Den Schlussakkord des Rundgangs bildet der Pferdefries, den man schon von Weitem sehen kann. Aus der Nähe wirkt er noch unbegreiflicher. Auch hier haben die Maler oder wohl eher Malerinnen den Untergrund geschickt miteinbezogen. Die Ausbuchtung des Felsens oben rechts hat schon in natura die Form eines Pferdekopfes. Der Stein suggeriert das Tier. Bei den vermeintlichen Tigertupfen handelt es sich wiederum um Punktierungen. Sie finden sich auf dem Fell der Pferde, doch auch rundherum. Mit neunundzwanzigtausend Jahren stellen die beiden Tiere mit das älteste Motiv in Pech Merle dar. Sie stehen leicht versetzt und blicken in die entgegengesetzte Richtung. Eingefasst wird die Szene von drei linken und drei rechten Händen. Sie scheinen das Wild lenken zu wollen. Benutzten die Jäger Magie als Geheimwaffe, versuchten sie die überlegenen Sinne der Pferde mit Übersinnlichem zu kontern? Die Szene wirkt, als seien die Tiere nicht die eigentliche Botschaft, aber deren Träger und Bevollmächtigte. Die Hände halten sie gebieterisch in Schach. Schwer zu sagen, ob sie Abwehr oder Zugriff sind, Gruß oder Warnung, Pointe oder Signatur.

Diese Bilder infizieren ihre Betrachter. Schon die jugendlichen Entdecker berichteten, dass sie anfangs lebhaft von ihnen geträumt hätten. Vielen späteren Besuchern erging es ebenso; selbst bei nüchternen Wissenschaftlern kam das Unbewusste auf Touren. Auch bei mir wirkten die Pferde nächtens nach, als hätte ich eine bewusstseinsverändernde Substanz eingenommen. Offenkundig haben die eiszeitlichen Schamanen einen Zauber gefunden, der auch nach Jahrzehntausenden noch fortwirkt. Meinte Laurence Perceval diese Macht der Bilder, als sie von telepathischen Kräften sprach? Im inneren Untergrund müssen kommunizierende Röhren offen geblieben sein.

So unmittelbar sie auch wirken, so rätselhaft bleibt doch die Absicht dieser Malereien. »Es fragt sich, ob man in diesem Fall schon von Künstlern reden sollte«, meint Jean-Louis Gouraud, den ich zum Abschluss in Paris besuche. Er hat den Diskurs über Pferde in Frankreich geprägt wie kein Zweiter, als Autor wie als Reiter. Eine derartige intellektuelle Instanz fehlt im deutschsprachigen Raum, am ehesten wäre er noch mit Horst Stern zu vergleichen. »Die eigentlichen Intentionen dieser Schöpfer kennen wir nicht«, räumt er ein. »Die haben Kunst gemacht, ohne es zu wissen, ganz wie Jourdain aus Molières *Bürger als Edelmann,* der seit vierzig Jahren Prosa spricht, ohne sich dessen bewusst zu sein. Aber wir sehen deutlich, dass das Pferd in ihrem Denken eine Sonderstellung einnahm, und dass der Mensch dieses Tier von Anfang an bewundert hat.« Er habe sich oft gefragt, sinniert Gouraud, woher diese Faszination rühre. »Möglicherweise daher, dass Pferde sowohl maskuline als auch fe-

minine Eigenschaften auf sich vereinen. Dass sie Kraft und Überlegenheit ebenso ausstrahlen wie Grazie und Sensibilität.« Diese
komplementären Seiten machten sie für uns unentbehrlich: »Erst
recht heute, wo wir weit entfernt von der Natur leben. Pferde führen uns zu unseren Instinkten zurück.«

Über unendlich lange Zeiträume blieben diese Jagdszenen un-
verändert. »Warum ist niemand darauf verfallen, sich mal draufzu-
setzen?« Die ältesten Pferdedarstellungen der Welt, zugleich mit die
ältesten Kunstwerke überhaupt, sind rund fünfunddreißigtausend
Jahre alt. Wie etwa das formvollendete Pferdchen aus der Vogelherdhöhle in der Schwäbischen Alb oder die Zeichnungen in der
Grotte Chauvet. »Den frühesten Hinweisen auf eine Domestikation aber begegnen wir allenfalls vor sechstausend Jahren. Warum
hat das eine halbe Ewigkeit gedauert?«

Im Grunde stellte die Höhlenkunst bereits einen ersten, noch
imaginären Akt der Zähmung dar. Für den Kulturphilosophen
Georges Bataille wurden diese Tierikonen zu Kronzeugen seiner
zwischen Eros und Tod beheimateten Anthropologie. Den Schöpfern von Lascaux bescheinigte er einen »Trieb zum Wunderbaren«.
Ihr Werk, schrieb er in seiner fulminanten Monographie über Lascaux, »ist uns so nahe, daß es die Zeit aufzuheben scheint«. Und
ebenso den Raum. Quer über den gesamten Doppelkontinent hinweg, von Kastilien bis Kamtschatka, sprechen diese Bilder die gleiche Sprache. André Leroi-Gourhan nannte es »den figurativen Kanon«. Pferde bilden dabei ein bevorzugtes Sujet. Die Künstler der
Eiszeit waren die Ersten, die sich der Herausforderung Pferd stellten. Einer Herausforderung, die bis heute anhält und weltweit angenommen wird, wo immer Menschen aus der Begegnung mit diesen Tieren ästhetischen Gefallen und seelische Erhebung schöpfen.
Wo sie sich bezaubern lassen von ihrer Schönheit. Ihrer Neugier.
Ihrer Schüchternheit. Ihrem Elan. Ihrer Ruhe. Ihrer Stärke. Ihrer
Verletzlichkeit. Ihrer Anmut. Ihrer Hoheit.

Wer über Tiere schreibt, oder generell über Natur, wird gern etwas belächelt, gerade in intellektuellen Kreisen. Sie gelten als sentimentales Sujet. Ich bin so frei und lächle zurück. Pferdegeschichte ist Menschheitsgeschichte. Jeder kann die immerwährenden Bilder von Lascaux und Pech Merle in den Kavernen seiner Seele abrufen, sie sind dort hinterlegt. Pferde führen uns zu uns selbst zurück. Wie Sendboten erscheinen sie am Beginn der Kultur und damit der Selbstdomestikation des *Homo sapiens*. Seither begleiten sie uns beim Übergang in andere Welten oder Zeiten. Bereits die prähistorischen Malereien aber bekunden fühlbar Nostalgie. Sie zeugen von einem Unbehagen in der Natur, der ihre Schöpfer nicht länger gänzlich angehörten. Der Weg zum Menschen gelangte mit diesen bewusst und ein für alle Mal gesetzten Zeichen in eine neue Ära: zu sich selbst. Der Mensch von Lascaux, schrieb Bataille, »schuf aus dem Nichts die Welt der Kunst, mit welcher der Geist beginnt, sich mitzuteilen.« Die Souveränität, mit der dies geschah, wird die Menschheit bis ans Ende der Zeiten in Verwunderung versetzen.

# Waldgeister

>»Die Melancholien der Geschichte, die aus der Tiefe jener Horizonte
aufsteigen, wo sich einst Dinge zugetragen haben, wie man sie sich aus
alten Büchern zusammenspinnt.«
>
> ~ *Gustave Flaubert / Maxime Du Camp, Über Felder und Strände*

V or zehn- bis zwölftausend Jahren lief die vorerst letzte Kalt-
zeit aus. Die Gletscher wichen zurück, die Wälder rückten
vor, die Steppe schrumpfte. Der Meeresspiegel stieg, Nebenmeere
wie die Ostsee und das Weiße Meer entstanden. Andere verbanden
sich wieder, so das Mittel- und das Schwarze Meer, während die
Landbrücke zwischen Sizilien und der Italienischen Halbinsel oder
das sogenannte Doggerland zwischen Jütland und den Britischen
Inseln überflutet wurden. Europa veränderte sein Antlitz. Alle vor-
herigen Klimawechsel hatte seine Tierwelt weitgehend unbeschadet
überstanden. Es war ihr genug Zeit zur Anpassung geblieben, die
einzelnen Spezies waren in höhere Lagen oder wärmere Gefilde gezogen, hatten ihre Ernährung umgestellt und ihr Fell gewechselt.
Doch das Ende der letzten Eiszeit überlebten bestürzend viele Arten
nicht. Und allem Anschein nach verschwanden daraufhin auch die
Jäger, die ihnen derart zugesetzt hatten, dass diese Verluste durch
keine biologische Strategie mehr auszugleichen waren.

*Homo neanderthalensis* war über hunderttausend Jahre hinweg
durch Eurasien gezogen, *Homo erectus* davor noch länger. Obwohl
sie kontinuierlich jagten und obwohl das Klima vielfach wechselte,
rotteten sie, soweit bekannt, keine Art gänzlich aus. Ihre Waffen
und Jagdmethoden waren dafür nicht destruktiv genug; das prekäre Gleichgewicht zwischen Jägern und Beute blieb halbwegs ge-
wahrt, oder, um mit Josef Reichholf zu sprechen, zumindest das
»überlebensfähige Ungleichgewicht«. Mit *Homo sapiens* aber trat ein

neuer Akteur auf den Plan. Den täglichen Bedarf dürften auch diese Menschen mit dem Sammeln nahrhafter Bagatellen gedeckt haben, mit Pilzen, Nüssen, Beeren, Knollen, Wurzeln, Insekten, Kleintieren, Vogeleiern und Bienenhonig. Nur dass sich niemand die Mühe machte, den täglichen Steppenbummel auf Felsgemälden zu verewigen. Die Jagd dagegen war Kult, war Orgie, Kriegszug, Verheißung und Verausgabung. Selbst für diese versierteren Wildbeuter führte sie sicher nur mit viel Mühe zum Erfolg, mit List und Tücke und roher Gewalt. Dennoch brachten sie zahlreiche Arten zum endgültigen Verschwinden. Nicht zu reden vom Neanderthaler, der der rabiaten Konkurrenz nicht standzuhalten vermochte.

Die kapitalsten Beutetiere wurden als Erste ausgelöscht, noch vor dem Ende der Eiszeit: Mammute und andere Elefanten, verschiedene Nashörner, Steppenbison und Riesenhirsch. Tabula rasa. Auf Mittelmeerinseln wie Zypern, Kreta oder Sardinien überlebten Zwergformen von Elefant und Flusspferd einige Jahrtausende länger. Doch als der moderne Mensch auch diese Rückzugsräume erreichte, war ihr Schicksal besiegelt, wobei letzte Bestände möglicherweise bis in die Antike hinein überdauerten.

Warum gerade die stärksten Säugetiere? Sie hatten kaum Feinde zu fürchten, zumindest nicht, wenn sie ausgewachsen waren. Entsprechend gering waren ihre Fluchtreflexe. Ein Mammutbulle wird sich mit aller ihm zur Verfügung stehenden Kraft und sechs Tonnen Kampfgewicht gegen seine Angreifer zur Wehr setzen. Aber er stellt sich ihnen, er nimmt nicht Reißaus. Oder wenn, dann erst, wenn es zu spät ist. Aus Sicht der Jäger handelte es sich einerseits um eine riskante, andererseits jedoch um eine leichte Beute. Man brauchte sie nicht stundenlang zu verfolgen, nur damit sie am Ende doch entwischte. Und sie versprach Unmengen an Fleisch, dazu wertvolle Rohstoffe wie Felle, Sehnen, Knochen und Elfenbein.

Wie aber haben die Steinzeitmenschen Pferde zur Strecke gebracht? Die Fluchttiere *par excellence?* Sie in offenem Gelände zu erlegen, ohne Deckung und nur mit Wurfwaffen, scheint fast aussichtslos. Dazu brauchte es auf jeden Fall größere Gruppen mit einem fast schon militärischen Organisationsgrad. Reisende, die Anfang des 20. Jahrhunderts in der Dsungarei noch Przewalskipferde sichteten, berichteten von einer Fluchtdistanz von vierhundert Metern. Damals wurde das Wild bereits zu Pferd und mit Feuerwaffen gejagt. Die paläolithischen Jäger aber verfügten nur über Speere, später auch über Speerschleudern mit höherer Reichweite und Durchschlagskraft. Die ältesten erhaltenen Exemplare datieren achtzehntausend Jahre zurück; einige sind mit Pferdefiguren verziert. Sie stammen aus dem Périgord, ebenjener Region, deren Felswände auch die höchste Dichte an Tierdarstellungen aufweisen. Diese Bilder und die an sie gebundenen Rituale stärkten die Motivation der Gruppe und förderten die Teamarbeit. Und doch scheinen all diese Errungenschaften nicht hinreichend, die verheerenden Erfolge der eiszeitlichen Jäger begreiflich zu machen.

Am ehesten wären sie dadurch zu erklären, dass sie Verbündete hatten. Der große Unbekannte ist der Wolf. Oder womöglich auch schon der Hund oder etwaige Übergangsformen.

Dass Fleischfresser von den Jagdzügen anderer Fleischfresser zu profitieren suchen, gehört zu ihrem Metier. Oft jagt der Stärkere dem Schwächeren den Fang ab, der Adler dem Bussard, die Hyäne dem Geparden. Die letzten Wildbeutergruppen in den afrikanischen Savannen machen Raubtieren immer wieder deren Beute streitig. Ein kühnes Unterfangen, doch wenn die Menschen in der Übermacht sind, ziehen die Löwen sich zähnefletschend von ihrem Riss zurück. »Es kommt drauf an, wer mehr Hunger hat«, erklärte mir einmal ein Dorobo-Jäger in Tansania, der manches Mal solch waghalsigen Mundraub betrieben hatte. Auch der umgekehrte Fall kann vorkommen, wenn ein einzelner Mann seine Beute nicht gegen ein hungriges Hyänenrudel zu verteidigen vermag. Doch auch ohne direkte Konfrontation lohnt es sich, die Konkurrenz im Auge zu behalten. Versetzt die Hatz eine Herde in Panik, können versprengte Tiere eine leichtere Beute werden. Wölfe haben die Pirschgänge der Steinzeitmenschen sicher aufmerksam verfolgt, und umgekehrt genauso, jeweils in der Hoffnung, dass auch für sie etwas abfallen könnte. Von dieser wechselseitigen Beobachtung wäre es kein allzu großer Schritt mehr zur vorsätzlichen Kooperation. Die Dorobo etwa betreiben ein *Joint Venture* mit dem Honiganzeiger, einem unscheinbaren Vogel, der sie, seinem Namen getreu, zu verborgenen Bienennestern führt, indem er aufgeregt zwitschernd von Baum zu Baum fliegt, um schließlich als Belohnung seinen Teil der Waben zu erhalten.

Bis vor Kurzem galten knapp fünfzehntausend Jahre alte Hundeknochen wie die aus Oberkassel bei Bonn als die ältesten Nachweise der Haustierwerdung. In den letzten Jahren aber sorgten Schädelfunde für Schlagzeilen, die anatomisch und genetisch als Zwischenwesen anzusehen wären, nicht mehr Wolf und noch nicht Hund. Sie sind gut doppelt so alt und kamen an verschiedenen Stellen Eurasiens zutage, von den Ardennen bis in den Altai. Mit diesen angriffslustigen Wolfs-Hunden könnten die Eiszeitmenschen eine Jagdgemeinschaft zum beiderseitigen Vorteil eingegangen sein. Damit hätten sie lebende Waffen zur Verfügung gehabt. Für ihre Beutetiere wären die Folgen fatal gewesen. Pflanzenfresser zu zähmen, hätte für Jäger und Sammler dagegen wenig Vorteile gebracht, jedoch beträchtliche Nachteile, hätten sie sie doch beständig gegen Raubtiere verteidigen müssen. Ein an menschliche Nähe gewöhnter Fleischfresser dagegen würde ihnen aus freien Stücken folgen, und er bräuchte auch keinen Schutz vor anderen Räubern. Das wäre allemal einen Versuch wert.

Die Felsbilder werden gern als ein Beginn angesehen, als eine erste Morgenröte von Kultur. Doch die Jagd selbst war bereits Kultur, war Lebensart, Naturwissenschaft, Unterricht, Sport, Kunst und magische Praxis. Gegen Ende der Eiszeit aber wurden, in gespenstischer Reduktion, kaum mehr Tiere abgebildet, nur noch abstrakte Zeichen und Figuren. Die Animationen verlöschen, und mit ihnen auch ihre Urheber. Dafür finden sich an den Lagerplätzen haufenweise Muscheln und Schnecken, die als Nahrung dienen mussten, weil die Wildbestände überjagt waren.

Stünde uns eine Zeitmaschine zur Verfügung, so könnten wir damit umstandslos siebzehntausend Jahre überspringen und nach Lascaux wallfahren. Oder gar vierzigtausend Jahre zurück bis zu den Mammutjägern auf der Schwäbischen Alb, die mit die ältesten Plastiken der Menschheit gefertigt haben, und die ältesten Musikinstrumente dazu, Flöten aus Vogelknochen und Elfenbein. Dank der Hinterlassenschaft der eiszeitlichen Künstler wüssten wir genau, welche Plätze wir ansteuern müssten und würden meist auf Anhieb fündig. Die zeitlichen Koordinaten bräuchten gar nicht besonders präzise zu sein; viele Stätten sind, wie etwa die berühmte Höhle von Altamira, über Jahrtausende hinweg aufgesucht worden. Bei flackerndem Feuerschein haben Generationen von Zeichnern immer neue Tiermotive an die Wände geworfen.

Auch wenn wir unseren Fahrstuhl durch die Zeit für deutlich kürzere Strecken nutzen würden, sagen wir fünftausend Jahre zurück, böte sich uns eine reiche Auswahl an attraktiven Zielen. Wir könnten die Steinkreise von Stonehenge und Callanish besuchen, die Dolmengräber in der Bretagne, die Megalithtempel auf Malta oder eine Reihe anderer kultureller Zentren der Jungsteinzeit. Doch es gibt eine ominöse Zwischenphase, vom Ende der Eiszeit bis zum Beginn des Ackerbaus in Europa, rund elftausend bis sechstausend Jahre zurück – da wüssten wir nicht recht, wohin. Es gäbe kaum definierte Ziele, und wir würden selbst nach eingehender Suche keine Menschenseele antreffen. Und auch kein Großwild mehr, bestenfalls Rentiere oder Rehe. Diese lange, lange Übergangsphase wird als Mittelsteinzeit oder Mesolithikum bezeichnet. Es wäre möglich, dass West- und Mitteleuropa damals zeitweise entvölkert waren, und dass erst Einwanderer aus Kleinasien und Südosteuropa diese Räume wieder besiedelten. Sie führten dann bereits Nutztiere mit sich – erst Schaf und Ziege, später auch Rind und Schwein –, sie betrieben Ackerbau, beherrschten die Metallverarbeitung und den Bootsbau. Diese nebulöse Epoche erscheint wahrhaftig als »graue Vorzeit«. Wo sind die großen Herden geblieben? Warum sind die *Big Five* als Erste verschwunden, Großwild wie Elefanten, Rhinozerosse oder Höhlenlöwen? Was geschah mit den Cro-Magnon-Menschen? Warum schufen sie keine Felsbilder mehr? Auf den Urknall der Zivilisation folgte ein stummes Zeitalter.

Und die Pferde? Manche Wissenschaftler sind der Meinung, dass auch sie während des Mesolithikums in der Westhälfte Europas gänzlich ausstarben, nachdem sie durch Jagddruck und Klimawandel übermäßig in Bedrängnis geraten waren. Erst mit den bronzezeitlichen Siedlern hätten sie wieder Einzug gehalten, dann ausschließlich in domestizierter Form. Doch schon länger mehren sich die Stimmen, die von einem Fortbestehen kleiner Reliktpopulationen ausgehen, die dann in unterschiedlichem Ausmaß durch Jagd, Viehzucht und Ackerbau beeinträchtigt oder ganz ausgelöscht worden sind. Wechselnde Kandidaten werden genannt. Zum einen natürlich der Tarpan, der in Osteuropa und Südrussland überdauerte; letzte Berichte stammen vom Ende des 19. Jahrhunderts. Zwar gehen die Meinungen auseinander, inwieweit er überhaupt noch als »echtes« Wildpferd anzusehen wäre, schließlich waren durch die jahrtausendelange Nachbarschaft zu Hauspferden gelegentliche Kreuzungen fast unvermeidlich. Diese Diskussion um Unvermischtheit, Ursprünglichkeit, Reinrassigkeit zieht sich durch den gesamten Diskurs über die Natur- und Kulturgeschichte der Pferde, und sie ist durch minutiösere wissenschaftliche Methoden nicht etwa einfacher, sondern nur noch komplizierter und uneindeutiger geworden.

Auf den Britischen Inseln stellt das Exmoorpferd eine solche biologische Antiquität dar. Lediglich zweihundert Exemplare ziehen noch unbehütet über das karge Hügelland im Südwesten Englands, die temperierte Version einer Steppentundra. Ringsum liegen Schafe über die Hänge verstreut wie Fusseln auf einem goldbraunen Pullover. Die Schatten der Möwen huschen über das Heidekraut, tief unten schimmert der austernfarbene Atlantik, ruhig und blank wie ein Baggersee. Einmal im Jahr werden die Jungtiere eingefangen und an die meist genossenschaftlich organisierten Bauern verteilt. Lange wurden sie als verwilderte Hauspferde angesehen, von der Wissenschaft links liegengelassen und von den Züchtern verschmäht. »Doch inzwischen«, berichtet Rainer Willmann, Evolutionsbiologe an der Universität Göttingen, »wird in der Fachwelt zumindest erwogen, ob wir es hier nicht doch mit nahezu unveränderten Nachkommen der eiszeitlichen Wildpferde zu tun haben.« Im Nebenfach Paläontologe, war Willmann wie vom Schlag gerührt, als er den ersten Ponys in der Heide von Exmoor begegnete: »Sie sehen den europäischen Urpferden, die wir von Höhlenmalereien her kennen, zum Verwechseln ähnlich.« Die hellen Augenringe, das weiße Mehlmaul, die schlammbespritzte Mähne, der kompakte Körperbau, die mächtige Schweifkaskade – urwüchsiger könnten sie gar nicht daherkommen. Seit undenklichen Zeiten leben sie in freier Wildbahn. Sie werden nicht kastriert, nicht beschlagen und nicht eingeschläfert. Das Phlegma der Haustiere geht ihnen ab. Selbst wenn sie rammdösig herumstehen, strahlen sie noch Wachheit und Cleverness aus. Als glühte in ihnen ein Feuer, das bei Hauspferden erloschen ist. »Sie besitzen noch das komplette Verhaltensrepertoire.« Willmann züchtet auch selbst Exmoorponys, als Augenweide wie als Spielgefährten, und um einen Beitrag zu ihrem Überleben zu leisten.

Ein weiteres Forschungsprojekt hat er dem Sorraia-Pferd gewidmet, einer der seltensten und unbekanntesten Rassen der Welt, die ebenfalls als »tarpanoid« eingestuft wird. Als der Zoologe Ruy d'Andrade, Spross eines alten portugiesischen Geschlechts, in den zwanziger Jahren an den Ufern des Flüsschens Sorraia auf Wildschweinjagd ging, stieß er dort auf eine freilebende Pferdeherde. Die zierlichen Tiere zeichneten sich durch den Aalstrich auf dem Rücken aus, einen dunklen Streifen von der Mähne bis zum Schweif sowie weitere Streifen an den Hufen. Überhaupt ähnelten sie jenen Urpferden, die d'Andrade von iberischen Höhlenmalereien her kannte. Ihre Entdeckung war eine wissenschaftliche Sensation, etwa so, als wären in einer entlegenen Schlucht der Algarve noch Neanderthaler gesichtet worden. In jüngster Zeit haben genetische Untersuchungen seine Vermutungen bestätigt. Die Sorraias sind Europas letzte Steppenpferde; sie stehen dem Tarpan näher als andere archaische Rassen. Die Bauern der Umgebung wussten von ihrer Existenz, hatten sich aber nur selten die Mühe gemacht, Jungtiere aus der Herde herauszufangen. Mit fünf Hengsten und sieben Stuten begann d'Andrade schließlich eine Zucht, von der alle heutigen Sorraias abstammen. Weltweit gibt es keine dreihundert Stück davon. Neben Portugal ist Deutschland das wichtigste Zuchtland.

Bis heute lebt eine größere Herde in der Obhut der Familie d'Andrade. Einen weiteren wichtigen Standort bildet Altér do Chão, besser bekannt als Altér Real, eines der bedeutendsten Gestüte für Lusitano-Pferde, das sich jedoch auch der Sorraias annimmt. In einem dünn besiedelten Landstrich nahe der spanischen Grenze gelegen, mutet es wie eine brasilianische Missionsstation an, sowohl von der isolierten Lage her als auch von der barocken Patina der Gebäude. Dennoch zählt es zu den modernsten Pferdebetrieben des Landes, mit einem gut ausgestatteten Labor und einer tierärztlichen Klinik, mit ausgedehnten Stallungen und mehreren Reithallen und Rennbahnen. Wenn Zuchtleiter Francisco Beja einmal abschalten möchte, zieht er hinaus auf die Weide der Sorraias. Doch was heißt Weide – ein halber Wildpark ist's, wo die Herde sich im Schatten knorriger Korkeichen und verzwirbelter Olivenbäume an den Eicheln gütlich tut. Wildschweine und Hirsche streunen hindurch, und es braucht nicht viel Phantasie, um diese mediterrane Savanne auch noch mit Nashörnern und Löwen zu bevölkern.

Selbst in Portugal sind die Sorraias kaum bekannt. Vermutlich verhielte es sich anders, wenn sie ein Stockmaß von zwei Metern hätten. Da sie es aber bei eins vierzig bewenden lassen, sich auch farblich mit wenig repräsentativem Staubgrau oder fahlem Blond begnügen, haben sie es schwer in einem Land, in dem der Machismo den Ton angibt. Auch die Geringschätzung der Sesshaften für die Nomaden schwingt mit – sind sie nicht struppige, nichtsnutzige Vagabunden? Doch wenn sich Zuchthengst »Beethoven« dann in der Halle austobt, mit wogender Mähne und schwungvollem Galopp, mit der gleichen überschwänglichen Dynamik wie sein Namenspatron in der *Eroica,* dann schlägt das Herz jedes Pferdefreundes höher.

Im Süden der Iberischen Halbinsel waren die wildlebenden Pferde mit den charakteristischen Streifen als »Zebros« geläufig. Alte Flurnamen wie »Vale de Zebro« bewahren noch die Erinnerung an sie. Vor einigen Jahren wurde dieses Waldgebiet reanimiert und dort ein weiteres Sorraia-Reservat eingerichtet. Bis ins 16. Jahrhundert führten spanische Chroniken die Zebros noch als jagdbares Wild. Ihre Rufe unterschieden sie eindeutig von Eseln: »aschgrau, ein bißchen klein, wie Stuten wiehernd, und schneller als jedes (Haus-)Pferd«. Als portugiesische Seefahrer in Afrika wilden Pferden begegneten, erinnerten diese sie an die heimischen Waldgeister, wenn sie auch größer waren und greller gestreift. So kamen die Zebras zu ihrem Namen. Danach aber wurde es still um die Sorraias, bis Ruy d'Andrade die letzte Herde aus ihrem Dornröschenschlaf weckte. Ihre Geschichte weist Parallelen zu jener der Przewalskipferde auf: die späte Entdeckung, die bedenklich kleine Restpopulation, die ewige Frage nach Vermischung oder Reinheit. Und nicht zuletzt der ebenso hingebungsvolle wie unvernünftige, aber lebenswichtige Einsatz von Privatpersonen für ihre Rettung.

Vereinzelt bestanden derartige Raritäten bis in unsere Zeit fort, alte, in halbfreier Wildbahn gehaltene Landrassen, die zwar nicht gänzlich unbekannt, doch weitgehend unbeachtet geblieben waren, und die im Zuge des neu erwachten Interesses an urtümlichen Nutztieren eine Aufwertung erfahren. Manchmal gerade noch rechtzeitig, manchmal zu spät. So führte das Bosnische Gebirgspferd, auch als Bosniake geläufig, bis in die jüngste Zeit ein genügsames Schattendasein. Sein Bestand war klein, aber stabil, da die Bauern und Waldarbeiter es für die tägliche Arbeit brauchten. Es wurde ganz überwiegend als Zug- und Lasttier eingesetzt. Dadurch spielten Hochbeinigkeit oder Sportlichkeit keine Rolle, systematische Einkreuzungen fanden nicht statt, auch von Prestigedenken und züchterischer Eitelkeit blieben sie verschont. Sie lebten halbwild in heideartigem Bergland im Osten Bosniens, ähnlich den Exmoorpferden. Bei Višegrad gab es außerdem ein Gestüt. Vom Verhalten her dürfte es eine der natürlichsten Rassen Europas gewesen sein, und auch im Exterieur schlug die tarpanartige Stammform in der häufig grauen, fast metallischen Färbung und den langgezogenen, konvexen Schädeln noch durch. Mit dem Auseinanderbrechen Jugoslawiens und dem Bosnienkrieg waren ihre Tage jedoch gezählt. Seither gehört das Gebiet zur serbisch dominierten Republika Srpska, aus der ein Großteil der bosniakischen Bevölkerung vertrieben worden ist. Damit brach die tradierte Kultur zusammen, das Gestüt verfiel. Hätten sich nicht auch hier beherzte Individualisten wie der slowenische Züchter Anton Dolinšek ihrer angenommen, diese urwüchsige und sympathische Rasse fände sich heute nur mehr in alten Büchern und trüge ihren Teil zu den Melancholien der Geschichte bei.

In den Vogesen haben Abkömmlinge der spätglazialen Wildpferde zumindest bis in die Neuzeit hinein überdauert. Eine Karte von 1577 verzeichnet bei Schlettstadt ein »Revier, in welchem die wilden Pferde leben«. Sechzehn Jahre später berichtet auch ein örtlicher Gelehrter mit dem exquisiten Namen Helisäus Rößlin davon – Stadtphysikus von Hagenau, zudem Astrologe, Meteorologe und Geograph. »Unter den Tieren | finden sich | nemlich auch wilde Pferdt | so sich allezeit im Gewäld | und Gebirg verhalten | sich selber füttern und mehren | den Winter sowohl als den Sommer | und in ihrer Art viel wilder und scheuer sind | denn in vielen Landen der Hirsch.« Die Hochlagen der Vogesen kommen bis heute einer Tundra gleich. Sie sind mit Latschenkiefern und Blaubeeren bestanden, mit Arnika, gelbem Enzian und kleinen violetten Stiefmütterchen. Der Wind striegelt die Wollgraswiesen, tief unten springen Gämsen durch die Felswände. Im Winter gehen Lawinen ab, und die Gipfelhütten sind mit Schnee und Eiszapfen behangen wie Pfefferkuchenhäuser. Die Kuppen blieben seit je waldfrei, an eine landwirtschaftliche Nutzung war nicht zu denken. Hier oben lebten die Pferde ungestört.

Im sich anschließenden Pfälzerwald stellte die Stadt Kaiserslautern im Jahr 1616 gar drei Schützen in ihre Dienste, um die dortigen Wildpferdeherden zu regulieren. Sie richteten beträchtliche Flurschäden an und stifteten Unruhe unter den Hauspferden, indem wilde Hengste die zahmen attackierten und deren Stuten entführten. Es haben sich sogar Konterfeis von ihnen erhalten, die sowohl natur- wie kunstgeschichtlich bedeutsam sind, stammen sie doch von Hans Baldung Grien, Dürers bedeutendstem Schüler. In einer Serie von Holzschnitten stellte er eine Wildpferdherde im Wald dar – und sich selbst als heimlichen Beobachter hinter den Bäumen. Ein Tierfilmer im Tarnzelt hätte die Szene nicht packender einfangen können. Baldung zeigt einen denkbar ungestümen und unzweideutigen Akt, den der Paarung. Der in diesem Fall misslingt: Der brünstige Hengst wird von der Stute abgewiesen, sein Samen ergießt sich auf den Boden, und im Anschluss ergreift die

Herde eine derart heftige Erregung, dass sich alle ineinander ver-
keilen. Die animalische Wildheit ist sowohl konkrete Beobachtung
wie lehrhafte Allegorie, sie steht für Zügellosigkeit, Triebhaftigkeit,
Aggression. Bei aller Drastik hat die Szene der sich unbeobachtet
glaubenden Pferde im Wald aber auch etwas Fabelhaftes. Sie wirken
wie Einhörner, die ihre Stirnwehr nur kurz abgelegt haben.

Dass diese wildlebenden Pferde keine reinen Wildpferde mehr
waren, sondern eine zusammengesetzte Art, zeigen ihre üppig wogenden Mähnen. Alle wilden Equiden besitzen eine kurze, bürsten-
artige Stehmähne, wie sie von den Zebras her geläufig ist; sie er-
neuert sich beim jährlichen Fellwechsel. Der »schöne Iwan«, einst
Leithengst der Przewalski-Gruppe im Rotterdamer Zoo, besaß gar
einen Kamm wie ein römischer Centurio. Hängende Mähnen gelten dagegen als Domestikationsmerkmal, auch wenn die spielende
Natur manchem Hauspferd gleichwohl einen Stiftenkopf verleiht
oder die Mähne umgekehrt bei gestressten Wildpferden auch mal
kippen kann.

Wo sie überlebten, wurden ihre Bestände durch Bejagung und
die harten Lebensbedingungen ausgedünnt. Gleichzeitig vermischten sie sich vereinzelt mit entlaufenen oder von ihnen selbst ge-
kidnappten Hauspferden aus den umliegenden Dörfern. Umgekehrt fingen die Bauern bei Bedarf Jungtiere aus den Herden und
verleibten sie ihrem Viehbestand ein. Je häufiger solche Transfers
stattfanden, desto mehr traten die urtümlichen Merkmale in den
Hintergrund. So ging aus den Wildlingen auf den Vogesenhöhen
schließlich das Riedpferd hervor, eine örtliche Rasse, die auch unter
dem neckischen Namen Schlettstadter Pickerle geläufig war. »Ihr
Kopf ist groß und unschön, ihr Körper dagegen wohlgestaltet.«
Zeitgenössischen Berichten zufolge lebten diese robusten, unendlich genügsamen Arbeitspferde ganzjährig im Freien, »es sei denn,
dass Überschwemmung oder tiefer Schnee sie nach Hause treiben«.
Erwähnt werden auch die starken Behänge, ganz wie bei Baldung.

Noch im Kaiserreich und dann weiter in der Weimarer Zeit hat ein Mann sich solcher Bindeglieder zwischen Wild- und Hauspferden besonders angenommen, hat überhaupt das ganze weite Feld der Nutzung von Säugetieren unermüdlich beackert: Max Hilzheimer. Ein Vorläufer Sándor Bökönyis, war er Archäozoologe, lange bevor der Begriff in Gebrauch kam. Er wirkte am Märkischen Museum in Berlin und wurde dann auch erster amtlicher »Naturschutzkommissar« der Stadt. Gemeinsam mit Ludwig Heck überarbeitete er die Säugetierbände von *Brehms Tierleben* und erreichte dadurch eine breite Wirkung. Zugleich bewies er in zahlreichen Fachpublikationen, dass exzellente wissenschaftliche Arbeit durchaus in einer souveränen, inspirierten Prosa geschrieben und vermittelt werden kann. Vielleicht erinnerte man sich nach dem Zweiten Weltkrieg auch deshalb nur widerstrebend an ihn, derart hohe Standards hätten die Karrieren der werten Kolleginnen und Kollegen nur unnötig erschwert.

Riedpferde, wie Hilzheimer sie in den Vogesen beschrieben hat, kannte man auch anderswo. Im Dachauer Moos etwa, einer unwegsamen Moorlandschaft, die einst den Raum nördlich von München bedeckte. Erst im Laufe des 19. Jahrhunderts wurde dieses vermeintliche Ödland urbar gemacht, wurde entwässert, umgegraben, geebnet und mit Stallmist gedüngt. Gleichzeitig rückten die Torfstecher an und bauten den Brennstoff großflächig ab. Bis zur Jahrhundertwende waren ihre Fuhrwerke in München ein geläufiger Anblick, gezogen von eigentümlich kleinen, unverwüstlichen Pferden, die wirkten, als wären sie selbst aus Torf modelliert. Nach einer der ältesten Siedlungen im Moor hieß man sie Feldmochinger. Oder auch »Mooskatzen«, eine zärtliche Schmähung in echt bayrischer Manier. Von den Bauern geführt, entzogen sie ihrem Lebensraum buchstäblich den Boden. Als er verheizt war, endete auch ihre Zeit. Die Letzten dürften im Ersten Weltkrieg gefallen oder verhungert sein.

Mit einer Widerristhöhe von einem Meter dreißig wurden sie ausschließlich als Zugtiere eingesetzt. Vielen lief der schwarze Aalstrich über das Rückgrat, ein klassisches Wildpferdemerkmal, das vor allem bei Rassen durchschlägt, die als »primitiv« gelten. Ähnlich wie ihre Besitzer waren die Feldmochinger von »fester Konstitution« und »mäßig lebhaftem Temperament«. Sie wurden als »eine immer seltener werdende Rasse unansehnlicher, rauhhaariger, dickköpfiger Pferde« betrachtet und »als Abkömmlinge des uralten einheimischen Pferdes«. Was ihre Überlieferung angeht, erging es ihnen nicht viel besser als dem Tarpan. Immerhin blieben zwei Fotografien erhalten, dafür beschränkt sich die gesamte Literatur auf zweieinhalb zeitgenössische Aufsätze, die mich jedoch sofort elektrisierten. Denn auch ich bin ein Feldmochinger. Groß geworden in einer Neubausiedlung auf Feldmochinger Grund und Boden, der nach München eingemeindet worden war. Feldmoching selbst war in meiner Kindheit noch ein richtiges bayrisches Dorf mit Maibaum, Kuhställen und kernigen Bauernburschen. Zur Erntezeit rumpelten Traktoren und Mähdrescher durch den Ort, der durch einen Kranz aus Kartoffeläckern von unserer Siedlung abgeschirmt war. Auf halbem Wege verlief die Mochostraße, die, ohne dass ich mit ihrem Namen zunächst etwas verbunden hätte, klanglich eine ganz andere Aura besaß als die übrigen Straßen des Neubauviertels, die fast durchweg nach Gewerkschafts- und Parteifunktionären benannt worden waren. Ich meine, mein erstes Pferd in einem Feldmochinger Stall gesehen zu haben, doch gab es damals schon lange keine Mooskatzen mehr; es dürfte ein Süddeutsches Kaltblut gewesen sein.

In Heimatkunde lernten wir dann, dass eine bajuwarische Sippe unter Führung eines gewissen Mocho um 530 von weit im Osten her in die Schotterebene gezogen war, die sie bald *das Gfild* nannten, woraus Feldmoching wurde. Viele Jahrhunderte vor München war hier eine stattliche Siedlung gewachsen. In einer Kiesgrube hat man in den dreißiger Jahren sechshundert ihrer Gräber entdeckt. Darin fanden sich etliche Gegenstände und Waffen, die entweder direkt von den Awaren stammten oder stark von ihnen beeinflusst waren. So etwa die Steigbügel, die durch dieses ursprünglich vom Rande der Gobi stammende Reitervolk, das sich damals in der ungarischen Tiefebene festgesetzt hatte, überhaupt erst Verbreitung gefunden hatten; die Hunnen besaßen noch keine, obwohl sie sonst »wie angewachsen« auf ihren Pferden saßen. Sollte Mitteleuropa also schon zu jener Zeit mit Mittelasien in Berührung gekommen sein? Sollte ein Hauch vom Altai, ja gar von der Chinesischen Mauer uns in Feldmoching gestreift haben? Da schau her!

Im 13. Jahrhundert berichtete der weit gereiste Albertus Magnus, Schutzpatron der Naturwissenschaftler, von aschgrauen wilden Pferden im Preußenland. Es dürfte sich um Tarpane im ostpreußischen Kerngebiet gehandelt haben. Aus den angrenzenden litauischen und polnischen Territorien kamen noch bis Ende des 18. Jahrhunderts ähnlich lautende Beschreibungen, ebenso aus den Steppen Bessarabiens am Ostrand der Karpaten, wo damals auch noch Saiga-Antilopen grasten. Wobei die ursprünglich gänzlich wilden Tarpanherden durch das Vordringen menschlicher Siedlungen, durch Jagd, Wilderei, Diebstahl und eher anarchische Zuchtversuche in einen prekären Zustand geraten sind, für den sich die paradoxe Bezeichnung »Wildgestüt« eingebürgert hat.

Herden tarpanähnlichen Typs durchstreiften auch das Rheinland und Westfalen. Noch Anfang des 19. Jahrhunderts zogen mehrere davon durch Sümpfe wie das Emscherbruch und Heidelandschaften wie die Senne. Ihre Ahnen dürften als Vorbild für das weiße Westfalenross gedient haben, das Wappentier der Autochthonen. Wo heute der Duisburger Zoo liegt, erstreckte sich damals ein ausgedehnter Wald, der zum Rhein und zur Ruhr hin den Charakter eines Auwalds annahm. Sowohl Duisburg als auch das benachbarte

Mülheim waren noch beschauliche Landstädtchen mit wenigen Tausend Einwohnern. Seit alters her lebten hier wilde Pferde im Wald, nicht anders als Hirsche und Rehe. Sie dienten den Landesherren als Jagdbeute wie auch zur Aufstockung ihrer Herden. Dafür war über Jahrhunderte hinweg ein eigener Beruf zuständig, der Wildfänger oder Stricker. Zu seinem Handwerkszeug gehörten Fangseile und Nüsternklemmen, auch Rossbremsen genannt, eine Art Schraubstock fürs Maul, mit dem die Tiere gefügig gemacht wurden. Die Stricker stiegen auf Bäume oder Hochsitze, ließen sich die Pferde zutreiben und versuchten, ihnen die Schlinge um den Hals zu werfen. Am anderen Ende war ein Holzklotz befestigt, schwer genug, dass das Seil dem fliehenden Pferd die Luft abschnürte. Die Fänger sprangen herbei, warfen es zu Boden und legten ihm ein Halfter an.

So vorteilhaft diese Selbstbedienungsherden auch waren – die Bauern fingen sich ihrerseits heimlich Nachwuchs heraus –, so richteten sie doch beträchtliche Flurschäden an, und manche Hausstute brannte mit einem wilden Hengst durch. Das Ende für die Herden zwischen Rhein und Ruhr kam am 9. Dezember 1814. Fast zweitausend Treiber aus Duisburg und Mülheim rückten an, als zögen sie in eine Entscheidungsschlacht. Mit Trommeln und Hörnern und großem Radau scheuchten sie die Pferde auf. Wie bei Treibjagden üblich, hielten sie Absperrseile zwischen sich gespannt, an denen Stofflappen baumelten. So trieben sie die Tiere in ein Fanggehege. Am Ende konnten dann gut zweihundertfünfzig Stück dem Grafen von Spee übergeben werden. Einige aber gingen den Häschern doch durch die Lappen, denn noch 1830 lebten versprengte Wildlinge im Wald.

Die leergefangenen Bruchwälder wurden auch in der Folge noch als Pferdeweide genutzt. Um 1870 heißt es über die Davert im Münsterland: »In diesen Wald treiben die Landleute ihre Pferde, eine eigentümliche Rasse, welche Ähnlichkeit mit den polnischen

Pferden (den Tarpanen) hat, im Herbst; sie bleiben dort den ganzen Winter und werden im Frühjahr, so man sie brauchen will, eingefangen. Gefüttert werden sie nicht, aber sie kratzen den Schnee weg und nähren sich so.« Auch in Bentheim und im Lettebruch bei Coesfeld pflegte man diese Praxis des »Zurück zur Natur«.

Von den wilden Herden hielten sich die Emscherbrücher Dickköppe mit am längsten. Allein der Name kündet schon von ihrem urtümlichen Exterieur: ramsnasig, pausbäckig, vierschrötig. Sie bevölkerten die sumpfigen Wälder zwischen Essen und Recklinghausen. Die jedoch zusehends schwanden, und die Pferde mit ihnen. Die letzten wurden 1841 nach Dülmen verkauft. Und nur dort, im Merfelder Bruch, hat ein solches Wildbahngestüt bis auf den heutigen Tag überdauert. Seit dem Aussterben der Feldmochinger bilden die Dülmener Deutschlands einzige bodenständige Kleinpferderasse. Wenngleich mattes Silbergrau im Kleid vorherrscht, so geben sie doch kein einheitliches Bild mehr ab. Dazu wurde zu viel eingekreuzt, wenn auch stets urtümliche Rassen, darunter polnische Koniks, um über sie in einer Art Zirkelschluss das Tarpanerbe aufzufrischen. Mal schlägt auch das Whiskybraun der Exmoorpferde durch, mal das Steppenblond der Przewalskis. Dülmen hätte einen Heck gebraucht, um den klassischen Phänotyp herauszuarbeiten. Doch von ihrer Geschichte wie von ihrer Lebensweise her sind diese Pferde so wild wie nur wenige in Europa. Einmal im Jahr findet ein spektakuläres Kesseltreiben in der Arena der Wildbahn statt, Naturschauspiel und Volksbelustigung in einem. Dabei werden die überschüssigen Jährlinge aus der Herde herausgefangen und anschließend verkauft.

Erhalten blieben diese Geschöpfe dank der Hege der Herzöge von Croÿ, in deren Besitz sie seit 1847 sind. Davor gehörten sie niemandem im Besonderen, sondern wurden, wie auch ihr Lebensraum, das nasse, schwer kultivierbare Bruchland, die »gemeine Mark«, von den umliegenden Siedlungen anteilig genutzt. Im Mit-

telalter schätzte man sie als Jagdwild, später als billige Kavallerie-
und Arbeitspferde. Wegen ihres niedrigen Widerristes und des
kleinen Wendekreises kamen sie besonders in den Bergwerken des
nahen Ruhrgebiets zum Einsatz, unter erbarmungswürdigen Bedingungen.

Bezeichnend, dass die Herde bis heute nicht in der Obhut eines
Pferdewirtes steht, sondern in der einer Försterin. Wenn Friederike
Rövekamp mit Besuchern durch das Merfelder Bruch stiefelt, zeigen diese sich oft enttäuscht, dass die angeblichen Wildpferde ihre
Tage nicht mit ständigen Kampfspielen zubringen, vielmehr fortwährend Siesta halten. Andererseits quengeln sie, weil sie die Tiere
nicht streicheln dürfen. »Die Vorstellung vom Pferd als Wild existiert überhaupt nicht mehr«, stellt Rövekamp fest. Und macht den
verdutzten Zaungästen klar, dass diese Ponys ohne Stall und ohne
Stroh auskommen, weder Tierarzt noch Hufschmied kennen und
noch nie einen Reiter getragen haben. Dass die Hengste mit der
Herde leben und dass kaum eine Stute ohne Fohlen bleibt, wovon
jeder Bauer nur träumen kann. Dass sie ohne menschliche Hilfe gebären und auch alleine sterben, von den Füchsen schon belauert.
Diese Politik der Nichteinmischung trägt ihr prompt manchen Ta-
del ein: »Wie können Sie die armen Tiere so verkommen lassen?«
Durch ihre schiere Existenz halten diese Wildlinge die ferne Erinnerung daran wach, wie Pferde ursprünglich gemeint waren, und
wozu sie unter unserem Joch geworden sind.

War das Urwildpferd einst über ganz Eurasien verbreitet, so verschwand es nach Ende der Eiszeit weitgehend aus Europa, wobei
es sich am östlichen Rand bis in die Neuzeit hinein halten konnte,
analog zu anderem Großwild wie Wisenten und Auerochsen. In
inselartigen Refugien, die für die Ackerbauern weitgehend wertlos
waren, überlebten Restbestände auch im Westen, wobei sie sich im
Laufe der Zeit mit entlaufenen Pferden mischten oder deren Fah-
nenflucht auch selbst herbeiführten. All diese urtümlichen Spiel-

arten verdanken ihren Fortbestand dem Verbleiben, ja Verschwinden in undefinierten Räumen. Niemandslande, Niemandspferde.
Sie waren buchstäblich Freiwild. Gerade diese Herrenlosigkeit ermöglichte ihr Überleben. Partisanen des agrarischen Zeitalters, verbargen sie sich in den hinterletzten Winkeln ihrer Ursprungsgebiete
und wurden doch am Ende aufgerieben. Im östlichen, ungleich
größeren Teil des Doppelkontinents nahm die Entwicklung dagegen einen anderen Verlauf. Dort vollzog sich die nächste Etappe der
gemeinsamen Reise, die Zähmung der Pferde.

# Das Kontinuum

»Asiatische Geschichte scheint uns nur Sage zu sein.«

*~ Egon Erwin Kisch*

B erg mit ›S‹ ... Berg mit ›S‹? Berge waren am schwierigsten. Sydney und Schweden brachte ich im Nu zu Papier, auch der Sambesi floss mir nur so zu. Aber ein Berg? Selbst eine großzügige Auslegung der Regeln half nicht weiter: Gebirge mit ›S‹?

Wenn überhaupt, so blieb meist das Berg-Feld leer bei diesem familiären Ratespiel, dem ich eifrig frönte, gewann ich beim *Stadt, Land, Fluss* doch erheblich häufiger als beim Monopoly oder gar beim Schach. Denn in der Welt, da kannte ich mich aus. Früh schon hatte ich den Diercke von vorne bis hinten studiert, um nicht zu sagen verschlungen. Ich war geographisch, so wie andere musikalisch waren. Das fing mit sieben an und trägt bis heute weiter. Schlug man das mahagonibraune, stoffbespannte Kartenwerk auf, öffnete sich die Welt. Die Tiefebenen leuchteten frühlingsgrün, die Flüsse kobaltblau, die Gletscher silbrig, die Gebirgszüge rotbraun schraffiert. Und überall Namen, Namen, Namen, die ich begierig aufsog: Isfahan, Halifax, Osaka, Monrovia, Tegucigalpa, Lourenço Marques. Ich genoss es, die Familie mit diesen Kenntnissen zu verblüffen, oder auch Nachbarskinder, die doppelt so alt waren wie ich, aber noch nie von Celebes gehört hatten. Der Atlas war kein Buch, schon gar kein Unterrichtsmaterial, er war ein Freund. Ich besitze ihn bis heute, er ist so alt wie ich.

*Stadt, Land, Fluss.* Ein Mitspieler buchstabierte in Gedanken das Alphabet durch, ein anderer rief »Stopp!«, und schon war man in Mauretanien. Jeder brachte seine integrierte Suchmaschine auf Touren und durchforstete das geographische Gedächtnis. Der lautlose Ritt durchs Abc und die Landung auf einem neuen, verheißungsvollen Buchstaben hatten einen ähnlichen Effekt wie heute ein Nachtflug nach Singapur. Ich kannte die Gegebenheiten umso besser, je weiter entfernt sie lagen und je unerheblicher sie für die Orientierung im Alltag waren. Die Salzach kam später ins Repertoire als der Sankt-Lorenz-Strom, und bis heute besitze ich eher undeutliche Vorstellungen davon, wo Osnabrück oder Pirmasens liegen. Lediglich unser Hausfluss, die Isar, bildete zusammen mit weiteren bayrischen Fließgewässern eine Ausnahme, deckte eine bewährte Eselsbrücke doch gleich sechs Anfangsbuchstaben ab, das ›I‹ sogar mehrfach: »Isar, Iller, Lech und Inn fließen rechts zur Donau hin. Wörnitz, Naab und Regen fließen ihr entgegen.«

Fernreisen waren in jenen Jahren ein seltenes Privileg, und da ich in bescheidenen Verhältnissen aufwuchs, war ich davon überzeugt, dass es in meinem Fall bei Phantasiereisen bleiben würde. Die erste echte Auslandsfahrt stand mit fünfzehn an, die obligatorischen Familienferien an der Adria. Vorausgegangen war lediglich ein Tagesausflug nach Kufstein, welcher dem Bestaunen der Festung und des grünen Inns gegolten hatte sowie dem Erwerb einer österreichischen Spezialität – woraufhin unsere Mutter dann sonntags feierlich ein Löffelchen achtzigprozentigen Stroh-Rum in den Tee träufelte.

Berg mit ›S‹? Noch immer klaffte das Feld leer. Ich trug schließlich »Schuttberg« ein, was nach einiger Diskussion gnädig akzeptiert wurde. Denn nicht irgendeiner war gemeint, sondern *der* Schuttberg, eine stattliche Erhebung im Münchener Norden, die beinah in Sichtweite unseres Balkons aufragte. Die Rede ist von jenem Trümmerberg auf dem Oberwiesenfeld, altem Feldmochinger Weidegrund, der immerhin so hoch war, dass er ein Gipfelkreuz trug. Einige Jahre später sollte er sich als »Olympiaberg« einen Namen machen. Freilich dann einen mit ›O‹. Gleich mal merken!

W as damals verwegene Verheißung war, erfüllte sich später dann doch. Ich buchstabierte Städte, Länder und Flüsse reisend durch, als fände das Spiel nun im wirklichen Leben seine Fortsetzung. Jedes Mal beunruhigt vom Aufbruch ins Unbekannte, doch jedes Mal auch berauscht von euphorischer Abwesenheit, von Fliehkraft und Fernwohl.

Der schönste Lohn für die Arbeit an diesem Buch war, dass es mich zu einigen entlegenen Zielen auf der weit gespannten eurasischen Kontinentalbrücke führte: Baty, Saissan, Askania Nova, Pech Merle, Tschernobyl. Kleine, weltverlorene Orte. Was sie verband, war ihre Bedeutung für die epische Geschichte der Przewalskipferde und ihre Lage in einem relativ schmalen Streifen etwas südlich von fünfzig Grad geographischer Breite. Erst hinterher, als alles beisammen war, ging mir auf, dass dieser Längsschnitt durch den Doppelerdteil ziemlich genau auf der Höhe von München erfolgte.

Das Schicksal der Wildpferde ist untrennbar mit ihrem Lebensraum verbunden. So dass dieses Buch zwangsläufig auch zu einer Hommage an die Steppe geriet, und damit zu einem kulturgeschichtlichen Husarenritt von der Prähistorie bis in unsere Tage. Auch hier kam die Erfahrung eines Zusammenhangs zum Tragen, unter Aufhebung der Zeit. Selten habe ich mich so gänzlich gegenwärtig, so eins mit meiner Umgebung gefühlt wie in der Höhle von Lascaux oder auf den Felsinseln aus Urgestein am Rand der Gobi. Während ich mir zu Hause bisweilen als lebender Anachronismus vorkomme, als hätte ich mich in der Zeit geirrt, oder die Zeit sich in mir.

Ohne dass ich gezielt danach gefahndet hätte, sind mir während dieser Nachsuche immer wieder Felsbilder, Steinstelen und Grabhügel begegnet. Sie entstanden zu verschiedenen Epochen und in verschiedenen Gebieten, doch sie ähnelten einander in frappierender Weise und schienen miteinander zu korrespondieren. Als erstreckte sich zwischen der Donaumündung und dem Huang He ein riesiges Freilichtmuseum, säumten sie oft unvermutet den Weg.

Oder meine Gastgeber erwähnten beiläufig Fundstätten in der Nähe, und so steuerten wir sie an. In der Steppe sind Attraktionen dünn gesät. Wobei manche Gegend den Eindruck erweckte, sie sei zu frühgeschichtlicher Zeit dichter besiedelt gewesen und häufiger frequentiert worden als heute. Schon Humboldt empfand diesen eigentümlichen Kontrast:»In Felsen gegrabene Bilder beweisen, daß auch diese Einöde einst der Sitz höherer Kultur war.«

Eurasien ist mit Felszeichnungen regelrecht tätowiert. Wobei sie in Westeuropa deutlich älter sind und, in ihren gelungensten Tierdarstellungen, von einer Meisterschaft, die später kaum je erreicht wurde. Pferde finden sich an diesen Stätten beinah immer abgebildet, Raubtiere dagegen nur selten, Menschen so gut wie nie. Und wenn, dann als zauberische Zwischenwesen, als Löwenmensch oder Mann mit dem Vogelkopf. Als hätte ein Tabu bestanden, oder aber die Menschen erschienen, weil banal, einer solchen Huldigung nicht würdig. Die meisten Petroglyphen in Asien reichen einige Jahrtausende zurück, doch nicht, wie ihre europäischen Pendants, mehrere Jahrzehntausende. Prompt zeigen sie auch Menschen in größerer Zahl. Häufig reitend, auch fischend, jagend oder tanzend. Da diese archaischen Galerien sich in der Regel an offen zutage tretenden Felswänden befinden, konnte jeder Passant sie fortzeichnen, so dass sich Motive aus den verschiedensten Epochen überlagern. Die Darstellungen von Straußen und Mammuts müssen, sofern authentisch, prähistorisch sein, die Treibjagd zu Pferd vielleicht tausend Jahre alt, der einachsige chinesische Reisewagen vielleicht hundert. Die Graffiti darüber, dazwischen und drum herum, oft Reviermarkierungen im Stil von»Kilroy was here«, stammen aus jüngster Zeit, vielleicht sogar vom Freitag letzter Woche.

Nicht alles, was alt anmutet, ist freilich auch antik. An einem Wasserloch eine Fahrstunde westlich von Biidsch bestiegen wir einen Hügel, der eine stupende Rundsicht bot. Dort prangten auf einer tafelartigen Felsplatte tibetische Schriftzeichen. Ein mittelalterliches Heiligtum, Reste einer untergegangenen Zivilisation? Doch unser Führer, einer der Wildhüter des Parks, tat sie mit einer wegwerfenden Handbewegung als fromme Propaganda ab:»You know, it's this ›Ommm‹ kind of thing.« *Om mani padme hum* – Mönche waren hier auf alten Karawanenwegen von Tibet in die Mongolei gezogen und hatten pflichtgemäß diese Formel für alle Lebenslagen hinterlassen. Unser Führer schätzte ihr Alter auf lediglich sechzig Jahre. Dann dürften ihre Urheber vor der chinesischen Besetzung geflohen sein; Nymasurens Großvater könnte sie getroffen haben.

Die zweite Gruppe archaischer Accessoires bildeten steinerne Stelen. Mit rund dreitausend Jahren gehören die sogenannten Hirschsteine zu den ältesten. Bis zu drei Meter hoch ragen sie aus der mongolischen Steppe auf, kunstvoll behauen und verziert. Neben schwungvollen Ornamenten zeigen sie vor allem fliegende Rentiere, manchmal auch Hirsche und anderes Wild. Sie scheinen als Grabsteine gedient zu haben – allerdings nicht für Menschen, sondern vornehmlich für Pferde, die dort geopfert wurden. Auch im Hinterland der Krim oder im Osten Kasachstans ragten immer wieder Steinblöcke und Steinfiguren auf, einige mitten in der Landschaft, andere in den Gärten der örtlichen Museen. Sie markierten ebenfalls Kult- und Grabstätten, auch wenn sie später als Wegweiser angesehen, als Götzenbilder demoliert oder als Baumaterial zweckentfremdet worden sind. Die Datierungen bewegten sich zwischen älterer Eisenzeit und ausgehendem Mittelalter. In Europa fielen viele dieser Relikte der rabiaten Christianisierung zum Opfer, in Asien der Islamisierung. Als jedoch Wilhelm von Rubruk Mitte des 13. Jahrhunderts seine famose Reise zum Großchan der Mongolen antrat, standen viele davon noch unversehrt. »Während zweier Monate erblickten wir weder eine Siedlung noch die Spur von einem richtigen Gebäude. Wir sahen nichts als Grabstätten der Kumanen, die aber in großer Zahl.«

Die dritte Kategorie bildeten die Kurgane, mächtige Grabhügel, die früher oft von Dutzenden solcher Stelen oder Wächterfiguren eingefasst waren. Sie finden sich von Osteuropa bis in den Süden Sibiriens, aber auch bis nach China und in die Mongolei hinein. Spätere Reisende wie Pallas oder Przewalski berichteten ebenfalls davon, doch passierten sie so viele, dass ihre Neugier bald erlahmte. In der unerbittlich flachen Steppe boten die Kurgane willkommene Orientierungs- und Aussichtspunkte. Sie markierten immer auch Gebietsansprüche, standen für die Präsenz eines Clans oder eines ganzen Volkes. In erster Linie aber dienten sie als Grabmäler für Herrscher, Anführer und hochgestellte Persönlichkeiten. In der Skythenzeit wuchsen sie zu pompöser Größe, maßen manchmal über hundert Meter im Durchmesser und zwanzig in der Höhe, ursprünglich wohl noch einiges mehr. In ihrem Inneren lagen hölzerne Grabkammern verborgen. Im tuwinischen Peluze, zu Füßen des Sajangebirges, finden sich ganze Ketten dieser monumentalen Begräbnisstätten; eine barg nicht weniger als hundertsiebzig Kammern. Ein derartiger Aufwand stand allerdings nur Vertretern der Führungsschicht zu; das gemeine Volk wurde einfach verscharrt.

Pferde stellten die mit Abstand häufigste Grabbeigabe dar. Sie wurden regelmäßig geopfert und mitbestattet. In einem der Kurgane von Arschan, ebenfalls in Tuwa gelegen, war der Leichnam des Fürsten auf die Schweife von hundertsechzig Hengsten gebettet. Sie waren zuvor an ebenso vielen Opferfeuern geschlachtet worden. Als Seelengeleiter kam ihnen eine wichtige Aufgabe zu. Einige waren fertig aufgezäumt, die Sättel lagen griffbereit, sie sollten im Jenseits für ihren Herren oder ihre Herrin bereitstehen. Tatsächlich war das Reitzubehör bei manchen Ausgrabungen so gut erhalten, dass man noch heute damit weiterziehen könnte. Auch die Gebeine der Toten selbst bargen Informationen, auch sie wirkten als Medien, die die Anatomen auslesen konnten. Bei vielen stellten sie eine sogenannte Reiterfacette fest, wie man sie heute am ehesten noch bei Jockeys und Polospielern findet: eine leichte Deformation der Oberschenkelköpfe, die mit starken Muskelansatzstellen einhergeht. Sie bildet sich nur, wenn die Betreffenden häufig zu Pferd unterwegs sind, in der Regel von klein auf. Diese Menschen konnten besser reiten als laufen.

Viele Gräber enthielten auch Wagen als Beigaben; manchmal wurden gar Räder in den vier Ecken der Kammer platziert, als wäre das Grab selbst ein Fahrzeug. Dazu kamen Waffen, reichlich Goldschmuck, Amulette, Bronzespiegel, prachtvolle Gewänder, Pelze, Wandbehänge, mitunter auch Möbel und Geschirr, vereinzelt sogar Musikinstrumente. Derartige Arrangements kennt man auch aus Europa. Erst vor ein paar Jahren kam in einem solchen Hügelgrab bei Unlingen am Rande der Schwäbischen Alb die älteste Reiterfigur nördlich der Alpen zum Vorschein. Mit gut zweitausendsiebenhundert Jahren erscheint er im selben Zeithorizont wie die Reitervölker am Schwarzen Meer. Nach dem Fundplatz von La Tène am Ufer des Neuenburgersees, der Pferdegeschirr und Wagenteile barg, wurde gar ein ganzes Zeitalter benannt. Hier »Kelten«, dort »Skythen« – beides sind nur vage Oberbegriffe, klobige Schubladen, in denen die verschiedensten Kulturen verstaut werden. Im Karpatenbecken berührten beide Welten einander sogar, und einer der frühesten skythischen Funde überhaupt, der Goldschatz von Vettersfelde, kam gar in der Niederlausitz zutage. Die östlichsten Ausläufer der einen trafen auf die westlichsten der anderen.

Pferde stellten Luxusgeschöpfe dar, kostbare Attribute für Feldherren und Machthaber. Noch in der Merowingerzeit dienten sie auch in Mitteleuropa als Grabbeigabe für hochrangige Personen und als kultisches Opfer. Sie sollten für den Einzug in Walhall oder ähnlich himmlischen Gefilden bereitstehen. So fanden sich im Grab von Childerich, dem ersten fränkischen König, zwei Dutzend Pferdeskelette. Trotz fortschreitender Christianisierung hielt sich dieser heidnische Brauch noch etliche Jahrhunderte; Götter sind leichter ersetzbar als Statussymbole. Noch im achten Jahrhundert untersagte Papst Gregor III. den frisch missionierten Germanen den Genuss von Pferdefleisch, da er an Götzendienste gekoppelt war. Das Verbot erstreckte sich ausdrücklich sowohl auf Haus- wie auch auf Wildpferde.

Das einzige Vermächtnis der Reitervölker sind häufig ihre Gräber; Siedlungen haben sie kaum hinterlassen. Im Hochtal von Pasyryk im sibirischen Altai wurden über vierhundert Kurgane gefunden, doch keine einzige Behausung. Die reichen Grabbeigaben, die durch Permafrost konserviert wurden, bezeugen Handelsbeziehungen mit weit entfernten Sphären wie Persien, Indien und China. Eines dieser Gräber, das rund zweieinhalbtausend Jahre zurückdatiert, barg auch den ältesten geknüpften Teppich der Welt, ein knapp zwei mal zwei Meter großes Prachtstück in feurigen Farben. Er diente als Wandbehang in der Totenjurte. Eine Karawane aus Reitern umrahmt das ornamentale Mittelfeld.

Was der Steppe anvertraut wird, das bewahrt sie auf lange Zeit. Menschliche Zeugnisse wurden hier nur selten durch Ackerbau und Erschließung getilgt. Auch wurden sie weder von Wald überwuchert noch von sich verlagernden Flüssen oder gar Meeren überspült. Sie sind nach wie vor vorhanden, nur dass buchstäblich Gras über sie gewachsen ist. Dieses gemeinsame Vermächtnis stiftet so etwas wie ein eurasisches Kontinuum – einen kulturellen Zusammenhang über weite Räume und Zeiten hinweg. Pferde bilden einen zentralen Bestandteil dieses Kontinuums.

Anders als klassische archäologische Gefilde wie der Mittelmeerraum oder das Andenhochland haben die Ausgrabungen in den Steppen Osteuropas und Mittelasiens bisher nur wenig Beachtung gefunden und sind, außer vielleicht in Russland, im öffentlichen Bewusstsein kaum präsent. Hierzulande haben sie zuletzt durch spektakuläre Funde unter maßgeblicher Beteiligung von Hermann Parzinger Auftrieb bekommen, dem langjährigen Leiter der Eurasien-Abteilung am Deutschen Archäologischen Institut. Doch es wird noch dauern, bis allgemein durchdringt, dass Regionen wie der Altai oder die Pontische Steppe zu den großen Schauplätzen der Menschheitsgeschichte zählen. Sie bescherten ihr drei revolutionäre Entwicklungen: das Rad, das Pferd und den Streitwagen. Nicht umsonst bildeten sie auch die wichtigsten Grabbeigaben. Sie standen für Macht durch Mobilität. Einer Macht, die diesen zunächst marginalen Völkern erst durch das Pferd zugewachsen war. Indem sie es zähmten und schließlich auch bestiegen, erfanden sie nichts Geringeres als das Verkehrsmittel. Man denke es sich nur für einen Augenblick aus der Menschheitsgeschichte fort, und es bleibt nicht mehr viel von ihr übrig. Das Pferd war die erste Muse und der letzte Sklave des Menschen. Es inspirierte ihn zu seinen frühesten künstlerischen Schöpfungen, und es ließ sich als letztes und vornehmstes Nutztier domestizieren. Naturforscher der ersten Stunde, waren die nacheiszeitlichen Jäger mit seiner Lebensweise eng vertraut; dieses Wissen bildete eine wichtige Voraussetzung für seine Bezähmung. Um wilde Tiere in Haustiere zu verwandeln, bemerkt Claude Lévi-Strauss einmal, um bei ihnen »Eigenschaften zu entwickeln, die sie für die Ernährung oder die praktische Verwendung brauchbar machen, Eigenschaften, die ursprünglich vollständig fehlten oder kaum vermutet werden konnten – für all dies bedurfte es einer wirklich wissenschaftlichen Geisteshaltung, einer unentwegten und stets wachen Neugier, eines Hungers nach Erkenntnis aus Freude an der Erkenntnis«. Auf der Gegenseite arbeiteten die engmaschige Sozialstruktur und die hierarchische Prägung der Pferdegesellschaft, ihre Bindungsfreudigkeit und ihre Bereitschaft zur Unterwürfigkeit der Domestikation nachhaltig in die Hände. Wisente oder Elche ließen es nie so weit kommen. Doch wo, wann und warum machte der Mensch sich das Pferd schließlich untertan? Dieses Rätsel ist bis heute ungelöst geblieben.

Als sich Przewalskis Entdeckung Ende des 19. Jahrhunderts herumsprach, geriet die Wissenschaft in helle Aufregung. Denn mit einem Mal schien diese quälende Ungewissheit beseitigt, nun vermochte man Ross und Reiter zu nennen, der lang gesuchte Urahn aller Hauspferde war gefunden: *Equus ferus przewalskii,* das asiatische Urwildpferd. Damit hätte dann auch, in diesem einen Fall, der Mensch von jener Schuld freigesprochen werden können, die er etwa beim Auerochsen oder beim Dromedar auf sich geladen hatte: die Wildformen seiner Haustiere ausgerottet zu haben.

Doch sie waren es nicht. Przewalskipferde gehören einer Seitenlinie an, die wirklichen Stammväter und -mütter der Hauspferde können wir nur vermuten. Entweder handelte es sich um den Tarpan, das osteuropäische Wildpferd, oder aber, und diese Variante scheint wahrscheinlicher, um eine oder mehrere andere Unterarten des Wildpferdes, die in der riesigen Lücke zwischen dem Verbreitungsgebiet des Tarpan und dem der *Tachi* beheimatet waren, in etwa also im heutigen Kasachstan. Diese Spielart wurde jedoch wohl schon Mitte des 19. Jahrhunderts unwiderruflich ausgemerzt, so dass keine Beschreibungen, geschweige denn Abbildungen auf uns überkommen sind. Sollte es eines Tages gelingen, dieses Bindeglied zu identifizieren, wäre die Wissenschaft einen großen Schritt weiter.

Gerade diese Ungewissheit aber macht die Beschäftigung mit dem Thema so spannend. Manche der einschlägigen Sachbücher lesen sich wie Krimis, setzen die Forscher doch ebenfalls kriminaltechnische Methoden und detektivische Kombinationsgabe ein. Sie sammeln Indizienbeweise, folgen Spuren, prüfen Alibis. Bezeichnenderweise stammen einige der inspiriertesten Werke aus den Federn von Ungarn. Als Abkömmlinge alter Reitervölker haben sie stets besonderen Sachverstand gezeigt. Das beginnt mit dem fabelhaften Reisenden Béla Széchenyi, dessen Spuren Przewalski mehrfach erstaunt kreuzte, und den er doch nie einzuholen vermochte, und es endet neun Jahrzehnte später mit Zoltán Kaszab, dem letzten Europäer, der noch *Tachi* in Freiheit sah. Zwei der bekanntesten Erforscher Mittelasiens, Sándor Kőrösi Csoma und Aurel Stein, stammten ebenfalls aus Ungarn. In Andreas Alföldi besaß die Nation zudem einen Altertumskundler, dessen enzyklopädisches Wissen und interdisziplinäres Denken auch benachbarte Disziplinen mit geprägt haben.

Ende der sechziger Jahre verfertigte Miklós Jankovich mit *Pferde, Reiter, Völkerstürme* eine meisterhafte Studie über die Ursprünge der nomadischen Zucht und die geschichtsbildende Rolle des Pferdes. Er entstammte einer adeligen Familie, die zu den renommiertesten Pferdezüchtern des Landes zählte. Nach 1949 hatte er einen entsprechend schweren Stand; dennoch hielt er unbeirrbar an seinem Lebenswerk fest. Ein Schlüsselkapitel widmete er dem Altai, diesem archimedischen Punkt Eurasiens, der zu einer Drehscheibe der Entwicklung geriet. Zusammen mit dem sich anschließenden Sajan-Gebirge bildete er eine Art Insel, in deren Hochlagen eiszeitliche Flora und Fauna bis heute überdauern konnten. So etwa die Rentierflechte und damit auch das Rentier, dessen Verbreitungsgebiet sonst viel weiter nördlich liegt. Nur hier kam das Ren gemeinsam mit Pferd und Kamel vor – drei der wichtigsten künftigen Nutztiere der Menschheit. War der Anfang der Domestikation einmal gemacht, vermutlich bei den genügsamen, fügsamen und nicht gar so scheuen Rentieren, brauchte das Prinzip nur mehr auf die beiden anderen Arten übertragen zu werden. Prompt lebten hier Volksgruppen, die Rentiere ritten und sie auch melkten, während sie sonst ausschließlich als Zugtiere eingesetzt wurden. Schon prähistorische Felsbilder bezeugen dies; auch Marco Polo erwähnt Stämme, die auf Hirschen reiten. Einige kleine Gruppen haben diesen einzigartigen Lebensstil bis in unsere Tage bewahrt.

Sándor Bökönyi verdanken wir dann eine der wenigen Monographien über das Przewalskipferd, aber auch zahlreiche weitere Publikationen über Nutztiere. Der studierte Tierarzt, der selbst ein

guter Reiter war, hatte sich früh schon der Archäozoologie zuge-
wandt. Seine ersten Sporen verdiente er sich mit einer Studie über
die Skythenpferde. Er verstand es, Enthusiasmus und Elan in eine
Disziplin einzubringen, die man sonst eher mit schrulligen Fakto-
ten verband. Bökönyi jedoch besaß Charisma. Er verkörperte die
seltene, inzwischen fast gänzlich verschwundene Spezies des umfassend gebildeten Spezialisten, zugleich scharfer Empiriker und
Grandseigneur alter Schule. Scheinbar mühelos veröffentlichte er
auf Ungarisch, Deutsch, Französisch, Englisch, Russisch, Serbisch
und Italienisch, und selbstredend beherrschte er auch fließend La-
tein. Er hätte wohl noch einmal die Summe seines Lebenswerks gezogen, wäre er nicht 1994 abrupt gestorben.

Dem amerikanischen Anthropologen David W. Anthony war
in dieser Hinsicht mehr Glück beschieden, und so konnte er 2007
nach dreißig Jahren Forschungsarbeit seine kapitale Studie über
*Sprache, Pferd und Rad* vollenden. Am Beginn stand eine der
Hauptschwierigkeiten der Archäologen, die Domestikation dingfest zu machen: Die Knochen von Wild- und Hauspferden lassen
sich kaum unterscheiden, schon gar nicht in jener frühen Phase,
wo beide Arten parallel vorkamen und sich häufiger mischten. Anthony verfiel schließlich auf die Idee, die ausgegrabenen Gebisse auf
Abnutzungsspuren hin zu untersuchen, wie sie nur durch den Gebrauch einer Trense entstehen. Andere Nutzungsformen, die dem
Reiten vermutlich vorausgingen, lassen sich so zwar nicht bestimmen – das Anspannen als Trag- und Zugtier etwa, oder die Milch-,
Fleisch- und Blutproduktion in Gebieten, in denen die Haltung
von Rindern nicht möglich war. Dennoch brachte dieses Verfahren
gehörige Fortschritte für die Forschung. Anthony durchkämmte
die Pontische Steppe zwischen Donau und Wolga und untersuchte
zahlreiche Fundorte, die von der Steinzeit bis in die Ära der Skythen
reichten. Zu einem der wichtigsten geriet Derijewka am Mittellauf
des Dnjepr (ukrainisch Derijiwka und Dnipro), etwa sechstausend

Jahre alt. Auch wenn einige Funde wieder vordatiert werden mussten, so geht doch daraus hervor, dass Pferde dort massenhaft gejagt und möglicherweise auch schon gehalten wurden.

Ein neuer Ausgrabungsort entthronte dann Derijewka, insofern die Funde dort beinah ebenso alt sind, jedoch deutlicher für eine Zähmung des Pferdes zu sprechen schienen. Die Siedlung von Botai liegt nördlich der kasachischen Hauptstadt Astana, auf halber Strecke zwischen Ural und Altai. In den achtziger Jahren begann der Archäologe Victor Saibert dort mit Ausgrabungen. Spuren tierischen Fetts an Tonscherben, die als Milchreste gedeutet wurden, wiesen ein Alter von fünftausendsechshundert Jahren auf. Parallel machte David Anthony dann wieder einzelne Trensenspuren an Gebissen aus. Möglicherweise hatten sich die Leute von Botai bereits auf die Pferdejagd zu Pferd spezialisiert, denn rund um die temporäre Siedlung fanden sich tonnenweise Pferdeknochen. Nahm also der Siegeszug der Reiterei von hier seinen Ausgang? Entstand hier, wie Jankovich einmal schreibt, »der berittene Krieger, der die Welt aus ihren Angeln hob«? Mit ziemlicher Sicherheit nein. Denn auch als sie aufsaßen, wurden diese Pferdejäger nicht über Nacht zu Räuberhorden. Bislang deutet nichts auf kriegerische Auseinandersetzungen hin. Eigentümlich war auch, dass die Botai-Kultur offenbar erlosch, ohne dass diese bahnbrechende Erfindung von irgendeiner Seite übernommen worden wäre. Mit hoher Wahrscheinlichkeit fing man an anderer Stelle mehrfach wieder von vorne an, bis das equestrische Zeitalter wirklich begann und das Pferd zum Diener, zum Domestiken des Menschen wurde.

Insgesamt bietet sich das Bild eines frühgeschichtlichen Mosaiks, das über ein riesiges Gebiet verstreut ist, und von dem immer wieder neue Steinchen gefunden und identifiziert werden. Bestechend an Anthonys Ansatz ist, dass er nicht nur die Kulturgeschichte des Pferdes und des Rades umfassend rekonstruiert, sondern sie mit dem Ursprung der indoeuropäischen Sprachen verknüpft, die dann parallel zu den Pferden ihren Siegeszug durch weite Gebiete Eurasiens antraten. Wen wundert es da noch, dass Reisen und Reiten der gleichen Wurzel entstammen: *rîtan*, fortziehen. Wobei es sich nicht um ein einmaliges, sondern um ein regelmäßiges Geschehen handelt.

Aus der Kombination von Rad und Ross ging schließlich auch die dritte Innovation hervor, der Streitwagen. Die ersten Zugtiere dürften noch Ochsen gewesen sein, die Heeresgerät transportierten. Die Sumerer spannten auch Esel vor ihre Kriegskarren; Pferde kannten sie zunächst nicht. Als diese dann in domestizierter Form über den Kaukasus oder das Zagros-Gebirge ins Zweistromland gelangten, bezeichneten sie sie kurzerhand als »Bergesel«. Diese Karren waren eher fahrbares Arsenal als Kampfmaschine. Vor etwa dreieinhalbtausend Jahren kamen dann die klassischen, von Pferden gezogenen Streitwagen auf, meist einachsig, mit leichten Speichenrädern und doppelter Bespannung. Einige Jahrhunderte lang spielten sie im Orient eine bedeutende Rolle; die Ägypter haben die Faszination dieses neuen Kriegsgeräts in vielen Fresken bewahrt, obwohl oder gerade weil sie damit von ihren Feinden, den Hyksos, buchstäblich überrollt worden waren. Bald aber erwiesen sie sich als gelehrige Schüler. Noch im Sportwagenkult unserer Tage schwingt etwas von dieser frühen PS-Begeisterung nach. Im englischen Sprachgebrauch reitet man bis heute alle möglichen Fortbewegungsmittel vom Fahrrad übers Auto bis zur Trambahn. Noch die indischen Veden erzählen von Streitwagen, doch dann verdrängten Kavallerieeinheiten sie als wichtigste Offensivwaffe. Auch diese Innovation übernahmen die agrarischen Gesellschaften von den Steppenvölkern, wobei sie auf deren Nachschublieferungen angewiesen blieben. Denn sie bezogen sowohl die Pferde wie auch ihr Wissen über sie von ihnen, nicht selten auch ganze berittene Einheiten. Seit diesen archaischen Tagen datiert das paradoxe Wesen des Pferdes, seine widernatürliche Natur: als friedfertiges Fluchttier, als kraftvoller Knecht, aber auch als Sinnbild für Wehrhaftigkeit und Überwältigung. Im kollektiven Unbewussten kommt ihm eine einzigartige Stellung zu, die eines vegetarischen Raubtiers.

Dank Pferd und Wagen machten die Menschen sich die Steppe untertan. Über ihren natürlichen Korridor verbreiteten sich diese Bio-Technologien sowohl nach China wie auch nach Europa und Nordafrika hinein. Sie bot Reitern das gangbarste Terrain, war leichter passierbar als Wüsten und Wälder. So einfach sie sich aber durchqueren lässt, so schwer ist sie zu besiedeln. Sie kennt keine Hindernisse, nur Entfernungen. Das kleinräumige Europa, dieser periphere, sich zum Atlantik hin verzweigende Subkontinent, mochte für Fußgänger noch halbwegs kommod sein. Das maßlose Asien dagegen sperrte sich gegen eine flächendeckende Inbesitznahme. Zweibeiner versauern in der Steppe, im Sattel aber machen sie Karriere. Erst das Pferd hat diesen Erdteil geknackt und die »Tyrannei der Entfernung« aufgehoben.

Im Zeitraffer wiederholte sich dieser Prozess später in der Neuen Welt. Nachdem die Konquistadoren dort Pferde eingeführt hatten, kamen auch einige Indianerstämme in deren Besitz. Teils erwarben sie sie im Tausch, teils stahlen sie sie, teils fingen sie herrenlose Tiere ein. So konnten sie nicht nur die Bisonjagd im großen Stil betreiben, sondern auch militärische Überlegenheit über nicht berittene Nachbarn gewinnen. Folglich genoss das Pferd auch bei diesen indianischen Reiternomaden kultische Verehrung. Es bescherte ihnen ein Goldenes Zeitalter, das von Mitte des 18. bis Mitte des 19. Jahrhunderts währte. Insbesondere die Komantschen schwangen sich zu Herren der Prärie auf; später auch andere Gruppen, wobei sich der neue Lebensstil von Süden nach Norden ausbreitete. Schon der scharfsinnige Henryk Sienkiewicz zog auf seiner Amerikafahrt Parallelen zu den Kalmücken und Baschkiren. Zur gleichen Zeit verdrängten die europäischen Einwanderer zahllose Indianerstämme aus dem östlichen Teil des Kontinents; entsprechend kam es im gesamten Mittleren Westen, damals noch eine klassische Steppenlandschaft, zu weitreichenden Völkerwanderungen. Nach dem Krieg gegen Mexiko annektierten die Vereinigten Staaten dann ein riesiges Gebiet von Texas bis Kalifornien. Nun begann auch hier die großflächige Landnahme durch weiße Siedler. Doch die berittenen Indianerstämme setzten ihnen unerwartet starken Widerstand entgegen, der erst durch massiven Militäreinsatz und die erdrückende Überzahl der Einwanderer gebrochen wurde.

In Europa wird gemeinhin die Epoche vom Ende des vierten bis zum Ende des sechsten Jahrhunderts als Zeit der Völkerwanderung bezeichnet. Doch betrachtet man das Gesamtgeschehen in Eurasien, so könnte sie ebenso gut zwei Jahrtausende umfassen. Oder auch vier, wobei die Informationen umso spärlicher werden, je länger die Geschehnisse zurückliegen. In den Darstellungen von Anthony und seinen Kollegen vollzieht sich im Zeitraffer ein unablässiges Geschiebe, ein Kommen und Gehen, Überlagern und Verdrängen. Ganze Karawanen von Steppenvölkern durchziehen die Literatur: Kimmerier, Awaren, Burjaten, Chasaren, Magyaren, Onoguren, Kutriguren, Sarmaten, Sogden, Uiguren, Saraguren, Nogaier, Sintaschta, Kuschana, Hephtaliten, Tschuwaschen, Tarantschen, Tocharer, Kumanen, Roxolanen, Petschenegen, Issedonen, Chakassen, Ischkaschimer, Oghusen, Kidariten, Kimaken und Karakalpaken. Es bräuchte einen zweiten Karl May, sie uns in all ihrer Verschiedenheit nahezubringen.

Das einzig Beständige in diesen Szenarien ist der Klimawandel. Wie ein Refrain kehrt er als Hauptursache der Migrationen wieder. Kalt- und Warmzeiten wechseln sich alle paar Jahrhunderte ab. Sie geben den Takt an, nach dem zahllose Völker vordringen oder zurückweichen, sich auflösen oder neu formieren. Regnet es mehr, so breitet der Wald sich auf Kosten des Weidelandes aus. Regnet es weniger, wächst wiederum die Wüste. Beides erzeugt Druck. Überweidung, Erosion, Politisierung und Militarisierung verschärfen die Dynamik, und durch die Zähmung des Pferdes werden zusätzlich enorme Fliehkräfte in Gang gesetzt. Wie aus dem Nichts stürmen immer wieder neue Nomadengruppen ins Rampenlicht der Historie, nur um wenig später ebenso unversehens wieder zu verschwinden. Eurasien als der Kontinent der Unruhe: Als spielten sie Völkerball, verdrängt eine Gruppe die vorherige, bevor die nächste wiederum sie in die Flucht schlägt. »Der Völker flutendes Gedränge« erfordert eine fluide Politik und hinterlässt eine fluide Geschichte. Hegel hat diesen eigentümlichen Aggregatzustand in seinen »Geographischen Grundlagen der Weltgeschichte« treffend benannt: »Im Hochland ist wiederum das ruhige Nomadenleben sowohl als auch das Schweifende und Unstete ihrer Eroberungen zu unterscheiden. Zuerst sind sie ruhig, dann gehen sie auf Raub aus, und endlich stürzen sie sich auf die Stromebenen. Dadurch kommt Bildung in sie hinein, und sie verlieren ihren eigentümlichen Charakter. Diese Völker, ohne sich selbst zur Geschichte zu entwickeln, besitzen doch schon einen mächtigen Impuls zur Veränderung ihrer Gestalt, und wenn sie auch noch nicht einen historischen Inhalt haben, so ist doch der Anfang der Geschichte aus ihnen zu nehmen.«

# Im Irgendwo-da-Land

Doch die Jahre der Völker
Sah ein sterbliches Auge sie?
~ *Friedrich Hölderlin, An die Deutschen*

Zunächst bleibt diese Dynamik noch regional begrenzt. Als erstes Reitervolk beeinflussen dann die Skythen großflächig die weltgeschichtliche Entwicklung, indem sie die benachbarten Hochkulturen mit einer neuen Dimension von Mobilität konfrontieren. Sie dürften auch das erste edle Hauspferd gezüchtet haben, das in der Literatur als »turanisches« oder »turkestanisches Pferd« firmiert. Das Kerngebiet dieser frühen Vollblutzucht liegt östlich des Kaspischen Meeres, doch auch die aus chinesischen Chroniken bekannten »Himmlischen Pferde« des Ferghana-Tals könnten vom gleichen Schlag gewesen sein. Zu den Nachfahren dieser Linie gehören die Achal-Tekkiner, schlanke, hochbeinige, extrem genügsame und ausdauernde Wüstenpferde, die später wiederum hochgezüchtete Rassen wie das Englische Vollblut oder die Trakehner mit prägen werden. Ein weiteres lebendes Fossil dürfte das Kaspische Kleinpferd sein, das demselben Kulturraum entstammt, und von dem letzte Bestände erst in den sechziger Jahren entdeckt worden sind. Seinen Liebhabern gilt es als die älteste noch bestehende Hauspferderasse der Welt, wurden doch kürzlich bei Ausgrabungen über fünftausend Jahre alte Skelette mit identischem Körperbau gefunden.

Im Laufe des ersten Jahrtausends vor unserer Zeitrechnung verbreiten domestizierte Pferde sich von Mittelasien aus bis ins Atlasgebirge im Westen und bis zur koreanischen Halbinsel im Osten. Wer sie in nennenswerter Zahl züchten will, muss mit den Herden wandern. Da diese sich allein mit Hütehunden nicht lenken lassen, müssen alle Hirten reiten können. Mit Pferden lassen sich viermal mehr Tiere hüten als ohne. Doch je größer die Herden werden, desto weiter haben sie zu ziehen. Eine folgenreiche Entwicklung kommt in Gang. Die Viehhalter konkurrieren sowohl untereinander als auch mit den Wildtieren um Wasserstellen und Weidegründe. Die verdrängten oder auch nur besonders unternehmungslustigen Stämme stoßen schließlich an den Rändern des Graslands auf Ackerbau treibende Völker, mit denen es wiederum zu Konflikten kommt. Für diese Nachbarn verkörpern sie eine grundlegend andere Wirklichkeit. Ihre geistige Welt scheint nicht weniger karg als die Steppe, kennen sie doch weder Wissenschaft noch Verwaltung, weder Schiffbau noch Architektur, auch ihre Religion ist wenig ausgestaltet. Meist verehren sie pauschal einen allmächtigen Himmelsgott, ansonsten herrschen schamanische Praktiken vor. Sie formen Armeen ohne Staat und sind militärisch bemerkenswert erfolgreich. Zugleich führen sie ein freizügigeres Leben als sesshafte Gesellschaften mit ihren komplexen Hierarchien und den vielen, allzu vielen Regeln. Und so schwankt ihr Bild zwischen Dämonisierung und Idealisierung, zwischen grausigen Barbaren und edlen Wilden.

Wobei der Widerwille überwiegt. Schon die Assyrer sehen die sie heimsuchenden Reiternomaden als eine »Geißel Gottes« an, und von Attila über Dschingis Chan bis Timur werden die jeweiligen Anführer später mit ähnlichen Attributen bedacht. Klammer auf: Dsching, Dsching, Dschingis Khan! Das lautarme Englisch behilft sich für ›Ch‹ mit ›Kh‹, und diese Umschrift wird häufig auch im Deutschen übernommen. *Native speaker* können ein ›Ch‹ nicht nur nicht schreiben, sie können und wollen es auch nicht aussprechen. Es klänge in ihren Ohren barbarisch. Dieser Notbehelf mit ›K‹, einem besonders harten, kriegerischen ›K‹ sogar, hat dann auch Eingang in andere Sprachen gefunden. Es handelt sich jedoch um ein normales ›Ch‹. Ähnlich liegt der Fall bei Khachaturian, Khalid, Khorasan und Khiva. Khorosho.

Derlei Unschärfen werden wir immer wieder begegnen. Um das Mindeste zu sagen: die Rechtschreibung schwankt. Das Mongolische war und ist vor allem eine gesprochene Sprache. Es ist vielschichtig, mannigfaltig, bisweilen richtiggehend ausgefuchst, es hat selbstverständlich seine Formen und Regeln. Aber es kennt keine Vor-Schriften, so wenig wie ein Nomade eine feste Adresse. Denn es hat sich nie in einer eigenen Schrift manifestiert. Zwar hat ein uigurischer Gelehrter einst unter Dschingis Chan eine minuziöse, kammartige Schnörkelschrift entwickelt. Doch außer in Klöstern und für offizielle Dokumente fand sie nie größere Verbreitung und erfährt erst in jüngster Zeit eine gewisse Wiederbelebung. Nach dem Zweiten Weltkrieg erfolgte eine systematische Alphabetisierung auf der Grundlage der kyrillischen Schrift, während in jenen Regionen, die bei China verblieben waren, die chinesische Schrift bestimmend blieb. Manche lautlichen Eigentümlichkeiten des Mongolischen erfasst das Kyrillische gut, andere weniger gut. Einige Sonderformen und Abweichungen wurden festgelegt oder durch die Macht der Gewohnheit etabliert. Ernsthafte Komplikationen beginnen spätestens, wenn die Schrift aus der kyrillischen Zwangsjacke in noch viel engere und schlechter sitzende Idiome überführt wird, etwa ins Englische, und erst von dort dann weiter in andere Sprachen, zum Beispiel ins Deutsche. *Stille Post* ist Präzisionsarbeit dagegen. Nicht genug, dass jede Sprache ihre Umschrift des Kyrillischen und, sofern überhaupt, auch des Mongolischen hat, bisweilen gar mehrere parallel. Schon in West- und Ostdeutschland waren unterschiedliche Systeme in Gebrauch. Ich habe versucht, so nah wie möglich am originalen Lautbild zu bleiben und mich dabei weitgehend an der ostdeutschen Transkription orientiert. In mündlichen Kulturen geht Klangtreue vor Schrifttreue. Doch manche Fälle sind nicht befriedigend lösbar. Dazu zählt etwa auch Biidsch, unser kleines, von unbeugsamen Mongolen bevölkertes Dorf, der Nabel der Tachiwelt. Folgt man allein den kyrillischen Buchstaben, käme »Bisch«

dabei heraus. Doch weder die Dehnung des Vokals noch der sanfte, etwas verwischte Verschlusslaut des »d« würden dabei abgebildet. »Biedsch« käme den Gepflogenheiten des Deutschen am nächsten, doch bringe ich es nicht über mich, es derart demonstrativ nach Sachsen einzugemeinden. Im Englischen wird es meist »Bij« geschrieben, was jedoch im Deutschen oder auch im Holländischen auf völlig falsche Fährten führt. Fragt man seine wenigen Bewohner um Rat, so haben sie entschieden anderes zu tun, als sich mit derlei Spitzfindigkeiten abzumühen. Schon wieder ist ihnen ein Kamelhengst entlaufen, oder die Mutter muss eilends ins Krankenhaus, das jedoch eine Tagesreise entfernt liegt. Belassen wir es also dabei: Glück und Segen nach Biidsch! Klammer zu.

Alle klassischen Reitervölker waren schriftlos, lediglich die Mongolen und die Mandschu haben benachbarte Systeme adaptiert. Dieses kulturelle Gefälle hat ihre Partner, Gegner, Opfer seit je irritiert. Wie kann es sein, dass diese gesetzlosen Horden immer wieder bei ihren doch ungleich höher entwickelten und auch weit zahlreicheren Nachbarn einfallen, und dass niemand gegen sie ankommt? Zugleich aber brauchen die jeweiligen Herrscher sie. Sie müssen sich mit diesen unbotmäßigen Stämmen arrangieren, verfügen sie doch über wertvolle Rüstungsgüter, welche die ackerbauenden Gesellschaften weder in gleicher Menge noch in gleicher Güte zu produzieren vermögen: Pferde.

Meist sind ihre Kultur und Lebensweise nur in den Berichten ihrer Nachbarn, also häufig ihrer Feinde, überliefert. In vielen Fällen wissen wir nicht einmal, wie sie sich selbst bezeichnen. Und so wird etwa Herodot, ohne es darauf angelegt zu haben, zum Sänger der Skythen. Wenngleich er, wie praktisch alle seine Landsleute, nie weiter in die Steppe vordringt, so kennt er doch die Nordküste des Schwarzen Meeres aus eigener Anschauung. In Olbia, einer griechischen Kolonie an der Mündung des Dnjepr und des Südlichen Bug, kommt er in näheren Kontakt mit Skythen, die sich dort niedergelassen und teilweise assimiliert haben. Auch bei anderen griechischen Außenposten finden solche Annäherungsprozesse statt, aus denen schließlich die »Graeco-Skythen« hervorgehen, eine jener Bindestrichgesellschaften, wie sie aus der Vermengung gegensätzlicher Kulturen resultieren. In Olbia nimmt die Karawanenroute nach Innerasien ihren Anfang. Hier tauschen die Skythen Pferde, Getreide, Pelze und Sklaven gegen Wein, Öl und Töpferwaren ein. Waffen und Schmuck zirkulieren in beide Richtungen.

Als man im Laufe des 19. Jahrhunderts in Kurganen im Hinterland des Schwarzen Meeres Geschmeide von erstaunlicher Güte fand – das legendäre Gold der Skythen –, schrieb man es zunächst den Griechen zu, von denen die Skythen es erworben oder geraubt haben mussten. Insbesondere die eleganten Tierdarstellungen suchten ihresgleichen. So viel Ästhetik und Fingerspitzengefühl traute man diesen wilden Horden nicht zu. Später ordnete man den Schmuck dann den besagten Graeco-Skythen zu. In der Tat sind Goldschmiedewerkstätten in mehreren Hafenstädten belegt, und häufig vereinigten sich griechische und skythische Formensprache zu einem aparten Mischstil. Doch je mehr Kunstschätze dann im Altai und im benachbarten Tuwa zutage kamen, desto offenkundiger wurde, dass die Skythen nicht nur das Gold, sondern oft auch die Goldschmiede gestellt haben dürften. Diese Funde kamen nicht nur fünftausend Kilometer weiter östlich zum Vorschein, sie datierten teilweise auch weiter zurück als ihre hellenischen Pendants. Und waren es nicht die Griechen, die das Goldene Vlies aus dem kolchischen Reich am Pontos geraubt hatten? Das Beispiel zeigt einmal mehr, wie fragwürdig die Unterscheidung zwischen »Zivilisierten« und »Barbaren« sein kann.

Auf griechischen Darstellungen sind die Skythen an ihren Zipfelmützen zu erkennen, die aus den Hodensäcken von Stieren gefertigt wurden, dazu an ihren Hosen, die in flachen Stiefeletten stecken. Schon Herodot vermerkt, dass es sich um verschiedene Völker mit verschiedenen Sprachen, aber einer gemeinsamen Lebensweise handelt. Als Erstes berichtet er von ihnen, dass sie Stutenmilch trinken, *Kumys* also. Für einen Hellenen eine absonderliche Sitte; bereits Homer erwähnt in der *Ilias* kopfschüttelnd »Stutenmelker und Milchesser«, Hesiod wiederum »die stutenmelkenden Skythen«. Was den Bauern das Brot, ist den Hirten der *Kumys*. Überhaupt scheint dieses Volk mit seinen Reittieren derart eng verbunden, ja regelrecht verschmolzen zu sein, dass die Sagengestalt des Kentauren darin ihren Ursprung haben dürfte. Die Kurgane nährten auch den Mythos der Amazonen, war doch in ungefähr jedem fünften eine Reiterin bestattet worden. Noch auf mittelalterlichen Karten firmiert die Schwarzmeersenke als das Land der Hippopoden, der Pferdefüßler.

Herodot führt die Skythen als »die Beherrscher des oberen Asiens« ein. Ihr Machtbereich ist freilich begrenzt: »Weiter nordwärts ist das Land nur mehr Steppe, dort leben, soweit wir wissen, keine Menschen mehr.« Dort können, so impliziert er, keine Menschen mehr leben, schließen Steppe und Besiedlung doch einander aus. Bis zur Domestikation des Pferdes mochte das auch teilweise zugetroffen haben, und natürlich erscheint eine solche Landschaft aus der Sicht von Ackerbauern ungünstig. Für Viehzüchter aber sind Steppen erste Wahl. Vor allem für die Haltung von Pferden und Kamelen, auch noch von Schafen und Ziegen. Rinder aber eignen sich nur sehr beschränkt dafür – sie benötigen mehr Wasser und hochwertigeres Futter –, und Schweine gar nicht. Pferde dagegen kommen auch mit einer leichten Schneedecke noch zurecht, indem sie das Gras mit ihren Hufen freischarren; schon die Fohlen zeigen diesen Reflex. Anders als die übrigen Haustiere stammen sie aus der Steppe und mussten dieses Verhalten immer schon beherrschen, mussten auch jährliche Temperaturschwankungen von minus vierzig bis plus vierzig Grad verkraften. Daher können sie sich auch im Winter selbst versorgen und brauchen nicht unbedingt zugefüttert zu werden, freilich nur in Gebieten mit geringen Niederschlägen. Sie sind dann auch weniger auf Wasser angewiesen, sie fressen einfach Schnee. Wildpferde sparen zudem Energie, indem sie ihren Herzschlag verlangsamen und ihre Körpertemperatur senken, wie man es auch den Yogis des Himalaja nachsagt.

Prompt weiß Herodot von »wilden weißen Rossen« zu berichten, die hoch droben im Skythenland leben, an einem Nebenfluss des Dnjepr. Wenn man sie nur vom Hörensagen kennt, können aus »hellen Pferden«, nämlich den maus- bis silbergrauen, im Winter auch aschfalben Tarpanen, schon mal Schimmel werden. Auch sonst behaust die Steppe nach Herodot »viele Tiere, die nicht bloß erfunden sind«, darunter »Esel mit Hörnern«. Dabei dürfte es sich um Saiga-Antilopen gehandelt haben, kuriose Huftiere mit bleichem Gehörn und rüsselförmiger Nase, die die gleichen Gebiete bewohnen wie die Tarpane und weiter östlich die Przewalskipferde, die gleichen Feinde haben und ein ähnliches Schicksal dazu, insofern auch sie fast ausgerottet worden sind.

Die Schamanen der Steppenvölker, die Herodot als »Wahrsager« tituliert, stehen mit der beseelten Natur in Verbindung. Von den Massageten etwa berichtet er: »Sie beten die Sonne an, der sie Pferdeopfer darbringen. Sie glauben, daß man dem schnellsten Gott auch das schnellste Wesen auf Erden opfern muß.« Eine Parallele ist aus der antiken Götterwelt vertraut, wo erst Helios und später Apoll den Sonnenwagen über den Himmel steuern, angetrieben von vier feurigen Hengsten. Auch bei den Germanen wird die Sonne von einem Gespann gezogen, Frühwach und Allgeschwind legen sich ins Zeug. Und wer weiß, womöglich stellt auch Santa Claus mit seinem Rentierschlitten noch eine reichlich ordinäre Reminiszenz an solch animistische Kulte dar. Eine skythische Mütze trägt er obendrein.

D as Land der Skythen mit der Seele suchend. Den angrenzenden, auf Ackerbau gegründeten Gesellschaften gilt die Steppe als das große Andere, als die Gegenwelt schlechthin. Die in und von ihr lebenden Völker sind Bedrohung und Faszinosum, Phantasma und Realität zugleich. Ob Griechen versus Skythen, Römer versus Hunnen, Ägypter versus Hyksos, Perser versus Saken, Franken versus Magyaren, Byzantiner versus Awaren und Kumanen, Chinesen versus Xiongnu, Mongolen und schließlich Mandschu – stets rätseln die Hochkulturen über das Wesen dieser Völker jenseits des Horizonts, »die weder pflügen noch säen«, »die nirgendwo eine Stadt bewohnen«, die keine Fremdherrschaft dulden, keine Grenzen respektieren, und die, wenn es ihnen beliebt, ihre Nachbarn urplötzlich überfallen und ganze Landstriche verheeren. Umgekehrt aber lassen sich ihre Gebiete nicht besetzen und schon gar nicht besiedeln. Fassungslos berichtet ein chinesischer Gesandter, der sich auf den weiten Weg zum Großchan gemacht hat: »Außer Gras gibt es dort überhaupt nichts.«

Das Charakteristische an den Nomaden ist zugleich das Unheimliche an ihnen: ihre Beweglichkeit. Sie leben im Ungefähren. Die Assyrer und Babylonier bezeichnen die Heimat der Meder, ja überhaupt der nördlichen Reitervölker, denn auch als »Irgendwo-da-Land«. Auch einige Bücher des Alten Testaments werfen ein Schlaglicht auf diese Epoche. So kündet Jesaja von »einem Volk aus der Ferne«, das die gesamte zivilisierte Welt bedrohe. Gottes Strafgericht »pfeift es herbei vom Ende der Erde. Und siehe, eilends kommen sie daher. Ihre Pfeile sind scharf und ihre Bogen gespannt; die Hufe ihrer Rosse sind hart wie Kieselsteine, und ihre Wagenräder wie ein Sturmwind. Sie wüten und packen den Raub und tragen ihn davon und niemand rettet. Sieht man dann die Erde an, so ist sie finster vor Angst.« Auch Jeremia warnt die Babylonier vor Invasoren aus dem Norden: »Denn es zieht von Mitternacht ein Volk herauf wider sie. Die haben Bogen und Lanze; ihr Geschrei ist wie das Brausen des Meeres; sie reiten auf Rossen, gerüstet wie Kriegsmänner.«

Nebukadnezar II. lässt schließlich zwischen Euphrat und Tigris die Medische Mauer ziehen, um Einfälle dieses Volkes zu verhindern, das seine Reit- und Kriegskünste von den Skythen erlernt und sich teilweise mit ihnen zusammengeschlossen hat. Mit derartigen Schutzwällen versuchen die sesshaften Gesellschaften, sich der Raubzüge der Nomaden zu erwehren. Von den Kaspischen Pforten heißt es, Alexander der Große habe sie »aus Erz erbauen und verriegeln lassen, weil ständig äußerst wilde Völker eindrangen, die jenseits des Kaukasus wohnten«. Nach seinem Tod schirmt sich etwa das Griechisch-Baktrische Königreich mit einem Grenzwall durchs Gebirge ab. Und Justinian befiehlt nach dem Trauma der Hunneneinfälle nicht nur den Bau der »Langen Mauer« um Konstantinopel, sondern errichtet auch Grenzbefestigungen in Thrakien und Griechenland. Die Chinesische Mauer nimmt noch ganz andere Dimensionen an.

Erst gegen Ende des 18. Jahrhunderts haben verschiedene Großreiche dann ihren Machtbereich auch in diese Irgendwo-da-Länder hinein ausgedehnt. Es war der Beginn des »Großen Spiels«, bei dem Russland, China, England und schließlich auch noch Japan um die Vorherrschaft in Mittelasien rangen, nachdem die letzten Reste der nomadischen Imperien wie etwa das der Dsungaren ihren hochgerüsteten Gegnern nicht länger Paroli bieten konnten. Przewalskis Erkundungsreisen fallen genau in diese Zeit.

In seiner berühmten Einleitung zu den *Historien* bekennt Herodot, sie geschrieben zu haben, damit »die bedeutenden Handlungen sowohl der Griechen wie auch der Barbaren nicht der Vergessenheit anheimfallen«. Seit Jahrtausenden bestimmt der Dualismus von Sesshaften und Nomaden, Kain und Abel das Selbstverständnis des Menschen. Das jeweils Fremde bleibt unverständlich; bekanntlich stammt die Bezeichnung »Barbaren« vom griechischen Wort für »stottern«, »brabbeln«. Auch der chinesische Oberbegriff für die Nomadenvölker, »Hu« wie Hunnen, impliziert »schwer zu verstehen«, »ungehobelt«, »primitiv«. Manchmal gestaltet sich das Verhältnis wie im Fall der Graeco-Skythen kooperativ, ja symbiotisch. Häufiger aber ist es durch beständige Verunsicherung gekennzeichnet, wenn nicht gar durch konkrete Bedrohung. In der Regel sind es die Nomaden, die auf Raubzug gehen. Umgekehrt erweist es sich als weit schwieriger, sie anzugreifen, ja auch nur zu plündern. Ackerland kann man verwüsten, Weidegründe kaum. Brennt man sie ab, sprießen sie im nächsten Jahr umso stärker. Und wo soll man solche Wandervölker attackieren? Wie ihrer habhaft werden? Exemplarisch für dieses Problem wird der Kriegszug des Perserkönigs Dareios I. gegen die Skythen, eine der rätselhaftesten Militäraktionen der Antike.

Die landläufige Erklärung dafür lautet, dass er seine direkten Nachbarn im Norden und Osten, die Saken nämlich, die Skythen Mittelasiens, unter Druck setzen oder gar von Westen her überrollen will. An sich besteht eine prekäre Nachbarschaft. Es herrscht weder Krieg noch Frieden, zugleich handelt und tauscht man jedoch, verbündet sich auch verschiedentlich gegen Dritte. Die Lage kann ständig wechseln. Kein Wunder, dass Dareios den Saken misstraut und diese Gefahr entschärfen will. Doch dafür einen viele Tausend Kilometer langen Umweg ums Schwarze wie ums Kaspische Meer herum einzuschlagen, nur um dann einen Gegner anzugreifen, der auf direktem Weg nur einige Hundert Kilometer entfernt gestanden hätte – das ergibt keinen Sinn. Naheliegender wäre, dass Dareios, der bereits über Kleinasien herrschte, nun auch die Durchfahrt ins Schwarze Meer unter persische Kontrolle bringen will. Tatsächlich unterwirft er formal einige Siedlungen entlang der Westküste und heiratet eine thrakische Prinzessin. Doch eine gezielte Eroberung ist nicht erkennbar, Thrakien dient lediglich als Aufmarschgebiet, um den Skythen, den Saken und in gewisser Weise aller Welt zu zeigen, wer der starke Mann Eurasiens ist. Das wäre noch die triftigste Erklärung für dieses Unterfangen, dass Dareios ein Exempel statuieren möchte. Selten aber ist ein solcher Versuch derart danebengegangen.

Die Perser setzen, wahrscheinlich im Jahr 513 vor unserer Zeitrechnung, eine gewaltige Streitmacht in Marsch. Herodot dient einmal mehr als Kronzeuge; mit dem Zug der Perser in die Steppe ist ihm eines der erzählerischen Glanzstücke der *Historien* geglückt. Die Zahlen aber bleiben ein großes Manko. Die angegebenen siebenhunderttausend Soldaten sind sicher um ein Vielfaches zu hoch gegriffen; selbst siebzigtausend dürften noch übertrieben sein. Für den Verlauf der Invasion aber spielt die Truppenstärke am Ende keine Rolle. Denn obwohl Dareios die Entscheidung sucht, kommt es zu keiner Schlacht.

Zunächst reihen die Perser Hunderte von Schiffen zu einer schwimmenden Brücke über den Bosporus aneinander, auf deren Planken das Heer hinüber nach Europa zieht. Doch wenn Dareios eine derart gewaltige Flotte zu mobilisieren vermag – warum setzen seine Truppen dann nicht einfach auf diesen Schiffen über? Man könnte denken, sie seien wasserscheu. Auch die Donau überqueren sie auf einer solchen Schiffbrücke, etwas oberhalb des Deltas. Und ziehen dann – ja, wohin? Ins Skythenreich? Der feindlichen Streitmacht entgegen? Sie ziehen ins Nichts. Durchstreifen das weite Feld zwischen Donau und Wolga auf der Jagd nach einem Phantom. Die Skythen spielen Katz und Maus mit ihnen und bleiben immer einen Tagesmarsch voraus. Die Weite schützt sie besser als jede Festung. Ab und zu lassen sie die Perser eine Viehherde erbeuten, um sie bei Laune zu halten. Die klassische Ermattungstaktik; die geopolitische Schule um Karl Haushofer pflegte in solchen Fällen vom »Raum als Waffe« zu sprechen. So locken die Skythen die Perser immer tiefer hinein in die Steppe. Dort aber gibt es nichts, das sich zu erobern lohnte, außer ein paar wenigen unglücklichen Bewohnern, die sie vermutlich versklaven. Den größten Reichtum der Skythen aber können sie nicht mitnehmen: das Gras. Es bildet die Grundlage für die Pferdehaltung, die ihrerseits die Grundlage für ihr Nomadenleben darstellt, das wiederum die Grundlage für ihre militärische Überlegenheit und für die Kontrolle der Handelsrouten bildet. Entnervt schreibt Dareios schließlich dem Anführer der Skythen, Idanthyrsos geheißen, einen Brief. Zu gerne wüssten wir, in welcher Sprache diese Korrespondenz gehalten ist; vermutlich auf Griechisch. »Unsinniger Mann! Warum fliehest Du immer?« Idanthyrsos' Antwort zählt zu den großartigsten Repliken der antiken Literatur. »Perser! Ich habe meine eigene Art zu leben und zu handeln.« Aus Sicht der Skythen ist ihr Verhalten ebenso ehrenvoll wie vernünftig, und so erteilt er Dareios gleich noch eine Lektion in nomadischer Lebensweise: »Ich tue nichts anderes, als was ich auch im Frieden zu tun pflege. Wir haben kein Ackerland und keine Städte, deren Zerstörung wir befürchten müssten, so dass wir uns zu ihrem Schutz lieber auf eine Schlacht einlassen würden. Wir haben keine Eile.« Du aber wohl, lautet die unausgesprochene Wahrheit, du stehst im Feindesland, der Winter naht, und du hast jetzt schon größte Mühe, dein Heer zu versorgen und bei der Stange zu halten. »Bist du aber begierig, uns im Kampfe zu sehen – wohlan, da wären die Grabstätten unserer Väter. Finde sie auf und trachte sie zu zerstören. Dann wirst du erleben, wie wir sie zu verteidigen wissen.«

Diese Passage liefert den Schlüssel zur nomadischen Identität. Sesshaft sind allein die Toten. Grund und Boden bedeuten nichts, die Ahnen, die Überlieferung hingegen alles. Kein räumliches Territorium gälte es zu erobern, sondern ein zeitliches.

Gleichwohl kommt es in der Folge zu einigen kleineren Waffengängen, forcierten Gepläkeln, um die Stärke und Strategie des Gegners auszutesten. Dabei erwähnt Herodot den aus hippologischer Sicht interessanten Umstand, dass der persische Tross auch Esel und Maultiere mit sich führt, die man nördlich des Schwarzen Meeres offenbar nicht kennt. »Mit ihrem Geschrei brachten sie die skythische Reiterei in Verwirrung. Oft scheuten die Pferde mitten im Ansturm auf die Perser. Sie hatten nie einen solchen Laut gehört oder ein solches Wesen gesehen.«

Dann folgt ein filmreifer *Showdown*. Beide Armeen treten doch noch gegeneinander an. Wie sie sich formieren, taxieren und schließlich nur noch auf das Signal zum Angriff warten, sprengt aus den skythischen Reihen ein Hase auf. Ausgelassen haschen die Männer nach ihm und scheinen dabei die gegnerische Phalanx zu vergessen. Dareios wird die Sache unheimlich: Lachende Krieger? Mit einem solchen Gegner will er sich nicht anlegen. Überstürzt tritt er den Rückzug an. Im Vorbeimarsch wirft er ein Auge auf Griechenland und die Ägäis. Zunächst lässt er sie noch rechts liegen, zwei Jahrzehnte später jedoch beginnen die Perserkriege. Wider Erwarten beziehen er und sein Nachfolger Xerxes dabei noch empfindlichere Niederlagen und müssen sich abermals unverrichteter Dinge zurückziehen. Kurz darauf verfasst Aischylos das erste Drama der Weltliteratur: *Die Perser*. Eine Apotheose des Scheiterns.

Keine von beiden Seiten verfügt über nennenswerte Kapazitäten zur Züchtung, Haltung und Nutzung von Pferden. Sie würde beträchtliche Mittel und große Ländereien erfordern, vor allem aber gehörige Kompetenz, die damals nicht allzu weit verbreitet ist. Der italienische Archäologe Paolo Biagi apostrophiert die Griechen denn auch treffend als »uneasy riders«. Lange erwarben sie ihre Pferde im Tausch von Fachleuten, denen nicht nur die entsprechende Erfahrung zu Gebote stand, sondern auch der passende Lebensraum – den Skythen. Die gewiss den Kopf darüber schüttelten, dass ihre besten Kunden nach der Schlacht von Marathon angeblich einen Fußgänger als Meldeläufer einsetzten.

Als Alexander der Große gut hundertfünfzig Jahre später in die Gegenrichtung zieht, reitet er selbst auf Bucephalus, doch seine Streitmacht marschiert zu Fuß. Die Kavallerie besteht zunächst aus wenigen Hundert Reitern, erst durch orientalische Hilfsvöl-

ker wie die Baktrier vermag er sie aufzustocken. Die Perser halten
es nicht anders. Noch in der Antike sind Pferde also alles andere
als Gemeingut. In reiterlicher Hinsicht bilden die Hochkulturen
Entwicklungsländer, von Mesopotamien bis China und von Kar-
thago bis Byzanz. Symptomatisch ist die Karriere der numidischen
Reiter, die mit Hannibal erst Iberien erobern und dann über die
Alpen ziehen. Dieses Berbervolk ist im heutigen Algerien beheimatet, schwärmt aber bis in die Cyrenaika hinein aus. Die Steppenzone zwischen Sahara und Mittelmeer bietet gute Bedingungen zur
Pferdehaltung im großen Stil. Die numidischen Reiter, und nicht
die viel zitierten Elefanten, sind die *force de frappe* der Punischen
Kriege. Sie reiten im Gefecht ohne Zügel und setzen Speer und
Schild virtuos ein. Solange sie auf Seiten Hannibals kämpfen, dauert sein unerhörter Siegeszug an. Als die Römer sie ihm dann aber
buchstäblich ausspannen, sinkt sein Stern rasch, und die fortwährenden Überfälle durch die Numider führen schließlich auch Kar-
thagos Untergang herbei. Die Toga tragenden Römer sind dagegen
reiterlich derart unbedarft, dass sie, als es gilt, eine Gottheit für die
Kavallerie zu finden, sich die keltische Fruchtbarkeitsgöttin Épona
ausborgen müssen, deren Attribut das Pferd ist. Sie halten es als Sta-
tussymbol und haben entsprechend anfällige Tiere: »Das römische
Pferd ist von viel empfindlicherer Konstitution« als das der Barbaren, schreibt Vegetius, einer der ersten Pferdeärzte. »Wenn es weder
eine gute Unterkunft noch einen warmen Stall hat, fällt es von einer
Krankheit in die andere.«

Während sie in Britannien berittene sarmatische Legionäre gegen
die Kaledonier und Pikten einsetzen, liegen die Römer am östlichen
Rand ihres Machtbereichs selbst über drei Jahrhunderte hinweg mit
dem Reitervolk der Parther in Fehde, ursprünglich einer Unter-
gruppe der Skythen, die sich im Kernland des einstigen Perserrei-
ches festgesetzt hat. Sie vermögen ihrer nie Herr zu werden, erleiden
sogar einige ihrer schwersten Niederlagen durch sie. Insbesondere

in der Schlacht von Carrhae, im Südosten der heutigen Türkei gelegen. Um sich gegenüber Caesar und Pompeius hervorzutun, zieht Marcus Licinius Crassus mit mehr als vierzigtausend Soldaten über den Euphrat, der die Grenze zwischen den beiden Großreichen bildet. Er trifft nur auf einen Teil der gegnerischen Streitmacht, dem die seine fünffach überlegen ist. Und doch marschiert sie ihrem Untergang entgegen. Erst locken die Parther sie immer tiefer in die Wüste hinein, zersplittern dann die kompakten Formationen der weitgehend auf Nahkampf ausgerichteten Römer mit Scheinangriffen, Scheinrückzügen und einem Hagel von Pfeilen. Auch das »Parthische Manöver«, bei dem die Reiter ihre Pfeile nicht nur nach vorne und nach allen Seiten, sondern auch nach hinten abschießen, wird mit dieser Schlacht in die Militärgeschichte eingehen. Dafür müssen die Parther bereits über eine einfache Form von Steigbügeln verfügt haben. So können sie die Angreifer selbst im Fliehen oder eben bei fingierter Flucht unter Beschuss nehmen. Dem kann kein Lanzenträger Paroli bieten. Nur zehntausend römische Soldaten kommen am Ende über den Euphrat zurück. Ebenso viele weitere geraten in Gefangenschaft. Von ihnen hat man nie wieder gehört. Oder doch? Man nimmt an, dass sie, wie üblich, im fernen Osten des Partherreiches angesiedelt wurden. Dort könnte sich ein Teil dann als Söldner der räuberischen Xiongnu verdingt haben, in deren Gefolge sie rund zwanzig Jahre später in der Schlacht von Zhizhi auf chinesische Truppen trafen. Diese blieben siegreich, nahmen sie gefangen und siedelten sie schließlich im Innern des Reiches an. Diese Hypothese von der »römischen Legion in China« erfreut sich dort wachsender Beliebtheit, hat archäologische, kunstgeschichtliche und genetische Nachforschungen gezeitigt und auch schon den Stoff zu manchem Film abgegeben. Das macht sie noch nicht plausibler, doch bildet sie ein gutes Beispiel für die Überblendungen westlicher und östlicher Erzählungen.

Am anderen Ende des Kontinuums stellen sich die Chinesen

nicht viel geschickter an. Auch sie liegen in Dauerfehde mit Steppenvölkern, deren Vielzahl nicht weniger verwirrend anmutet als auf westlicher Seite: Yuezhi, Xianbei, Xianyun, Dingling, Tuyuhun, Wusun, Kitan, Kangju, Kangli, Tabgatsch, Xunyu. Bei einigen drängen sich Parallelen zu Völkern auf, die aus der abendländischen, persischen oder indischen Geschichtsschreibung berüchtigt sind. Die Xiongnu werden häufig mit den Hunnen gleichgesetzt. Zwischen den Rouran und den Awaren, den Gaoche und den Kumanen oder den Tujué und den Kök-Türken scheint gleichfalls nähere Verbindung bestanden zu haben, auch die Saken mit ihren spitzen Hüten tauchen auf beiden Seiten auf. Eine eindeutige Zuordnung ist jedoch schwierig, da es sich oft weniger um ein klar konturiertes Volk als vielmehr um einen losen Zusammenschluss verschiedener Gruppen gehandelt hat.

So auch beim prominentesten Fall, den Xiongnu, jahrhundertelang der Erzfeind der Chinesen. Unter diesem Begriff wird fast alles subsumiert, was von Norden oder Westen in China einfällt, das sich zu dieser Zeit selbst erst als Großreich zu formieren beginnt. Je nach Lage versuchen die Chinesen es wahlweise mit Beschwichtigungspolitik, indem sie Handel treiben, hochrangige Heiraten arrangieren und üppige Geschenke verteilen, de facto Schutzgeldzahlungen, die sie vor Überfällen bewahren sollen. Mal hilft es, und mal hilft es nicht. Dann suchen sie wieder die militärische Auseinandersetzung und stoßen tief in die Steppen und Wüsten hinein vor. Mal hilft es, und mal hilft es nicht. Das Problem ist das asymmetrische Kräfteverhältnis, das auch dann vorliegt, wenn die Chinesen zahlenmäßig überlegen sind. Denn Schläge sind erheblich leichter anzubringen als Gegenschläge. Am ehesten könnte ein anderes Reitervolk es mit den Xiongnu aufnehmen, doch derlei Umtrieben sind die notorisch sesshaften Chinesen abhold.

Wahrscheinlich stammen die Xiongnu aus den Hochebenen zu Füßen des Altai- und Sajangebirges. Die heutige Mongolei reklamiert sie offiziell für sich, als eine frühe Ausprägung der Nation. Doch auch die Ungarn, Eurasier *par excellence,* führen sie gerne ins Feld und sehen über die Hunnen eine mehr oder minder direkte Verbindung vorliegen. Weshalb ungarische Wissenschaftler über Jahrzehnte hinweg archäologische Missionen in jede Region durchführten, die die Xiongnu auch nur gestreift haben könnten. Dahinter steht die Überlegung, dass sich, als die Große Mauer und die verbesserten Reiterverbände der Chinesen die Razzien der Nomaden zunehmend erschwerten, ein Teil davon nach Westen wandte – wo sie schließlich als »Hunnen« halb Europa plünderten. Auch von den Magyaren wird angenommen, dass sie ursprünglich aus dem dsungarischen Altai stammen. Mögen die Steppen Innerasiens für alle übrigen Europäer exotische Gefilde darstellen – die Ungarn sehen ihre Erforschung als Heimatkunde an. Und so ist es auch kein Zufall, dass das Bogenschießen zu Pferd, das in den letzten Jahren in ganz Europa eine Renaissance erlebt, von magyarischen Reitern und Trainern dominiert wird. Es dürfte der einzige Sport sein, bei dem die Kommandos weltweit auf Ungarisch gegeben werden. Wie übrigens auch das Wort Kutsche international Karriere gemacht hat. *Kocsi* bezeichnet dort seit je einen Wagen aus dem Dorf Kocs.

Der Erste, der den Zusammenhang zwischen der Ertüchtigung der Mauer und dem Umschwenken der Steppenvölker nach Westen gesehen hat, war Carl Ritter, der Vater der Geographie, Professor für »Erd-, Länder-, Völker- und Staatenkunde« in Berlin. Obwohl er selbst nie reiste, zeigte er ein bewundernswertes Gespür für die unermesslichen Räume Eurasiens und ihre Siedlungsgeschichte. Die Xiongnu waren freilich nicht immer kriegerisch, die meiste Zeit »streiften sie auf der Suche nach Weide und Wasser durch die Steppe«. Sie müssen aber auch Zwischenhändler gewesen sein, über die Waren von China ins westliche Mittelasien gelangten, und von dort dann bis nach Indien und Europa. Aus Tauschgeschäften entlang der wenigen gangbaren Korridore zwischen Wüsten und Hochgebirgen entwickelte sich die Seidenstraße, jenes Netz aus Handelswegen, auf denen Geld und Güter, Sklaven und Soldaten, Nachrichten, Ideen, ja ganze Religionen hin und her wanderten. Bekanntlich geht dieser charismatische Begriff – etwas Zartes auf etwas Robustem – auf Ferdinand Freiherr von Richthofen zurück, einen der Meisterschüler Ritters. Seine Abhandlung *Über die centralasiatischen Seidenstraßen* erschien 1877. Kurz zuvor waren die ersten Kurgane und Wüstengräber halbwegs systematisch geöffnet worden, wobei auch Seidengewebe und Stoffreste zum Vorschein kamen.

Hirten, Händler, Krieger, Räuber, Geisterbeschwörer: So, wie die Hellenen die Skythen als »Beherrscher des oberen Asiens« wahrgenommen haben, gleichsam aus den Augenwinkeln und mit einer Mischung aus Furcht, Verachtung und Faszination, so befassen sich auch Chronisten des chinesischen Altertums mit den Reitervölkern am Horizont ihrer Welt. Sie kommen nicht umhin, die überlegenen Pferde wie auch die Reit- und Kriegskünste ihrer Widersacher zu bewundern, die in den Annalen oft schlicht als »Pferdemenschen« firmieren. Vor gut zweitausenddreihundert Jahren stellt Prinz Wuling, Oberhaupt des Staates Zhao, schließlich eigene Kavallerieverbände auf. Wobei er beträchtliche Widerstände zu überwinden hat – denn die Soldaten müssten dann ja, ganz wie die Fremden aus dem Norden, Hosen tragen! Das jedoch würde gegen die althergebrachten Sitten verstoßen, am Ende gar zu Aufruhr und Empörung reizen. Schließlich aber trainieren die Zhao erste Reitereinheiten für den Kampf. Seither versuchen die Chinesen, ihren Kontrahenten nachzueifern, deren Kampfart zu übernehmen oder wenigstens berittene Legionäre zu rekrutieren.

Auch was Himmels- und Totenkulte anbetrifft, beziehen sie Inspirationen aus der Steppe. Die Grabanlage von Qin Shihuangdi, dem ersten historisch verbürgten Kaiser von China, ließe sich auch als ein bombastischer Kurgan ansehen. Unweit von Xi'an plant er Ende des dritten Jahrhunderts vor unserer Zeitrechnung eine Nekropole ungeheuerlichen Ausmaßes, eine regelrechte Totenhauptstadt. Noch heute ragt das zentrale Hügelgrab etwa fünfzig Meter auf. Es birgt ein kunstvolles Abbild der realen Welt, mit Städten, Ländern und Flüssen. Rundum werden weitere Modellwelten im Boden versenkt, darunter die berühmte Terrakotta-Armee. Neben achttausend Soldaten umfasst sie auch fast siebenhundert Pferdefiguren, dazu hundertdreißig Streitwagen und einige bronzene Staatskarossen, jeweils gezogen von einer kraftstrotzenden Quadriga. Der gedrungene Rumpf, der breite Kopf, die gerade hinreichend gebändigte Wildheit – den Pferden ist anzusehen, dass ihre Vorfahren noch frei durch die Steppe gezogen sind. Für die Nachbildung des kaiserlichen Marstalls werden auch Dutzende realer Pferde geopfert oder lebendig begraben. Gleichzeitig gibt man ihnen Heu und Kraftfutter mit auf die letzte Reise, damit sie ihren Herrscher ins Jenseits eskortieren können.

Qin Shihuangdi ist es auch, der, ausgehend von schon vorhandenen Teilstücken, die erste Große Mauer zwischen seinem Reich und der Welt der Barbaren errichten lässt. Gerade in dieser frühen Zeit besitzt diese Barriere jedoch nicht bloß defensive Funktion. Sie soll zugleich das eigene Territorium ausdehnen, um mehr Weideland für die im Aufbau begriffene Kavallerie zu sichern. Dennoch bleibt festzuhalten, dass das größte Bauwerk der Welt, die Chinesische Mauer, weniger gegen Menschen als vielmehr gegen Pferde errichtet worden ist.

Über zwei Jahrtausende hinweg, von den Xiongnu bis hin zu den Mongolen und den Mandschu, musste China eine Antwort auf die Bedrohung durch seine nomadischen Nachbarn finden. Die immer wieder verlängerte und verstärkte, aber auch immer wieder verfallende Große Mauer ist steingewordener Ausdruck dieser Zwickmühle. Sie zeugt von der staunenswerten Energie der Chinesen – und von der nicht minder staunenswerten Energie jener Reitervölker, die eine solch gewaltige Mauer erforderlich machten.

# Die apokalyptischen Reiter

>»In der Geschichte ist viel zu wenig von Tieren die Rede.«
>
> - *Elias Canetti, Die Provinz des Menschen (1943)*

Sie kommen von Gott weiß woher und eröffnen sofort das Feuer: die Borg. Herbeigepfiffen vom Ende des Universums ... In *Star Trek* erscheinen sie als übermächtige Gegner, gegen die kein Mittel hilft. Sie marodieren durchs All, vernichten Zivilisation um Zivilisation und werden dabei jedes Mal nur noch stärker, noch unüberwindlicher, da sie sich die Technologien ihrer Feinde aneignen und überall neue Krieger rekrutieren. Falls doch einmal Warnungen die ahnungslosen Opfer erreichen, so schenken sie ihnen keinen Glauben, oder das Unheil bricht unverzüglich herein, noch bevor die Boten ihren Bericht beenden können.

Die Borg des Mittelalters sind die Mongolen. Auch sie kommen aus dem »inneren Weltraum«, von Irgendwo-da. Auch sie drohen die absolute Herrschaft zu übernehmen: »Ein nomadisierendes Volk, das sich des größten Teils der bewohnten Welt bemächtigt.« Auch sie rücken mit unfassbarer Schnelligkeit vor: »Als sie sich Spalato (Split) bereits genähert hatten, konnten die Einwohner diese Nachricht noch immer nicht glauben.« Auch sie zerstören alles, was ihnen in den Weg kommt: »Zwei Tagesreisen weit war das Land mit Leichen übersät.« So vergeht der Ruhm der Welt: »In den Palästen hausen jetzt Eulen und Raben, in ihren Hallen stöhnt der Wind.« Am Ende bleibt nur Verzweiflung: »Warum lässt der Himmel das zu?«

Ob Orient, ob Okzident, ob Indien oder China – für alle tauchen die Mongolen gänzlich unerwartet auf. Sie überrumpeln die Welt. So klagt der Chronist von Nowgorod: »Wegen unserer Sünden kamen im Jahre 6732 unbekannte Völker, von denen niemand genau weiß, zu welchen Stamm sie gehören und welchen Glaubens sie sind.« Allein die Ungewissheit ist zum Verzweifeln. Wie die Borg kommen sie aus dem Nichts, nur dass sie nicht durch ein Wurmloch aus fernen Quadranten eindringen, sondern über den eurasischen Steppengürtel. Sie bringen sich östlich des Dnjepr in Stellung, um sich dieser großen, zerklüfteten Halbinsel namens Europa zuzuwenden. Auch zuvor waren schaurige Krieger und säbelbeinige Reitervölker durch diesen Korridor nach Westen vorgestoßen, Hunnen und Awaren, Magyaren und Petschenegen. Doch keines von ihnen war derart bedrohlich gewesen. Dabei hätte man »die Leute in den Filzwandzelten«, wie ihre Nachbarn sie bisweilen nennen, eine Generation vorher noch kaum als Volk bezeichnet. Nun aber erstürmen sie die Bühne der Geschichte. Und ein Ausgestoßener, der in seiner Jugend so arm war, dass er nicht einmal ein Pferd besessen hat, wird zu Dschingis Chan, dem Weltenherrscher.

An zwei Wendepunkten seiner Karriere macht er Jagd auf *Tachi*. Der Anführer der Mongolen ist das, was man gemeinhin einen passionierten Jäger nennt, wobei ein leidenschaftsloser Jäger ein Widerspruch in sich wäre. Er hat sich nie recht mit dem Hirtenleben anfreunden können, ist lieber kreuz und quer durchs Hochland geschweift. Dabei hat er sicher etliche *Tachi* zur Strecke gebracht, doch diese beiden gewinnen schicksalhafte Bedeutung. Einmal am Tiefpunkt seiner Laufbahn, als er mit ein paar versprengten Getreuen vor einem rachsüchtigen Stammesfürsten flieht. Abgehetzt und ausgezehrt, erlegen sie mit Glück ein Wildpferd. Offenbar ein krankes oder verletztes Tier, sonst wäre es nicht alleine gewesen, und sie hätten es nicht so leicht erwischt. Es stillt ihren Hunger, doch es nährt auch ihre geschundenen Seelen. Sie nehmen es als ein Zeichen des Himmels und machen das Pferd zu ihrem Totemtier. Als Staatsbanner wählen sie später eine Standarte aus den Schweifhaaren von hundert weißen Hengsten.

Die zweite folgenschwere Begegnung ereignet sich während des Feldzugs gegen die Tanguten, die südlich der Gobi über ein ausgedehntes Reich herrschen. Obwohl die Mongolen sie im Jahr 1210 unterworfen haben, verärgern sie Dschingis Chan durch ihre Unbotmäßigkeit. »Erinnert mich jeden Morgen daran, dass das Reich der Tanguten dort draußen fortbesteht«, weist er seine Entourage grimmig an. Fünfzehn Jahre später zieht er erneut gegen sie. Vor dem endgültigen Sturm auf ihre Hauptstadt setzt er im Sommer 1227 eine Treibjagd auf Wildpferde an. So verzeichnet es die *Geheime Geschichte der Mongolen*. Ein *Tachi* kreuzt unvermutet seinen Weg, sein Pferd scheut und wirft ihn ab. Wenige Wochen darauf erliegt er den Verletzungen. Sein Tod wird gegenüber Freund und Feind vertuscht, bis die Tanguten geschlagen sind. Bis heute ist sein Grab nicht gefunden worden. Ein reiterloses Pferd, heißt es, hat ihm das letzte Geleit gegeben.

Dschingis Chan und seine Nachfolger erobern das größte Weltreich aller Zeiten. Es spannt sich von der Donau bis zum Amur, vom Eismeer bis zum Indischen Ozean und von Damaskus bis Hanoi. Und doch kennt es Grenzen. Lässt man China als Sonderfall beiseite, so kommen sie ziemlich genau so weit, wie das Gras wächst. Invasionsversuche in Japan und auf Java scheitern kläglich, und reine Wüstenregionen werden ebenso ausgespart wie der dicht bewaldete, zu Pferd schwer durchdringliche Norden. So bleibt Nowgorod als einziges großes Fürstentum in Russland verschont, verfügt es doch über die denkbar beste Stadtmauer: endlose Wälder. Prompt steigt es in der Folge zur wichtigsten Regionalmacht auf. Zwar machen die Mongolen sich auch Völker gemäßigter Zonen untertan, sie selbst aber favorisieren das Grasland. Die Chane der Goldenen Horde etwa beherrschen Russland über zweieinhalb Jahrhunderte hinweg. Doch zur »Hauptstadt« küren sie weder Moskau noch Kiew, sondern Sarai, eine Steppensiedlung am Unterlauf der Wolga.

Machtkämpfe und Intrigen hat es zwischen ihren Clans immer gegeben. Dschingis Chans drakonischem Regime gelingt es, diese Feindseligkeiten nach außen zu lenken. Und so entdecken sie, dass es neben Ackerbau und Viehzucht eine dritte Lebensform gibt, die Kriegführung. Thomas, der scharfsinnige Erzdiakon von Split, diagnostiziert eine Art Schneeballeffekt, durch den sie auf den Geschmack der Macht gekommen sind: »Ihr König wird Khakan genannt. Als er einen Krieg mit einem benachbarten König geführt hatte, tötete er diesen. In einem neuen Krieg erschlug er dessen Sohn. Als er auch ein drittes Reich angriff, kehrte er als Sieger in sein Land zurück. Da wuchs sein Selbstbewußtsein gewaltig. Im Glauben, daß kein Reich der Welt sich widersetzen könne, nahm er sich vor, alle Völker zu unterwerfen. Er wollte die Größe seiner Macht aller Welt zeigen.« Herrschaft wird zum Selbstzweck. Und zwar universale Herrschaft; inspiriert vom chinesischen Weltbild. Die Steppe als wahres Reich der Mitte.

In den Reihen der Mongolen kämpfen auch zahlreiche Angehörige türkischer und anderer mittelasiatischer Stämme, die sich mit ihnen synchronisieren. In vielen zeitgenössischen Quellen firmieren sie pauschal als »Tataren«, und ganz Nord- und Mittelasien als »Tatarei«, obwohl die eigentlichen Tataren in Wirklichkeit zu den ersten Opfern dieser Expansion zählen. Doch die Mongolen sind bis dahin gänzlich unbekannt gewesen, so dass das Abendland sie mit jenen Nomaden im Süden Russlands gleichsetzt, von denen man zumindest schon einmal gehört hat. Oft werden sie, unter Einfügung eines kleinen, schnarrenden Buchstabens, auch als Tartaren bezeichnet. Denn scheinen sie nicht wie böse Geister dem Tartaros, der Unterwelt entstiegen? Allein die Verlegenheiten bei der Namensgebung zeigen, dass Europa praktisch keine Informationen über diesen neuen Feind besitzt.

Aus Hirten sind Räuber geworden. Ihr Handwerk ist der Krieg, ihr Sold die Beute. Sie wird nach einem festen Schlüssel verteilt;

Dschingis Chan begnügt sich mit zehn Prozent. Er beschneidet die Vorrechte des Adels und fördert eine Art Meritokratie, gestaffelt nach militärischen Verdiensten. Seine Gefolgschaft ist straff organisiert, die Truppen nach einem rigiden System untergliedert. Zu Hause stehen die Herden derweil unter der Obhut der Alten, Frauen und Kinder. Die kommen auch ohne die Männer zurecht, fällt ihnen doch so oder so die Hauptarbeit beim Hüten zu. Umgekehrt erleben die Männer die Kriegszüge nicht primär als Abwesenheit von ihrem Wohnsitz, sondern nur als weiter ausgreifende Wanderungen, als fortwährenden Aufbruch in eine Richtung statt wie sonst in kreisenden Bewegungen.

Die Mongolen achten darauf, dass ihre Stärken nicht von anderen genutzt werden. Den Chinesen etwa verbieten sie kurzerhand das Reiten. Doch auch das Geschichtenerzählen, das diese weit mehr vermisst haben dürften. Umgekehrt aber raffen sie, ganz wie die Borg, unter den Besiegten Fachleute und Technologien zusammen, die ihnen von Nutzen sein können. Von den Chinesen übernehmen sie Katapulte und Schießpulver, aber auch Sanitätsabteilungen. Von den Dschurdschen, den Vorläufern der Mandschu, rekrutieren sie Musiker und Entertainer. In Schlesien nehmen sie Waffenschmiede und Bergknappen gefangen, die dann im fernen Alatau nach Gold und Erzen schürfen müssen. Über welche Sprachenkette sich die Mongolen wohl mit ihnen verständigen? Jedenfalls eignen sie sich auf diese Art wertvolles Know-how an. Sie tun es aus demselben Grund, aus dem die Alliierten nach dem Zweiten Weltkrieg mehrere Tausend deutsche Wissenschaftler und Techniker in ihre Atom- und Raketenprogramme steckten: um ihre Überlegenheit auszubauen.

Generationen von Militärs haben versucht, das Erfolgsgeheimnis der Mongolen zu ergründen. Am einfachsten fasst es eine lakonische Erklärung aus den Annalen der Ming-Dynastie zusammen: »Sie sind gut im Reiten und im Bogenschießen. Durch diesen Vorteil haben sie die Welt in Besitz genommen.« Selbst viele Jahrhunderte später haben sich militärische Konzepte noch an ihren Siegen orientiert. Auch die Doktrin des »Blitzkrieges« war davon inspiriert, und sowohl Patton als auch Rommel studierten ihre Taktiken. In den historischen Berichten nehmen Scheinangriffe und Scheinrückzüge breiten Raum ein, der Hagel von Pfeilen mitsamt dem schon von den Skythen her bekannten »Parthischen Manöver«, ferner das Einkreisen des Gegners, das Aufsprengen fester Formationen, die Schnelligkeit und Wendigkeit, die vielen Kriegslisten. Dieses Repertoire ist auch von anderen Reitervölkern her geläufig, doch die Mongolen haben es perfektioniert. Darüber hinaus gelten sie als Lehrmeister der psychologischen Kriegsführung. Noch im Irakkrieg hallte in der Formel von *shock and awe,* von Angst und Schrecken, ein Echo der Mongolenstürme nach.

Nun haben sie diese Finten aber nicht an der Generalstabsschule erlernt. Ihre Akademie ist die Jagd. Die Wanderhirten haben sie immer schon betrieben, so können sie ihre Herden schonen und verschaffen sich zugleich eine Art sportliches Vergnügen. Zu den Beutetieren gehören Gazellen und Kulane, in den Bergen auch Hirsche, Steinböcke, Wildschafe und Rehe. Das größte, begehrteste Wild aber ist das *Tachi,* der rechte Sparringspartner für ein Kriegervolk. Da Wildpferde schneller und ausdauernder als Hauspferde sind, kann man sie nur mit mehreren Gruppen berittener Jäger zur Strecke bringen, bisweilen auch mit List und Tücke, indem man sie in einen Hinterhalt treibt oder ihnen, wie noch Nyamsuren und sein Großvater es taten, an einem Wasserloch auflauert.

Wölfe hingegen gelten nicht als Wild, sondern als Feinde. Sie werden bei jeder sich bietenden Gelegenheit aktiv gejagt, und dazu noch passiv mit Giftködern. Zugleich aber fungieren sie seit Menschengedenken als Lehrmeister der Jäger, geben sie ihnen doch Anschauungsunterricht in Treib- und Hetzjagden. In seinem Roman

*Der Zorn der Wölfe,* der in der Inneren Mongolei spielt, hat Jiang Rong diese tierischen Beutezüge fesselnd beschrieben. Die Meute geht dabei fast generalstabsmäßig vor, raffiniert, effizient und aufeinander abgestimmt. Dieses Vorbild haben die mongolischen Truppen verinnerlicht; ihr raubtierhaftes Gebaren fällt allenthalben ins Auge. So berichtet Thomas von Spalato: »Wie reißende Wölfe die Schafhürden gierig umlauern, so erkundeten ihre grimmigen Führer den Ort (Budapest) mit wilden Blicken und überlegten, wie sie ihn überwältigen könnten.«

Über die individuelle Jagd hinaus ruft der Chan alljährlich zu einer Staatsjagd. Die Teilnahme daran ist obligatorisch, eine Vorform der Wehrpflicht. Auch die Vorbereitung und der Ablauf tragen militärischen Charakter. Es ist keine Hatz mehr, sondern ein Feldzug; hinterher wird Manöverkritik geübt. Diese Großjagden, die mehrere Wochen andauern, verbessern die Koordination, das Reaktionsvermögen, den Waffengebrauch und den Teamgeist. Nicht von ungefähr gehen die Mongolen vor der entscheidenden Schlacht gegen die Tanguten auf Jagd. Aber auch die beunruhigende Beweglichkeit ihrer Truppen wird erst durch die Jagd möglich. In der Anfangsphase ziehen sie noch als reine Reiterheere herum, ohne Tross. Indem sie sich ambulant versorgen, können sie schneller vorrücken – so schnell, dass sie selbst die Gerüchte über ihr Nahen überholen.

Jagd ist vor allem unerbittliche Taktik. Ob die Jäger das Wild den Häschern zutreiben, ob sie die Herde einkesseln oder auseinandersprengen, ob sie sich leise anschleichen oder laut schreiend darauf zugaloppieren, um sich die Panik der Massenflucht zunutze zu machen – stets müssen die einzelnen Gruppen dafür koordiniert werden. Aus Jagdlist wird Kriegslist. In ihrer Quellensammlung zum Mongolensturm zeichnen Hansgerd Göckenjan und James R. Sweeney etwa den konzentrischen Angriff nach, den die Eindringlinge gegen Ungarn führten. Er »glich einer gewaltigen Treibjagd.

Nach dem Vorbild der kaiserlichen Jagden, die gleichzeitig Manöver waren und dazu dienten, die Truppen taktisch zu schulen und ihre Disziplin zu festigen.«

Dient die Jagd als ihre Akademie, so bildet das Hüten des Viehs die Elementarschule der Mongolen. Ihre Erfahrung im Herdentreiben schlägt auch in den Schlachtberichten durch. Fußtruppen werden von den berittenen Bogenschützen nach allen Regeln der Kunst auseinandergescheucht, abgedrängt und dezimiert. Die feindliche Reiterei locken sie durch vermeintliche Fluchtbewegungen vom Schlachtfeld weg. Wenn diese dann aufgrund der schwächeren Pferde und der schwereren Rüstungen ermüdet, machen die Angreifer kehrt und werfen sich auf sie, manchmal noch unterstützt von Verstärkung, die im Hinterhalt lauert.

Pferde stellen das wichtigste Kampfmittel der Nomaden dar, ihre Zucht die wichtigste Rüstungsindustrie. Sie reiten sie im kräftesparenden Entlastungssitz und nehmen ihnen auf längeren Strecken die Trense aus dem Maul. Wo sie auch hinkommen, beschlagnahmen sie als Erstes die Weiden. Die Bewohner von Buchara müssen ihre Unterwerfung dadurch bezeugen, dass sie die Reittiere der Invasoren füttern. Erzdiakon Thomas berichtet: »Die Mongolen reiten kleine, aber kräftige Pferde, die an Entbehrungen gewöhnt sind. Sie laufen ohne Hufeisen über Felsen, als ob sie Gemsen wären. Selbst wenn man sie drei Tage ununterbrochen reitet, begnügen sie sich mit nur wenig Stroh. Sie sind so gut abgerichtet, daß sie ihrem Besitzer wie Hunde folgen.« Was freilich nicht ihrer Anhänglichkeit zuzuschreiben ist, sondern dem Umstand, dass die Mongolen als Halter großer Herden gelernt haben, die Leitstute zu reiten oder als Handpferd neben sich zu führen, um die Gruppe in Marsch zu setzen.

Die immer wieder attestierte Zähigkeit ihrer Pferde ist das Ergebnis einer züchterisch erwünschten, doch weitgehend natürlichen Selektion, bedingt durch die ganzjährige Haltung im Freien, die schmale Kost und das wenige Wasser. Sie hat aber noch einen weiteren Grund. Solange noch genügend Wildpferde lebten, wurden sie gelegentlich absichtlich eingekreuzt. Dafür gab es zwei Methoden, die bis vor etwa hundert Jahren, als Nyamsurens Großvater selbst jung war, noch praktiziert wurden. Entweder fielen den Jägern Jungtiere in die Hände, die hilflos zurückgeblieben waren und dann in die Herden eingegliedert wurden. Mussten sie noch gesäugt werden, fand man eine Amme für sie. Oder es wurden rossige Stuten in der Steppe platziert. Sie mussten freilich so fest angepflockt werden, dass sie auch mit einem noch so ungestümen Hengst nicht durchbrennen konnten. Denn für solcherart stürmische Romantik sind die *Tachi* seit je berüchtigt. Otto Antonius etwa, der legendäre Direktor des Schönbrunner Tiergartens und ausgewiesene Fachmann für Pferde und ihre Artverwandten, bescheinigte Junghengsten bereits »sehr früh schon – lange vor der Geschlechtsreife – eine Art Entführertrieb«, und den Stuten ihrerseits »eine zweifellos vorhandene Neigung, einem allfälligen Entführer zu folgen«. Auch *Brehms Tierleben* räumt ein: »Die Stuten lassen sich nicht davon abhalten, die Hengste zu suchen.« Obwohl *Tachi* und Hauspferde verschiedenen Unterarten angehören, sich etwa auch in der Zahl der Chromosomen unterscheiden, so lassen sie sich doch problemlos kreuzen und zeugen fruchtbare Nachkommen. Mit viel Glück bekommt man durch solche Blutauffrischung eines jener Ausnahmepferde, wie die mongolischen Epen sie immerfort rühmen: »Sie drängten die Zeit zusammen / verkürzten die Tage / durcheilten das Jahr in einem Monat / fassten den Monat in einem Tag / falteten den Tag in eine Stunde / rafften die Stunde auf ein Viertel.«

Pferde sind auch der Garant für eine der größten Errungenschaften der Mongolen, den Postdienst. In Abständen von zwanzig bis dreißig Kilometern halten Relaisstationen frische Reittiere bereit. Dadurch schaffen Eilkuriere fast das Zehnfache der Marathonstrecke an einem Tag. Dabei galoppieren sie durchgehend und wechseln die Pferde in vollem Lauf. So erfahren selbst die Truppen an der fernen Westfront binnen weniger Wochen von wichtigen Vorgängen im Reich. Da fast niemand lesen oder schreiben kann, müssen die Meldereiter sich die Nachrichten genau einprägen. Sprachliche Strukturen helfen bekanntlich dabei, so dass militärische Befehle häufig in Versform gehalten sind, im Falle des Mongolischen im Stabreim. Auch gewöhnliche Reisende können dank des Postsystems immer noch bis zu hundert Kilometer täglich zurücklegen, wenn sie die Tiere wechseln. Schon Wilhelm von Rubruk nutzt diese Infrastruktur für seine Mission zum Großchan; sie wird bis ins 20. Jahrhundert Bestand haben. Weit davon entfernt, wertloses Ödland zu sein, erweist die Steppe sich vielmehr als probates Kommunikations- und Transportmedium, vergleichbar einem großen Strom.

Vorausgesetzt, man kennt sich aus. In Erdkunde sind die Mongolen besser bewandert als alle Europäer. Gerade weil sie nicht lesen können, fragen sie umso mehr. Sie denken moderner und sind weltoffener. Zu ihrem Beraterstab gehören arabische Astronomen, chinesische Geographen, buddhistische Lamas, armenische Priester und taoistische Weisheitslehrer. Sie verfügen auch über erstaunlich präzise Kenntnisse der politischen und wirtschaftlichen Verhältnisse jener Reiche, die zu erobern sie entschlossen sind. Bei der Belagerung von Damaskus lädt Timur den berühmten arabischen Gelehrten Ibn Chaldun, der im gegnerischen Lager weilt, mehrfach zu Gesprächen. Mit der tückischen Jovialität des Despoten sinniert er mit ihm über Gott und die Welt. Vor allem aber fragt er ihn über dessen Heimatregion, den Maghreb, aus. Ibn Chaldun kann nur staunen, wie wohlinformiert Timur sich zeigt – seine Fernaufklärer verstehen ihr Geschäft. Es klingt, als könne er sich durchaus vorstellen, auch diesen Teil der bewohnten Welt seinem Reich einzuverleiben. Selbst wenn momentan noch siebentausend Kilometer dazwischenliegen.

Das mittelalterliche Europa hingegen weiß so gut wie nichts über Asien, abgesehen von der bescheidenen Ausnahme der Levante. Die

Kreuzritter mühen sich zwei Jahrhunderte lang, diesen schmalen Küstenstreifen vor ihrer Haustür unter Kontrolle zu bringen, und dabei können sie noch die Donau und das Mittelmeer nutzen. Die Steppenkrieger dagegen unterwerfen binnen dreier Jahrzehnte zu Lande ein Weltreich, das sich von der Adria bis zum Gelben Meer erstreckt. Und ihnen gelingt in zwei Jahren, was die Gottesstreiter nie vermochten: mit Bagdad das Herz der arabischen Welt zu erobern. Derweil die Kreuzfahrer nichts Besseres zu tun haben, als mit Konstantinopel den wichtigsten europäischen Vorposten auszuschalten, der sonst vielleicht in der Lage gewesen wäre, den mongolischen und den nachfolgenden türkischen Invasionen entgegenzutreten.

Europas Sichtkreis endet am Dnjepr, spätestens am Don. Das Land nördlich und östlich des Schwarzen Meeres heißt einfach nur *Wildes Feld,* eine Entsprechung zu Mochos *Gfild.* Immer wieder erliegen die Sesshaften dem altbekannten Trugschluss angesichts der Steppe: »Dort leben keine Menschen mehr.« Wo nichts ist, kann auch niemand sein. Doch nur, weil es dort weder Gärten noch Städte gibt, bedeutet dies nicht, dass sie unbewohnt und nutzlos ist. Während die Mongolen bereits ganz Mittelasien erobert haben und sich anschicken, China zu unterwerfen, hat das christliche Abendland nicht die geringste Ahnung von ihrer Existenz, und es kommt auch gar nicht auf die Idee, seinen östlichen Horizont zu erweitern. Mit einer rühmlichen Ausnahme wiederum. Um 1200 ist die *Gesta Hungarorum* entstanden, die Chronik von »den Taten der Ungarn«. Sie erzählt von der Herkunft der Magyaren »aus dem Skythenland«, das so reich an Pelztieren sei, dass selbst die Viehhirten dort Zobelmäntel trügen. Sie betrieben keinen Feldbau, lebten in Filzzelten, wuschen Gold aus den Flüssen und unterstanden nie einem König. Nachdem schon Attila von dort gekommen sei, hätten sich schließlich im Jahr 884 sieben magyarische Stämme auf den Weg gemacht, um sich nach langer Wanderung in der Pannonischen Tiefebene niederzulassen. Andere Stämme wären jedoch geblieben. Diese verschollenen Brüder und Schwestern zu finden, entsenden die Ungarn schließlich mehrere Expeditionen in Eurasiens unendliche Weiten. Die erste beginnt 1221, dauert drei Jahre und kehrt unverrichteter Dinge zurück. Sie hat den Angaben der Chronik zu sehr vertraut, die ein Siedlungsgebiet nordöstlich des Schwarzen Meeres angibt. Einige Jahrhunderte zuvor hatte dies wahrscheinlich auch noch zugetroffen. Doch mittlerweile sind ihre Landsleute durch die Kumanen nach Norden abgedrängt worden. Auch als Kiptschaken geläufig, bilden diese bis auf Weiteres das dominante Steppenvolk, ihre Herden weiden von der Donau bis zum Irtysch. Es war nicht die erste Migration der Magyaren; sowohl sie als auch die Kumanen dürften ursprünglich aus der Altai-Region stammen. Immerhin aber kommt dieser ersten Expedition zu Ohren, dass hoch droben am Oberlauf der Wolga magyarische Stämme leben sollen.

Auf der Suche nach *Magna Hungaria* zieht die nächste Suchexpedition dann 1235 noch fast zweitausend Kilometer weiter. Dort, in einer ungewöhnlich weit nach Norden reichenden Steppentasche zwischen Wolga und Ural, haben die Magyaren eine neue Heimat gefunden, in Nachbarschaft zu den Wolgabulgaren. Nachdem Bruder Julian fast ein Jahr lang unterwegs gewesen ist und dabei zahlreiche Völkerschaften in fremden Zungen hat reden hören, trifft er dort tatsächlich auf Landsleute: »Sie verstanden ihn und er sie.« Wenngleich sie »Heiden sind, keine Felder bebauen, Pferdefleisch essen und Milch und Blut von Pferden trinken«. Julian möchte länger bei ihnen verweilen. Doch dann hört er von einer berittenen Streitmacht, die sich im Südosten sammelt. Schließlich begegnet er einem Emissär der Mongolen, von denen das Abendland bis dahin noch keine Kunde hat. Wundersamerweise beherrscht dieser Gesandte »Ungarisch, Russisch, Kumanisch, Deutsch, Arabisch und

Tartarisch«, womit in diesem Fall Mongolisch gemeint ist. Er setzt Julian davon in Kenntnis, dass sein Heer an der Wolga aufmarschiere und »gegen Deutschland zu Felde ziehen wolle«. Erstkontakt mit den Borg. Überstürzt tritt Julian die Heimreise an. Seine Gastgeber bezeichnen ihm eine Abkürzung, woraufhin er zwei Wochen lang die Wolga aufwärts fährt und schon nach einem halben Jahr wieder in Ungarn anlangt. Zurück am Hofe, erstattet er Bericht. Wie aber Europa verteidigen – ohne Mauer? Weitere alarmierende Neuigkeiten folgen ihm auf dem Fuß: Mehrere Zehntausend Kumanen, die nach verlorenen Kämpfen vor den heranrückenden Mongolen geflohen sind, treffen in Ungarn ein. Sie bieten sich Béla IV. als Fremdenlegionäre an. Er würde ihre Dienste gern in Anspruch nehmen, vermählt seinen Sohn auch mit der Tochter des Kumanen-Chans. Doch der ungarische Adel fürchtet durch die heidnischen Krieger eine Schwächung seiner Macht und der Klerus den Verfall der Sitten. So zieht das Gros schließlich weiter ins Bulgarische Reich.

Die übrigen europäischen Staaten wie auch die Kurie betreiben eine ähnliche Kirchturmpolitik und rufen allenfalls den heiligen Sankt Florian an. Bruder Julian reist persönlich nach Rom, um den Papst zu warnen, aber sein Bericht bleibt ohne jede Wirkung. Im Frühjahr 1237 bricht er dann gemeinsam mit ein paar weiteren Mönchen zur nächsten Reise in die Heimat der Magyaren auf. Doch es ist, als zögen sie durch eine andere Welt. Ströme von Flüchtlingen fluten ihnen entgegen, alles ist in heller Aufregung, und örtliche Fürsten, die ihnen zwei Jahre zuvor noch wohlgesonnenen waren, behandeln sie jetzt feindselig. Damals hatten die Eroberer sich östlich der Wolga gesammelt und auf den nächsten Winter gewartet, um dann, Ende 1236, die zugefrorenen Flüsse bequem überqueren zu können. Noch bevor Julian die Front erreicht, muss er erfahren, dass ihre Kriegsmaschine bereits das Reich der Wolgabulgaren und das der Mordwinen niedergemacht hat. Auch die Magyaren sind überrollt worden. *Magna Hungaria* besteht nicht mehr. Nun wenden die Invasoren sich gegen die zersplitterten russischen Fürstentümer, um dann weiter nach Westen vorzudringen. Julian vernimmt, »daß die Tartaren Tag und Nacht beraten, wie sie das Königreich Ungarn einnehmen können«. Schweren Herzens macht er mit den letzten verbliebenen Brüdern kehrt. Wohl im Frühjahr 1238 langen sie wieder zu Hause an. Nahezu alle Städte und Fürstentümer, die sie dabei durchqueren, und nahezu alle Personen, die sie dabei sprechen, werden das nächste Jahr nicht überstehen.

Wie sich herausstellt, hat Batu Chan, der Oberbefehlshaber des mongolischen Heeres, dem ungarischen König bereits etliche Ultimaten zukommen lassen. Wobei er offenbar davon ausgegangen ist, dass das Postwesen in Europa ähnlich hoch entwickelt ist wie bei ihnen. Doch keiner dieser Briefe hat sein Ziel erreicht. Julian ist der Erste, der Béla ein solches Sendschreiben überbringt. Es strotzt vor Siegesgewissheit und verlangt unbedingte Unterwerfung. Über die Flucht der Kumanen nach Ungarn zeigt Batu, ein Enkel des Dschingis Chan, sich wohlinformiert: »Ihnen fällt es leichter als Dir, mir zu entkommen, weil sie mit Zelten wandern und vielleicht entfliehen können. Du aber wohnst in Häusern, hast Burgen und Städte. Wie willst Du meinen Händen entrinnen?« Köstlich ist allein schon das unumwundene Du – Gangster unter sich. Schwerer wiegt, dass Béla die Kumanen ziehen lassen muss. Sie haben eine ähnliche Lebens- und Kampfesweise wie die Mongolen, sie bringen auch Gefechtserfahrung mit. Sie hätten ein Gegengewicht bilden können. Doch die ungarische Elite will nicht wahrhaben, dass ihr Harmageddon naht. Auch die wichtigsten Machthaber des Abendlandes zeichnen sich durch Verblendung und Untätigkeit aus. Der deutsche Kaiser, der Papst und der französische König, sie unternehmen – nichts. »Außer leeren Worten empfingen wir von diesen Höfen weder Trost noch Hilfe«, beklagt Béla bitterlich.

1239 überfallen die Steppenkrieger die russischen, im Jahr darauf die ukrainischen Städte und Fürstentümer. Parallel unterwerfen sie auch Georgien und Armenien. Kein Stein bleibt auf dem anderen. Wieder rücken sie im Winter vor; Wasser scheint das einzige Hindernis, das sie zumindest zeitweise aufhalten kann. Der kleinere Teil ihrer Streitmacht wendet sich nach Polen, der größere fällt in Ungarn ein. So können sich die Bedrängten nicht gegenseitig zu Hilfe kommen. Binnen weniger Wochen kämpft der nördliche Flügel mehrere polnische und deutsch-polnische Ritterheere nieder. Ein fernes Echo dieser Drangsal erklingt bis heute auf dem Rynek, dem noblen Hauptplatz von Krakau. Zu jeder vollen Stunde setzt ein Trompeter auf dem Turm der Marienkirche zu einer Fanfare an, die dann unvermutet abbricht. Der Legende nach warnte damals ein Türmer die Stadt vor den anrückenden Scharen, bis ihn mitten im Spiel ein Pfeil durchbohrte. Als Kuriosum sei noch angeführt, dass im Hurrageschrei bis heute der Schlachtruf der Mongolen nachhallt. Der Anthropologe Jack Weatherford führt es auf das Kriegs- und Freudengeheul zurück, das mit ihnen durch Eurasien zog. Es kursiert in verschiedenen Formen – Ura, Uragh, Uria, Uhurai –, die jedoch das Gleiche besagen: »Los!« Noch die russische, österreichische und deutsche Kavallerie pflegten mit solch gellendem Gebrüll Attacke zu reiten.

Nach der Schlacht von Liegnitz, zwischen Breslau und Görlitz gelegen, schwenken die siegreichen Invasoren nach Süden ab, um sich mit ihrer Hauptstreitmacht gegen die Ungarn zu vereinigen. Doch ihre Unterstützung ist nicht mehr nötig. Nur zwei Tage danach, am 11. April 1241, unterliegen die Ungarn bei Muhi, unweit von Miskolc, dem Hauptheer unter Batu Chan. Béla IV. entkommt mit nur wenigen Mann Bedeckung; seine Flucht vor den Verfolgern gilt bis heute als reiterisches Glanzstück. Doch seine Drangsal ist noch nicht zu Ende. Zunächst sucht er Schutz bei seinem österreichischen Nachbarn Friedrich dem Streitbaren. Der jedoch nichts Besseres zu tun hat, als ihm den mitgeführten Staatsschatz und drei

Grafschaften abzupressen. Man wünschte, die Mongolen wären damals etwas weiter ausgeschwärmt als nur bis Wiener Neustadt. Stattdessen setzen sie Béla weiterhin hartnäckig nach, doch ebenso hartnäckig entzieht er sich ihnen und flieht zuletzt auf eine Insel vor der dalmatinischen Küste. Da stirbt Ende des Jahres Großchan Ögedai. Dank der Kette der Meldereiter erreicht die Nachricht bald auch die Westfront. Batu und sein Heer ziehen sich vorerst ins *Wilde Feld* zurück, beteiligen sich nach Kräften an den Nachfolgestreitigkeiten und festigen als »Goldene Horde« ihre Macht in Russland. In den folgenden Jahrzehnten unternehmen sie von dort aus zahlreiche Raubzüge und Strafexpeditionen, mal gegen Polen und mal gegen Bulgarien, mal auf der Krim und mal im Kaukasus. Nur die Ungarn leisten ernsthaften Widerstand. Was Captain Picard in *Star Trek* für die Föderation der Planeten ist, wird Béla IV. für Europa. Geschlagen, gedemütigt und auf verlorenem Posten, nimmt er den Kampf gegen einen übermächtigen Feind auf. Er lässt Burgen und Grenzbefestigungen errichten, schmiedet neue Allianzen und baut ein zweites Heer auf, jetzt unter maßgeblicher Beteiligung der Kumanen. Béla, dessen Schwester als Elisabeth von Thüringen zur Legende geworden war, ruft deutsche Siedler herbei und bringt das ausgeblutete Land mühsam wieder auf die Beine. 1261 kann er ein kleineres Heer der Mongolen zurückschlagen, danach überschreiten sie nicht mehr die Karpaten. Das Abendland müsste ihm dafür bis heute dankbar sein, wäre Ungarn als westlichster Ausläufer der Steppenzone für dessen Eroberung doch unerlässlich gewesen. Um ein Reiterheer von einhunderttausend Mann einsatzfähig zu halten, hätte es bis zu einer halben Million Pferde bedurft. Wo und was hätten sie sonst fressen sollen? Tannenzapfen?

Ein Gegenstoß, gar ein organisierter Straffeldzug ist jedoch während der gesamten mongolischen Dominanz undenkbar. Sind sie erst einmal in der Steppe verschwunden, kommt ihnen niemand mehr nach. Sie können überall sein oder auch nirgends. Sie sind nur Schatten, nur Bewegung. Wohingegen bei den Europäern von Bewegung kaum die Rede sein kann. Pferde stellen hier kein Gemeingut dar, sondern Luxusgeschöpfe für die feudale Elite. »Rind ernährt, Pferd verzehrt«, besagt eine alte Bauernweisheit. Nur ein kleiner Teil der Heere ist beritten, meist schwer gepanzerte Lanzenreiter auf entsprechend massigen Schlachtrössern. Die brauchen hochwertiges Futter und mehrmals täglich Wasser; spätestens den ersten Winter in der Kasachensteppe würden sie nicht überstehen. Den ganz überwiegenden Teil der Streitkräfte aber bilden Fußtruppen. Es würde Jahre dauern, bis sie Karakorum erreichten, ganz abgesehen von der Unmöglichkeit, sie dabei zu versorgen. Bei den Steppenvölkern kann hingegen jedes Kind reiten, und sie verfügen auch über reichlich Pferde für alle. Jeder Krieger zieht mit mehreren Reittieren los, um sie zwischendurch wechseln zu können. Auch deshalb kann ihre Streitmacht so unbegreiflich rasch agieren. Ähnlich verhält es sich mit der Jagd, die in Europa ein fürstliches Privileg darstellt. Bei den Mongolen ist zwar die Staatsjagd hierarchisch organisiert, doch im Alltag ergänzt die Jagd die Grundversorgung, alle sind darin versiert.

Für die eroberten Gebiete wird ein Statthalter eingesetzt oder ein willfähriger örtlicher Fürst, Hauptsache, sie entrichten hohe Tribute. Wenn diese nicht zur Zufriedenheit der Machthaber ausfallen, werden sie mit militärischem Nachdruck eingefordert. Sonst aber zeigen die Mongolen wenig Interesse an der Regierung oder gar Verwaltung der neuen Territorien. Nur in China verläuft die Entwicklung anders. Zunächst schicken sich Kublai Chan und seine Truppen an, auch dort zu marodieren. Doch ein mongolischer Beamter am Kaiserhof, heißt es, öffnet ihnen die Augen. Denkt doch mal nach: Wenn ihr das tut, könnt ihr das Land einmal ausplündern und dann nie wieder. Wenn ihr es hingegen regiert, wenn ihr Steuern erhebt und Frondienste einfordert, dann macht ihr Jahr um Jahr kolossale Beute. Dann werdet ihr des ganzen Landes habhaft, und das Volk dient euch als unversiegbare Ressource. So begründet Kublai Chan die Yuan-Dynastie. Fortan herrscht eine kleine Minderheit über ein Millionenvolk. Diese Elite assimiliert sich mehr und mehr; die Chinesen domestizieren die Nomaden. »Dadurch kommt Bildung in sie hinein, und sie verlieren ihren eigentümlichen Charakter.«

Ihr Machtmonopol bewirkt von Osteuropa bis Ostasien stabile politische Verhältnisse. Zusammen mit dem professionellen Postwesen ermöglicht diese *Pax Mongolica* eine Blüte des Fernhandels, mit Papiergeld als allgemeinem Zahlungsmittel. Menschen, Güter und Informationen können nun auf den verschiedenen Trassen der Seidenstraße sicher passieren und ihre Tausch- und Transitplätze nutzen. *Deep Space Nine* – das Wurmloch wird zum Handelsweg.

Zum ersten Mal finden nun auch Reisen in die Gegenrichtung statt. Europäische Kaufleute, Priester und Gesandte machen den neuen Herren der Welt ihre Aufwartung. Während sich ihre Auftraggeber einmal mehr gänzlich illusorischen Vorstellungen hingeben – die Mongolen etwa zum Christentum zu bekehren oder sie als Verbündete im Kampf gegen den Islam zu gewinnen –, nehmen diese kaum Notiz von ihnen. Schließlich kommen ständig Delegationen aus allen Himmelsrichtungen, um dem Großchan zu huldigen und die fälligen Tribute zu entrichten. Lediglich der päpstliche Gesandte Johannes von Marignola wird in den Annalen der Yuan-Dynastie erwähnt, wohl weil sein Gastgeschenk, ein kolossales schwarzes Ross, nachhaltigen Eindruck hinterließ.

Langsam wächst im Abendland eine Ahnung von den Schrecken und Wundern in den Tiefen des Kontinents. Zum bekanntesten Reisenden gerät Marco Polo, doch haben sich auch andere auf den Weg gemacht. Etwa Wilhelm von Rubruk, ein flämischer Franziskaner, den der französische König Ludwig IX. mit einer *fact finding mission* betraut. Er soll einen Brief an einen ranghohen Mongolenherrscher überbringen, sich dabei aber weitgehend inkognito bewegen. Nebenbei will er auch das Schicksal jener schlesischen Zwangsarbeiter aufklären, die in den Bergwerken des Alatau schuften.

So gut es ging, hat Wilhelm seine Hausaufgaben gemacht und hat Erkundigungen zu einigen kürzlich erfolgten, meist im Sande verlaufenen Missionen eingeholt. Von Konstantinopel aus fährt er im Mai 1253 übers Schwarze Meer zur Krim und zieht von dort landeinwärts. Dabei trifft er noch Krimgoten an, mit denen er sich auf Deutsch verständigen kann. Anfangs hat er etliche Begleiter, von denen ihm aber unterwegs mehrere abhandenkommen. Mit sechs von Ochsen gezogenen Planwagen, wie die Russen sie für den Pelzhandel nutzen, arbeiten sie sich langsam nach Osten vor. Während der nächsten beiden Monate kampieren sie unter freiem Himmel oder schlafen in ihren Wagen. Noch auf der Krim begegnet er den ersten Mongolen, die bei ihm wiederum als »Tartaren« firmieren. »Sie haben nirgends einen festen Aufenthaltsort, und es kümmert sie nicht, wo sie den nächsten finden werden.« Prompt gibt auch Wilhelm zu Protokoll, dass sie Stutenmilch trinken – der *Kumys* heißt bei ihm lustigerweise *Kosmos* –, und dass nicht nur die Männer, sondern auch die Frauen rittlings auf den Pferden sitzen. Neugierig holt er nach, was Europa bislang versäumt hat: eine Hermeneutik des Fremden. Seine Schilderung der mongolischen Lebensart unterscheidet sich kaum von jener, die Przewalski über sechshundert Jahre später geben wird. Sie löffeln die gleiche kräftige Schöpsenbrühe, wählen ihren Lagerplatz nach geomantischen Erwägungen, klauben trockenen Dung und Spiersträucher als Brennmaterial zusammen. Wilhelm beschreibt Hochzeitsbräuche, Gerichtsbarkeit und Bestattungsriten ebenso interessiert wie die Weissagungen der Schamanen, in denen er eine Erklärung für die Ruhe an der Westfront findet: »Ohne ihre Vorhersage zieht man niemals in den Krieg. Sie wären längst wieder in Ungarn eingefallen, wären ihre Wahrsager nicht dagegen.«

Er berichtet auch von »Wildeseln« im Hinterland der Krim, »die ungefähr wie unsere Maultiere aussehen« – eine weitere frühe Erwähnung der Tarpane. Später beschreibt er auch Yaks, Argalischafe und Kulane. Nach achtwöchigem Treck langen sie im Lager des Mongolenführers Sertak an, übergeben den Brief und wähnen sich am Ziel. Der aber verweist sie weiter an seinen Vater Batu Chan. Daraufhin setzen sie etwa bei Saratow über die Wolga, »die viermal breiter ist als die Seine bei Paris«. Sie erreichen die große Zeltstadt des Kriegsfürsten, in der sie auch einige verschleppte Ungarn und Kumanen antreffen; Wilhelm erwähnt sogar noch *Magna Hungaria* hoch droben im Norden. Batu geruht ihn zu empfangen, amüsiert sich über seine fromme Einfalt und schickt ihn zur Klärung einiger Formalitäten zum Großchan Möngke. Der aber residiert in Karakorum – fünftausend Kilometer weiter östlich.

Spätestens jetzt stoßen sie in eine andere, neue Welt vor. Und kommen doch besser voran als bisher, denn von nun an reiten sie. Dank der Relaisstationen im Land der Pferdefüßler avancieren sie wie auf einem Förderband und schaffen etwa achtzig Kilometer am Tag, obwohl es sich bei Wilhelm um einen überaus vollschlanken Zeitgenossen handelt. Doch mögen die Pferde auch noch so frisch sein, der Weg zieht sich extrem in die Länge, und der Winter naht. Ihr Führer warnt sie denn auch: »Das bedeutet eine Reise von vier Monaten, und es ist dort so kalt, daß die Steine vor Kälte zerspringen. Überlegt euch, ob ihr das durchstehen könnt.« Tatsächlich erfrieren Wilhelm am Ende die Füße.

Fast über die gesamte Strecke hinweg sichten sie Steinstelen und Kurgane, »Reichen bauen sie sogar Pyramiden«. Die meisten dürften aus der Skythenzeit stammen, doch an manchen wehen noch die Häute der geopferten Pferde im Wind. Wilhelm ist der Erste, der das Kaspische Meer als Binnengewässer beschreibt. Bis dahin hat man geglaubt, es stünde mit dem Nordmeer in Verbindung; so weltfremd ist die Geographie der mittelalterlichen Kirchenschriftsteller. Während sie über das Himmlische Jerusalem oder die ewige Hölle genau Bescheid zu wissen vorgeben, verwechseln sie den Nil mit dem Euphrat und halten Äthiopien für eine indische Provinz. Von China oder Korea haben sie nicht die leiseste Ahnung. Erst Wilhelm bringt Kunde von diesen Ländern nach Europa; auch vom Buddhismus erfahren wir durch ihn.

Obwohl seine Route dann nicht allzu weit entfernt vom Einsatzort der deutschen Bergleute vorbeiführt, kann er sie zu seinem Bedauern weder auf dem Hin- noch auf dem Rückweg aufsuchen. Acht Monate nach seinem Aufbruch in Konstantinopel langt er schließlich in Karakorum an. Der Hauptstadt, aber zugleich auch einzigen Stadt im Stammland der Mongolen. Einem Kunstgebilde, einer kurzlebigen Anomalie. Erstaunt muss er feststellen, dass sie nicht größer ist als der Pariser Vorort Saint-Denis. Der Nabel der Welt erweist sich als ein besseres Feldlager, das, zur Verzweiflung der späteren Archäologen, größtenteils aus Jurten besteht, so wie auch Ulaanbaatar noch heute mehr Jurten als Häuser zählt.

Zugleich aber ist es ein denkbar kosmopolitischer Ort, der *Deep Space Nine* in nichts nachsteht. Wilhelm begegnet chinesischen Händlern, einem griechischen Ritter, tibetischen Mönchen in safrangelben Roben, uigurischen Tempeldienern, Sendboten eines türkischen Clanführers und einer indischen Gesandtschaft, die dem Großchan zahme Leoparden bringt. Er tauft die Kinder eines gefangenen Deutschen, trifft eine Zofe aus Metz, freundet sich mit einem armenischen Weber sowie mit einem Pariser Goldschmied an, der den typischen Juweliernamen Guillaume Boucher trägt, und er wird Zeuge, wie die Hofschamanen eine deutsche Sklavin drei Tage lang in Trance versetzen, um sie anschließend nach ihren Träumen zu befragen.

Gut zwei Jahre ist Wilhelm schließlich unterwegs. Hinterher erscheint ihm jeder Weg in Europa als Kurzstrecke: »Von Köln bis Konstantinopel sind es nur vierzig Tagesreisen.« Der Vergleich seines Berichts mit Marco Polos sprödem Itinerarium, das fünfzig Jahre später entstand, lehrt viel über die Kunst der Reportage. Wenn ich doch malen könnte, seufzt Wilhelm. Doch er kann ja malen: Er beobachtet genau, schreibt anschaulich und inspiriert, aufgrund seiner Schilderungen ließe sich die Reise ohne Weiteres verfilmen. Unser Mann in Karakorum. Polos Ausführungen klingen dagegen schematisch und blutleer. Sein Porträt Kublai Chans gerät völlig nichtssagend, und die angeblich besuchten Städte und Provinzen betet er herunter wie eine Litanei. Offenkundig ein Bericht aus dritter Hand, typische Kolportageliteratur. Wilhelm hingegen beschreibt seine Audienz beim Großchan in allen Einzelheiten. Dabei steht viel auf dem Spiel, vielleicht sogar sein Leben, falls er einen groben Fehler begehen sollte. Dennoch gibt er alles um sich herum getreulich wieder und hat dabei sogar noch die Chuzpe, dem Leser zuzuzwinkern. Welche Geschichten unserer Tage wird man in siebenhundert Jahren noch mit unverminderter Anteilnahme lesen?

So rasch es expandiert ist, so rasch fällt das Weltreich der Mongolen wieder in sich zusammen. Im Grunde markiert bereits Dschingis Chans Zusammenstoß mit dem *Tachi* den Anfang vom Ende. Diesem gelang, was kein Feind vermochte: der Tyrannenmord. Ähnlich ergeht es später Timur, der im Suff vom Pferd fällt. Mit dem Tod der Anführer beginnen dann die unvermeidlichen Machtkämpfe und Bruderkriege. Das Reich wird in Teilreiche dividiert, diese ihrerseits weiter aufgeteilt, bis sie reihum durch Aufstände erschüttert, von den Verlierern zurückgewonnen, von gierigen Nachbarn annektiert oder schlicht vom Winde verweht werden. In China können die Mongolen sich nur etwa neunzig Jahre halten, bevor sie sich in der Rolle der eroberten Eroberer wiederfinden. Der Anführer der Rebellion begründet 1368 als Kaiser Hongwu die Ming-Dynastie. Zwanzig Jahre später lässt er Karakorum dem Erdboden gleichmachen. In Russland währt die Oberherrschaft der Goldenen Horde nominell noch bis 1480, doch setzt ihr Zerfall schon früher ein. Nachdem sie das mongolische Joch abgeschüttelt haben, erstarken sowohl China als auch Russland. Langfristig kann man den Nomadenvölkern durchaus staatenbildende Kraft zusprechen. Indem sie ihre Gegner einen, geht etwas von ihrer Energie auf diese über. Das war schon bei Qin Shihuangdi so, der sich gegen die Xiongnu zum ersten Kaiser Chinas aufschwang. Ebenso bei den Franken, deren Reich nach der Hunnenschlacht zusammenwuchs, aber auch bei Heinrich und Otto, aus deren Besitzungen nach den Ungarneinfällen das Heilige Römische Reich entstand. Stets gelang die Befreiung dabei aus eigener Kraft. Wer solche Feinde hat, braucht keine Freunde.

Im Osten erwächst den Mongolen in den Mandschu ein mächtiger Rivale. Seit Jahrhunderten bestehen zwischen beiden enge kulturelle und dynastische Beziehungen; die Mandschu benutzen auch die mongolische Schrift, die ihrerseits aus der uigurischen entwickelt worden ist. Anfang des 17. Jahrhunderts eskaliert der Streit um einen großen Pferdemarkt zum Krieg, den die Mandschu für sich entscheiden. Nach wechselnden Fehden und Allianzen gewinnen sie in der Folge die Oberhoheit über das mongolische Kernland. 1644 entthronen sie dann die Ming-Dynastie, mit Unterstützung mongolischer und auch chinesischer Regimenter. Die Ära der Qing beginnt, die sich wiederum als Erben der Mongolen darstellen. Sie verweisen auf die Yuan-Dynastie als Präzedenzfall und benutzen deren kaiserliches Siegel. Bis 1911, formal sogar bis 1946, bleibt die gesamte Mongolei dann chinesisches Territorium, unterteilt in eine von Peking aus gesehen »innere« und eine »äußere« Hälfte. Die Region Tuwa im äußersten Nordwesten erlangt vorübergehend Unabhängigkeit, bevor sie dann von der Sowjetunion geschluckt wird.

Am längsten währt die Mongolenherrschaft in der Dsungarei, jenem innerasiatischen Rückzugsraum, der auch den *Tachi* als Letzter verblieben ist. Doch auch hier wächst die Begehrlichkeit der großen Nachbarn, regelmäßig kommt es zu Überfällen und Grenzstreitigkeiten. Russland errichtet eine Kette von Vorposten, darunter Ust-Kamenogorsk und Semipalatinsk, was so viel wie »sieben Zelte« bedeutet. Im Jahr 1720 bleibt das Dsungarische Chanat in der Schlacht am Saissansee gegen die Russen noch siegreich. Seinen Pferdebognern gelingt es, die mit Musketen ausgerüstete Strafexpedition in Schach zu halten. In der Folge müssen sie sich aber der überlegenen Technologie der Eindringlinge beugen. Ironie der Geschichte, dass es einst die Mongolen waren, die die Feuerwaffen nach Europa brachten: Bei der Schlacht von Muhi waren das erste Mal zweckentfremdete Feuerwerkskörper aus China zum Einsatz gekommen.

Gegen die weniger gut gerüsteten Chinesen vermögen die Dsungaren sich etwas länger zu halten. Nicht zuletzt dank fähiger Berater wie Johan Gustaf Renat. Als Kind Wiener Emigranten in Schweden aufgewachsen, ist er nach der Schlacht von Poltawa zunächst in russische Gefangenschaft geraten. Die Russen haben sich seine Fähigkeiten als Offizier und Kartograph zunutze gemacht und ihn bei der Kolonisation Sibiriens eingesetzt. Dabei ist er von den Dsungaren gefangen genommen worden, denen er wiederum seine Dienste angeboten hat. In Galdan Tsereng findet er einen Kriegs- und Landesherren, der fast alle Ideale der europäischen Aufklärung erfüllt, nur dass er weit hinten in der Dsungarei regiert. Er fördert Handel und Handwerk, nimmt Bau- und Bewässerungsprojekte in Angriff. Wenn sein Tross umherzieht, werden hundert Kamele allein mit Büchern bestückt. Zugleich rüstet er seine Armee auf, lässt Gewehre fertigen, Kanonen und Mörser gießen. Ihm unterstehen hunderttausend Reiter; sein Machtbereich erstreckt sich bis Taschkent. Parallel versucht er durch geschickte Heiratspolitik, das prekäre Kräfteverhältnis zu stabilisieren. Seine Heiraten sind wie Schachzüge; sogar eine Tochter des Qing-Kaisers Kangxi bereichert seinen Harem.

Renat ist nicht der einzige Schwede, den es nach Innerasien verschlagen hat. Eines Tages begegnet er Brigitta Scherzenfeldt, die ebenfalls Kriegsbeute erst der Russen und dann der Dsungaren war, unter denen sie nun einer tibetischen Prinzessin als Hofdame dient. Sie heiratet Renat, und nach mehr als fünfzehn Jahren können sie schließlich nach Schweden zurückkehren. Anderthalb Jahrhunderte später stößt ein junger, hitzköpfiger Bibliothekar namens August Strindberg auf Renats vergessene Landkarten, erst als Kopie in der Königlichen Bibliothek zu Stockholm, bevor sich dann auch die Originale an der *Wiederauferstandenen Carolina* finden, der berühmten Universitätsbibliothek von Uppsala. Durch Przewalskis Expeditionen haben sie zu dieser Zeit unversehens Aktualität gewonnen. Während Strindberg die Leistungen dieses »Meisters« ausdrücklich würdigt, legt er sich bald darauf mit Sven Hedin an, schimpft ihn einen »ignoranten Landvermesser« und bezichtigt ihn des Epigonentums, auch weil er die von ihm, Strindberg, wiederentdeckten Pioniere wie Renat nicht zur Kenntnis genommen hat. Die Standpauke verfehlt ihre Wirkung nicht, in späteren Werken weist Hedin ausdrücklich auf die beiden »bewundernswerten Landkarten« und Strindberg als deren Wiederentdecker hin. Ein Bibliothekar auf Forschungsreisen.

Nach Galdan Tserengs Tod unterwerfen die Chinesen die Dsungaren dann 1757 derart brutal, dass dieser Kriegszug heute als Genozid eingestuft wird. Nachdem Russland bereits die nördlichen Gebiete übernommen hat, verleibt sich China nun den Löwenanteil ihres Reiches ein. Die letzten freien Mongolen sind vernichtet worden, das letzte Irgendwo-da-Land besteht nicht mehr.

Die Weiterentwicklung der Feuerwaffen besiegelt schließlich den Niedergang der bewaffneten Reiterei. Der Erste Weltkrieg gilt allgemein als ihr Ende. Die Apokalypse steigt auf andere Beförderungsmittel um. Flugzeuge, Panzer und Motorfahrzeuge ermöglichen und erfordern eine gänzlich andere Kriegsführung, von Maschinengewehren nicht zu reden. Kamerad Pferd hat ausgedient. Und doch kommt es in der Folge noch zu einigen Schlachten, bei denen Pferde eine bedeutsame Rolle spielen. Nicht von ungefähr finden sie entlang des eurasischen Steppenbandes statt, ihrer Urheimat, mit der die modernen Verkehrsmittel und Kriegsgeräte ihre Not haben.

Im Russischen Bürgerkrieg zum Beispiel tut Trotzki, seit dem Frühjahr 1918 oberster Heerführer der Roten Armee, die Kavallerie anfangs als feudales Relikt ab. Reiter sind *per se* Konterrevolutionäre. Doch dann beginnt der Siegeszug der Weißen Armee und der mit ihr verbündeten Kosaken, der sich vor allem deren überlegener Kavallerie verdankt. Mit dem *Wilden Feld,* den Steppen Südrusslands und der Ukraine, kontrollieren sie die Hochburg der Pferdezucht. Schließlich stehen sie nur mehr vierhundert Kilometer vor Moskau. Trotzki ändert seine Meinung und gibt, frei nach Schiller, seine berühmte Losung aus:»Proletarier, aufs Pferd!« Sie ist etwa so plausibel wie »Bauern, an die Hochöfen!« Zu seinem Glück aber verfügt Russland über weit mehr bäuerliche als proletarische Rekruten, die halbwegs mit Pferden umzugehen verstehen, so dass die Kommunisten tatsächlich größere Verbände aufstellen können, insbesondere Semjon Budjonnys Reiterarmee. Anton Denikin, der Kommandeur der Weißen Armee, bekennt später: »Die einzige Bedrohung und entscheidende Kraft im Süden war die 1. Reiterarmee. Sie und nur sie beunruhigte mich.« Tatsächlich kann die Rote Armee dank ihres Einsatzes das Blatt wenden. Auch im anschließenden Polnisch-Sowjetischen Krieg spielt Budjonnys Reiterarmee eine entscheidende Rolle; Isaak Babel hat ihre Aktionen bald darauf in seinem gleichnamigen Erzählungsband ungeschönt geschildert.

Die letzten größeren Kavalleriegefechte der Militärgeschichte ereignen sich dann 1939 im Nordosten der Äußeren Mongolei. Nach dem Sturz der Qing-Dynastie hat diese sich 1911 unter russischer

Vormundschaft für unabhängig erklärt; zehn Jahre später ist sie zum ersten sowjetischen Satellitenstaat umgeformt worden. Die Innere Mongolei ist hingegen bei China verblieben, bis die Japaner 1931 die Mandschurei besetzen und dort ihrerseits einen Satellitenstaat schaffen, Mandschukuo. Später kommt auch noch Mengjiang als »Autonomer Mongolischer Staat« auf chinesischem Gebiet hinzu. Die Japaner schicken sich an, halb Asien unter ihre Kontrolle zu bringen. Der Krieg gegen China dient als ein wichtiger Schritt dazu, doch die Planspiele der Strategen greifen noch viel weiter. Wie ihre deutschen Verbündeten, so schielen auch sie auf die Ölvorkommen am Kaspischen Meer. So unendlich weit die auch von Japan entfernt liegen, sind sie damals aus ihrer Sicht doch noch die nächstbesten. Die Hälfte der Strecke könnten sie innerhalb Chinas bewältigen; dann müssten sie noch die Transkaspische Eisenbahn unter ihre Kontrolle bringen. Vorerst ist das alles hypothetisch, doch wenn die Armee erst einmal das Tor zur Steppe aufgestoßen hat, wird sie nur mehr schwer aufzuhalten sein.

Vor diesem Hintergrund testen sie die Verteidigungsbereitschaft der Mongolen und deren russischer Verbündeter aus. Sie wählen einen unscheinbaren Hintereingang, das sandige Hügelland am Flüsschen Chalchin Gol, das die Grenze bildet. Ein nahezu weißer Fleck auf den Generalstabskarten, so dass die Militärs sich mit Bezeichnungen wie »namenlose Höhe« behelfen. Ein Krieg am Ende der Welt. Und doch wird er Geschichte schreiben.

Auf mongolischer Seite treten reguläre Reiterverbände an. Aber auch die Japaner mobilisieren etwa zwölftausend Reiter aus der Inneren Mongolei. Um sie auf ihre Seite zu ziehen, versprechen sie ihrer Provinz für den Fall eines Sieges gegen China Autonomie. Parallel setzen beide Großmächte die modernsten Waffen ihrer Zeit ein. Die Rote Armee hat die Mongolei von Anfang an als ein Exerzierfeld benutzt, um sowohl Kriegsgerät wie auch Kampfweisen zu erproben. Einige Offiziere, wie etwa Konstantin Konstantinowitsch Rokossowski, später einer der wichtigsten Generäle des Zweiten Weltkriegs, haben sich hier ihre Sporen verdient. Auch Georgi Konstantinowitsch Schukow gehört dazu. Ein strammer Kavallerist, der einst seine Kameraden von der 1. Reiterarmee durch einen Parforceritt beeindruckt hat, bei dem er die neunhundert Kilometer von der Kavallerieschule bis zu seinem Regiment in einer Woche bewältigte.

So entlegen der Schauplatz auch ist, so findet der Konflikt doch starke Beachtung. Aufseiten der Japaner beobachten deutsche und italienische Militärberater den Kampf. Deutsche Flugabwehrgeschütze können hier unter Gefechtsbedingungen erprobt werden. Auch Richard Sorge, Mitarbeiter der deutschen Botschaft in Tokio und Spion für die Sowjetunion, verfolgt die Geschehnisse. Er setzt Moskau frühzeitig über die Pläne der Japaner am Chalchin Gol in Kenntnis und schildert dann auch ihre Bestürzung darüber, wie die Rote Armee den Angriff pariert. Schon er prophezeit, dass die Kämpfe »im mongolischen Großraum die Vorpostengefechte eines ganz großen Ringens sein können«.

In Russland wird ausgiebig über den Grenzkonflikt berichtet, hat Stalin doch erstmals den Einsatz »eingebetteter« Reporter angeordnet. Darunter findet sich auch ein junger Absolvent des Literaturinstituts namens Konstantin Michailowitsch Simonow. Später wird er mit *Waffengefährten* einen sowjetischen Landserroman über diesen Krieg schreiben. Berühmter wird er dann indes als Geliebter Rokossowskis, mit dem er den dreifachen Konstantin gibt, und als jener linientreue Chefredakteur der Literaturzeitschrift *Nowy Mir,* der das Manuskript von *Doktor Schiwago* ablehnt.

Schon zuvor hat es kleine Grenzverletzungen am Chalchin Gol gegeben und den üblichen Viehdiebstahl auf beiden Seiten. Im Mai 1939 eskaliert der Konflikt, ausgelöst durch mongolische Kavalleriepferde, die aus Sicht der Japaner am falschen, nämlich am östlichen Ufer grasen. Es kommt zu einem Schlagabtausch, woraufhin beide Seiten Verstärkung anfordern. Die Japaner setzen ihre 6. Armee in Marsch, einen Teil der Kwantung-Armee, ihrer Speerspitze in China. Auch die Sowjets schicken große Verbände. »Wir hielten es für unsere proletarische, internationale Pflicht, das mongolische Brudervolk in seiner Schicksalsstunde nicht im Stich zu lassen«, tönt Schukow, der zum Oberbefehlshaber ernannt wird. Auf der Hinreise ergötzt er sich daran, wie allenthalben ein roter Buddha verehrt wird: »In Jurten und Häusern, bei Behörden und Truppenteilen – überall sah ich am Ehrenplatz ein Bild Lenins, von dem jeder Mongole in aufrichtiger Liebe spricht.«

Schukows Spezialität sind hybride Verbände, die Reitertruppen mit Artillerie- und Panzereinheiten verbinden. Am Chalchin Gol erhalten diese »mechanisierten Kavalleriekorps« zusätzlich noch Unterstützung von oben. An manchen Tagen sind bis zu zweihundert Flugzeuge in der Luft, ein martialisches Mobile über der Steppe. Tausende Last- und Tankwagen rollen als Nachschubkarawane mehr als sechshundert Kilometer vom nächsten Bahnanschluss herbei. Die Soldaten leben in Jurten. Simonow beziffert die Truppenstärke jeweils auf knapp hunderttausend Mann; die meisten anderen Schätzungen liegen niedriger.

Schukows Plan sieht eine Großoffensive vor, die freilich sorgsam kaschiert werden muss. Umfangreiche Täuschungsmanöver mit falschen Funksprüchen und getürkten Flugblättern sollen den Gegner in Sicherheit wiegen. Mit gigantischen Schallanlagen fingieren die Russen den Bau von Verteidigungsstellungen; prompt gehen die Japaner ihnen anfangs auf den Leim und nehmen die Lautsprecher unter Beschuss. Truppenverlegungen erfolgen im Verborgenen, und jeweils so, dass sie die wahren Ziele eher verschleiern als offenbaren.

Die Offensive beginnt am 20. August. Sechs Tage später sind die Japaner umzingelt. »Die eingekesselte Armee wurde wie Metall auf Schlag- und Druckfestigkeit geprüft«, schwadroniert Simonow. Und Schukow schließt lapidar: »Am 30. August war die

6. Japanische Armee restlos vernichtet.« Laut Simonow hat er in der Mongolei »erste Schritte in der Wissenschaft vom Siegen« unternommen. Nach seiner Rückkehr befördert Stalin ihn dafür zum General. Später wird Schukow die Zurückhaltung der Japaner nach Beginn des Deutsch-Sowjetischen Krieges darauf zurückführen, dass diese »harte Lektion« sie davon abgehalten habe, Russland 1941 sogleich in die Flanke zu fallen. Ursprünglich wollten sie von der Mandschurei her nach Tschita vorstoßen, um die Transsibirische Eisenbahn zu kapern. Doch die Rote Armee hat ihnen den Schneid abgekauft. Statt dem Drängen ihrer deutschen Verbündeten nachzugeben, rüsten sie stattdessen zum Angriff auf die Vereinigten Staaten. Sorges entsprechende Informationen ermöglichen die Verlegung großer Truppenkontingente aus dem asiatischen Teil Russlands an die europäische Front. Der deutsche Vorstoß auf Moskau scheitert, woran Schukow den kampferprobten Truppen vom Chalchin Gol maßgeblichen Anteil zuschreibt.

Als Zerrbild eines orientalischen Despoten sieht sich Hitler als ein zweiter Dschingis Chan und versucht, Eurasien in die umgekehrte Richtung aufzurollen. Als hätte sie noch nie vom Raum als Waffe gehört, schwärmt die Wehrmacht auf Dareios' Spuren in die skythische Steppe hinein aus. Spähtrupps stoßen gar bis fast ans Kaspische Meer vor. Gemeinsam mit Wassilewski wird Schukow dann zum Chefstrategen der sowjetischen Großoffensive bei Stalingrad. Kurioserweise sieht er sich dort wieder einer 6. Armee gegenüber, nun der der Wehrmacht. Auch sonst hat man den Eindruck eines Déjà-vu, denn der General beschreibt die Kampagne in der Wolgasteppe in fast den gleichen Worten wie die am Chalchin Gol. Wieder liegt der Schlüssel in der erfolgreichen Verschleierung des Gegenstoßes. Wieder die ständigen »verdeckten Umgruppierungen«, das Operieren »aus der Nacht heraus«, die »sorgfältige taktische Tarnung« in skythischer Manier. Am Ende gelingt die Einkesselung der gegnerischen Armee in nur vier Tagen. Eine Kavalleriedivision vollendet den Einschluss. Im Winter kommt sie schneller voran als ihre eigenen Panzer, schneller auch als die überrumpelten deutschen Truppen. Schukows Fazit zu Stalingrad: »Aus dem Nichts heraus ist plötzlich ein Schlag von großer Wucht und entscheidender Bedeutung geführt worden.«

Im Nationalmuseum in Ulaanbaatar ist dem Zweiten Weltkrieg ein eigener Raum gewidmet. Erstaunt nimmt der Besucher aus dem Fernen Westen zur Kenntnis, dass die Mongolei der Sowjetunion damals zwölf Flugzeuge zur Verfügung gestellt hat (mildes Lächeln), vierundvierzig Panzer (abermaliges Lächeln) und eine halbe Million Pferde (erstaunte Miene). Sicher keine Wunderwaffe, doch zähe, genügsame, winterharte Arbeitstiere in großer Zahl. Ein erheblicher Vorteil in einem Krieg, der überwiegend auf Steppengebiet ausgetragen wird, und in dem Heu immer noch leichter aufzutreiben ist als Benzin. Die Wehrmacht hat den Ostfeldzug mit einer dreiviertel Million Pferde begonnen, doch schon Ende 1942 ist höchstens noch die Hälfte davon am Leben. Allein in Stalingrad fallen auf deutscher Seite über fünfzigtausend.

Auch sonst steht die Mongolei dem großen Bruder mit allem bei, was die Steppe hergibt. Gewaltige Schaf- und Rinderherden werden in große Schlachthäuser an der Grenze getrieben, auch fast dreißigtausend Antilopen bereichern die Feldküchen der Roten Armee. Etwa ebenso viele Schafwollmäntel gehen an die Front, und zahllose Filzstiefel dazu. »Auch winterfeste Kleidung und warme Wäsche sind Waffen«, weiß Schukow. Die deutschen Soldaten bekommen es bald zu spüren. Die Pläne des Größten Feldherrn aller Zeiten sahen vor, dass Moskau bis Ende Oktober erobert sein würde. So müssen sie Winterkleidung notdürftig von der Bevölkerung requirieren und sich mit strohgestopften Überschuhen behelfen.

Auf einem Hügel südlich von Ulaanbaatar erhebt sich ein Denkmal für die glorreiche Waffenbrüderschaft. Als Beigabe steht dort einer jener gestifteten T-34-Panzer, die sich bis nach Berlin vorge-kämpft haben. Auch die mongolischen Pferde sind mit der Roten Armee noch ein Stück weiter gelaufen als ihre Vorfahren unter Batu Chan. Sie haben aus der Elbe getrunken, haben Wismar, Wien und Belgrad erreicht.

Was Siegesparaden angeht, so pflegt man zu dieser Zeit verschiedene Stile. Während Hitler im offenen Mercedes ins Sudetenland eingerauscht ist, hat Ungarns Reichsverweser Horthy es sich nicht nehmen lassen, auf einem Schimmel in die zurückgewonnenen Gebiete der Slowakei einzureiten. Auch für die Russen versteht es sich aufgrund der langen mongolischen Schule von selbst, dass Sieger auf Pferden thronen. Als im Juni 1945 das triumphale Defilee auf dem Roten Platz ansteht, reitet Schukow ebenfalls einen Schimmel, einen eleganten Achal-Tekkiner. Stalin hat der Hengst einige Tage zuvor noch abgeworfen. Woraufhin er darauf verzichtet, den Aufmarsch selbst anzuführen, er will nicht enden wie Dschingis Chan. Spitzbübisch wendet er sich stattdessen an Schukow. »Er fragte, ob ich das Reiten auch nicht verlernt hätte. Und als ich verneinte, sagte er: ›Dann werden Sie die Siegesparade abnehmen. Rokossowski wird sie befehligen.‹« Rokossowski, ebenfalls Kavallerist, reitet einen Rappen. Bei strömendem Regen paradieren sie vor Lenins Mausoleum, diesem kommunistischen Kurgan. Doch Schukow macht eine zu gute Figur dabei, Stalin wird eifersüchtig. Bald darauf entmachtet er den Oberkommandierenden der Schlacht um Berlin, den vierfachen Held der Sowjetunion wegen »Bonapartismus« und schickt ihn in die Wüste respektive Steppe, auf einen unbedeutenden Posten in Odessa. Heute aber bewacht Schukows Standbild den Roten Platz. Als Ritter im leichten Trab nimmt er auf seinem turanischen Pferd für alle Zeiten die Siegesparade ab.

Ein allerletzter Kavallerieeinsatz findet dann an noch entlegenerer Stelle im südöstlichen Grenzgebiet der Mongolei statt. Am 10. August 1945 ist das Land an der Seite der Sowjetunion in den

Krieg gegen Japan eingetreten. Während Panzer und schweres Gerät einen Umweg nehmen müssen, zieht die gemeinsame Kavalleriedivision geradewegs durch die Gobi. Am Grenzkamm liefert sie sich ein letztes Gefecht mit japanisch-mongolischen Einheiten, die noch nicht von der Kapitulation am 15. August erfahren haben. In nur zehn Tagen legen diese Verbände die tausend Kilometer bis nach Jehol (Chengde) zurück. Von dort wollen sie weiter bis nach Kalgan (Zhangjiakou) vordringen, der Hauptstadt von Mengjiang. Kalgan bedeutet auf Mongolisch so viel wie Pforte; seit je war der dortige Pass das bevorzugte Einfallstor berittener Invasoren. Doch Tschiang Kai Schek will auf jeden Fall verhindern, dass mongolische Truppen in Peking einziehen, das würde auch sieben Jahrhunderte nach Kublai Chan als schwere Demütigung empfunden werden. Stattdessen rücken dann chinesische und amerikanische Truppen ein. Die Langnasen sind unverfänglicher.

Als Lohn für ihre Waffenhilfe teilt die Sowjetunion der Mongolei rund dreißigtausend japanische Gefangene zum »Wiederaufbau« zu. Sie errichten auch das damalige Außenministerium, in dem heute die deutsche Botschaft residiert. Die Hoffnung auf Unabhängigkeit für die Brüder und Schwestern in der Inneren Mongolei erfüllt sich jedoch nicht, sie verbleibt ebenso bei China wie die Mandschurei. Im Gegenzug gibt Tschiang die Äußere Mongolei zähneknirschend endgültig preis. Doch man kann solche Ansprüche ja zu gegebener Zeit wieder hervorholen. Während den Chinesen die Vorstellung, dass sie im Mittelalter zur Mongolei gehörten, natürlich gänzlich fremd ist.

# Eine sinistre Wüste

»Wie der Ozean erfüllt die Steppe das Gemüt mit dem Gefühl der Unendlichkeit und, wie den sinnlichen Eindrücken des Raumes sich entwindend, mit geistigen Anregungen höherer Ordnung.«
*– Alexander von Humboldt, Ansichten der Natur*

L et's go to Biidsch. Seit der ersten Auswilderung der *Tachi* 1992 feiern sie dort wieder jedes Jahr ein *Naadam,* diesen volkstümlichen Dreikampf der Steppe, bestehend aus Bogenschießen, Ringen und Reiten. Ein Echo der Kriegskünste und Staatsjagden; das Exerzieren ist zum Sport geworden. Die Wiederkehr der Wildpferde markiert den Beginn einer neuen Zeitrechnung für die gesamte Region. Auch das ist eine Art der Siegesfeier.

Von Ulaanbaatar braucht es knapp zwei Flugstunden nach Chowd (englisch auch: Khovd), der Hauptstadt der gleichnamigen Provinz im Westen der Mongolei. Drei Uhren zieren die Wartehalle des Flugplatzes. Sie sollen die Ortszeit in London, Chowd und Ulaanbaatar anzeigen, sind allerdings nur jeweils eine Stunde auseinander, doch immerhin in der richtigen Abfolge. Alle drei stehen seit Jahren still. Als wollten sie einen der Grundsätze von Einsteins Theorien bestätigen, die Relativität der Gleichzeitigkeit. Willkommen auf dem Planeten Gobi B. Hier gehen die Uhren nicht nur anders, sondern gar nicht. Hier herrscht eine weit ältere und weit stärkere Gravitation. Die Zeit verharrt im unendlichen Raum der Steppe, der sie neutralisiert.

Unter Umständen kann man dieses Schwerefeld auch spüren. Anfangs ist es nur eine flüchtige Anwandlung, doch sie wird sich in den nächsten Tagen zur körperlichen Empfindung verdichten, zu einer subtilen, feierlichen Sensation, die selbst jetzt, ein Jahr nach meinem Besuch, noch in der Erinnerung abrufbar ist. Als wäre ich dort in der Mongolei gestimmt worden. Da tönt ein tiefes Brummen, unhörbar, doch vernehmlich. Es erfüllt die Erde wie der Wind die Luft. Hier Lithosphäre, dort Atmosphäre. Nehmen wir an, dass die Kontinente schwingen. Das feingliedrige, wohltemperierte, vom Golfstrom und vom Mittelländischen Meer verhätschelte Europa bietet vielleicht nicht genügend Resonanzraum, kompaktere Landmassen wie Asien oder Afrika dagegen schon. Es mag auch mit dem Alter, der Dichte oder der Dynamik der steinernen Hülle zusammenhängen, oder mit einer Art von Magnetismus. Jedenfalls brummt es dort draußen, dort drinnen, und wir besitzen ein Organ dafür.

Wo mehrere Linien zusammentreffen, entstehen Knoten. Chowd, das frühere Kobdo, war lange Zeit bedeutender als Urga, das heutige Ulaanbaatar. In zehn Wochen zogen Kamelkarawanen von hier bis nach Peking, nach Lhasa brauchten sie zwanzig, über die Berge hinweg ins sibirische Bijsk oder Barnaul nur etwa fünf. Auch militärisch spielte Kobdo als Tor zum Altai wie zur Gobi immer wieder eine Rolle. 1731 brachte Galdan Tsereng, der wissbegierige Chan der Dsungaren, chinesischen Truppen hier noch eine schwere Niederlage bei, einmal mehr durch einen Scheinrückzug. Als Wilhelm Radloff, der große Linguist und Ethnologe, die Stadt 1870 besuchte, schien sie weder zum Angriff noch zur Verteidigung mehr tauglich: »Die Mauer ist überall zerfallen, die Tore sind klapperig und schief, und man wundert sich, daß ein solches Rumpelding als Zwingburg der Mongolen dienen kann.« 1904 floh der 13. Dalai Lama vor der britischen Invasion aus Tibet auf alten Pilgerpfaden hierher, bevor er nach Urga und Peking weiterzog. Damals beherbergte Kobdo anderthalbtausend Einwohner, war Sitz des chinesischen Statthalters und des russischen Konsuls. Pappeln säumten die staubigen Straßen, neben dem Palast des Gouverneurs war das Gefängnis das markanteste Gebäude. Die mongolische und die chinesische Bevölkerung vermischten sich nicht.

Lange hatte die Regierung die Leute sogar davon abgehalten, in die nördlichen Territorien zu ziehen, sie wurden allenfalls als Verbannungsort genutzt. Przewalski erlebte dann den ersten Kolonisierungsschub durch chinesische Bauern, die angesiedelt wurden, um die Garnisonen zu versorgen. Wenig später begann die Landnahme im großen Stil, Bauern verdrängten Hirten. Während die Chinesen sich aus der Äußeren Mongolei nach deren Unabhängigkeit wieder zurückzogen, stellen sie in der Inneren Mongolei heute achtzig Prozent der Bevölkerung.

Um die Jahrhundertwende fanden auch die erwähnten Fangexpeditionen statt, die das Schicksal der *Tachi* bestimmen sollten. Die Transporte gingen jeweils über Kobdo; selbst Orlitza III, die letzte Mohikanerin, machte hier noch Station. Alle heute lebenden Exemplare stammen von diesen Tieren ab. Wirft man einen Blick in den Gotha der Przewalskipferde, ins Zuchtbuch nämlich, so beginnt es nicht mit Adam und Eva, sondern mit Kobdo 1, Kobdo 2, Kobdo 3, Kobdo 4. Wir sind am rechten Ort, nur dass er inzwischen dreißigtausend Einwohner zählt. Wie allen Steppensiedlungen eignet ihm etwas Provisorisches. Ein Mittelding aus Wildweststadt und sowjetischem Außenposten, mit nur wenigen mehrstöckigen Gebäuden wie dem *Steppe Hotel* und einigen Plattenbauten. Davor, daneben und dazwischen zahllose Jurten. Unbehauste Häuslichkeit.

Ganbaatar Ojunsaichan, kurz Ganbaa genannt, der Direktor, um nicht zu sagen König des Großschutzgebietes Gobi B, nimmt uns in Chowd in Empfang. Ein König in Unterhemd, Shorts und Sandalen freilich, mit sonnigem Gemüt, lebhaftem Augenspiel, strammem Bäuchlein und unermüdlicher Energie. Wir, nämlich Fotograf Cyril Ruoso und ich, sind mit Rebekka Blumer angereist, Schatzmeisterin der *International Takhi Group* (ITG), einer schweizerischen Stiftung, die dieses Auswilderungsprojekt gemeinsam mit der mongolischen Regierung betreut. Von klein auf mit Pferden vertraut, bildet die passionierte Westernreiterin auch selbst Jungpferde aus. Etwa zweimal im Jahr macht sich jemand von der Stiftung auf den weiten Weg in die Gobi, um nach dem Rechten zu sehen und die Kontakte zur Regierung zu pflegen. Die ITG stellt auch die beiden schwarzgrünen Geländewagen, die uns abholen. Auf den Türen ist eine friedlich grasende Tachiherde abgebildet. Noch in Chowd werden wir darauf angesprochen. Die Leute sind stolz auf ihre wilden Pferde. Scharen zerzauster Milane kreisen über der Stadt, als würden Kinder Drachen steigen lassen. Auf Englisch heißen sie denn auch *kites.* Wir genießen unseren letzten Cappuccino, die nächsten beiden Wochen werden wir mit löslichem Kaffee vorliebnehmen müssen. In einem Supermarkt decken wir uns mit Brot, Reis, Getränken, Tee, Schokolade, Konserven und Toilettenpapier ein. Auf dem Markt, einer schmucklosen, staubigen Angelegenheit, erstehen wir noch Obst, Gemüse und Kartoffeln, kehren dann vis-à-vis zu einem späten Mittagessen ein. Neben allerhand Fleischgerichten führt die Speisekarte auch Salate und Gemüse auf. Nur dass die Bedienung sich sichtlich wundert, als wir tatsächlich davon bestellen wollen. Es liegt lange zurück, dass jemand derart ausgefallene Wünsche geäußert hat. Sie fragt pro forma in der Küche nach und vermeldet dann, dass diese Dinge gerade ausgegangen seien. Nun liegt der Markt ja vor der Tür, es wäre also ein Leichtes, sich damit einzudecken. Aber wozu etwas kaufen, das doch niemand bestellt? Willkommen in der Mongolei, dem Nichts-so-wie-sonst-Land. Bewohnt von Anhängern pflanzenloser Ernährung, die zudem Nichtschwimmer und Fischverächter sind. Einem Land, das keine Münzen kennt, und in dem auf tausend Einwohner ein Schirm kommt.

An der Ausfahrtstraße strecken hie und da Leute die Hand in den Wind, und schon hält auch jemand an. Im menschenleersten Land der Erde ist der Gemeinschaftssinn stärker ausgeprägt als der Eigennutz. Oder vielmehr: Gemeinschaftssinn stellt hier erweiterten Eigennutz dar, jeder ist reihum auf andere angewiesen. Soziale Hierarchien und Statussymbole spielen dagegen kaum eine Rolle. Die allgegenwärtigen Steppenheime, die Jurten, auf Mongolisch *Ger* genannt, gibt es in genau zwei Größen, zu viereinhalb oder fünfeinhalb Metern Durchmesser. So wohnt der Großteil der Nation. Praktisch alle Bücher über die Mongolei heben, ganz wie *Star Trek*, mit einer Beschwörung ihrer unendlichen Weiten an. Das Inkommensurable ist hier gang und gäbe. Niemand würde Aufhebens davon machen, dass es sechs Stunden Fahrt bis Biidsch braucht. Ganbaa düst vorneweg, um uns auf dem kürzesten Weg dorthin zu lotsen. Wobei er offenbar vorhat, einen neuen Streckenrekord aufzustellen. Eine Stunde lang geht es noch auf Asphalt dahin, Strom- und Sendemasten stehen Spalier. Gelegentlich kommen uns Landcruiser, Schwerlaster oder eine scheppernde Schrottkarre entgegen. An einer Gabelung hat sich eine Tankstelle mit Polizeistation postiert, danach sehen wir für den Rest der Fahrt keine Menschenseele mehr, kein Fahrzeug und erst recht kein Haus. Rebekka schaltet auf Allradantrieb um. Ringsum die gleiche Vegetation wie auf dem Flugplatz, nur dass sie immer noch schütterer, noch asketischer wird. Die ganze Welt ein Aerodrom. Einer der wenigen Franzosen, der diesen Erdstrich durchzog, Émile Bouillane de Lacoste, beschrieb ihn vor gut hundert Jahren als »eine gräuliche, sinistre Wüste, in der es nicht einen Baum, nicht eine Jurte gibt«.

Das Lenkrad will mal nach links, mal nach rechts, die Piste mündet in einen besseren Trampelpfad ein, und schließlich verschwindet auch der. Ganbaa nimmt offenkundig eine Abkürzung, irgendetwas scheint es dort draußen zu geben, das er unbedingt noch heute erreichen will. Er denkt nicht daran, uns zuliebe langsamer zu fahren. Doch sei's drum, wir können uns in dem ebenen Gelände nicht verlieren, er zieht eine eindrucksvolle Staubfahne hinter sich her, und in der einsetzenden Dämmerung leuchten seine Rücklichter gleich einem rubinroten Dreieck, das den Nachkommenden unablässig zuruft: *Follow me!* Rebekka steuert souverän; zu Hause fährt sie ein ähnliches Vehikel. Sie kennt das Land, und sie kann mit den Mongolen gut mithalten. Vergnügt erzählt sie die Geschichte von der Fahrschülerin aus Biidsch, die querfeldein schon alles bewältigt hatte, sich dann jedoch nicht auf eine asphaltierte Straße traute. Auf einmal ist Ganbaas Wagen verschwunden. Buchstäblich vom Erdboden verschluckt. Davongeflogen, weggehext, untergetaucht. Kein Staubbanner, keine Rücklichter. Nur immer mehr Sterne funkeln am erlöschenden Himmel. Ist er dort vorne verschwunden? Oder da drüben?

Die Steppe schwärzt sich. Skorpion kriecht über den Horizont, Leier und Schwan scheinen auf. Und natürlich der Große Wagen, jenes himmlische Nutzfahrzeug, das seit undenklichen Zeiten als Orientierungsgeber dient. Die Sterne treten wie Halogenstrahler hervor, von gleißenden Aureolen eingefasst, beunruhigend groß und nah. Durch keinerlei Lichtkontamination beeinträchtigt, durch keinerlei Dunst oder Smog verschleiert, dringt ihr Schein ungehindert zu uns. Auch sind wir hier rund sechzehnhundert Meter hoch, mithin näher am Weltraum als zu Hause. Venus leuchtet nicht, sie brüllt. Wir haben mitten in einem Planetarium angehalten, rechtzeitig zu Beginn der Vorstellung.

Doch erst einmal möchten wir ans Ziel gelangen. Nach einer halben Stunde reflektiert ein geparkter Wagen unser Fernlicht, drei, vier Jurten zeichnen sich ab. Ein paar Mitarbeiter der Parkverwaltung wohnen hier; das Hauptgebäude liegt nur wenige Kilometer entfernt. Dort empfängt uns Ganbaa in bester Laune. Wir essen zu Abend und beziehen dann unsere Gästejurten. Vorher aber geht der Blick noch einmal nach oben: Sterneninflation! Wie ein funkelnder Henkel spannt sich die Milchstraße über die Welt. Sterne über Sterne, bis an den Rand der Erde. Selbst auf Augenhöhe prangen sie noch. Ein kühler Wind streicht über die Wangen. Es riecht nach Beifuß, Wermutkraut und Lauchzwiebeln.

Bei Morgengrauen brechen wir auf. Für das anstehende Volksfest soll der Segen der Götter, der Geister oder auch Buddhas erbeten werden. Wir fahren ein paar Kilometer bis zu einem Bachbett, das diesen Namen kaum verdient. Es ist nur eine Furche im Sand, ein bisschen grüner und saftiger als die karge Umgebung. Der Bach heißt wie das Dorf, das Dorf wie der Bach. Etwas Wasser dümpelt spiegelnd vor sich hin, versiegt im Schlamm und tritt dann weiter unten wieder aus. Auch wenn es wenig mehr darstellt als ein sich hinziehendes Wasserloch, wird dieses Rinnsal doch respektvoll als »Mutter« tituliert, so unentbehrlich ist es für die Menschen, das Vieh und die Wildtiere. Etwa dreißig Kilometer kriecht es hinaus in die Steppe, bevor es endgültig im Sande verläuft. Nach Gewittern aber, oder wenn sie oben die Schleuse des kleinen Stausees öffnen müssen, der Biidsch mit Wasser versorgt, kann diese Mutter zur wütenden Furie anschwellen, zu einer flüssigen Lawine. Nach Heimführung der ersten *Tachi* sind insgesamt drei Fohlen in solchen Schlamm- und Wasserfluten ertrunken. Ein absurder und tragischer Tod in einer Wüstengegend, die weniger als hundert Millimeter Niederschlag im Jahr verzeichnet, und das meiste davon noch als Schnee.

Ein Pärchen Jungfernkraniche läuft flügelschlagend ins Schilf, nicht ernstlich besorgt über die Störung. Vor der seichten Furt erhebt sich ein *Owoo*, einer jener kultischen Steinhaufen, die sich vom Sajangebirge bis zum Himalaja finden, im Grunde die einzigen Bauwerke, welche die Wanderhirten errichtet haben. Bisweilen liegen auch frische Pferdeschädel darauf, Relikte des alten animistischen Glaubens. Der Haufen ist hüfthoch, aus schweren Steinen sorgfältig gestapelt, und hat etwa den Durchmesser einer Jurte. An einem Mast in seiner Mitte baumeln blaue und goldgelbe Seidentücher, manche noch leuchtend frisch, andere schon bleich und ausgefranst. Auf einigen prangt das Windpferd, jenes schamanische Fabelwesen, das auch das Wappen der Mongolei ziert. Mit seiner Hilfe schwingt sich die Seele in die Lüfte.

Tags zuvor schon haben die Bewohner von Biidsch Großreinema-
chen entlang des Baches betrieben, haben allerlei Schrott und Müll
aufgesammelt. So dass die beiden buddhistischen Mönche und die
Handvoll Honoratioren, die nun angefahren kommen, in makello-
ser Landschaft wirken können, vom samtweichen Morgenlicht um-
spielt. Auch zwei Vertreter des Provinzparlaments sind dabei, mit
wettergegerbten Gesichtern, fleischigen Händen und Sonnenbril-
len. Alle treten im Sonntagsstaat auf. Ihre Filz- oder Strohhüte halten die Verbindung zum Himmel aufrecht. Die *Deels,* lange, sich
nach unten weitende Umhänge aus kostbarem Tuch, symbolisieren
die Größe und Majestät des Landes. Przewalski erinnerten sie an
Schlafröcke. Zusammengehalten werden sie von bunten Schärpen,
die für die Verbundenheit der Nation stehen sollen. Die flachen
Schnabelstiefel mit den hochgebogenen Spitzen schließlich vermitteln den Kontakt zur Erde.

Als wandelnde Augenweiden umkreisen die Würdenträger so den
*Owoo:* taubenblau, kupferbraun, olivgrün, tizianrot. Die Mönche
sind in jenes sanddornfarbene Orange gehüllt, das bei uns den Pa-
rias der Müllabfuhr vorbehalten bleibt. Aus großen Colaflaschen
träufeln die Männer Stutenmilch in den umgedrehten Verschluss
und besprengen damit den Steinhaufen, benetzen die Erde, schicken einen Gruß gen Himmel. *Kumys* zu Kosmos, Kosmos zu *Kumys.* Auch Öl, Blütenblätter, Räucherwerk und Kekse sollen die
Geister erfreuen. Dann lassen sich alle nieder, und die Mönche tragen tibetische Gebetsformeln aus einem zerfledderten Konvolut
vor. Ringsum dehnt sich goldgelbes Grasland bis zum Horizont, hie
und da durchkreuzt von Felsrippen und Höhenzügen, die jedoch
allenfalls im Osten die Bezeichnung Berge verdienen. Eine Landschaft in Cinemascope. In einer solchen Umgebung wirkt jedes gedruckte Wort wie ein Zauberspruch, ein Gebilde aus einer höheren Sphäre. Noch Mitte der dreißiger Jahre konnten keine sechs
Prozent der mongolischen Bevölkerung lesen und schreiben, umso

wichtiger waren mündliche Überlieferung und tradiertes Wissen. Auch wenn der Alphabetisierungsgrad mittlerweile bei über achtundneunzig Prozent liegt, höher als etwa in Spanien oder der Türkei – die Magie der Schrift und die Magie der Bücher sind hier erfahrbar geblieben.

In rhythmischem Singsang beten die Mönche ihre Litaneien herunter, begleitet von hell schallenden Handglöckchen. Die Übrigen stecken die Opfergaben sorgsam zwischen die Steine und umrunden den *Owoo* halb schlurfend, halb schreitend dreimal im Uhrzeigersinn. Sand und Kiesel knirschen unter ihren Sohlen, während sie singend die Kräfte der Natur anrufen. Ein offenkundig schamanisches, vom Buddhismus nur annektiertes Ritual. Zum Schluss klettern zwei auf den steinernen Sockel und flechten ein paar neue Tücher um den Mast. Der Wind wird der Bote ihrer Wünsche sein. Die Spiele können beginnen.

Die *Owoos* dienen als Sende- und Empfangsstationen für die Verständigung mit den himmlischen Mächten. Bezeugt man der Natur Respekt, behandelt sie einen gnädig. Während der Herrschaft der Kommunisten waren derartige Zeremonien verboten, inzwischen sind sie wieder populär. »Dieser *Owoo* hier am Bach«, erklärt der Dorfvorsteher, »beschützt die Weidegründe und die Furt. Am Fuß der Berge steht ein weiterer, zum Schutz vor Wölfen. Und oben auf dem Kamm einer für den Frieden.« So wird das gesamte Hochland von spirituellem Funkfeuer überzogen.

Nach dem Frühstück fahren wir dann die acht Kilometer bis nach Biidsch. Und kommen aus dem Staunen nicht heraus: Menschen, Menschen, Menschen! Dazu Motorräder, Autos, Lastwagen, Pferde und noch mehr Pferde. Sind wir nicht gestern fünf Stunden lang durch unbewohntes Land gebraust? *Tout Gobi* ist gekommen. Die größte Überraschung aber bildet das Stadion. Am Fuße eines größeren Hügels haben die Zuschauer ihre Vehikel so geparkt, dass sie ein großes Rund umschließen. Eine Arena auf Zeit, ein Kolosseum im

Nirgendwo. Sie stehen in zwei, drei Reihen, mit der Schnauze nach
vorne, Geländefahrzeuge zumeist, auch ein paar lädierte Kleinbusse
und Pritschenwagen. Manche Besucher folgen dem Geschehen wie
im Autokino vom Fahrersitz aus, die meisten aber steigen aus und
schauen im Stehen zu. Einige sitzen auch auf den Stoßstangen oder
mitgebrachten Schemeln. Unter der mächtig sich bauschenden Landesfahne spielt eine
Militärkapelle auf. Als Conférencièren führen zwei junge Soldatinnen in Uniform durchs Programm, mit riesigen Schirmmützen und
kurzem Rock, mit Lippenstift, Lidschatten und funkelnden Ohrsteckern. Waren die Akteure am Bach allesamt Männer, so hat nun das
weibliche Prinzip seinen Auftritt. Einhundertacht Mütter, manche
davon auch Groß- und Urgroßmütter, reihen sich zu einer Prozession der Fruchtbarkeit aneinander. Schon ihre schiere Zahl verheißt
Glück: Buddhas Werke umfassen einhundertacht Bände, die Gebetsketten einhundertacht Perlen. Auch die Damen haben elegante
*Deels* angelegt, Festtagsroben in Blau- und Rottönen. Viele tragen
schicke Pumps dazu, andere Stiefel. Während die jungen Mädchen,
die noch nicht mitmachen dürfen, trotzig in hohen weißen Turnschuhen einherstapfen, den Kothurnen der Freizeitgesellschaft.

Jede der Mütter trägt einen roten Eimer, aus dem sie mit einem
langstieligen Holzlöffel in hohem Bogen Stutenmilch auf den Sand
sprenkelt. Die beiden Mönche sitzen an einem Tisch neben der
Blaskapelle und stimmen, durch Mikrophone verstärkt, ihre Mantras an. Vor ihnen türmt sich ein Haufen mit Talern aus gepresstem
Quark, ein *Owoo* aus Milchkeksen, von denen jede Teilnehmerin
einen bekommt. »Stutenmelker und Milchesser«, seit Homer hat
sich nichts Wesentliches geändert.

Einmarsch der Gladiatoren. Die Ringer treten als Erste an. Bekanntlich sind die Mongolen ein rauflustiges Volk, schon die Dreikäsehochs rangeln, nicht selten auch die Frauen. Hier gehen indes nur
Männer an den Start. Und was für welche! Mordsmäßige Manns-

bilder, so bullig wie ihre Autos. Den Kämpfen geht ein Schaulaufen durch die Arena voraus. Zugleich kraftmeierisch und grazil, breiten sie die Arme wie Schwingen aus, richten den Blick träumerisch gen Himmel, drehen sich genüsslich in einer imaginierten Thermik und lassen ihre Pranken kreisen. Dann hoppeln sie ein Stück vorwärts und beginnen von Neuem, als wollten sie Kriegstanz und Eurhythmie vereinen. Einer huscht hinterdrein, seine Frau hat ihm schnell noch die Stiefel gebürstet. Neben dem Slip fast das Einzige, das sie anhaben, abgesehen von einem besseren Fetzen von Trikot, der die Arme und die obere Hälfte des Rückens bedeckt und mit einer Kordel über dem nackten Bauch zusammengebunden ist. Dazu kommt noch die obligatorische Pickelhaube.

Je zwei oder drei Duelle finden gleichzeitig statt, unter Aufsicht von Kampfrichtern. Jeder Recke trachtet den Kontrahenten zu packen, ohne selbst gepackt zu werden, ihn aus dem Gleichgewicht zu bringen, ohne selbst zu wanken, ihn zu Boden zu wuchten, selbst aber stehen zu bleiben. Ihre Arme schlenkern wie Greifer umher, während die Beine als Widerlager dienen, um jeden gegnerischen Vorstoß abzufangen. Dennoch dauert es selten länger als eine Minute, bis die Entscheidung fällt. Schon beginnen die nächsten Partien, nach einem für Außenstehende undurchschaubaren System. Zwischendurch ertönt die ein oder andere Festansprache, doch die Kämpfe gehen weiter. Das Publikum reagierte sehr ungehalten, würde dieses wichtige Geschehen für bloße Reden unterbrochen.

Einer der Zuschauer sorgt für Aufsehen, wohin er auch kommt: ein sanftmütiger Riese, der schon beim großen *Naadam* im Nationalstadion um die Meisterschaft gerungen hat. Die Damen reißen sich darum, mit ihm fotografiert zu werden. Die meisten reichen ihm gerade bis zu den Achseln. Er könnte sie von der Erde pflücken und sachte auf seine ausladenden Schultern setzen. Sehr zur Erleichterung der Lokalmatadoren mischt er nicht mit. Wer könnte einen solchen Goliath je zu Fall bringen? Wirklich umwerfend aber ist sein Lächeln – ein strahlendes Lausbubenlachen übers ganze Gesicht.

Draußen hinter dem Riesenrund sammeln sich die Bogenschützen. Zumeist Männer, doch nehmen auch einige Frauen und Mädchen Aufstellung, jeweils in Festtagsgarderobe. Sie verwenden die großen, schulterhohen Reflexbögen für Fußtruppen, nicht die handlicheren Cupidobögen der Reiterei. Als Ziele dienen kleine Körbe, kaum größer als Konservenbüchsen. Vier oder fünf Schützen nehmen Aufstellung, die Pfeile baumeln an ihren Gürteln. Erst richten sie den Bogen steil nach oben, als wollten sie eine Wolke erlegen, spannen ihn und senken ihn dann langsam in die Waagrechte. Konzentration, Ausatmen, Gedankenpause – Schuss; alles in einer einzigen, runden Bewegung. Dann greifen sie zum nächsten Pfeil. Die Kampfrichter signalisieren mit den Armen, ob und wie getroffen wurde. Sie stehen gefährlich nahe um die Körbe herum, doch die Pfeile tragen Gummipfropfen.

Wir werden in eine am Rande stehende Jurte gebeten. Schatten, Sitzgelegenheit, ein Schälchen Tee. Nach einer Weile treten zwei Frauen ein, wohl Mutter und Tochter. Die Jüngere trägt einen vielleicht dreijährigen Buben in den Armen und fragt, ob er hier ein Schläfchen halten könnte. Na klar, meint die Gastgeberin. Die Familien kennen einander nicht. Die Frauen betten den Knaben aufs Lager und mischen sich dann unters Volk. Als sie ihn zwei Stunden später wieder abholen kommen, schläft er noch immer seelenruhig.

Das erste von drei Rennen steht an, zehn Kilometer, die Kurzstrecke. In kleinen Gruppen trotten zwei Dutzend Pferde hinaus in die Ebene. Die Jockeys sind meist Buben, neun bis dreizehn Jahre alt, doch auch hier treten einige Mädchen an, vor allem aus Familien, die keine Söhne haben. Alle reiten ohne Steigbügel, als Sattel genügt ein besseres Feigenblatt aus Leder oder Stoff, als Gerte eine Kordel. Etwas später machen sich dann die Kampfrichter und weitere Begleitfahrzeuge auf den Weg. Auch wir steuern hinaus, Cyril will das Rennen aus dem Autofenster fotografieren. Wir passieren einen Nachzügler, der sichtlich Mühe hat, sein Pferd zum Treffpunkt zu manövrieren. Die Startnummer 100 verweigert den Dienst, macht immer wieder kehrt in Richtung Dorf. Ein Kumpel fährt auf dem Moped nebenher, als hätten sie geahnt, dass es Probleme geben könnte.

Bei größeren Turnieren sind für solche Fälle die Barden zuständig. Sie kommentieren den Rennverlauf und würdigen jedes einzelne Reittier, auch und gerade die Verlierer. Gewiss, sie beginnen mit dem siegreichen Pferd, dem Ersten unter den Ersten, schnell wie der Sturmwind, mit Ohren wie Magnolien und Augen schwarz wie Wildkirschen. Oft attestieren sie ihm auch »wildes Blut«, edles Tachi-Blut nämlich. Ein gutes Rennpferd, heißt es in einem dsungarischen Epos, »ist um einen Augenblick schneller als ein Gedanke, und einem Wirbelwind stets um eine Nasenlänge voraus«. Das zweite, dritte, vierte Pferd aber werden kaum weniger belobigt. Bis hin zum Letzten unter den Letzten, gemeinhin *Voller Bauch* geheißen, denn das wäre eine triftige Erklärung, dass es sich vorher den Ranzen vollgeschlagen hat und deshalb nicht mithalten konnte. Die Barden stellen es trotzdem auf ein rhetorisches Podest. Gleicht nicht auch sein Lauf dem Sturzflug eines Falken, ist nicht auch seine Kraft dem Sturme gleich? Es hat einfach nur Pech gehabt, womöglich war auch der Reiter unerfahren oder das Gelände ungünstig, oder es ist falsch trainiert worden. Jedenfalls geben sie nie, in keinem Fall, dem Pferd die Schuld. Mach dir nichts draus, *Voller Bauch,* du begnadeter Bummler, das Glück wandert reihum. Beim nächsten Mal wirst du vorne mit dabei sein.

Unser Fahrer ruft ein paar barsche Worte hinüber, die Nummer 100 gehört seinem Schwager. Und beim Rennen geht es ums Pferd, nicht um den Reiter. Schließlich greift sich der Junge auf dem Moped den Führstrick, ihm trabt die Stute dann anstandslos hinterher. Es wird auch höchste Zeit, denn alle anderen haben bereits drängelnd und schnaubend Aufstellung genommen. Sie hat die Startlinie noch kaum erreicht, da fällt schon das Band, und die wilde Jagd stürmt davon. Perplex wirft sie sich herum und sprengt hinterdrein. Unser Fahrer schimpft und schreit, doch der Mongolensturm ist nicht mehr aufzuhalten. Los, los, let's go, let's go, on y va, ura, ura! Ungestüm, aber bemerkenswert einträchtig galoppieren sie vorwärts. Die Flanken der Tiere berühren sich beinah. Sie beißen sich nicht und schlagen nicht aus, im Gegenteil, sie suchen Tuchfühlung, Schulterschluss, Geborgenheit im Kollektiv. Eine echt asiatische Herde.

Die Nummer 100 macht Boden gut. Jetzt, da sie dorthin darf, wohin sie immer wollte, jetzt kann sie dem Ganzen etwas abgewinnen. *Faltete den Tag in eine Stunde …* Die Schweife fliegen und die Mähnen wogen, während die Stirnlocke zu einem lustigen Schopf gebunden ist, damit sie nicht über die Augen fällt. Die Kinderjockeys legen sich ins Zeug, als gälte es ihr Leben. Atemlos wenden sie sich nach der Konkurrenz um, schauen dann wieder in sausendem Eifer nach vorne. Das Feld fächert sich auf, die Fahrer der Begleitfahrzeuge müssen achtgeben, dass sie weder einander noch den Reitern in die Quere kommen. Hufe und Räder entfesseln einen Staubsturm, und in der Mittagshitze beginnt die Luft zu flirren. Der weitere Rennverlauf lässt sich nur erahnen. Doch als sie sich dem Ziel nähern, liegt die Nummer 100 mit weitem Vorsprung an der Spitze.

Die Letzten werden die Ersten sein. Keine zehn Minuten später gibt uns der siegreiche Rennreiter ein Interview. Byambatseren, Schüler der sechsten Klasse und schon ein Meister in der Kunst der Paradoxie: »Gerade, weil wir so weit hinten lagen«, erklärt er mit heller Knabenstimme, »hatten wir eine Chance. Sie wollte unbedingt aufschließen.« Er bestreitet den Pressetermin so abgeklärt, als habe er schon Hunderte absolviert. Am Anfang sah es aber nicht nach einem Erfolg aus, oder? »Ja gut, das kommt schon mal vor.«

Nervös gewesen? »Nein, überhaupt nicht. Im Herzen wusste ich, dass wir gewinnen würden.«

Dann muss er zur Siegerehrung. Er erhält eine Medaille und anderthalb Millionen Tugrik auf einem Scheck von der Größe eines Bügelbretts, damit die vielen Nullen darauf Platz finden. Umgerechnet fünfhundert Euro; Ringer und Bogenschützen werden in ähnlicher Weise bedacht.

Wem König Ganbaa die Schönheit seines Reiches zeigen will, den führt er in die gute Stube: eine Senke namens Gun Tamga. Anlässlich der Steppenspiele ist auch ein Fernsehteam des Provinzsenders angerückt, das ihn und Rebekka Blumer bei der Gelegenheit befragen möchte. Und so rollt anderntags eine kleine Karawane hinaus in die Steppe, denn auch einige Wildhüter und Ringer schließen sich mitsamt ihren Frauen oder Freundinnen an.

Die Wagen parken oben am Kamm, um den Bewuchs in der Senke nicht zu beschädigen. Tal wäre ein zu dramatisches Wort dafür, doch immerhin vermittelt sie den Eindruck eines geschützten Raumes. Während sich rundum kahle Schotterhalden dehnen, strotzt dieses Quellbecken vor Grün, satt und eklatant wie reines Chlorophyll. Es wird von zwei parallel verlaufenden Hügelreihen eingefasst, zwischen denen der Bach sich nach draußen schlängelt. Das Grün blendet das Auge und bedrängt die Seele, haben sich beide doch bereits an strenge Enthaltsamkeit gewöhnt. Und nun diese Opulenz, dieser verschwenderische Luxus! Allein das Glucksen des Baches – welcher Wohllaut, welch namenloser Segen! Schritte schmatzen auf dem sumpfigen Boden; Algen wallen in der Strömung wie lockiges Haar. »Unser kleines Gobi-Paradies«, erklärt Ganbaa mit ausladender Armbewegung. Zur Feier des Tages hat er seine Uniform angelegt; ein schmerbäuchiger Buddha im forstgrünen Rock. Der studierte Biologe, Jahrgang 1978, ist im wald- und wasserreichen Norden aufgewachsen, doch die karge Steppenlandschaft lässt ihn nicht mehr los. Seit siebzehn Jahren schon amtiert er als Direktor.

Die Regisseurin wählt einen Platz, ihr zehnjähriges Töchterchen pritschelt am Bach, der Kameramann bezieht Position. Ganbaa und Rebekka sitzen freudestrahlend wie Osterhasen im Gras. Der Herr Direktor macht den Anfang. »Die beiden Großschutzgebiete Gobi A und B«, rekapituliert er, »wurden Mitte der siebziger Jahre entlang der mongolisch-chinesischen Grenze ausgewiesen. A sollte den Lebensraum der letzten Wildkamele schützen, B den der letzten Wildpferde.« Wobei sich in ihrem Fall herausstellte, dass die Maßnahme zu spät kam – sie waren bereits ausgestorben. »Doch mittlerweile sind sie wieder da!« Er sprüht vor Begeisterung. »Etwas Besseres hätte uns gar nicht passieren können. Jeder Mongole kennt sie, längst sind sie zu Aushängeschildern der ganzen Region geworden.« Er rudert mit den Armen wie ein Gemüsehändler, der die Vielfalt seines Sortiments darbietet: »Dazu haben wir Kropfgazellen und Kulane, Argalischafe und Steinböcke. Wölfe natürlich auch, nur sind sie nachtaktiv und zeigen sich selten. Außerdem Rotfüchse und Steppenfüchse, Wildkatzen und die ihnen verwandten Manule, auch Pallaskatzen genannt, scheue, wuschelige Gesellen. Wenn wir gar Spuren von Luchs oder Schneeleopard finden, ist das wie ein Feiertag für uns. Murmeltiere und Langohr-Igel gibt es in größerer Zahl, ferner zwei Dutzend kleiner Nager wie Wühlmäuse, Rennratten und Zwerghamster.« Durch Zone A streift zudem noch der Gobibär, der freilich derart selten geworden ist, dass der Yeti im Vergleich zu ihm als Landplage gelten kann.

Statt ihres Amtes zu walten, knipst die Regisseurin lieber ausgiebig Selfies. Doch ihr Töchterchen springt ein, mahnt die Protagonisten zu würdigerer Haltung und drückt dem verdutzten Parkdirektor ein Sträußchen Wiesenblumen in die Hand. Das vierte Teammitglied, vermutlich ein Praktikant oder eine Kabelhilfe in grauer Kluft, hält sich im Hintergrund, während sich die mitgereisten Kraftmenschen auf einer kleinen Halbinsel räkeln, einen Grashalm oder eine Zigarette im Mundwinkel.

Dank der kürzlich vom Parlament beschlossenen Erweiterung, fährt Ganbaa fort, umfasst Schutzgebiet B nun achtzehntausend Quadratkilometer, A etwa sechsundvierzigtausend. Zusammen bilden sie eines der größten Biosphärenreservate weltweit, wenn nicht sogar das größte. Zwischen beiden erstreckt sich allerdings ein breiter Streifen ungeschützten Landes, in erster Linie wegen des dortigen Bergbaus. Es gibt keine nennenswerte Besiedelung, doch haben die Hirtennomaden traditionelle Nutzungsrechte, die sie auch vehement in Anspruch nehmen. »Ein wichtiger Teil unserer Aufgabe besteht darin, die unterschiedliche Nutzungsintensität in der Kern-, der Schutz- und der Pufferzone zu überwachen. Hinzu kommt der dreißig Kilometer breite Grenzstreifen, der direkt dem Militär untersteht und auch für uns nicht ohne Weiteres zugänglich ist.«

Selbst wenn die Fernsehleute Gun Tamga nur als Standbild zeigen würden, erzielte es wohl immer noch hohe Einschaltquoten. Für die Gobi herrschen hier fast tropische Verhältnisse. Doch die Idylle hat ihre Kehrseiten. Die beiden Interviewpartner schlagen zunehmend um sich – auch unter Mücken ist die Oase als Picknickplatz beliebt. Wenige Kilometer weiter endet die grüne Pracht schon wieder, dann versiegt auch dieses Bächlein auf freier Strecke. Und teilt so das Los fast aller Wasserläufe Innerasiens. Wenn sie überhaupt münden, dann nicht ins Meer, sondern in einen jener flachen, salzigen Steppenseen, die ihrerseits zunehmend austrocknen, je mehr Wasser ihren Zuflüssen entnommen wird. Der Aralsee, vor sechzig Jahren noch der viertgrößte See der Welt, derart riesig, dass man darin ganz Bayern hätte versenken können, ist mittlerweile fast vollständig verschwunden. An seiner Stelle erstreckt sich nun die Wüste Aralkum. So wohltuend das Plätschern unseres Baches auch klingt – man merkt schon, dass er es nicht schaffen wird. Dass die Quelle nicht ergiebig genug ist und der Weg viel zu weit.

Auch bleibt er ganz auf sich gestellt, die wenigen Artgenossen besitzen ihrerseits nicht die Kraft, bis zu ihm vorzudringen. Er wird sterben, ohne das Meer gesehen zu haben.

Innerasien, auf alten Karten oft als »Große Tartarey« bezeichnet, später auch unter der schönen Bezeichnung »Hochasien« geläufig, ist das gelobte oder vielmehr verfluchte Land der Binnenflüsse. Jener melancholischen Fließgewässer, die in den Tiefen ihrer Kontinente versickern. Ausgerechnet das Englische kennt einen treffenden Begriff für dieses Schicksal: *landlocked,* eingesperrt vom Land. Selbst Gebirge wie der Pamir oder der Tian Shan (Tienschan), die zu den höchsten der Erde zählen, die reichlich Niederschläge erzwingen und mächtige, bis zu siebzig Kilometer lange Gletscher bergen, selbst sie vermögen nicht so viel Wasser hervorzubringen, dass es bis ins Meer gelangen könnte. Alle dort entspringenden Flüsse bleiben Fragment. Der Tarim etwa ist – oder soll man sagen war? – mit nominell zweitausendzweihundert Kilometern länger als Rhein und Rhone zusammen. Auf der Suche nach einem Ausgang kreist er durch das nach ihm benannte Becken, umrundet dabei die Wüste Taklamakan – und bleibt doch unerlöst. Auf Chinesisch heißt das Becken denn auch *Hanhai,* trockenes Meer. Bis vor hundert Jahren mündete er wenigstens noch in den Lob Nor (auch Lop Nor), einen dieser riesigen Steppenseen, der damals noch die zwanzigfache Fläche der Müritz hatte. Der erste Europäer, der ihn zu Gesicht bekam, war vermutlich Gustaf Renat, der schwedische Lehrmeister der Dsungaren, der ihn auf seiner Karte akkurat verzeichnete. Przewalski befuhr den See dann, um festzustellen, ob der Tarim einen Ausweg findet. Sein Fazit: »Die Wüste hat den Fluss besiegt, der Tod das Leben bezwungen.«

Vor sechzig Jahren verzeichnete der Diercke den Unterlauf dann nur mehr gestrichelt. Der Tarim erreichte den See nicht mehr, wusste weder aus noch ein. Wegen der gierigen Wasserentnahme für Landwirtschaft und Städte hat sich seine Länge mittlerweile sogar halbiert, und der Lob Nor wird auf den Karten seinerseits nur mehr als schraffierter Phantomsee dargestellt. Er war Richthofens großes Rätsel gewesen, wichen die Angaben Przewalskis doch um volle zwei Breitengrade von den chinesischen Karten ab. Sven Hedin ging dieser geographischen Fata Morgana nach, erkannte den Lob Nor als »wandernden See« und seinen wichtigsten Zuträger als »nomadisierenden Fluss«. Tarim, Tarim, du musst wandern. Doch seit China Ostturkestan endgültig annektierte, hat es dem Fluss wie dem See buchstäblich das Wasser abgegraben. In den reichen Auwäldern aus Weiden und Euphrat-Pappeln hatte Przewalski damals noch Tiger erspäht (»gewöhnlich, stellenweise häufig«); die letzten hielten sich bis in die fünfziger Jahre. Auch Sven Hedin erlebte seine Floßfahrt auf dem Tarim noch als romantische Reise durch eine amphibische Welt, artenreich und üppig grün. Davon ist nichts geblieben. Vor ein paar Jahren wurde nun ein milliardenschweres Programm aufgelegt, das solch »grüne Mauern« wiedererstehen lassen soll, um der Desertifikation entgegenzuwirken. Dies will man vor allem durch Einleiten von Wasser aus Gebirgsstauseen erreichen. Bei Probeläufen zeigte die Ufervegetation eine bemerkenswerte Fähigkeit zur Regeneration, und selbst der Lob Nor kam kurz wieder zum Vorschein, wenn auch vorerst nur als ein besserer Tümpel.

Unser Bach ist also in Gesellschaft vieler anderer gescheiterter Heroen. Voller Elan strömen sie hinaus ins weite Land. Sie sind jung und guten Mutes, doch mit derartigen Kalamitäten konnten sie nicht rechnen. Früher oder später erlahmen ihre Kräfte, das Übermaß des Raumes zermürbt sie. Dehydriert und ohne Hoffnung, müssen sie schließlich kapitulieren. Auch dieser Bach fließt nirgendwohin, aber unterwegs erschafft und erhält er Gun Tamga.

Beim Interview kommt die Reihe an Rebekka. Als Erstes beschwört auch sie die Unermesslichkeit der Landschaft und die allumfassende Stille, die darin auf sie wartet. »Von jedem Hügel in der Gobi kann man unendlich weit sehen. Das gibt es dort, wo ich herkomme, nicht.« Rechnete man die Schutzgebiete A und B zusammen, fände die Schweiz anderthalbmal darin Platz. Allerdings sei auch die zeitliche Dimension des Vorhabens gewaltig. Die Wiederansiedlung der *Tachi* habe vor dreißig Jahren begonnen, und seit zwanzig Jahren gestalte die ITG sie maßgeblich mit. Und doch sei es noch ein langer Weg, bis ihr Fortbestand gesichert sei. Mit ihrer Arbeit wollten sie vor allem Lebensmöglichkeiten für die Tiere schaffen, aber auch für die Menschen. »Wir setzen uns für beide ein. Dazu braucht es einen langen Atem, das geht nur Schritt für Schritt.«

»Die Zahl der Tierhalter geht zurück«, fährt Ganbaa fort. Die bessere Infrastruktur in den Zentren sauge die Leute aus den Randgebieten ab, sie wollten Internet, Komfort, Konsum. Im Umfeld des Parks lebten noch etwa hundert Familien mit sechzigtausend Stück Vieh. »Für die Wildtiere wäre es gut, wenn es weniger Beweidung gäbe. Doch zugleich sind die Nomaden unsere besten Mitarbeiter, sie melden, was sie draußen sehen. Ich habe nur eine Handvoll Ranger für ein riesiges Gebiet. Vielleicht können wir eine Übereinkunft finden, dass die Hirten ihre Tiere weiter hier grasen lassen und uns zugleich zuarbeiten.« Ansonsten hätten sich die Bestände in den drei Repatriierungsgebieten über die letzten Jahre erfreulich vermehrt. In Chustain Nuruu lebten heute dreihundertfünfzig *Tachi,* in Chomin Tal (Khomyn Tal) achtzig und in der Gobi B gut dreihundert. Sie böte ohne Weiteres auch Platz für tausend. Dann könnten sie wieder eine ganz normale Tierart in Hochasien sein. In der Roten Liste der Weltnaturschutzunion sind sie nun schon zweimal herabgestuft worden: von »in freier Wildbahn ausgestorben« zu »vom Aussterben bedroht« und schließlich zu »stark gefährdet«. Wir wollen hoffen, dass in absehbarer Zeit die nächste Degradierung ansteht.

Der vermeintliche Hospitant zieht sich unterdessen um und wandelt sich zum Ehrengast. Er trägt jetzt blank gewienerte Stulpenstiefel und eine schwarze Hose, dazu ein elegantes blauschwarzes Überhemd mit kleinen weißen Punkten. Der leuchtend orangefarbene Stehkragen und die ähnlich gehaltenen Manschetten fordern das saftige Wiesengrün heraus. Auf seinem Kopf gewährleistet ein schwarzer Filzhut die Verbindung zum Himmel. Mit verschränkten Beinen nimmt er am anderen Ufer des Baches Platz und beginnt, vor laufender Kamera zu deklamieren. Er ist, wie sich herausstellt, ein Dichter. Aus dem Stegreif prägt er nun Epigramme: Stolzes, ehrwürdiges Grasland! Erfüllt von erhabener Einsamkeit! Erfüllt von Freiheit! Allzeit durchströmt vom sprudelnden Quell allen Lebens! Gun Tamga, du grünes Juwel!

Das Hauptquartier des Schutzgebiets befindet sich in einem Haus. Doch, das ist durchaus bemerkenswert, denn ein richtiges Haus, eines mit solidem Fundament und ausgetüfteltem Dach, und mit fest gefügtem Mauerwerk dazwischen, eines, das offenkundig planvoll angelegt ist, ja sogar Fenster und Türen hat, die dann auch noch richtig schließen, solche Häuser gibt es im Umkreis von hundert Kilometern höchstens eine Handvoll. Die Schule in Biidsch etwa, oder das Gemeindezentrum mit der kleinen Ambulanz darin. Die übrigen Häuser des Dorfes aber, mal aus Lehmziegeln und mal aus Beton gefertigt, ähneln eher Garagen oder Verschlägen. Tatsächlich dienen sie meist als Stau- und Lagerräume, und sei es für zusammengefaltete Jurten, auch mal als Ausweichquartier, wenn gar zu viel Verwandtschaft auf Besuch kommt. Generell aber haben sich Häuser zum Wohnen einfach nicht bewährt. Was fängt man mit ihnen an, wenn das Vieh weiterzieht? Sie fallen einem bloß zur Last. Außerdem haben sie überall diese unseligen Ecken. Nein, gewohnt wird, wie es immer Brauch war, in einer Jurte, in einer *Ger.* Oder auch in zweien, je nach Größe der Familie. All ihre Habe ist beweglich.

Auch im Haus der Verwaltung wohnt niemand. Einige Mitarbeiter haben ihre Jurten direkt daneben aufgestellt, andere ein paar Kilometer weiter, wieder andere in Biidsch. Der langgestreckte Backsteinbau beherbergt mehrere Büros, ein kleines Labor, den Bibliotheks- und Besprechungsraum, dazu eine Küche sowie den Speise- und Versammlungssaal. Der Eingang an der Längsseite ist, wie bei den Jurten, nach Süden ausgerichtet, der Saal mit seinen vielen Fenstern gen Sonnenuntergang. Der Bau wurde vor zwei Jahrzehnten von der ITG, vom damaligen österreichischen Lebensministerium und einigen weiteren Partnern finanziert. Er sollte schlicht, zweckmäßig und dauerhaft sein, und doch wirkt er hier draußen wie ein Palast. Denn alle übrigen Bauten sind noch weit schlichter, aber meist wenig zweckmäßig und noch weniger dauerhaft. Kommt man aus den Tiefen der Steppe, wirkt er wie eine Forschungsstation in der Arktis, mit Jurten als Iglus. Dahinter schwingen sich graugrüne Hügel auf. Die Verwaltung beschäftigt fünfzehn Mitarbeiter, von denen die meisten aus der Region stammen. Ein Posten als Wildhüter ist hoch angesehen. Bislang gibt es sieben, wenn die Erweiterung des Schutzgebiets demnächst umgesetzt wird, kommen sie vielleicht auf zehn.

Das Gebiet wird auch Tachin Tal genannt, eine etwas trügerische Idylle, da Tal auf Mongolisch eben nicht für Tal, sondern für Ebene, für Steppe steht. Als erste Einrichtung wurde zu Beginn der neunziger Jahre das Auswilderungsgehege geschaffen. Eine Art Trainingslager; man konnte die *Tachi* ja schlecht über die Heckrampe der Antonow hinauskomplimentieren und dann ihrem Schicksal überlassen. Fünf lange Jahre blieben sie unter Beobachtung in der weitläufigen Umzäunung, um sich an die heimische Vegetation zu gewöhnen, an Quälgeister und Schmarotzer, an kurze, heiße Sommer, in denen ausreichend Gras vorhanden ist, aber wenig Wasser, und an lange, herrische Winter, in denen es sich dann umgekehrt verhält. Auch aneinander mussten sie sich erst gewöhnen, kamen sie doch aus verschiedenen Zoos und Wildparks. Der erste

Schub stammte aus Askania Nova, später wurden weitere Tiere aus mitteleuropäischen und australischen Zoos hinzugesellt. Dank einer verborgen gebliebenen Schwangerschaft kam das erste Fohlen noch 1992 zur Welt, was allgemein als gutes Zeichen für die Reinkarnation der *Tachi* gesehen wurde.

Die »Mutter«, die das Gehege etwas unterhalb des *Owoos* durchfließt, dient als Wasserstelle für die Tiere. Automatisch ließ sich hier dann auch die Administration nieder, und anfangs bezog sie ihr Wasser gleichfalls aus dem Bach. So ist das in der Gobi, die Menschen leben dort, wo das Vieh weidet, nicht umgekehrt. Als es darum ging, die *Tachi* in ihre angestammte Heimat zurückzuführen, da waren es keine staatlichen Einrichtungen, die den Stein ins Rollen brachten. Es waren auch weder Universitäten noch Zoologische Gärten, wenngleich sie sich später nach Kräften daran beteiligten. Es waren, wie auch schon früher in der verwickelten Geschichte dieser Tierart, vor allem Privatleute. Sie mussten bald feststellen, dass es hier mit einem Stein nicht getan war, dass es vielmehr galt, ganze Berge zu versetzen, wieder und wieder. Sie kamen aus gänzlich anderen Lebensbereichen, waren Außenseiter, Quereinsteiger, Enthusiasten, und sie hätten selbst nie gedacht, dass sie sich den Rest ihres Lebens dieser Aufgabe verschreiben würden. Doch sie verfügten in ungewöhnlich hohem Maße über eine Tugend, die keiner Institution der Welt gegeben ist: Hingabe. Durch sie wurde der Traum von der Wiederkehr der Wildpferde wahr. Für die Akteure selbst geriet er indes zu einem zweifelhaften Vergnügen. Zwar war es beglückend, sich einer solch noblen Sache zu widmen und die Heimkehr der *Tachi* ins Werk zu setzen. Doch zugleich wuchs die anfängliche Liebhaberei sich zu einem Drachen aus. Diese Vorkämpfer zahlten einen hohen Preis für ihren Einsatz. Eine vernünftige Erklärung für ihr Verhalten gibt es nicht. Denn es ist schlichtweg unvernünftig, sein Familienleben aufs Spiel zu setzen und Freundschaften zu gefährden, seine privaten Ersparnisse oder sein Vermögen zu opfern, seine Gesundheit zu strapazieren, sich über Jahre und Jahrzehnte unerträglichen bürokratischen Widerständen und der noch unerträglicheren Trägheit des Systems auszusetzen und dabei Gefahr zu laufen, sich seelisch zu verausgaben oder in Schwermut zu versinken – nur um ein paar dickschädlige Pferde in eine sinistre Wüste am Ende der Welt zu verfrachten. Und doch haben diese Menschen ihr Schicksal klaglos auf sich genommen, haben mit einem achselzuckenden »Sei's drum« alle Widerstände ertragen, alle Rückschläge weggesteckt und alle Schwierigkeiten gemeistert.

Auf die ein oder andere Art hatten sie bereits von den *Tachi* gehört. Irgendwann wollten sie sie dann leibhaftig sehen, vielleicht gingen sie auch einfach nur mal wieder mit ihren Kindern in den Zoo. Und da standen sie dann, *Equus ferus przewalskii,* wach, energiegeladen, und doch unendlich melancholisch, weil heimatlos. Ihr bernsteingelbes Fell beschwor den morgendlichen Sonnenglanz der Steppe herauf, auch wenn sie die seit Generationen nicht mehr gesehen hatten. Unsere Besucher betrachteten sie eingehend. Dann lenkte etwas sie vorübergehend ab, vielleicht eine Frage ihrer Kinder, oder der Rabatz drüben am Affenfelsen, oder ein Pfau, der unvermittelt sein Rad schlug. Anschließend wandten sie sich noch einmal nach den Pferden um, und dabei geschah es dann. Eines davon sah direkt herüber. Mit seinem bekümmerten Clownsgesicht, den spitzen Lauschern und den schräg stehenden Augen, der Irokesenmähne, dem hypnotischen Blick, und mit dem weichen, knuffigen Maul, um das beständig ein sardonisches Lächeln spielt, das um das ganze irrwitzige Geschick dieser Art zu wissen scheint. Güte und Schmerz liegen darin, Spott und Empfindsamkeit, Sanftmut, Beständigkeit, Verbundenheit und Verzweiflung.

Vorhin hatten die Besucher das Pferd angesehen, nun sah das Pferd sie an. Es nahm Fühlung auf, schickte einen Blick herüber, und vielleicht auch noch mehr. Die Menschen spürten es beiläufig wie einen warmen Hauch an einem kühlen Tag. Es war ein flüchtiger Moment, der Zeit enthoben. Ihre Begleiter hatten nichts davon bemerkt, für sie war das Getriebe der Welt weitergelaufen wie immer. Auch die Adressaten des Blicks schenkten ihm zunächst kaum Beachtung. Doch mit der Zeit wurden sie sich darüber klar, dass in diesem Augenblick etwas in ihr Leben getreten war, das fortan weiterwirken und alle folgenden Schritte veranlassen würde. Die Pferde hatten sie in ihren Bann geschlagen.

In der Mongolei laufen heute drei Auswilderungsprojekte. Ohne das beharrliche Engagement vieler solcher Privatleute wären sie längst wieder versandet wie die unglückseligen Wasserläufe in der Gobi. Im späteren Nationalpark Chustain Nuruu, anderthalb Fahrstunden westlich von Ulaanbaatar gelegen, waren es vor allem Jan und Inge Bouman, Sozialarbeiter aus Rotterdam, die sich dort dann auch vierbeiniger Schützlinge annahmen. In der Gobi B wirkte Christian Oswald als Motor, ein gelernter Müllermeister und Geschäftsmann aus dem bayrischen Ebersberg. Später schlossen sich diesen Vorreitern weitere Unterstützer an, in Kooperation mit nationalen, regionalen und kommunalen Gremien. An beiden Orten begann das Abenteuer der Wiederausbürgerung zeitgleich 1992. Schließlich kam auch noch Chomin Tal im Nordwesten hinzu, wo die Schweizer Biologin Claudia Feh sich den *Tachi* verschrieben hat.

Allen drei Projekten gingen mindestens zehn Jahre Vorlauf – und oft auch Leerlauf – voraus. Im Fall von Tachin Tal datiert die erste Aktennotiz vom 5. März 1979. In der Mongolei herrschte damals noch ein dogmatisches System, Landwirtschaft und Viehzucht waren in Kolchosen zwangsvereinigt worden, was die traditionelle Wanderweidewirtschaft nahezu zerstört hatte, auch zerstören sollte, um die Nomaden besser kontrollieren zu können. Die ausländischen Beziehungen beschränkten sich auf die Länder des Ostblocks und die schwierige Nachbarschaft mit China. Als westlicher Geschäftsmann war Oswald ein Exot. Er handelte mit allem Möglichen, das hüben oder drüben gefragt war, doch den Schwerpunkt bildeten Wild und Wildprodukte wie etwa Hirschgeweihe und Murmeltierfett. In einem der ältesten Gebäude Münchens, im Zerwirkgewölbe neben dem Hofbräuhaus mit seinen kühlen Kellern, unterhielt er ein Spezialgeschäft für Wildbret. Normalerweise hätte er in der Mongolei nur schwer Verbindung zu hochrangigen Funktionären bekommen. Doch er beherrschte eine Sprache, die ihn dort kreditwürdig machte, die alle ideologischen Lager überwand und ihm die Türen und Herzen öffnete: Oswald war selbst leidenschaftlicher Jäger.

Bei einem Besuch in Ulaanbaatar lud ihn ein Kabinettsmitglied wie nebenbei zu einer Jagd ein. »Ich war der Meinung, dass für mich und einige Mongolen eine Drückjagd arrangiert würde. Im Gegenteil, es war eine große Protokolljagd mit fast dem gesamten Ministerrat einschließlich des Staatspräsidenten.« Mehr als hundert berittene Treiber waren rekrutiert worden, ein fernes Echo jener großen Staatsjagden der Chane. »Russen und Ostdeutsche haben mich ziemlich schief angeschaut«, hält die Aktennotiz feixend fest, »scheinbar rätselten sie darüber, wieso ein westdeutscher ›Kapitalist‹ zu einer Protokolljagd eingeladen wurde.« Es ging auf Wölfe. Doch hatte der Minister sich gehütet, davon etwas verlauten zu lassen. Denn überall dort, wo schamanische Traditionen weiterwirken, werden die beiden Unaussprechlichen, Wolf und Bär, niemals beim Namen genannt. Schon gar nicht, wenn man auf sie pirscht. Sonst reißen sie noch in derselben Nacht Tiere aus der Herde. »Wenn in der Mongolei zur Wolfsjagd eingesagt wird«, berichtet Oswald, »so schickt man einen jungen Burschen, der wortlos ein kleines Holzstück übergibt. Der Empfänger weiß nun, dass am nächsten Tag eine Wolfsjagd ansteht.« Ähnliche Beschwichtigungsriten finden sich bei den sibirischen Waldvölkern. Schon das Wort »Bär« etwa unterliegt dort einem Tabu, allenfalls raunen sie vom *Herrn der Taiga* oder einfach von *ihm.* Verspeisen sie einen, so krächzen sie »kokoo«, damit er glaubt, die Raben fräßen ihn. Die Staatsjagd verlief jedenfalls erfolgreich. Hinterher saßen die Waidmänner in einem ehemaligen buddhistischen Kloster beisammen und deklinierten, wie es ihre Art ist, das Großwild durch. Dabei klaffte eine schmerzliche Lücke, ein altes, edles Tier streifte nicht mehr durchs Land der Mongolen – das *Tachi*. Nur in ein paar Zoos, weit weg in Europa, hieß es, hätte es Asyl gefunden.

»Wenn ich helfen kann, helfe ich gerne«, bot Oswald an. Er hatte nicht die leiseste Vorstellung, worauf er sich einließ, und das war sein Glück. Vor allem aber war es das Glück der *Tachi*.

Anfangs mochte er noch geglaubt haben, mit ein paar Telefonaten und einigen wohlgesetzten Appellen etwas in Gang bringen zu können. Immerhin war er Teil des bajuwarischen Establishments, hatte sowohl in der Politik wie über die Jagd hochrangige Kontakte. Mit Herzog Albrecht von Bayern tauschte er sich nächtelang über das Rotwild der Erde aus. Und als es später darum ging, die ersten Przewalskipferde nach China zu bringen, übernahm Franz Josef Strauß die Schirmherrschaft. Mindestens so wichtig wie gute Beziehungen war jedoch Unerschrockenheit. Etwas war noch nie gemacht worden? Ja und! Man lebte in der Ära des Kalten Krieges? Alles halb so wild! China hatte noch nie ausländische Jagdgäste empfangen, schon gar nicht aus dem Westen? Dann wurde es langsam Zeit! Eine derartige Aktion würde furchtbar kompliziert werden? Umso besser! Sag einem Jäger, dass ein Wild schwer zur Strecke zu bringen ist, und er wird sich noch heute an seine Fährte heften.

Parallel dürften zwei Dinge vorgefallen sein. Zum einen wird Oswald in *Brehms Tierleben* nachgeschlagen und sich diese ominösen Pferde dann im Tierpark Hellabrunn näher besehen haben. Und es kam, was kommen musste: Eines der Tiere nahm wiederum ihn ins Visier. Schuss, Gegenschuss. Vielleicht äugte sogar die ganze Herde mit diesem bohrenden Blick herüber. Damit war es um ihn geschehen. Hinzu kam, dass sich das Vorhaben bald als viel schwieriger erwies, als er hätte ahnen können. »Wo ich helfen kann, helfe ich gerne.« Aber war den Beteiligten überhaupt zu helfen? Wollten sie die *Tachi* denn auch wirklich abgeben beziehungsweise in Empfang nehmen? Vielleicht gefiel ihnen ja die Idee – doch gleichzeitig wollten sie nicht von ihren gewohnten Bahnen abweichen, wollten die daraus resultierenden Konflikte nicht austragen, die damit verbundene Sisyphusarbeit nicht auf sich nehmen. Oswald begann Geschmack an der Sache zu finden. Er war ein geselliger Einzelgänger, ein konservativer Anarchist. Er konnte aufbrausend sein, ungeduldig, undiplomatisch. Er war überzeugt, dass Geschäftsleute Großprojekte mit Entschiedenheit voranbringen, während Bürokraten sie nur verschleppen. Dass beherztes Handeln wichtiger sei als die Verlautbarungen sämtlicher Funktionsträger, die gegen alles Bedenken hegten, außer gegen sich selbst. Er wagte zu behaupten, dass Jäger mehr Gespür für Wildtiere besäßen als Wissenschaftler. Er unterschied zwischen gesundem und ungesundem Menschenverstand.

Seine Geschäfte liefen gut, er hatte Spielräume, die er freigebig nutzte. Er war der klassische *Selfmademan,* mit Lust am Gelingen. Als das Projekt in der Mongolei trotz höchster Protektion nicht vorwärtsging, schwenkte er auf China um. Und erreichte dort, wie wir noch sehen werden, in wenigen Monaten mehr, als alle je für möglich gehalten hatten. Doch für einen allein, und sei er noch so umtriebig, wäre die Aufgabe viel zu groß gewesen. War es nicht eigentlich eine Menschheitsaufgabe? Er fand Partner, die die gleiche Macke hatten wie er. In der Schweiz kam er mit Stiftungen und Mäzenen in Kontakt, die am gleichen Strang zogen; später sollte daraus die ITG hervorgehen. Die wichtigste Mitstreiterin war die »Werner Stamm-Stiftung zur Erhaltung seltener Einhufer«. Als um 1970 offenbar wurde, dass auch die letzten *Tachi* in Freiheit dahingegangen waren, hatten Werner und Dorothee Stamm in Oberwil bei Basel eine private Zuchtstation eingerichtet. Insbesondere für Przewalskipferde, die bewusst auf Distanz zu Menschen gehalten wurden, damit sie eines fernen Tages vielleicht wieder ausgewildert werden konnten. Werner Stamm, von Beruf Architekt, lebte für die Pferde, war Oberst der Kavallerie gewesen und international gefragter Dressurrichter. Die Station nahm sich auch anderer Equiden wie der Somali-Wildesel, der Kiangs und der Grévyzebras an, deren Lage ebenfalls höchst kritisch war und ist. Es sollte ihnen nicht so ergehen wie dem Quagga, dem Tarpan, dem Syrischen oder dem Anatolischen Halbesel, die bereits ausgerottet worden waren. Wie die übrigen Wegbereiter, wie etwa die Boumans, Christian Oswald, Claudia Feh oder Friedrich Falz-Fein, zeichneten auch die Stamms sich durch bemerkenswerte Weitsicht und ein enormes Stehvermögen aus. Später brachten sie dann nicht nur finanzielle Mittel in dieses Jahrhundertprojekt ein, sondern auch alle ihre Pferde, »in der Gewissheit, dass es so sein muss«. Neben Askania Nova kamen die meisten Neuzugänge für die Gobi B aus Oberwil. Eng mit den Stamms verbunden war der Tierarzt Jean-Pierre Siegfried. Zusammen mit seiner Frau Sonja sorgte er sowohl in der ITG wie auch mit einer eigenen Stiftung dafür, dass die Projekte vorankamen und der Spendenstrom nie versiegte. Er tat das derart treu und unbeirrbar, dass seine mongolischen Partner ihm den Ehrentitel »das Kamel« verliehen.

Doch es brauchte noch mehr. Naturschutz benötigt unweigerlich staatliche und institutionelle Verankerung; Privatpersonen kommen nicht weit. Wie aber motiviert man eine Behörde? So wie Individuen gegenüber Institutionen fremdeln, so fremdeln Institutionen gegenüber Individuen. Was soll man nur mit diesen Einzelmenschen anfangen – so eigentümlich, so uneinheitlich, ja nachgerade peinlich? Institutionen zeigen sich sehr erleichtert, wenn ihnen eine andere Institution gegenübertritt. Ob diese groß oder klein ist, uralt oder blutjung, steinreich oder bettelarm, das spielt keine Rolle. Hauptsache, sie bekommen es nicht mit Individuen zu tun. Im Internationalen Rat zur Erhaltung des Wildes und der

1 Geisterherde, Grotte Chauvet, circa 35.000 Jahre alt

2 »Chinesisches Pferd«, Lascaux, circa 17.000 Jahre alt

3 Wildpferd, Vogelherdhöhle, circa 33.000 Jahre alt

4 Sorraiafohlen

5 Exmoorpferde

6 Jäger im Tarbagatai, im Osten Kasachstans

7 Bei Baty über den Irtysch

*8* Kurgan bei Schilikti

*9* Themistokles Tschungsow mit Przewalski

*10* Typusexemplar in Sankt Petersburg

*11* Nachfahren in der Gobi

12 Auf dem Weg nach Hause: Zwischenlandung in Peking

13 Wildhüter bringen Tzuut zurück nach Tachin Tal

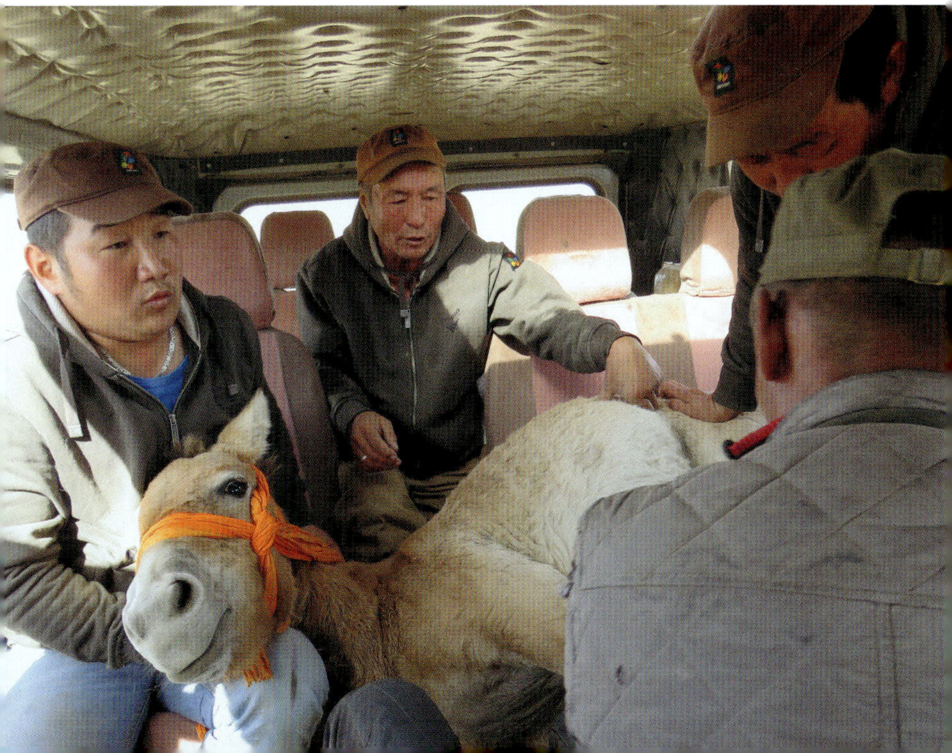

14 Hauspferde in der Gobi B

15/16 Zur Erinnerung an Christian Oswald

THIS MONUMENT
WAS ERECTED IN
MEMORY OF CHRISTIAN
OSWALD WHO INITIATED
THE REINTROTUCTION
OF THE TAKHI TO
TAKHIIN TAL

Jagd (CIC) fand Oswald den geeigneten Partner. Eine seit 1928 bestehende Dachorganisation, kompetent, flexibel, weltweit vernetzt und respektiert. Darüber hinaus holte er wissenschaftliche Koryphäen ins Boot, etwa Jiři Volf, der am Prager Zoo das weltweite Zuchtbuch führte und immer an einer Restituierung der Art in ihrer Heimat festgehalten hatte. Ein weiterer Berater war Valerius Geist, einer der führenden Biologen Nordamerikas und Schüler von Konrad Lorenz, dessen Name unter Kollegen mit größtem Respekt genannt wird. Geist war in jungen Jahren nach Kanada ausgewandert und zum Spezialisten der amerikanischen Großtierfauna geworden. Seine Kindheit aber hatte er im Skythenland verbracht, wo der Südliche Bug und der Dnjepr in eine große Lagune münden. Jener Landschaft also, in der das antike Olbia lag, wo Herodot seinen Kronzeugen für die skythische Welt begegnete. Klassisches Steppenland; Askania Nova liegt nicht weit entfernt auf der anderen Seite des Dnjepr. Die kanadischen Prärien bescherten Geist dann ein Déjà-vu. Er war nach Hause emigriert.

Wer Tachin Tal heute besucht, erhält den Eindruck eines wohlorganisierten, in mancher Hinsicht sogar privilegierten, jedenfalls hinreichend ausgestatteten Schutzgebiets. So, wie das Auswilderungsgehege in der Landschaft steht, nimmt man es als gegeben hin. Doch hier draußen ist nichts gegeben, alles muss erst von Gott weiß woher herbeigeschafft werden. Und wenn etwas fehlt, kann man nicht schnell mal zum nächsten Baumarkt fahren. Allein der Zaun hat Oswald und seine Mitstreiter gut eine halbe Million Mark gekostet, dazu hunderttausend Mark für Frachtkosten und Werkzeug – Bohrgeräte, Rammen, Betonmischer. Zwei seiner Nachbarn verbrachten ihren Urlaub in der Pampa, um binnen vier Wochen zehn Kilometer Zaun zu montieren. Die Reisekosten trugen sie selbst. Das Material kam mit der transsibirischen Eisenbahn und dann per Lastwagen. Die mongolische Seite stellte Tausende hölzerner Pfähle bereit, die quer durchs Land aus der Taiga herangeschafft werden mussten. Bis heute ist das Gatter unentbehrlich, denn noch immer kommen gelegentlich Neuzugänge hinzu.

Die ersten Jahre nahm die Verwaltung ihren Sitz in einem ausrangierten Eisenbahnwaggon, der über tausend Kilometer hinweg irgendwie hierherbugsiert worden war. Er dient inzwischen als Gästequartier, während die maßgezimmerten Transportkisten des Ebersberger Schreinermeisters die Plumpsklos beherbergen. Zum Telefonieren musste man damals bis nach Bugat fahren, wo sich auch heute noch die nächste Tankstelle befindet. Was hin und zurück eine Tagesreise bedeutet und eine halbe Tankfüllung verbraucht. In Biidsch gab es zu jener Zeit nur einen Kindergarten, die etwas älteren ritten täglich mehrere Stunden zur nächsten Schule oder besuchten Internate. Der Kreis Bugat ist größer als Tirol, beherbergt aber keine viertausend Einwohner.

Die ersten dreißig *Tachi* schlugen mit insgesamt sechshunderttausend Mark zu Buche, inklusive der Frachtkosten, der mitreisenden Tierärzte und der Transportversicherung. Hengste waren mit fünf- bis zehntausend Mark noch recht wohlfeil; in jeder Zucht ergibt sich dabei ein Überschuss. Doch von einer Stute trennten sich die Zoos nur ungern und verlangten bis zu fünfundzwanzigtausend Mark dafür. Gerade auch für osteuropäische Länder, die über seltene Arten Devisen ergattern konnten, war der Wildtiermarkt lukrativ. So war es durchaus angebracht, dass Oswald und der CIC jeden Transfer mit einer feierlichen Urkunde beglaubigten. »Als Beitrag zum Erhalt bedrohter Wildarten übergeben wir dem mongolischen Volk folgende Wildpferde: Hengst Vidny, Hengst Pas, Stute Vanil, Stute Grona.« Alle erhielten einen mongolischen Adoptivnamen, damit die Wildhüter sie sich leichter merken konnten, wenn sie ihre täglichen Kontrollritte durchs Gehege unternahmen: Abtam, Chob, Schagal, Saidata. Schien eine medizinische Behandlung unerlässlich, wurde das betreffende Tier nach Hirtenart von mehreren Reitern mit der *Uurga,* einer lassoähnlichen Schlinge, gefangen, was praktikabler und sicherer war als die diffizile Betäubung. Ansonsten wurden sie so weit wie möglich sich selbst überlassen. Im Winter mussten allerdings Heu und Hafer zugefüttert werden. Die Stuten wurden zwar jährlich gedeckt, fohlten jedoch meist nur jedes zweite Jahr, besonders, wenn harte Winter ihnen zugesetzt hatten. Wobei die in Tachin Tal geborenen Tiere sich allgemein als widerstandsfähiger erwiesen als die eingeflogenen, und unter ihnen waren später wiederum die in Freiheit geborenen Fohlen robuster als die Gehegezöglinge.

Im Nachhinein erscheint die fünfjährige Quarantäne daher problematisch. Als hätten die überfürsorglichen Betreuer ihre Mündel nicht in die Welt hinaus entlassen wollen. Zwar war ihre Sorge angesichts der hohen Investitionen verständlich, doch gerade indem sie versuchten, die Tiere vor den draußen lauernden Risiken zu bewahren, brachten sie sie in Gefahr. Denn das Gehege war der unsicherste Ort weit und breit. Ein Drittel der dort gehaltenen Tiere starb in den ersten beiden Jahren, während später die Verluste in Freiheit nur halb so hoch waren. Die Todesursachen waren vielfältig, hatten aber häufig mit der Haltung auf vergleichsweise engem Raum zu tun: Attacken der Hengste untereinander, doch auch mal die Attacke einer Stute gegen einen allzu zudringlichen Hengst. Eine andere verletzte sich bei einer Rangelei am Zaun tödlich. Wieder andere starben nach Fehlgeburten, an Nierenversagen, an Befall durch Zecken oder Dasselfliegen. Drei Fohlen ertranken. Eine australische Stute fiel bei minus siebenundzwanzig Grad einer Erkältung zum Opfer. Überhaupt sahen sich Tiere aus der südlichen Hemisphäre einem noch höheren Anpassungsdruck ausgesetzt. Seit in den zwanziger Jahren die ersten *Tachi* nach Australien verbracht worden waren, hatten sie ihren Fellwechsel wie auch ihren Reproduktionszyklus umgestellt. Seither gebären sie im Winterhalbjahr, weil dort dann ja Sommer herrscht. Es gelang ihnen nicht, diesen

Rhythmus in der Gobi wieder umzukehren. Sie fohlten entweder gar nicht oder erst im Herbst, der hier abrupt in den unbarmherzigen Winter übergeht. Aufgrund der vielen Ausfälle werden mittlerweile keine Tiere von der Südhalbkugel mehr aufgenommen. Obwohl es ihnen sicher nicht an Lebenswillen fehlt. Das erste Tier in Freiheit überhaupt war eine trächtige australische Stute, die dort, wo der Bach, »die Mutter«, das Gehege verlässt, irgendwie durch den Zaun schlüpfen konnte. Sie zog einige Kilometer ins Bergland, brachte ihr Fohlen zur Welt und kehrte dann mit ihm in die Umzäunung zurück.

Das Hauptgehege wird von einigen kleineren Einfriedungen flankiert, falls Tiere abgesondert werden müssen. Was jedoch manchmal nicht genügt, wie der Zoologe Christian Stauffer erfuhr, heute Vizepräsident der ITG: »Nachdem der junge Hengst Tatar den starken Hengst Pas wiederholt durch Imponierverhalten provoziert hatte, riss dieser den Zwischenzaun nieder und setzte darüber. Er verfolgte Tatar, biss ihn in die Keulen und zwang ihn durch Bisse in den Nacken fast in die Knie. Dies wiederholte sich mehrfach, unterbrochen durch Verfolgungsjagden. Als die beiden dabei in die Stutenherde gerieten, gelang es uns in der Verwirrung, sie zu trennen und Pas in sein Gehege zurückzutreiben. In der Folge waren die Fronten geklärt, Tatar imponierte kaum mehr entlang der gemeinsamen Grenze. Unmittelbar nach seiner Niederlage wurde er von den Stuten gemieden, und ein kaum mehr als einmonatiges Fohlen schlug sogar gegen ihn aus.« Daraufhin wurden doppelte Zäune eingezogen.

Mitte der neunziger Jahre drängten die ausländischen Partner allmählich auf eine Freilassung, doch die heimische Administration bremste sie aus. »Zu viele Wölfe«, hieß es regelmäßig, die kostbaren Tiere sollten doch nicht als Raubtierfutter enden. Nun gehören Wölfe nicht weniger zur Gobi wie die *Tachi*. Die Pferde müssen lernen, sich ihrer zu erwehren. Eines allein hätte kaum eine Chance, doch im Herdenkollektiv können sie sich gut verteidigen. Bei Gefahr bilden die Stuten einen Kreis um die Fohlen, einen tierischen Schutzschild. Der Hengst und etwaige kinderlose Stuten gehen auf die Angreifer los. Während die Stuten mit der Hinterhand ausschlagen, steigt der Hengst hoch und zerschmettert den Wolf mit den Vorderhufen, oder er beißt ihm das Genick durch. Doch würde, so fragten sich die Pioniere, das biologische Gedächtnis der Art noch funktionieren, nachdem die *Tachi* hundert Jahre fort gewesen waren, nachdem sie über zwölf, fünfzehn Pferdegenerationen hinweg Asyl in Zoologischen Gärten gefunden hatten?

Bei den meisten funktionierte es auf Anhieb, und die anderen lernten bald dazu, wenn auch auf die harte Tour. *Do or die.* Kurioserweise schienen umgekehrt auch die Wölfe die *Tachi* vergessen zu haben. Anfangs ordneten sie diese neuen Mitbewohner nicht ihrem Beuteschema zu, und so dauerte es ein ganzes Jahr, bis das erste Fohlen gerissen wurde. Inzwischen aber gelingt es ihnen wieder häufiger. Die Natur nimmt ihren Lauf. In einer solchen Umwelt wird das fortwährende zwanghafte Austragen der Rangordnung unter Pferden unmittelbar begreiflich: Den Letzten beißen die Wölfe. Und doch waren die *Tachi* über Jahrzehntausende hinweg imstande, hier zu bestehen. Erst der Mensch hat ihre Existenz ruiniert.

Auch was die zögerliche Auswilderung anging, verbargen die wahren Wölfe sich wohl anderswo. Die damaligen Berichte lassen unterschwellige Animositäten erahnen, wenn die Autoren darüber klagen, dass aufseiten der Viehhalter »keine Bereitschaft zum Nutzungsverzicht« vorhanden sei. Die *Tachi* wurden längst nicht von allen willkommen geheißen; die Leitung des Reservats aber scheute die Auseinandersetzung mit den Wanderhirten. Wie Generationen vor ihnen, sahen diese in den Wildpferden vor allem Nahrungs- und Wasserkonkurrenten für ihre Herden, und Unruhestifter dazu. Außerdem fürchteten sie, sie könnten Krankheiten übertragen. Wie so oft war es dann umgekehrt: Im Jahr 2000 steckten sich die Wildpferde mit der Druse an, einer gefährlichen Infektion der Atemwege. Hauspferde hatten die Keime an einem Wasserloch hinterlassen. Einige *Tachi* verendeten daran, andere wurden, solcherart geschwächt, eine leichte Beute der Wölfe. Der Rest wurde schließlich zur Station zurückgetrieben, dort infizierten sie dann auch die übrigen. Tachin Tal verlor vierzig Prozent seines Bestandes – eine Katastrophe.

Dass auch die *Tachi* bisweilen ihren Tribut fordern, soll nicht verschwiegen werden. Sándor Bökönyi hat dazu eine Begebenheit aus den fünfziger Jahren überliefert. Eine Gruppe von Hauspferden war von ihrem Besitzer vernachlässigt worden, bis sie sich schließlich unter Führung eines starken Hengstes in die Tachin Schar Naruu absetzte und verwilderte. Eines Tages stieß ein Tachihengst auf diese Herde und forderte den Eindringling zum Duell. »Später fanden die Hirten dessen Kadaver auf dem Schauplatz des Kampfes. Seine Beine waren gebrochen, seine Ohren abgerissen, ebenso waren von seinem Fell große Stücke zusammen mit dem Fleisch heruntergerissen. Gleichermaßen gravierend waren seine inneren Verletzungen.« Der Terminator aber übernahm die ganze Herde.

Gut vier Jahrzehnte später wurde die erste kleine Wildpferdherde wieder in Tachin Tal ausgetrieben, um die lähmende Leere zu füllen, die dröhnende Stille zu brechen, die schlimmen Sünden ein wenig zu sühnen. Zuvor war bereits ein halbherziger Versuch unternommen worden. Die Herde des Hengstes Perun – gemeinhin spricht man von einer Haremsgruppe – lief dabei überraschend weit fort, vierzig Kilometer bis zu einem Wasserloch namens Chonin-Us. Wenn schon, denn schon, schien Perun sich zu sagen. Doch die Verantwortlichen bekamen kalte Füße. Zu viele Wölfe … Rein zufällig gehört Chonin-Us zu den ergiebigsten und von den Viehhaltern am häufigsten frequentierten Wasserstellen. So wurde der Harem dann unverrichteter Dinge wieder zurück ins Gehege gescheucht. Zwei Jahre später sollten sie endlich unwiderruflich ausziehen. Die Menschen hatten diesen Augenblick herbeigesehnt, da sie den *Tachi* die Freiheit schenken würden. Die Pferde jedoch erlebten ihn als Vertreibung aus dem Paradies. Sie schienen überhaupt nicht wild auf ihre Freiheit, wussten sie doch, dass draußen nur Raubfeinde und Bedrängnis auf sie warteten. Im Großgehege war dagegen alles vorhanden – Wasser, Futter, Schutz, im Winter auch mal eine Extraration Heu, und bei Komplikationen kam ein Tierarzt. Sie hatten immer in Umzäunungen gelebt, nicht anders als ihre Eltern und Großeltern.

Vier Reiter trieben die Gruppe am Morgen des 29. Juni 1997 fünf Stunden lang bis zur Wasserstelle Schirin-Us. Christian Stauffer, der die Auswilderung damals koordinierte, erinnert sich: »An der Quelle vertrieben die *Tachi* einen Kulan, tranken kurz und machten sich dann umgehend auf den Rückweg.« Zwar versuchten die Treiber zunächst, sie davon abzuhalten, mussten aber vor Peruns unbändigem Heimweh klein beigeben. Am Abend waren alle wieder im Gehege. Diese raumgreifende Choreographie wiederholte sich noch zweimal. Nach der vierten Verstoßung blieb das Gatter geschlossen. »Es zeigte sich«, so Stauffer, »dass die Gruppe ihren Aktionsradius dann allmählich erweiterte, sich allerdings stets im Umkreis von weniger als zehn Kilometern aufhielt.«

Auch später freigelassene Gruppen neigten dazu, nur enge Weidegründe zu nutzen. Die meisten waren ja in Zoos sozialisiert worden, waren gezwungenermaßen Stubenhocker, die ihren Wandertrieb nie hatten ausleben können. Ganz im Gegensatz zu den Kulanen etwa, die durchgängig rund um die Gobi lebten und ein weit größeres Streifgebiet nutzen. Die *Tachi* hingegen mussten erst wieder ein räumliches Bild ihrer Umgebung entwickeln; auch das Gespür für die Jahreszeiten war ihnen wohl abhandengekommen. Doch nach und nach bemächtigten sie sich der Steppe. Dazu trug sowohl die Rivalität untereinander wie auch die Bedrohung durch Wölfe bei, die die Herden bisweilen auseinandersprengten, ebenso wie Schnee- und Sandstürme. Die Neuzugänge mussten lernen, dass ihr Leben hier draußen unwägbar war. Lange Phasen der Beschaulichkeit wechselten mit jähen Momenten der Gefahr. Mittlerweile aber sind sie auf dem Quivive und misstrauen allem, das sich bewegt. Hin und wieder machen sich Tierpfleger aus den beteiligten Zoos auf den weiten Weg in die Gobi, um nach ihren einstigen Schützlingen zu sehen. Doch auch ihnen zeigen sie die kalte Schulter. Gegenwärtig streifen gut zwanzig Harems- und einige Junggesellengruppen durchs Reservat, bisweilen auch schon darüber hinaus.

Einzelne Tiere erlangten eine gewisse Popularität. So etwa Tzuut, dessen Name denn auch nichts anderes bedeutet als »der Berühmte«. Noch kein halbes Jahr alt, verlor er 2015 unter ungeklärten Umständen seine Mutter wie auch seine Herde. Damit schien sein Schicksal besiegelt, die Wildhüter gaben ihm nicht mal eine Woche. Selbst wenn die Wölfe ihn nicht gleich als gefundenes Fressen ausmachen würden – wie sollte er Wasserstellen aufspüren, wie sich zurechtfinden? Sie hatten ihn bereits vergessen, als sechs Wochen später ein Hirte von außerhalb des Parks anrief: In seiner kastanienbraunen Herde lief munter ein semmelblonder Dreikäsehoch mit.

Es gehört zu den ehernen Gesetzen aller Tachi-Schutzgebiete, dass sich Haus- und Wildpferde unter keinen Umständen vermischen dürfen. Dennoch geschieht es immer wieder, häufig an den Wasserlöchern, auch auf freiem Feld, oder wenn einzelne Tiere versprengt werden und sich dann der nächstbesten Herde anschließen. So könnte es bei Tzuut gewesen sein. Zwar war er noch lange nicht geschlechtsreif, doch bei der bloßen Vorstellung einer solchen Mesalliance wurde Ganbaas Leuten derart unbehaglich zumute, dass sie mit ihrem Kleinbus wie zu einem Notfalleinsatz aufbrachen. Am nächsten Morgen fing der Hirte den Wildling dann mit der *Uurga* aus der Herde heraus. Ein köstliches Foto zeigt, wie er sich, auf den Schößen der Wildhüter liegend, irgendwie auf die Rückbank quetscht und durchaus unternehmungslustig dreinschaut. Sie haben ihm eine orange Schleife als Glücksband um den Kopf geknotet. Ein Wiedergänger jener verstörten Waisenkinder, die gut hundert Jahre zuvor in herzzerreißender Prozession bis Askania Nova oder gar bis Hamburg deportiert wurden. Und doch wäre es ohne diesen Opfergang um die *Tachi* geschehen gewesen. Denn diese zittrigen Füllen wurden die Adams und Evas aller heute lebenden Wildpferde.

Die Männer gesellten ihn schließlich zu den drei *Tachi*, die im Gehege auf ihre Auswilderung warteten. Tatsächlich adoptierte die Stute »Paradise« ihn an Kindes statt. Im darauffolgenden Sommer wurden sie in die Freiheit entlassen. Nachdem die alleinerziehende Mutter mit ihrem Schützling zunächst etwas unschlüssig umherzog, schloss sie sich schließlich dem Harem von Chowd an. Tzuut stand nun im Alter des Typusexemplares von Przewalski aus der dsungarischen Gobi: ein pubertierender Jährling, nicht mehr Kind und noch nicht Mann. Im nächsten Frühjahr jagte der Leithengst ihn dann auf und davon, bevor ihm in der eigenen Herde ein Rivale erwachsen würde. Paradise Lost. Wieder war Tzuut auf sich allein gestellt, und hier draußen konnte er sich auch nicht mit anderen Singles zusammenfinden, denn es gab noch keine. Chowd und seine Herde waren als Pioniere in den Wilden Westen des Schutzgebiets vorgedrungen, in dem die *Tachi* bis dahin kaum Fuß zu fassen vermochten, wo sich dafür aber um so mehr Wölfe herumtrieben. Tzuuts Chancen standen etwas besser als beim ersten Mal, doch man hätte schon verwegene Zuversicht aufbringen müssen, um auf sein Überleben zu wetten. Wieder war er vogelfrei.

Bei unserem Besuch verbringen vier Stuten ihre Karenzzeit im Verwilderungsgehege: Hanna und Helmi aus Helsinki, Zuchtbuchnummern 6627 und 6684, Yanja aus Langenberg, einem traditionsreichen schweizerischen Wildpark, 6614, und schließlich Spes aus dem niedersächsischen Springe, 6484. Vor fast hundert Jahren hatte Lutz Heck dieses Wildgehege gegründet. Es sollte vor allem der Erhaltungszucht des Wisents dienen, später auch anderer gefährdeter Arten wie Uhu und Wildkatze. Dass Nachfahren seiner geliebten Urwildpferde heute wieder durch die Gobi streifen, dieser Vorstellung aber dürfte er sich allenfalls in seinen kühnsten Träumen hingegeben haben.

Das Gehege ist weitläufig, doch gut zu überblicken. Durch zwei Gatter schlüpfen wir hinein; doppelt hält besser. Sie sind eingefügt worden, nachdem vor ein paar Jahren zwei Hengste die Verriegelung geknackt haben und entwischt sind. Innen gehen wir erst rechts am Zaun entlang, dann suchend ein Stück vor, dann wieder nach links. Doch von den Tieren keine Spur. Sind sie gleichfalls getürmt? Oder ihrerseits von dieser Wüstenei verschluckt worden, in der bekanntlich auch Geländefahrzeuge, ja selbst ganze Flüsse verschwinden?

Ein Tremolo von sechzehn Hufen läßt die Erde erbeben, schwillt an, bricht vor uns aus den Büschen, die das Bachbett abschirmen, stiebt ins Freie, kommt zum Stehen. Sie schnauben leise, beruhigen sich rasch und blicken neugierig herüber. Was haben die vor?

Eine Quadriga in der Steppe. Die eine Stute schaut noch etwas länger herüber, die anderen drei beginnen zu grasen. Ihre Lippen krabbeln über den Boden, die Schneidezähne rupfen das Gras, die Backenzähne zermalmen es. Sie tun es den lieben langen Tag, mit Eifer und mit Akribie. Ob sie sich manchmal langweilen? Ob sie sich mehr Stimulierung und Unterhaltung wünschen? Wüsste man nicht um ihre Geschichte, könnte man sie für Allerweltspferde halten, womöglich mit leichtem Kaltblut-Einschlag. Von der Färbung her, einem aparten, kühlen Apricot, könnten es auch Fjordpferde oder Haflinger sein. Lediglich ihr klobiger Kopf und ihr, pardon, etwas stiernackiger Hals schlagen aus der Art. Dsungarische Dickköppe. In der Nachmittagssonne glimmt ihr Fell rötlich wie helles Kirschholz, wobei der Bauch deutlich lichter schimmert, Kopf und Hals etwas dunkler. In markantem Kontrast dazu glänzen Schweif und Mähne schwarz. Sie scheinen die Sanftmut selbst. Demnächst werden sie freigelassen; womöglich behalten sie uns als ihre letzten Zoobesucher in Erinnerung. Der Streichelreflex verbietet sich, dürfte auch auf kein Entgegenkommen hoffen. Die größte Liebkosung, die man ihnen angedeihen lassen kann, ist, Abstand zu halten. Bevor sie in die Mongolei entsandt wurden, sind diese Kandidatinnen so sorgfältig auf Herz und Nieren getestet worden wie die Besatzung einer Raumstation. Willkommen bei Mission Gobi B. Sie sollten jung sein, doch auch wieder nicht zu jung, sie sollten möglichst verschiedener Abstammung sein, um den Inzuchtkoeffizienten klein zu halten, sie sollten kerngesund und fruchtbar sein, anpassungsfähig, ausgeglichen, makellos. Was es eben so braucht für die Besiedelung eines unbewohnten Planeten.

An der Nordseite wurde die Koppel erweitert, damit sie auch felsigen Untergrund miteinschließt und die Hufe sich stärker abnutzen. Dort schwingt sich eine Kuppe auf, die kaum der Rede wert wäre, läge einem oben nicht die Welt zu Füßen. Weit schweift der Blick über ein Land, das nicht mehr Steppe ist und noch nicht Wüste. Graswüste vielleicht, bedeckt mit einer fadenscheinigen Vegetation. Dank der schroffen Hügel, die sich in alle Richtungen hinziehen, erscheint es dennoch nicht eintönig. Dahinter leuchten blaue Fernen, hehr und unverdorben, als hätte der liebe Gott die Schöpfung wohlweislich am sechsten Tag vollendet.

Die sinkende Sonne lässt die wenigen Wölkchen am Himmel wie Perlmuttscheiben schimmern. Für Menschen, die das Weite suchen, müsste die Gobi eigentlich das Gelobte Land sein, denn Weite bietet sie im Übermaß. Aber sie befreit nicht, sie entmutigt nur. Statt als Verheißung erweist sie sich als unüberwindliches Hindernis. Wir sind ihr ausgeliefert, doch zugleich schützt sie uns. Es ist der rechte Platz für »geistige Anregungen höherer Ordnung«. Die Steppe als eine Schule des Absoluten. Der Blick reicht so weit, dass man die Zukunft zu sehen glaubt. Doch auch dort ist nichts, nur neuer leerer Raum. Die Zeit kann hier weder eindringen noch entweichen; sie sitzt darin fest. Das Brummen stellt sich wieder ein. Der Wind zaust am Gras. Unten weiden die Stuten. Der Sonnenuntergang wechselt von zarter Schamröte zu Blutorange.

»Niemand kann sagen, ob der Versuch gelingen wird«, notierte Oswald, als das Projekt vor drei Jahrzehnten anlief. Er ging 2011 in die ewigen Jagdgründe ein, mit einundachtzig Jahren. Auf der Kuppe des Hügels haben die Freunde der *Tachi* einen Gedenkstein für ihn aufgestellt. Er hatte riesiges Glück damit. Denn vielfach geraten derartige Ehrenmale plump und peinlich, obwohl sie gut gemeint sind, gerade weil sie gut gemeint sind. Gut gemeint heißt oft genug schlecht gelöst. Sein Stein jedoch passt bestens in die Landschaft, passt zu den *Tachi,* passt auch zu ihm, und er steht am rechten Platz. Ein mannshoher Quader von den Proportionen eines Lexikons. Vor erdbraunem Hintergrund galoppiert ein goldenes *Tachi* durch die Welt. Auch wenn seine Flügel verborgen bleiben, so lassen die Wolke am Himmel und die Staubwolke auf der Erde doch keinen Zweifel daran, dass es sich um ein Windpferd handelt. Ein Schutztier, einen Seelengeleiter. Das sardonische Lächeln ist freudigem Schmunzeln gewichen. Freiheit auf vier Beinen!

Es bleibt noch eine weitere Erinnerung. Draußen, jenseits des Zaunes, ziehen die *Tachi* wieder ihre Fährte durch die Gobi. Dreihundert Vertreter einer Art, die beinahe von der Erde getilgt worden wäre, sind auch ein herrliches Denkmal.

# Das Phantom der Steppe

»Er war in hohem Grade ungesellig, ein fremdes,
wildes und auch scheues, sogar sehr scheues Wesen
aus einer anderen Welt als der meinigen.«
    *~ Hermann Hesse, Der Steppenwolf*

K ommen wir noch einmal auf das Rätsel des formidablen
Sándor Bökönyi zurück, »wie ein Säugetier von so großen
Körpermaßen den Zoologen so lange unbekannt bleiben konnte«.
Ging es dabei mit rechten Dingen zu? Konnten sie es nicht sehen?
Wollten sie es nicht sehen? Wollte es umgekehrt auch nicht gesehen werden? Oder lag es an dieser Zauberwüste, diesem vertrackten
Ort der Schrecken wie der Wunder? Zu Przewalskis Zeit glaubte die
Wissenschaft beinah schon, alle wichtigen Arten aufgespürt und beschrieben zu haben; kleinere Lücken mochte es wohl noch geben.
Aber Biologen waren bereits prall vor Stolz, wenn ein Schwanzlurch oder eine Prachtlibelle ihren Namen erhielt, und wenn dahinter der unscheinbare Zusatz »*sp. nov.*« stand, *species nova*. Und
dann kommt einer und entdeckt ein Pferd. Doch selbst er findet
es nur durch Zufall. Um der Wahrheit die Ehre zu geben: Es findet ihn. Vielleicht erzählen die *Tachi* sich die Saga ja ganz anders –
dass sie nichts unversucht gelassen hätten, um auf sich aufmerksam
zu machen. So spannend der Hergang ihrer Entdeckung sich auch
liest, noch spannender ist, wer sie alles übersehen hat. *Whodidntdoit*. Die einen hatten es zu eilig, die anderen wählten eine ungeeignete Route, wieder andere fühlten sich nicht zuständig. In einigen
Fällen bleiben die Aussetzer unerklärlich; Brehm und Finsch etwa
standen direkt davor und sahen sie dennoch nicht. Bei vielen aber
lag es daran, dass sie es besser zu wissen glaubten. Sie wollten einfach nicht wahrhaben, dass die Erde doch noch wilde Pferde trug.

Nehmen wir an, eines jener Bücher, die mit Galdan Tsereng auf hundert Kamelen durch die Steppe zogen, wäre das Gästebuch der dsungarischen Gobi gewesen. Ein prächtiger Kodex, der Einband aus tachigelbem Wildleder, mit glänzenden Beschlägen und Goldschnitt auf allen drei Kanten. Hätte jeder Besucher, jede Besucherin, gleich ob aus dem Fernen Westen oder Fernen Osten, sich darin verewigt, so verfügten wir heutigentags über eine stolze Chronik. Womöglich haben sie auch vermerkt, ob ihnen unterwegs etwas über die Wildpferde zu Ohren kam? Oder ob sie ihrer gar ansichtig wurden?

Die dsungarische Gobi liegt ungefähr zur Hälfte im Südwesten der heutigen Mongolei und im Nordwesten Chinas, auch die östlichen Grenzgebiete Kasachstans zählen dazu. Die ersten Seiten des Gästebuches sind bedauerlicherweise nicht erhalten geblieben; möglich, dass schon versprengte Fußtruppen aus dem Gefolge Alexanders oder aus jener obskuren römischen Legion sich darin eingetragen haben. Wilhelm von Rubruk zierte sich, als man ihm das Register vorlegte. Er sei schließlich inkognito unterwegs und wolle dann ja ein eigenes Buch über seine »Reise in das Innere Asiens« schreiben. Anders als die Tarpane erwähnt er die *Tachi* darin nicht, sei es, weil er etwas südlich ihres Verbreitungsgebietes dahinzog, sei es, weil er zu sehr damit beschäftigt war, Ausschau nach den schlesischen Bergleuten zu halten. Stattdessen verweist er auf den armenischen König Hetum I., auch Hayton genannt, dem der Vortritt gebühre. Ihn und seinen Bruder Smbat hat er in Karakorum knapp verpasst, als sie dem Großchan Tribut zollten. Tatsächlich berichtet deren Hofchronist dann von wilden, gelb und schwarz gefärbten Pferden, von wilden Mauleseln (Kulanen) und von wilden Kamelen in der Gobi. Die Dreifaltigkeit der dsungarischen Huftiere erscheint hier das erste Mal.

Von Marco Polo dagegen fehlt im Gästebuch jede Spur, was dessen Behauptungen einmal mehr suspekt macht. Dafür verdankt sich dann einem bayrischen Marco Polo das nächste Lebenszeichen der *Tachi*. Johannes Schiltberger ist 1396 als Knappe zunächst in türkische, dann in mongolische Gefangenschaft geraten und hat im Gefolge Timurs gedient. Dreißig Jahre später schreibt er nieder, was ihm widerfahren ist, »nachdem ich von Bayern losgezogen«. Er weiß zu berichten, dass der Großchan jeden Morgen Stutenmilch aus einer goldenen Schale trinkt, er überliefert als erster westlicher Reisender den Namen »Sibirien«, und er erwähnt auch unsere Helden: »Der Herrscher dieses Landes (Sibirien) schickte dem Obmann wilde Pferde, die man im Gebirge (im Altai) gefangen hatte. Sie haben etwa die Größe von Eseln. Es gibt noch vielerlei Tiere, die man in Deutschland nicht kennt.«

Dies sollte auch noch lange so bleiben. Wobei auffällt, dass die *Tachi* von Beginn an den Vergleich mit Eseln evozieren; die Parallelen sollten noch allerhand Verwirrung stiften. Auch machen die Einheimischen zuweilen keinen Unterschied zwischen wilden und verwilderten Pferden. Und selbst wenn sie ihn machen, so geht er in der vielgliedrigen Übersetzungskette schnell verloren. Humboldts Begleiter Ehrenberg etwa beklagt, dass »jede Sache viermal übersetzt werden mußte, aus dem Französischen ins Russische, aus dem Russischen ins Mongolische, und aus diesem ins Chinesische«. Und wieder zurück, und im Kopf dann noch ins Deutsche. Was freilich immer noch eine Abkürzung im Vergleich zu Aristeas darstellt, der, Herodot zufolge, auf seiner Reise zu den Skythen und Issedonen sieben Dolmetscher hintereinanderschalten musste.

1720 begleitet John Bell den russischen Botschafter von Sankt Petersburg nach Peking, um als Arzt an der dortigen Gesandtschaft zu wirken. Der Schotte bewältigt die gesamte Strecke hin und zurück im Sattel. Später schreibt er seine Reiseerlebnisse nieder. Dabei berichtet er auch von Wildpferden am Nordrand des Altai. Anders als hie und da zu lesen steht, hat er sie jedoch selbst nicht gesehen, sondern nur in Tomsk davon gehört. »Es gibt dort zahlreiche wilde, fuchsbraune Pferde. Auch wenn sie schon als Fohlen gefangen werden, lassen sie sich nicht zähmen. Es sind die wachsamsten Wesen überhaupt. Die Kalmücken erlegen sie mit Speeren.«

Gut zwei Jahrzehnte später sichtet der britische Handelsreisende Jonas Hanway Wildpferde am Aralsee. Beide Berichte stammen aus der Ära Galdan Tserengs, der vorerst letzten Glanzzeit der Dsungarei. Damals haben vermutlich Gustaf Renat und Brigitta Scherzenfeldt das Gästebuch geführt. Ob sie es auch den chinesischen Gefangenen der Dsungaren vorgelegt haben? Jedenfalls übernehmen sie deren Landkarten, die dann als Grundlage für jene beiden Karten dienen, die der notorische Schatzsucher August Strindberg anderthalb Jahrhunderte später zutage fördert. Darauf erstreckt sich das Reich der Dsungaren vom Balchaschsee bis zum Lob Nor und vom Pamir bis zum Altai. Ein Gebiet von fast der Größe der heutigen Mongolei. Es handelt sich um ausgesprochen nützliche Karten, enthalten sie doch verheißungsvolle Hinweise. »Hier ist Gold zu finden«, heißt es da etwa. Auch zahlreiche Relaisstationen des mongolischen Postwesens sind verzeichnet, so dass man sich getrost auf die Reise machen könnte, Trinkwasser, frische Pferde und eine Gästejurte wären dort verfügbar. Auch zu Flora und Fauna finden sich einige Angaben: »In diesem Auwald leben Wildkamele.« Nur leider nichts über die wachsamsten Wesen überhaupt.

Bis ins 18. Jahrhundert hinein sind jesuitische Missionare in China tätig, einige zugleich auch als Wissenschaftler oder Künstler am Kaiserhof. Ihr Ordensbruder Jean-Baptiste Du Halde trägt ihre Schriften, Briefe und Berichte zu einem Wunderwerk des Wissens zusammen, ohne dass er selbst Paris dabei je verlässt. 1735 kommt seine *Ausführliche Beschreibung des Chinesischen Reichs und der grossen Tartarey* heraus. Was die Tierwelt der Letzteren angeht, führt sie das Wildkamel ebenso auf wie den Kulan alias Dschiggetai, hier in der französischen Variante Tchiktey. In einer Fußnote zu einem umfangreichen Kulan-Artikel hat der Zoologe Arnd Schreiber dankenswerterweise darauf hingewiesen, dass dort auch Wildpferde Erwähnung finden. Eine kostbare Ausgrabung, verschüttet unter Textmassen, die über fast drei Jahrhunderte hinweg niemand hinreichend zu durchdringen vermochte. Einige der Jesuiten waren selbst in die Dsungarei gereist, ansonsten stützte sich ihr Wissen auf chinesische Quellen, die ihre Kenntnisse wiederum von den mehr und mehr unter chinesische Herrschaft geratenden Mongolen bezogen. Anders als Generationen westlicher Gelehrter verwechselten sie Wildesel und Wildpferd deshalb nicht. Du Halde führt sie säuberlich getrennt voneinander auf, nur leider viel zu kurz. Aber schlagend, charakterisiert er die *Tachi* doch durch jene bezeichnende, über Jahrtausende hinweg immer wieder hervorbrechende Passion: den Stutenraub. »Die wilden Pferde lassen sich truppweise sehen; und wenn sie auf zahme Pferde stoßen, so ziehen sie sie mit sich fort, indem sie sie in ihre Mitte nehmen und von allen Seiten bedrängen.« In der Tat sind diese Verschleppungen ein zuverlässiges Unterscheidungsmerkmal – Kulane würden nicht mit Hauspferden anbandeln. Deshalb haben sie mit Müh und Not überlebt, während die übergriffigen Wildpferde ausgerottet worden sind, Märtyrer ihres unbezähmbaren Eros.

Mit dieser Verhaltensauffälligkeit sorgten die *Tachi* immer wieder für Schlagzeilen, zuletzt im Wissenschaftsmagazin *science* in der Ausgabe vom 22. Februar 2018. Der betreffende Beitrag widmet sich den Siedlungen der Botai-Kultur in der Kasachensteppe, wo Pferdeknochen in kaum glaublicher Zahl gefunden worden sind. Doch ob diese Tiere wild oder bereits domestiziert waren, ob sie im Einzelnen gejagt oder gezüchtet worden sind, lässt sich anhand der Knochen nicht erkennen. Dennoch sah man Botai, wie im Kapitel über das Kontinuum beschrieben, bis vor Kurzem als den Urknall der Zähmung an. Das Kontinuum meint einmal den Lebensraum der Steppe als den nahtlosen Zusammenhang zweier Kontinente und zahlloser Kulturen. Doch es meint auch die allmähliche

Haustierwerdung etlicher Arten, den gleitenden Übergang von Wild- zu Nutzformen, deren Grenzen so unscharf sind wie die zwischen Asien und Europa. Bei Pferden mögen uns die Unterschiede heute eindeutig scheinen, erst recht bei Wolf und Hund. Doch schon bei Rentieren, Yaks oder Wasserbüffeln sind sie äußerlich und selbst genetisch kaum bestimmbar, obwohl auch diese Huftiere seit etlichen Tausend Jahren domestiziert worden sind. Sie gelten denn auch in menschlicher Obhut noch als halbwild, und umgekehrt die kümmerlichen, erblich verarmten Restbestände in freier Wildbahn als halbzahm, auch weil es bei ihrer frei umherschweifenden Lebensweise und dem Fehlen von Ställen, Zäunen oder Mauern zwangsläufig immer wieder zu Durchmischungen kommt. Wobei die Wildheit generell häufig, die Zahmheit dagegen fast nie infrage gestellt wird.

Die besagte Studie verglich nun das Erbgut der in Botai gefundenen Tiere sowohl mit dem von Przewalskipferden als auch mit dem von domestizierten Pferden verschiedener Zeitalter. Sie kam zu dem Ergebnis, dass die Pferde von Botai den *Tachi* vorangingen, und dass es sich bei Letzteren um Abkömmlinge handelte, die bereits vorübergehend domestiziert waren und danach wieder verwilderten. Während diese beiden Gruppen noch auf einer Linie lägen, seien sie ihrerseits allenfalls ganz entfernt mit später domestizierten Pferden verwandt. Deren Erbgut müsse sich also aus gänzlich anderen Quellen speisen.

Der Artikel sorgte für reichlich Diskussion. Die Freunde der *Tachi* sahen ihre Schützlinge degradiert. Von Verunreinigungen, von Beimischungen war die Rede. Ihre kostbaren Gene, hieß es, seien kontaminiert. Ihre edle Wildheit wurde in Zweifel gezogen! Nun sind solche Statusfragen so alt wie die *Tachi*, oder zumindest so alt wie ihre Einstufung durch die westliche Gelehrtenwelt. Diese leidigen Rückkopplungen im Stammbaum sind, neben der sporadischen Ein- oder Auskreuzung durch Menschen, vor allem ihrer notorischen Heißblütigkeit geschuldet. Wenn sie ihrer habhaft werden, kapern wilde Hengste zahme Stuten und deren Fohlen. Sollte ein zahmer Hengst sich schützend vor seine Herde stellen, wird er niedergemacht. Schon vor dreihundert Jahren sprach sich diese Unsitte bis nach Paris herum. Der zweifelhafte Ruf der *Tachi* eilte also ihrer Entdeckung im Westen weit voraus.

Sollte die These einer frühen Domestikation dort zutreffen, dürften sich auch rund um Botai derartige Szenen abgespielt haben. Nur dass die Gene solch dramaturgische Feinheiten nicht speichern. Doch umgekehrt wird ein Hufeisen daraus: Die *Tachi* sind nicht etwa in Gefangenschaft verwahrlost und haben sich dann mit eingeklemmtem Schweif davongemacht, sondern sie haben unterjochte Artgenossinnen wieder und wieder heldenmütig befreit und deren entschiedene Dedomestikation betrieben. Ja, sie haben sich vermischt, doch aus freien Stücken und mit den besten Absichten. Mindert das etwa ihre Wildpferdnatur? Wer wollte ihnen vorschreiben, sie hätten Rassefanatiker zu sein? Die Menschen haben ihnen die Stuten in der offenen Steppe ja regelrecht aufgenötigt.

Auch ein anderer Befund stiftete Verwirrung. Die Erbfaktoren eines der untersuchten Tiere legen nahe, dass es ein Tigerschecke gewesen ist, eine jener Varianten, deren helles Fell von dunklen Sommersprossen übersät ist. Irgendjemand kam dann auf die Idee, dies könne die vorherrschende Färbung der Wildpferde gewesen sein, woraufhin in manchen Medienberichten ganze Herden schwarzweiß gesprenkelter Rosse durch die Steppe donnerten. Sie sahen Pippi Langstrumpfs »Kleinem Onkel« zum Verwechseln ähnlich. Zwar findet sich das für eine solche Scheckung verantwortliche Gen vereinzelt auch schon bei eiszeitlichen Wildpferden, ob es dann aber auch im Exterieur durchgeschlagen hat, lässt sich nicht sagen. Da diese Mutation jedoch häufiger mit Taubheit, Blindheit oder Nachtblindheit einhergeht, dürfte sie immer die Ausnahme geblieben sein. Erst bei den Hauspferden, die den drakonischen Gesetzen der natürlichen Auslese nicht länger unterworfen sind, dafür aber den nicht minder drakonischen der züchterischen Auslese, erst dort begegnet sie in größerer Zahl, bei Norikern, Knabstruppern und Appaloosas etwa. Bei Przewalskipferden tritt sie dagegen nicht auf. Sie stellt mithin kein bestimmendes Merkmal der Wildform dar, vielmehr einen starken Hinweis auf eine gezielte, gewaltsame Zucht mit einem engen genetischen Flaschenhals, also wenigen Individuen in menschlicher Obhut, was in Botai wie auch in späteren Laboratorien der Domestikation der Fall gewesen sein dürfte. Jeder Dackelzüchter weiß, dass man eine Tigerscheckung am ehesten bei harter Inzucht über mehrere Generationen erzielt, was im Fachjargon als »enge Linienführung« schöngeredet wird. So kommen die Tigerteckel zustande. Bei Wölfen kann man lange danach suchen.

Der Artikel wie auch die Kontroverse darüber sind auf der Homepage von *science* dokumentiert. Er kann als ein bezeichnendes Beispiel für die Realität wissenschaftlichen Schreibens heute dienen. Es ist ein kompakter Beitrag ohne viel Brimborium. Sieht man von zehn Seiten Fußnoten und Anhang ab, bleiben zwei Seiten schierer Text. Knapp fünfzig Autorinnen und Autoren zeichnen für seine knapp siebzig Sätze verantwortlich. Im Schnitt hat jeder anderthalb Sätze beigesteuert; gewiss eine sehr effiziente Form der Produktivität. Doch alle werden sie diesen Artikel in ihren Publikationslisten führen. Das vorliegende Buch etwa böte Platz für sechstausend solcher »Autoren«. Mehr denn je sind Zahlen und Figuren heute Schlüssel aller Kreaturen. So erhält man neue Zahlenkombinationen, doch keine neue Erzählung. Die *Tachi* zeigten sich wenig beeindruckt. Macht nur so weiter, raunzten sie auf ihre sphinxhafte Art. Dann stapften sie zurück zu ihren Weidegründen.

Prompt versetzte dann im April 2021 ein Beitrag in *nature* der Begeisterung für Botai einen schweren Dämpfer, indem er die Indizien für eine Domestikation der Reihe nach untersuchte und jeweils andere, plausiblere Deutungen dafür anbot. Die – ohnehin nur schwach und ganz vereinzelt festgestellten – Abnutzungsspuren treten auch bei wildlebenden Tieren auf. Bei den vermeintlichen Milchrückständen an den Tonscherben dürfte es sich um Reste normalen Pferdefetts handeln, zumal in den menschlichen Gebeinen und Gebissen, anders als bei späteren Fundorten, Milch nicht als Bestandteil der Ernährung nachgewiesen werden konnte. Die Autoren erklären Botai schlüssig als einen der typischen Schlacht- und Lagerplätze von Pferdejägern, wie sie in Eurasien vom Neolithikum bis zur Bronzezeit überliefert sind, beispielsweise auch aus dem Rheintal. Die Menschen von Botai betrieben diese Jagd im großen Stil und waren dabei bemerkenswert erfolgreich – doch ohne selbst beritten gewesen zu sein.

Auch diese Analyse wird nicht das letzte Wort zum Thema bleiben. Doch es scheint, als müssten die Szenarien über die Bezähmung des Pferdes wieder konservativer gezeichnet werden, also nicht noch weiter zurück-, sondern fürs Erste wieder auf gesicherte Befunde vorverlegt werden. Nicht auf sechstausend Jahre, worauf die Überlegungen seit der Entdeckung Botais zielten, sondern nur auf gut viertausend. Damit einher geht eine Rückverlagerung des mutmaßlichen Hauptschauplatzes der Domestikation nach Westen, Richtung Kaukasus und Schwarzmeersenke. Die Vermischung von Erbgut in Botai wäre damit ebenfalls hinfällig, die dort angeblich domestizierten Pferde hätten sich als Geisterherde erwiesen. Stattdessen handelte es sich um nicht mehr und nicht weniger als eine regionale Spielart der Przewalskipferde, die zu dieser Zeit noch in sensationell großer Zahl durch die Steppe streiften, und die sich damals wie heute als unbezähmbar erwiesen hätten.

I n Russland herrscht bis 1725 noch Peter der Große. Er liebt Kuriositäten, Monstrositäten, Absurditäten, und lässt seine Kunst- und Wunderkammer mit Trouvaillen aus allen Winkeln des Reiches bestücken. Hierfür weist er Kaufleute, Priester, Reisende und Militärs an, »alles zu sammeln, was sehr alt und ungewöhnlich aussieht«. Parallel wächst die »Sibirische Sammlung« der Eremitage. Aus jenen Jahren stammen die ersten Funde aus »Tartarengräbern« – das legendäre Skythengold. Doch nur wenige Stücke gelangen bis Sankt Petersburg, die meisten werden kurzerhand an Ort und Stelle eingeschmolzen. Zornig erlässt der Zar einen Ukas gegen Grabräuber, die sich weniger aus der einheimischen Bevölkerung rekrutieren als aus den nun verstärkt vordringenden russischen Kolonisten. Aber schon Mitte des 18. Jahrhunderts sind kaum noch Raubgräber aktiv, nicht etwa wegen des Dekretes, sondern weil schon alles ausgeräumt ist. Ein Bericht vom Nordrand des Altai bezeugt um 1730 noch reges Interesse an den Kurganen, jenen antiken Totenhügeln, »die wegen der in denselben liegenden Habseligkeiten« aufgegraben werden. Die sterblichen Überreste sind auf »damastene Gewänder in vielen Lagen« gebettet, geschmückt mit »Gold-, Silber- und Kupfersachen, die sie an Hals und Armen sowie im Kopfputz und als Ohrringe trugen«. So mancher Skythenkessel findet zwei Jahrtausende später wieder Verwendung, und auch Pferdegeschirr und Steigbügel sind bisweilen so gut erhalten, dass man sie weiter nutzen kann. Ein hochstehender Krieger trug eine schimmernde Wehr aus dünnen Plättchen, die, eingeschmolzen, gut sechzehn Kilo pures Gold erbrachten. Dafür würden die Ausgräber auch heute noch über achthunderttausend Euro einstreichen. Der kulturelle Wert ist nicht zu beziffern. In ganz Kasachstan etwa sind bislang nur drei solcher »Goldmänner« aus der Zeit vor knapp dreitausend Jahren gefunden worden; sie gelten als Nationalheiligtümer.

Im 18. Jahrhundert expandiert Russland mit Macht. Zum einen immer weiter nach Osten, durch ganz Sibirien bis nach Alaska. Zum anderen nach Süden, in die Gefilde nördlich des Schwarzen und des Kaspischen Meeres, und dann weiter in die Große Tartarei hinein. Der Aneignung immer neuer Territorien folgt deren Erkundung auf dem Fuß. Auffallend viele dieser Forschungsreisenden tragen echt russische Namen wie Bunge, Sievers, Müller, Maack, Klementz, Bretschneider, Schleusing, Neumann, Adams, Strahlenberg, Ranft, Radloff, Regel, Radde, Gmelin, Henning, Gertner, Fischer, Fritsche, Karutz, Reichardt, Göbel, Pander, Poppe, Schulman, Merzbacher, Heidenreich, Busse, Grube, Schmidt, von Baer, von Schrenk, von Glehn, von Mayendorff, von Middendorff, von Wrangel, von Oldenburg, von Engelhardt, von Struve, von Toll und von Ewersmann. Etliche haben in Halle studiert, darunter Messerschmidt, Blumentrost, Pallas und Forster. Anfangs werden sie direkt aus Deutschland angeworben, später finden sich auch immer mehr Russlanddeutsche unter ihnen, Nachfahren der frühen Kolonisten, dazu viele Baltendeutsche.

1826 unternimmt Carl Anton von Meyer, der spätere Direktor des Botanischen Gartens zu Sankt Petersburg, eine Expedition in den chinesischen Teil der Dsungarei. Vom russischen Grenzposten Baty aus, auf einer Insel im Irtysch gelegen, gelangt er flussaufwärts bis zum Saissansee, wo er die Vorberge des Altai und der südlich sich anschließenden Gebirge durchstreift. Auch er sieht die *Tachi* nicht mit eigenen Augen, doch seine Gastgeber schildern sie ihm plastisch: »Sie (die Kirgisen) verfolgen die wilden Pferde, die sie nach den Stellen, wo der Schnee sehr tief liegt, hintreiben und dort erlegen.« Insgesamt scheinen diese Jäger bedenklich erfolgreich zu sein, »das Wild ist schon sehr ausgerottet«. In ebendieser Region wird Przewalski zwei Generationen später das ominöse Fell aufgabeln.

Drei Jahre nach Meyer begibt sich der damals bereits weltberühmte Alexander von Humboldt im Auftrag der russischen Regierung auf eine Erkundungsreise durch den Ural. Der Mineraloge Gustav Rose und der Biologe Christian Gottfried Ehrenberg begleiten ihn. Auf der Hinreise besuchen sie in Sankt Petersburg auch Meyers Wirkungsstätte, den Botanischen Garten, und natürlich ihre Geldgeber. Angeführt vom Finanzminister, erhoffen diese sich vor allem die Entdeckung neuer Bodenschätze: Gold, Erze, Diamanten.

Doch der im sechsten Lebensjahrzehnt stehende Universalgelehrte verfolgt eigene Pläne und erfüllt sich seinerseits einen Traum, war es doch »ein heißer Wunsch meiner Jugend, zugleich den Amazonen-Strom und den Irtysch gesehen zu haben«. Und so absolvieren sie den Ural im Eiltempo, um ihre Auftraggeber dann mit »einer kleinen Erweiterung unserer Reisepläne« vor vollendete Tatsachen zu stellen: Sie wollen noch gut zweitausend Kilometer weiter nach Südosten vorstoßen, bis zum Altai. »Ich kann dem Drang nicht widerstehen«, bekennt Humboldt, ganz Vollblutreisender, und macht sich daran, einen seiner Mythen einzuholen. Der Ural ist diesem Liebhaber der Hochgebirge schlicht zu niedrig, auch zu prosaisch. Denn obwohl er nominell die Grenze zwischen Europa und Asien bildet, hat er »einiges Ansehen der Tegelschen Heide«. Auch jenseits davon bleibt die Landschaft schal und stumpfsinnig: »Ganz Sibirien ist eine Fortsetzung unserer Hasenheide«, seufzt er. »Der arme Ehrenberg klagt noch immer über die Berlinische Vegetation, die wir nicht abstreifen können. Unter dreihundert Pflanzen kaum vierzig sibirische.« Der Altai hingegen ragt viereinhalbtausend Meter auf. Dort warten Geheimnis, Glanz und Exotik. Sowie die Gelegenheit, mit einer gänzlich anderen Welt in Berührung zu kommen, mit China.

Zwei Dezennien zuvor war Humboldt drauf und dran gewesen, eine Reise nach Kaschgar und Tibet anzutreten, die sich dann jedoch zerschlug. Nun sieht er seine Stunde gekommen. In unnachahmlichem Understatement deklariert er die Fahrt als »eine ziemlich unwichtige Sommerreise«. Eine bessere Landpartie in drei Kutschen, vom Schlösschen am Tegeler See in Richtung Kaulsdorf und dann immer geradeaus bis nach China … Acht Monate sind sie unterwegs; ein Kraftakt sondergleichen. Dabei machen sie an über sechshundert Relaisstationen halt und lassen mehr als zwölftausend Pferde vorspannen. Doch sie verlieren kaum ein Wort über die Strapazen, was zählt, ist einzig die Bereicherung des Weltwissens. »Wer von einer echten Liebe zum Naturstudium beseelt ist, kann durch nichts entmutigt werden.«

Als wären die Häscher des Zaren hinter ihnen her, bewältigen sie die gewaltige Strecke vom Ural zum Altai in nur zwei Wochen. Ein weiterer Beweis für die Leistungsfähigkeit des russischen Transportwesens jener Zeit, das sich auf viele Tausende von Posthaltereien gründet, auf die verlässliche Zuarbeit von Hilfskräften, vor allem aber auf den uralten Sachverstand der Steppenvölker Südrusslands und der Großen Tartarei. Wenn sie nicht sogar die Nacht über durchfahren, kampieren die drei oft unterwegs oder funktionieren ihre Kutschen zu Wohnmobilen um. Der Mücken erwehren sie sich mit Masken aus Pferdehaar.

Bis in die hintersten Landstädte ist der Ruf des berühmten Reisenden gedrungen. Alexander der Größte. Nur dass er hier allgemein als Gumboldt firmiert, da die russische Sprache kein ›H‹ kennt. (Totalausfall bei *Stadt, Land, Fluss.*) Noch auf den entlegensten Etappen halten sie dabei Verbindung zur Welt. Die Post nach Deutschland ist nur sechs Wochen unterwegs, umgekehrt bekommen sie Berliner Zeitungen bis in die Pampa nachgeschickt, »langweilige Beschreibungen von Hoffesten, kranken Ministern«.

Humboldt verewigt sich schließlich nicht nur im immerwährenden dsungarischen Gästebuch, sondern auch in dem des Landeskundlichen Museums zu Barnaul, »zum schwachen Beweise der Dankbarkeit für die angenehmen und lehrreichen Stunden geistreichen Umgangs«. Weit mehr noch befriedigt ihn die Einstellung eines persönlichen Rekordes, befindet er sich doch jetzt »so weit im Osten als Caracas im Westen von Berlin!« Doch diesmal hat er die gesamte Strecke auf dem Landweg zurückgelegt, mithilfe tierischer Muskelkraft. Der Irtysch und der Amazonen-Strom, sie fließen ineinander. In wenigen Tagen soll ein weiterer Traum in Erfüllung gehen: »Wir werden das Himmlische Reich berühren. Man erinnert sich eines solchen Erlebnisses für den Rest des Lebens.«

Sie kutschieren westlich des Altai entlang und unternehmen Abstecher ins Gebirge hinein, etwa in die Bergwerksstadt Ridder. Von dort geht es in zweiundzwanzigstündiger Fahrt nach Ust-Kamenogorsk, eine der vielen Grenzfestungen. Auch solche Gewalttouren sind nicht der Rede wert, Ehrenberg notiert lediglich lakonisch: »Ankunft am Morgen um vier Uhr. Aufenthalt daselbst.« Anschließend ziehen sie den Irtysch aufwärts bis zu einem »chinesischen Pikett (Vorposten) in der Dsungarei«. Es ist die gleiche Grenzstation nördlich des Saissansees, die Meyer drei Jahre zuvor besucht hat. Hier kommt es zu einer symbolträchtigen Begegnung zweier Welten. Der Befehlshaber, ein gebildeter Beamter namens Tsching Fu, empfängt sie »in Seide gekleidet, mit einer hübschen Pfauenfeder auf der Mütze«. Er lädt sie in seine Jurte zum Tee, den die Chinesen, wie der große Weltenkundler erstaunt feststellt, »ohne Milch und Zucker« trinken. Ihr Gastgeber erklärt dies damit, dass sie »einen uralten Ekel für Milch, Butter und Käse« hätten. Dem großen Gelehrten aber will dieses »wundersame Faktum« nicht einleuchten, werden doch auch die Chinesen »alle von Muttermilch genährt«. Der Kommandant ist erst vor wenigen Tagen aus Peking eingetroffen, nach viermonatiger Dienstreise im Sattel. Als Humboldt ihn um einige Bücher für seinen Bruder Wilhelm bittet, der sich mit der chinesischen Sprache beschäftige, bekommt er *Die Geschichte der drei Reiche* geschenkt, einen der klassischen Romane. Humboldt revanchiert sich mit Gegengaben, unter denen der Bleistift besonders reüssiert, denn ein solches Utensil ist in China unbekannt. Damit schreibt der Statthalter ihm auf Chinesisch und Mandschurisch eine Widmung in die Bücher.

Ein Teil der »kalmückischen«, also westmongolischen Wachmannschaft stammt aus der Garnison in Chowd, damals noch Kobdo geheißen. Ach, hätten die Gäste doch etwas naturkundliche Konversation mit ihnen betrieben. Aber sie haben noch etwas vor und ziehen weiter, bis sie außer Sichtweite sind. Sie wollen nicht

als Spione verdächtigt werden, wenn sie die astronomische Ortsbestimmung dieses östlichen Poles ihrer Reise vornehmen. Befriedigt stellen sie fest, dass sie »einen ganz centralen Punkt Asiens« erreicht haben, auf dem gleichen Meridian wie Benares. Hätten sie
stattdessen mit den Wachsoldaten geplaudert, oder wären sie etwas tiefer in die Steppe hinein vorgestoßen, so hätten wohl auch
sie Kunde von den *Tachi* nach Europa gebracht, vielleicht sogar das
Fell eines solchen Tieres, und das Przewalskipferd hieße womöglich
Humboldtpferd. So aber entführt der große Forscher nur ein Mur-
meltier aus dem Altai, das fortan die königliche Menagerie auf der
Pfaueninsel bereichert.

Der »arme Ehrenberg« blüht auf. Allein diese Stippvisite in der
Mongolei beschert ihm dreiunddreißig neue Pflanzenarten. Sichtlich befriedigt verzeichnet er sie unter »Steppenflor«. Zurück in
Ust-Kamenogorsk, erhält er vom Schicksal eine zweite Chance. Es
ist, als würden die *Tachi* aus den Tiefen der Dsungarei heraus noch
einmal diesen inständigen Blick schicken. Doch er fängt ihn nicht
auf. In einer Umzäunung werden ihm zwei Yaks präsentiert. Die
Russen nennen sie »Steppenkühe« und geben an, sie jenseits des
Saissansees gefangen zu haben. Ehrenberg, Spezialist für Kleinst-
lebewesen und später der Doktorvater Ernst Haeckels, hält sie für
domestizierte Yaks, da er vom Fortbestehen der Wildform schlicht
nichts ahnt. Die wird erst 1883 von einem gewissen Przewalski beschrieben werden. Ach, wäre er doch der Geschichte dieser seltsa-
men Grunzochsen etwas weiter nachgegangen. Hausyaks hätte man
nicht zu fangen brauchen. Von den Steppenkühen wäre es dann nur
mehr ein kleiner gedanklicher Schritt zu den Steppenpferden gewesen. Doch die rasenden Gelehrten müssen weiter. Der Winter naht,
außerdem hegt Herr von Humboldt insgeheim noch weitreichen-
dere Pläne. Und bis Tegel ist es dann ja auch noch ein Stück.

Sie erreichen Semipalatinsk, kasachisch Semei genannt. Erschien
ihnen der Irtysch bei Baty noch »schmaler als die Spree im Thiergar-

ten«, so zeigt er sich hier immerhin schon »ansehnlich breit wie die Elbe bei Wittenberg«. Die befestigte Stadt dient als Drehscheibe für den Handel mit China, auch aus Taschkent kommen Karawanen, ja bis aus Kaschmir. Humboldt hält ihre Reiserouten so detailliert fest, dass man noch heute nach seinen Aufzeichnungen navigieren könnte. Zur Überprüfung zieht er chinesische Atlanten heran. Er hat eine hohe Meinung von den dortigen Geographen, »die in ihren Ortsbeschreibungen stets genau sind«.

Nachdem sie unterwegs schon mehrfach Saiga-Antilopen gesichtet haben, erstehen sie nun noch das Fell eines Sibirischen Tigers und eines Schneeleoparden. Letzteres befindet sich bis heute im Berliner Museum für Naturkunde, versehen mit dem Etikett: »gekauft, Semipalatna, 3 Schuh und 8 Zoll lang, der Schwanz 3 Zoll«. Ehrenberg wird später einen Aufsatz über beide Spezies verfassen und etliche Irrtümer aufklären, die sich seit Linné und Buffon in die Naturgeschichtsschreibung eingeschlichen hatten. Bis dahin hat man in Europa nicht glauben wollen, dass Raubkatzen in derart nördlichen und kalten Gefilden vorkommen könnten, man hielt sie für bengalische Irrläufer. Die Dsungarei birgt eben immer noch vielerlei Tiere, die man in Deutschland nicht kennt. Auch wenn unter den von ihnen beobachteten »zoologischen Merkwürdigkeiten« keine Wildpferde sind – dass die Vorfahren des Hauspferdes »aus den kalten, dürren Ebenen Hochasiens stammen«, scheint Humboldt ausgemachte Sache. Und gestützt auf chinesische Quellen, prophezeit sein Berliner Kollege Carl Ritter schon damals: »Wenn irgendwo, ist hier (in der dsungarischen Gobi) noch die Heimat der Kamele und Pferde in ihrem wilden Zustande.« Angesichts der Ignoranz vieler späterer Gelehrter kann seine Ferndiagnose gar nicht hoch genug gerühmt werden.

Hinter Orenburg erleben die Gefährten dann auch die dortige Spielart eines *Naadam* mit: »Tatarenfest, Wettlauf der Pferde, Ringen und Musik«. Orenburg liegt, wie fast zwei Drittel der gesamten

Reise, weitab der vereinbarten Route. Doch der illustre Humboldt, dieser geographische Gourmet, will noch von einer anderen Delikatesse kosten. Außerdem hat er schlichtweg keine Lust, schon jetzt ins fade Berlin zurückzukehren. Ist er nicht vielmehr dazu berufen, »das Naturgemälde des Kontinents zu entwerfen«? Nun, da er sich endlich inmitten der größten Landmasse der Erde befindet, und nicht mehr bloß im abseitigen Europa, das doch »nur eine peninsulare Fortsetzung von Asien« darstellt. Was ihn als Forscher auszeichnet, sind nicht allein seine überwältigende Belesenheit, seine philosophische Kraft oder seine geschmeidige Sprache. Es ist der Stil, in dem er reist, und die Begeisterung, mit der er alles beschaut. Es ist sein unstillbarer Weltenhunger. In diesem Sinne empfahl Darwin seinen Schülern später zur Vorbereitung auf Südamerika: »Studieren Sie Spanisch, Französisch, Zeichnen und Humboldt.«

Ursprünglich sollte die Rückreise von Omsk stracks gen Westen bis nach Moskau führen. Stattdessen schwenken sie nach Südwesten ab und unternehmen den zweiten großen Schlenker, etwa entlang der Grenze zum heutigen Kasachstan. Oh, natürlich handelt es sich abermals nur um eine unbedeutende Anpassung ihrer Reisepläne, keine zweitausend Kilometer. Einmal mehr kann Humboldt dem Drang nicht widerstehen. Noch von Ust-Kamenogorsk aus hat der große Schlawiner seine Auftraggeber brieflich umgarnt, wohl wissend, dass er, bis ihr Entscheid ihn erreichte, so oder so in Astrachan sein würde: »Ich kann mich nicht an Ihrem Reiche sättigen, nicht sterben, ohne das Caspische Meer gesehen zu haben!«

Trotz dieser Eskapaden kann Humboldt dem russischen Finanzminister am Ende ein Drittel des Reisebudgets zurückerstatten. Bis heute beeindruckt dieser souveräne Ausdruck preußischer Korrektheit die Russen mehr als all seine naturkundlichen Leistungen.

Auch auf dieser kühnen Diagonale zum Kaspischen Meer hin hätten sie noch einmal die Fährte der Wildpferde kreuzen können. Denn zwischen den Verbreitungsgebieten der Tarpane und der *Tachi* lebt damals noch eine weitere Unterart, vielleicht sogar mehrere. Von ihren Vorfahren dürften alle Hauspferde der Erde abstammen, denn irgendwo in diesen Weiten hat einst der Prozess der Domestikation begonnen. Es ist unverzeihlich, dass sich damals niemand der Mühe unterzieht, das Leben dieser Wildpferde zu dokumentieren. Von durchreisenden Gelehrten, und hießen sie auch Humboldt, wird kaum jemand ernsthaft Aufklärung erwarten. Und doch hätte wieder nicht viel gefehlt. Hinter Astrachan, etwa auf der Höhe von Sarai, der einstigen Hauptstadt der Goldenen Horde, werden die drei Fernfahrer vom Stammesoberhaupt der Wolga-Kalmücken empfangen. Dabei handelt es sich um die Nachkommen dsungarischer Mongolen, die im 17. Jahrhundert bis in den europäischen Teil Russlands abgewandert sind. Wenn jemand den Gästen etwas über wilde Pferde erzählen könnte, dann sie. Doch der Abend ist kurz, die Übersetzung mühsam, niemand bringt die Frage auf. Und so bleibt auch die Antwort aus.

Die *Tachi* müssen neue Strategien entwickeln, um Aufmerksamkeit zu heischen. Schon zuvor hatten sie eigens Emissäre bis nach Breslau und weiter in die Blasewitzer Heide gesandt, nach Altona und Mainz und Metz, und schließlich bis Paris. Doch ihre Botschaften sind weitgehend ungehört verhallt. Nur ein paar Außenseiter der Gelehrtenrepublik haben sie aufgefangen, Randfiguren wie Philipp Andreas Nemnich, diplomierter Jurist und Enzyklopädist aus Leidenschaft. Ab 1793 bringt er in Hamburg sein »Allgemeines Polyglottenlexikon der Naturgeschichte« heraus. Nemnich ist heute gänzlich vergessen, es existiert noch nicht einmal ein deutschsprachiger Wikipedia-Eintrag über ihn. Freilich ist Wikipedia auch ein bloßes Kinderspiel gegen das, was dieser Wüterich des Wissens in Angriff nimmt. Zu Recht beklagt er, »daß Beispiele von naturhistorischen Schriftstellern, die zugleich Sprachkenntnisse besaßen, höchst selten sind«. Und macht sich daran, Abhilfe zu schaffen, indem er manisch alles Gedruckte verschlingt, verdaut und wiedergibt. Allein dieses Werk umfasst mehrere Tausend Seiten, und ist doch nur als Vorstufe für noch universellere Kompendien gedacht. Es versteht sich als eine Konkordanz der Fachbegriffe, ja überhaupt des Wissens über die Reiche des Organischen wie des Anorganischen. Und zwar nicht allein »in allen sowohl älteren als auch neueren europäischen Sprachen«, sondern auch in anderen Idiomen, die irgendwo auf der Welt einmal in Gebrauch waren oder es noch sind. Darunter Lappländisch, Epirotisch, Illyrisch, Ostjakisch, Japanisch, Tahitianisch und Kamtschadalisch. »Kenner werden gestehen, daß im Reiche der naturhistorischen Wissenschaften noch nie ein Werk von so großem Umfange erschienen ist.«

Armer Nemnich. Niemandem bist du heute mehr ein Begriff, obwohl du so viel Wissenswertes zusammengetragen hast. Nehmen wir nur die Einhufer. Der Esel, »ein sehr bekanntes Tier«, steht gemeiniglich in keinem guten Ruf. Die Bewohner der fernen Sunda-Insel Madura aber kennen kein größeres Glück, denn als Esel wiedergeboren zu werden. »Sein Vaterland ist wahrscheinlich Arabien«, wohingegen er »in die nördlichsten Gegenden von Europa noch gar nicht verpflanzt worden« ist. Das Klima scheint allgemein eine erhebliche Rolle zu spielen. Von Mauleseln etwa, wiewohl sie »selten mit Fleiß gezogen«, also absichtlich vom Menschen fabriziert werden, ist zu hören, dass sie in warmen Ländern durchaus auch schon Junge hervorgebracht hätten. Kein Wunder, denn zumindest mütterlicherseits scheinen sie erblich vorbelastet, werden Esel doch »bis zur Wut verliebt«.

Und wie heißt der Bürgermeister von Wesel? In nie versiegendem Enthusiasmus behandelt Nemnich Spürhengste und Motscheles, Zwitteresel und Maulochsen, *stone horses* und *stalloni*. Zebras und Quaggas streift er nur, was ihnen ja auch zukommt. Von *Equus caballus,* dem gemeinen Hauspferd, berichtet er dann umso mehr. Die Wildesel schließlich verortet er zielsicher »in den Steppen der großen Tartarey«. Auf Kirgisisch, Bucharisch und Chiwinsisch, in der Oase Chiwa also, werden sie Kulan geheißen. Auf Kalmückisch nennt man sie auch Chulan oder Tschitak (Dschiggetai). »An Größe und äußerem Ansehen kommt er dem Maultier bey, wiewohl er schöner ist.« Aus ihrer Rückenhaut wird, wie wir erfahren, das beste Chagrinleder überhaupt gefertigt. »Das Wort ist ursprünglich tatarisch« und bedeutet nichts anderes als Kruppe. Balzac hat es dann in seinem gleichnamigen Roman verewigt und dem Kulan so ein frühes Entree in die Weltliteratur verschafft.

Dann wendet Nemnich sich den wilden Pferden zu, *Equus ferus*. »Sie haben überhaupt kein gutes Ansehen, sind klein, mager, dickköpfig, haben lange, struppige Haare, eine kurze Mähne; sie sind außerordentlich schnell, wild und unbändig.« Heimisch sind sie »in den Waldungen von Polen« wie auch »in der Tartarey«. Auf Russisch, Tartarisch und Baschkirisch nennt man sie Tarpan, auf Kirgisisch/Kasachisch dann auch *Taga* oder *Kertaga*. Da stecken *Tach, Tachi* schon drin, und auf Kalmückisch heißen sie dann unumwunden *Take*.

Da sind sie. Da steht es. Schwarz auf weiß, ohne Wenn und Aber. Die *Tachi* sind nach Hamburg gelangt, hundert Jahre vor Hagenbeck.

Bezeichnend ist allein schon die Fokussierung auf den eurasischen Steppenraum. Ganz gegen seine Gewohnheit bringt Nemnich hier weder Schwedisch noch Chaldäisch an, sondern ausschließlich jene Sprachen, die im Verbreitungsgebiet der Wildpferde vorherrschen. Darüber hinaus stellt er klar, dass sie dort dezidiert anders benannt werden als die domestizierten Pferde. Darauf weist dann auch Charles Hamilton Smith hin, ein weiterer ungehörter Kronzeuge. Der gebürtige Flame, der als Oberstleutnant der britischen Armee weit im Kolonialreich herumgekommen ist, hat sich ganz der Naturkunde verschrieben. Er ist Mitarbeiter und Co-Autor von George Cuvier, einem der bekanntesten Naturforscher seiner Zeit, er berät Darwin vor dessen Fahrt mit der *Beagle,* doch fehlen ihm die höheren akademischen Weihen. 1841 erscheint seine bis heute ungemein lesenswerte *Naturgeschichte der Pferde.* Darin berichtet er von Recherchen, die anzustellen er fast dreißig Jahre zuvor als junger Offizier während der napoleonischen Kriege Gelegenheit hatte. Nach dem Sieg der Alliierten ist der Kaiser im Frühjahr 1814 nach Elba verbannt worden. Mit den russischen Heeresverbänden marschieren auch etliche Kosaken- und Tatarenregimenter in Paris ein, dazu Baschkiren, Kirgisen und Mongolen – Nemnichs Polyglottenlexikon hätte dort gute Dienste leisten können. Die Berichte über die Besatzung klingen beinahe idyllisch, als befänden die Truppen sich auf Bildungsreise. Die Offiziere ergehen sich auf den Champs-Elysées, bestaunen die Schätze des Louvre, ohne auch nur ein Stück zu entwenden, tun sich an Wein und Champagner gütlich. Die Generäle stehen den Malerfürsten Modell, während die Mannschaften mit den Freudenmädchen anbandeln. Halb furchtsam und halb fasziniert beobachten die Franzosen die Allüren der »Barbaren«. Unter denen die Angehörigen der erwähnten Reitervölker besonders exotisch wirken, auch weil sie teilweise noch mit Speeren, Pfeil und Bogen kämpfen. Diese »irregulären Kavallerieverbände« werden von ihren jeweiligen Stammeshäuptlingen angeführt, wobei das Kommando in der Regel bei Kosaken oder russischen Führungsoffizieren liegt, die in jenen fernen Randgebieten des Reiches stationiert sind, und die oft gut Französisch oder Deutsch sprechen.

Mithilfe solcher Mittelsmänner befragt Smith die Reiter von jenseits des Ural. Er unterzieht sie einem regelrechten Kreuzverhör, konfrontiert sie mit den Darstellungen von Pallas und Gmelin, mit der Lehrmeinung von Buffon. Und sie erstatten ihm gerne Bericht, können sie so doch ihrem Heimweh frönen und sich zugleich davon ablenken. Sie bekräftigen, dass es bei ihnen Herden wilder wie auch zahmer Pferde gibt, im Westen stärker durchmischt, doch umso reiner voneinander geschieden, je weiter östlich ihr Lebensraum liegt. Eingehend schildern sie deren Verhalten. Es stimmt mit dem der *Tachi* in der Gobi B derart überein, dass ich ihre Beschreibungen wörtlich dafür übernehmen könnte.

Bei welchem Stamm er sich auch erkundigt, sie alle unterscheiden zwischen reinen Wildpferden, domestizierten Pferden und Mischlingen. Ein Tatarenhäuptling steht, wenn er sich nicht gerade am Pariser Theaterleben ergötzt, dem Colonel ausführlich Rede und Antwort. Der Kosake, der dem Anführer als Übersetzer, Ordonnanz und Aufpasser beigesellt ist, erscheint Smith als »das Paradebeispiel des freien, ungebundenen Troupiers der Steppe«. Seine Ortsbestimmung bleibt zwangsläufig vage, hat doch in weite Teile Hochasiens »noch kein Europäer seinen Fuß gesetzt«. Ein Gebiet von der Größe Australiens klafft nach wie vor als weißer Fleck auf den Landkarten. Zwar finden sich auch dort kolportierte Einträge, freilich nicht ohne Zusätze wie »*the Geography of these Parts is extremely Obscure*«. Immerhin lässt sich das fragliche Gebiet »an der chinesischen Grenze« verorten, so dass es in jedem Fall östlich des Balchaschsees liegen muss, entweder noch im heutigen Kasachstan oder nördlich der Mongolei. So oder so liefert der theaterbegeisterte Tatarenfürst eine Beschreibung der *Tachi,* wie sie trefflicher nicht sein könnte. Die russischen Übersetzer verwenden für Wildpferde aller Art die Bezeichnung Tarpan; auch die Przewalskipferde wurden später gern als »dsungarischer Tarpan« geführt. Doch auch *Takja* tauchen in Smiths Interviews auf, wenngleich er sich nicht ganz sicher ist, ob dieser Begriff nur auf wilde oder auch auf verwilderte Tiere zutrifft und ihn vorsichtshalber »auf alle herrenlosen Pferde« bezieht.

Die Steppenkrieger dürften sich gewundert haben, warum der britische Offizier sie immer wieder nach etwas derart Selbstverständlichem fragte. Doch die sporadischen Berichte über wilde Pferde werden in Europa ein ums andere Mal als Verwechslungen abgetan. Ungerührt beharren die akademischen Leuchten darauf, es handle sich doch nur um versprengte Hauspferde. Hartnäckig hält sich gar der Glaube, dass sämtliche Wildlinge von einigen wenigen Tieren abstammen, die 1696 beim Grasen vor Asow entwischt sein sollen, als Kosaken die damals türkische Festung an der Mündung des Don belagert haben. Angesichts von so viel Unverstand weiß auch Smith nicht mehr, ob er lachen oder weinen soll. Abgesehen davon, dass die allermeisten männlichen Reittiere Wallache waren, scheint es doch ein wenig seltsam, dass sie sich dann mir nichts, dir nichts »von der Ukraine bis in die nördlichen Randgebiete der chinesischen Tatarei« verbreitet hätten.

Berichte über Wildpferde im Herzen Asiens werden auch deshalb in Abrede gestellt, weil die vorherrschende Lehrmeinung besagt, das Hauspferd sei arabischer oder gar afrikanischer Herkunft. In die Ignoranz der Gelehrten mischt sich eine gehörige Prise Verachtung, insofern sie die Rassepferde als Ergebnisse einer züchterischen Hochkultur glorifizieren, während sie auf die Wildpferde als räudige Landstreicher herabsehen. Dieser Dünkel ist dem der Griechen, Römer und Chinesen gegenüber den jeweiligen »Barbaren« verschwistert. Jedenfalls genügt es, einer kruden Theorie anzuhängen, um auf jede weitere Beschäftigung mit der Wirklichkeit zu verzichten. Darwin hat die folgende Stelle in seinem Exemplar der *Naturgeschichte der Pferde* dick angestrichen, und man sieht ihn förmlich dabei schmunzeln: »Ungeachtet der mühseligen Betrachtungen der Naturforscher in ihren Studierstuben, hegen die Tataren und Kosaken darüber nicht den geringsten Zweifel, versichern sie doch, verwilderte von wirklich wilden Pferden anhand vieler Merkmale unterscheiden zu können.« Etwa ihres Exterieurs, ihres Wieherns, ihrer periodischen Wanderungen, ihres Verhaltens gegenüber Menschen, Bären und Wölfen. Sie rühmen das Gebaren des Leittiers, des »Sultan-Hengstes«, preisen die Schnelligkeit und Wachsamkeit der Tiere, ihr Durchhaltevermögen und ihre Genügsamkeit. Und sie schreiben ihnen einen sechsten Sinn zu.

Andere Kronzeugen leben erheblich weiter westlich. Auch sie berichten noch von wilden Herden, nur dass deren Bestände im Schwinden begriffen und zuweilen auch schon mit Hauspferden, oder wohl besser Zelt- und Jurtenpferden, durchmischt seien. Ihre Berichte zählen zu den wenigen Zeugnissen, die wir von jenem *missing link* der Equiden besitzen, das an der Nahtstelle Eurasiens zu Hause war, und von dem wohl alle domestizierten Pferde abstammen. Zwar gibt es geographisch keinen Grund, warum der Tarpan nicht auch östlich des Schwarzen Meeres verbreitet gewesen sein sollte, und warum umgekehrt die *Tachi* nicht auch westlich der Dsungarischen Pforte gegrast haben könnten. Wahrscheinlicher jedoch ist, dass eine oder mehrere weitere, uns unbekannt gebliebene Bindeglieder einst diesen riesigen Zwischen-Raum durchstreiften, vergleichbar den verschiedenen Arten des Zebras in Afrika. Analog zum »dsungarischen Tarpan« dürfte es auch einen »tatarischen«, einen »baschkirischen«, einen »kasachischen Tarpan« gegeben haben. Nachdem jedoch Russland Mitte des 19. Jahrhunderts seine Expansion nach Mittelasien hinein forcierte, wurden sie endgültig zu Tode gejagt. Denn nun kamen moderne, verlässliche und weittragende Feuerwaffen in die unterworfenen Gebiete. In die unter chinesischer Herrschaft stehenden Teile Turkestans sowie in die Mongolei drangen vergleichbare Waffen erst einige Jahrzehnte später vor – gerade genug Zeit für Przewalski und einige weitere Naturforscher, die dort verbliebenen Wildpferde noch zu sichten, bevor diese ebenfalls niedergemacht wurden.

Welchen Tatarengruppen seine Gesprächspartner im Einzelnen angehörten, hat Smith nicht überliefert, doch neben den Baschkiren dürften die benachbarten Nagabaiken die aussichtsreichsten Kandidaten sein. Sie stellten dem Zaren ein größeres Kontingent in den Koalitionskriegen; hinterher benannten sie eine Reihe von

Siedlungen nach den Stätten ihrer Triumphe: Warschawka, Berlin, Leipzig, Kasselski und Parisch. Aber nicht Parisch, Texas, sondern Parisch, Oblast Tscheljabinsk. Die Nagabaiken leben, grob gesagt, zwischen Orenburg und Tscheljabinsk, entlang der heutigen Grenze zu Kasachstan. Es ist Steppenland, Hirtenland, Pferdeland. Nicht von ungefähr wurde dort vor einigen Jahren das bislang einzige Reservat für Przewalskipferde in Russland eingerichtet. Wladimir Putin ließ es sich nicht nehmen, die erste Auswilderung persönlich vorzunehmen. Mit Tarnanzug und einem Eimer Hafer bewehrt, lockte er die zögernden Tiere vors offene Tor, während die aufgehende Sonne Himmel und Erde mit Gold übergoss. Bilder dieses erhebenden Moments beglückten dann ganz Russland. Dass die Herrscher die Beherrschten zur Freiheit verlocken, kommt schließlich auch dort nicht alle Tage vor.

Hätten die Koryphäen der Naturkunde in Paris, London oder Wien sich damals entschlossen, eine Entdeckungsreise in die Weiten östlich des Ural zu organisieren, sie hätten beste Bedingungen gehabt: zuverlässige Informanten, freudige Gastgeber und kundige Führer im Zielgebiet. Auch Colonel Smith hätte sich gewiss für eine solche Rekognoszierung zur Verfügung gestellt und wäre als Reiter, Zeichner, Schriftsteller, Soldat und Kommunikationstalent auch vorzüglich dafür geeignet gewesen. Doch das akademische Establishment verschanzt sich hinter seinen Dogmen. Und so bleibt Smith ein einsamer Rufer in der Steppe; seine Mitteilungen verhallen weitgehend ungehört. Tragisch ist diese Verblendung deshalb, weil sie eine rechtzeitige Dokumentation der Wildpferde verhindert hat, zu einer Zeit, als sie vom osteuropäischen Tarpan über die verschiedenen Bindeglieder bis zu den *Tachi* in der Gobi noch halbwegs zusammenhängend vorkommen. Eine »völlige Zerstörung der Bestände auf einem derart unermesslichen Gebiet« scheint Smith noch unvorstellbar, und doch wird sie binnen weniger Jahrzehnte erfolgen.

Und so besteht die Antwort auf Bökönyis Rätsel zur Hälfte darin, dass die Zoologen sich zu fein gewesen sind, es Smith gleichzutun und einfach zu fragen. Und zwar nicht bloß andere Stubengelehrte, sondern Menschen, die den wilden Pferden nahe gekommen sind: Hirten, Jäger, Grenzsoldaten. Nicht, dass sie nichts wissen, ist das Problem, sondern dass sie nichts wissen wollen. Ein noch größeres Rätsel freilich und ein noch größeres Unding ist es, dass sie nicht wenigstens im Fall des Tarpan aktiv werden. Denn obwohl sie von seiner Existenz wissen und er vor ihrer Haustür lebt, ignorieren sie ihn, bis es zu spät ist. Während sie gleichzeitig über die ganze Erde ausschwärmen, um die »Fortschritte unserer Kenntnisse von der Verbreitung der Tiere« zu befördern.

Die Wildpferde aber haben sie schon abgeschrieben. Doch Smith lässt nicht locker und benennt Beispiele, dass Totgesagte manchmal länger leben. Der Pyrenäensteinbock etwa gilt damals bereits als ausgestorben. Da sorgt es denn für einiges Aufsehen, als er im Berliner Naturkundemuseum ein weibliches Exemplar, eine Steingeiß also, identifiziert, die man dort falsch bestimmt hat – einfach weil die Gelehrtenwelt übereingekommen ist, dass diese Unterart bereits ausgelöscht worden ist. Bei den Wildpferden dürfte es sich ähnlich verhalten. Und bewährt sich abermals als Vertreter der investigativen Naturkunde, indem er in Paris parallel auch polnische Exilliteraten über den Tarpan befragt. Sie bestätigen historische Berichte über die mausgrauen preußischen Wildpferde; einen Schlag, von dem die Dülmener trotz allem noch eine gute Vorstellung geben. Restbestände der Tarpane leben damals noch von Białowieża bis in die Steppen der Ukraine und von Bessarabien bis nach Litauen. Den Bauern sind sie verhasst, machen sie sich doch über ihre Heuhaufen ebenso her wie über ihre Stuten. Nur als Wildbret werden sie geschätzt. Eine Gehegehaltung wäre wohl keine Option für ihre Bewahrung, hat sich doch gezeigt, dass sie in Gefangenschaft nicht lange überleben. Denn, so die niederschmetternde Erkenntnis: »The Tarpans always die of *ennui* in a short time.«

Zu guter Letzt sei noch ein Unikum erwähnt, das den Hippologen bis heute Kopfzerbrechen bereitet, den Kryptozoologen hingegen wahre Wonnen. Bei Smith firmiert es unter der Überschrift »Das Yo-to-tze?«. Man beachte das Fragezeichen. Kein Geringerer als Sir Joseph Banks hatte ihn darauf aufmerksam gemacht. Er, der einst mit James Cook um die Welt gesegelt war, hatte in seinem Leben schon manche »zoologische Merkwürdigkeit« gesehen. Doch diese hier war ihm sofort ins Auge gespungen, als er sie in einer der Stallungen am Hyde Park erblickt hatte. Smith schwankt dann lange, ob er dieses Geschöpf in sein Werk aufnehmen soll. Zunächst schlägt er es den Pferden zu, denen es insgesamt auch ähnlicher sieht, oder stuft es als »Pferdeesel« ein. Am Ende etikettiert er es dann jedoch umgekehrt als »Eselsfüllen«, als *Asinus equuleus,* wohl um die standesbewusste Pferdewelt nicht unnötig herauszufordern. Als Krönung fügt er ein selbstgefertigtes Konterfei bei: *»from life«* – nach dem Leben gezeichnet.

Als handle es sich lediglich um eine Lieferung von Kufstein nach München, vielleicht mit etwas Stroh-Rum als Beiladung, berichtet er, dass das Tier »aus dem chinesischen Grenzland nordöstlich von Kalkutta« gekommen sei. Jener Grauzone also, in der sich das britisch-indische Assam, das tibetische Kham und das chinesische Sichuan begegnen. Doch nichts und niemand kommt von dort so einfach nach Kalkutta – der Himalaja steht dem entgegen. Wobei das Tier eine noch viel weitere Anreise hinter sich gehabt hat, stammt es doch ursprünglich »von irgendwo in der chinesischen Tartarei«, was so ziemlich alles zwischen Tibet und Sibirien sein könnte. Einige Jahre später ist es dann noch nach London verfrachtet worden. Um welches Tier auch immer es sich nun gehandelt hat, es war eines der am weitesten gereisten seiner Zeit.

Das Yo-to-tze besitzt Züge eines *Tachi,* doch es ist kein *Tachi.* Es hat die gleiche Färbung, allerdings ohne die Aufhellung am Bauch, es hat die punkige Stehmähne, den Aalstrich, den kurzen Schweif, die Streifen an den Läufen, dazu ein wuchtiges schwarzes Schulterkreuz – all die sogenannten Wildfarbigkeitsabzeichen, wie auch Darwin sie benannt hat. Und oh weh – es hat diesen gewissen Blick. Der einen heimsucht, wenn man es am wenigsten erwartet, der von hinten durchs Unterbewusstsein dringt, bis man sich unwillkürlich umwendet, als hätte jemand gerufen. Es besitzt jedoch auch Züge anderer Equiden. Der Hechtkopf etwa gemahnt an den Kiang, den tibetischen Wildesel. Die Stupsnase aber ist dafür wieder ganz untypisch. Oder handelt es sich gar um einen »Bergesel« nach Art der Sumerer? Andere Interpreten bringen den Hausesel oder das Hauspferd als Elternteile ins Spiel. Doch statt das Problem zu lösen, geben all diese Erklärungen nur neue Rätsel auf. Die Lebensräume von Wildpferd und Kiang liegen weit auseinander, und auch Hausesel kommen rund ums Tachiland nicht vor. Kulane wiederum finden sich zwar mit den *Tachi* vergesellschaftet, doch vermischen sie sich nie. War also vielleicht überhaupt kein Wildtier am Zustandekommen des Yo-to-tze beteiligt? Doch von wem hat es dann das Schulterkreuz, die Stehmähne und die Zebrastreifen? Den Blick versuchen wir für diesmal zu vergessen, auch wenn wir schon wissen, dass das nicht helfen wird. Was bleibt, ist ein Fragezeichen auf vier Beinen.

In einer zeitgenössischen Rezension der *Naturgeschichte* fertigt Andreas Wagner, Professor für Zoologie an der Münchner Universität, Smith kurzerhand als Dilettanten ab (»wie so viele Engländer in der Zoologie«). Als solcher erweist er sich allein schon dadurch, dass er seine, Wagners, Monographie über die Pferdeartigen nicht zurate gezogen hat. Auch schilt er ihn, weil er etliche »unzuverlässige Arten« anführt, nämlich doppelt so viele wie sein, Wagners Werk also, beinhaltet, das Smith jedoch, wie abermals festgehalten werden muss, beklagenswerterweise nicht zur Kenntnis genommen zu haben scheint. Zum Yo-to-tze bleibt daher auch nichts weiter zu sagen, als dass es sich um einen gewöhnlichen Maulesel handelt! Fehlt nur noch, dass man ihm zumutet, einen Wolpertinger zu bestim men. Tatsächlich spricht einiges dafür, dass dieses zierliche sandfarbene Wesen mit den Kulleraugen ein Halbblut war. Doch wenn man bedenkt, dass Wagner den 1861 in den fränkischen Kalksteinbrüchen entdeckten *Archaeopteryx* in seiner Expertise auch nur als ein gewöhnliches »Kriechtier« ansah, woraufhin der Urvogel ausgerechnet nach England verkauft wurde, genießt man seine Diagnosen doch mit etwas Vorsicht.

Unbestimmt und fern der Heimat. Das einzige Gepäck, das dieses melancholische Geschöpf stets getreulich bei sich führte, war sein markanter Name. Ohne die dazugehörigen Schriftzeichen ist freilich mit chinesischen Vokabeln wenig anzufangen. Aber versuchen wir es. Ein *-tze,* oder in der heute gebräuchlicheren Umschrift *-zi,* hängt öfter mal an einem Tiernamen dran, um irgendein -biest oder -vieh zu bezeichnen. Smith erwähnt beispielsweise ein kleines Gebirgspferd namens »Myau-tze«, heute vermutlich Miao-zi transliteriert, benannt nach einem Volk, das just auf der anderen, der östlichen Seite des Himalaja lebt. Das *-zi* passt also schon einmal gut. *Yi* wäre die eins, und *tóu* das Zählwort für eine Reihe von Haustieren, darunter auch Maulesel, *lüluó.* Edlere Kreaturen wie Pferde und Kamele, aber auch schon Maultiere, *luózi,* haben ein anderes Zählwort, *pǐ.* Auch wenn wir entweder mit dem Zählwort oder aber mit der Familienaufstellung über Kreuz kommen – ein Stück Maultier wäre *yi tóu luózi.* Auf seinem langen Weg aus der chinesischen Tartarei ist dem Yo-to-tze also gar nicht so viel an Identität abhandengekommen. Doch statt das Geheimnis der *Tachi* zu enthüllen, hat es dieses, mit polternder Schützenhilfe aus München, nur um so treuer bewahrt.

Zusammenfassend stellt Smith fest, dass es Wildpferde nach wie vor gibt und sie sich auch klar von domestizierten Artgenossen unterscheiden lassen. Dass sie in verschiedenen Unterarten über ein riesiges Gebiet verteilt leben, wobei die örtliche Bevölkerung jeweils vertraut mit ihnen ist, allein schon, weil sie sie beständig jagt. Dass sie allenfalls von mittlerer Größe und durchgängig von falber Färbung sind, von grau über isabellfarben bis hin zu ockergelb, alles jedoch »Schattierungen ein und derselben Livree«. Der Steckbrief führt auch noch zebraartige Streifen an den Gelenken an, den Aalstrich entlang des Rückens, zu dem bisweilen ein weiterer dunkler Streifen im rechten Winkel verläuft, das besagte Schulterkreuz. Sein Wissen ist damit auf der Höhe seiner Zeit, die Zeit hingegen nicht auf der Höhe seines Wissens. Wie Carl Ritter gehört Smith zu einer Minderheit klar- und weitsichtiger Forscher, denen eine ungleich größere und mächtigere Fraktion der Skeptiker, Leugner und Bedenkenträger gegenübersteht. Es wird langsam Zeit, diesen couragierten Gelehrten Abbitte zu leisten.

Und Humboldt? Er ist zurück aus dem Russischen Reich; das Beste liegt hinter ihm. Noch viele Monate plagt er sich mit dem offiziellen Bericht, oder vielmehr, er plagt sich nicht, er schiebt ihn vor sich her. Er missbilligt die zunehmend reaktionäre Politik dort, möchte das Korsett der Abhängigkeiten und Verpflichtungen sprengen. Auch sonst wird er vielfältig beansprucht. Er muss seine Berühmtheit verwalten, mit Gelehrten rund um die Welt korrespondieren und sich nichts Geringerem als dem *Kosmos* widmen, seinem faustischen Lebenswerk der physischen Weltbeschreibung. Nur im Schlaf findet er Ruhe. Dort unternimmt er dann weitere Forschungsreisen, die meist auch reibungslos gelingen, denn Träume bedürfen keiner Logistik. Er kehrt zum Irtysch zurück. Vielleicht vernimmt er ab und an eine sonore Schwingung wie aus dem Erdinneren, möglicherweise vulkanisch. Vielleicht fühlt er sich auch aus der Steppe heraus beobachtet, ohne dessen ganz gewahr zu werden. Ich muss den *Kumys* noch ergänzen. Hat jemand einen Bleistift zur Hand? Je öfter der Traum wiederkehrt, desto mehr wächst die Gewissheit in ihm, dass dort, jenseits von Baty, mächtige Geheimnisse verborgen liegen.

Die Jahre kriechen durch ihn hindurch. Er erfreut sich guter Gesundheit, staunt selbst über sein »Uralter«, und noch mit fast neunzig Jahren gibt er Weltumseglern eingehende Instruktionen mit auf den Weg, als seine Art des Segens. Auch wenn er selbst sich keine beschwerlichen Unternehmungen mehr zumuten kann, so könnte er doch Sendboten schicken, Agenten, die dort weiterziehen, wo er kehrtmachen musste. Die etwa die dsungarische Schwelle überschreiten, um in die kalten, dürren Ebenen Hochasiens vorzustoßen. Tatsächlich stellen sich mehrere Kandidaten bei ihm ein. Den Anfang macht Thomas Witlam Atkinson, von Hause aus Architekt, von der Passion her Zeichner. Er will des Meisters Landschaften durchstreifen und sie malen. Humboldt setzt ihn selbst darauf an, gibt ihm auch Empfehlungsschreiben mit. Und er überträgt seine Obsession für Vulkane auf ihn.

Die erste Reise führt Atkinson 1847 über den Ural zum Altai. Nach seiner Rückkehr heiratet er in Moskau Lucy Finley, ebenfalls Engländerin, seine Gefährtin fürs Leben, die dafür ihre Stellung als Gouvernante aufgibt. Ihre Hochzeitsreise wird fünf Jahre währen. Ende 1848 kommt an den Heilquellen von Tamschibulak, einem russischen Vorposten zu Füßen des dsungarischen Alatau, ihr Sohn zur Welt. Sie müssen diese Gegend sehr lieben, denn sie benennen ihn danach: Alatau Tamchiboulac Atkinson. Welch fröhliche Fanfare! Allerdings erblickt er das Licht der Welt etliche Wochen zu früh, nach Urteil des Regimentsarztes »verursacht durch übermäßige Anstrengung beim Reiten«. Vier Monate lang sind sie ohne Unterlass im Sattel gesessen. Es erfüllt Lucy mit Stolz, diesen entlegensten Teil der Großen Tartarei zu durchstreifen, in den nicht nur keine Westeuropäerin, sondern auch keine Russin oder Sibirierin je ihren Fuß gesetzt hat. Noch heute heißt es darüber in Wikipedia: »The area is mostly unexplored.« Und dann bringt sie dort auch noch ein Kind zur Welt! Mehrere Sultane kommen von weit her, um den wundersamen Knaben zu bestaunen. Wenn es nicht gar drei Könige gewesen sind. Er erhält einen Reiseanzug aus Seide, die ein tatarischer Händler über die gleichnamige Straße aus China herbeigeschafft hat.

Nach England zurückgekehrt – Alatau muss schließlich zur Schule –, schreiben beide ausgiebige Berichte ihrer fabelhaften Reisen nieder. Bei Thomas findet sich in einer Liste von »Säugetieren der Kirgisensteppe, des Alatau und des Tarbagatai« zwischen dem Sibirischen Reh und dem Langohrigel der Eintrag »*Caballus sylvestris* – Wildpferd«. Da sind sie wieder. Da steht es, Seite 521, Appendix 3. Doch wenngleich ihre Berichte durchaus Anklang finden – was den Hinweis auf die Wildpferde angeht, erweisen sie sich als durchschlagender Misserfolg. Dieser Erwähnung wird nie wieder Erwähnung getan. Was hat es zu bedeuten, dass im Fall der *Tachi* die Narren der Naturgeschichte unfehlbar richtigliegen, während die Koryphäen sich reihenweise blamieren? Thomas und Lucy jedenfalls sind weitgehend Luft für das akademische Establishment. Denn der eine ist ein Künstler, und die andere eine Frau. Und damit hat es sich. Es bleibt Alatau Tamchiboulac, der schließlich Schulinspektor auf Hawaii wird, im Garten der Vulkane.

Einige Jahre später verfolgt Humboldt noch Alexander Wlangalis »Reise nach der östlichen Kirgisensteppe«, die der seinen nicht unähnlich ist, insofern auch sie der Prospektion von Rohstoffvorkommen dient. Der Bergbau-Ingenieur zieht den Irtysch aufwärts bis zum Saissansee. Beide zählen zu den fischreichsten Gewässern weit und breit, durchkreuzt von Sterlets, Stören, Lachsen und Hechten. Als Humboldt sich dort umgesehen hat, war der Fischfang noch jedermann erlaubt gewesen. Mittlerweile ist er im großen Maßstab organisiert, wobei der Staat und die dort stationierten Kosaken den Löwenanteil einstreichen.

Mit militärischem Begleitschutz und zwei Kanonen im Schlepptau zieht Wlangalis Trupp durch die unsichere Grenzregion und über Gebirge, die bis zu viertausend Meter aufragen. Er erkundet nun seinerseits den dsungarischen Alatau sowie das von ihm so benannte »Siebenstromland«, das sich westlich davon bis zum Balchaschsee erstreckt. Die »Kirgisen« erlebt er dabei als klassisches Hirtenvolk, das seine Herden mitunter zweitausend Kilometer weit bis nach Taschkent und ins Ferghana-Tal führt. »Nur die Ärmsten betreiben Ackerbau.« Erstaunt erfährt er, dass ihre Schamanen auch als »Steppen-Veterinäre« wirken. Kleinere Übel kurieren die Reitersleute selbst. Vor seinen Augen befreit einer ein Pferd mit Tabak, Schwefel, Gebeten und Räucherwerk von der Fallsucht. *Kumys,* also vergorene Stutenmilch, üblicherweise in einem Schlauch aus Füllenleder aufbewahrt, hilft gegen Schlangenbisse und Skorpionstiche.

Zwei Charakterzüge hebt Wlangali bei seinen Begleitern hervor: ihre schrankenlose Esslust (»um den Appetit unserer vier Kirgisen zu befriedigen, hätten wir eine ganze Herde Hämmel mit uns führen müssen«) und eine gewisse romantische Amoralität (»wirklicher Ortskenntnis können sich nur die ausgemachten Spitzbuben rühmen, welche den Pferdediebstahl zu ihrem Gewerbe gemacht haben«). Anlässlich einer Totenfeier findet die örtliche Variante eines *Naadam* mitsamt Pferderennen statt. Der erste Preis besteht dabei aus einem Sklaven, einem Kamel und neun Ballen Seide.

Als Geologe stößt Wlangali vermehrt auf Felsbilder: »Sie kommen ziemlich häufig vor.« Neben Hirschen und Steinböcken zeigen sie oft Pferde. Doch er denkt sich nichts dabei, ebenso wenig wie bei dem weithin kursicrenden Schauermärchen vom halbwüchsigen Prinzen, der mit seinem Fohlen in eine Herde wilder Pferde gerät und von ihnen zertrampelt wird. Woraufhin der König blutige Rache an ihnen nimmt … Wlangali wirft die Wildpferde in einen Topf mit den Kulanen und geht der Sache nicht weiter auf den Grund. Sonst aber sind seine Schilderungen eine ergiebige Quelle für die Verhältnisse in dieser entlegenen Region, um nicht zu sagen eine Bonanza. So weiß er von Fundgruben im Tarbagatai-Gebirge und Goldwäschern an zahlreichen Flüssen zu berichten. Auch die Kurgane bergen noch Gold; einer ist gerade erst von Schatzgräbern geöffnet worden. Daneben kommen Bleierz, Silber und Kohle vor. Ein weiterer Befund wird seinen Auftraggebern gleichgültig gewesen sein, Humboldt aber dürfte er nachhaltig enttäuscht haben: »Vulkane sind der östlichen Kirgisensteppe fremd.«

Später macht Wlangali im diplomatischen Dienst Karriere. Als Botschafter in Peking legt er nicht nur den Grundstock für die chinesische Sammlung der Eremitage, er wird auch zum »wärmsten Beschützer« Przewalskis. Er macht ihn mit der Dsungarei vertraut, schießt ihm Geld vor, organisiert das Basislager in Peking und führt den Kleinkrieg mit den dortigen Behörden. Przewalski bedankt sich auf seine Art und benennt einen Fasan nach ihm.

Einige Jahre später spricht ein junger Geograph und Geologe namens Pjotr Petrowitsch Semjonow bei Humboldt wie auch bei Ritter vor, um sich die höheren Weihen für Innerasien zu holen. Beide setzen ihn auf den Tian Shan an, das Himmelsgebirge, mit über siebentausend Metern Höhe eines der gewaltigsten der Erde. Nur wenige Europäer haben es bis dahin erblickt, geschweige denn betreten; der erste war vermutlich Atkinson. 1856 und 1857 unternimmt Semjonow zwei ausgedehnte Expeditionen »mitten ins Herz von Asien, näher an Kaschmir als an Semipalatinsk«. Von einem besonders markanten Siebentausender, dem Matterhorn des Tian Shan, bringt er auch den einheimischen Namen in Erfahrung: Chan Tengri, König der Geister. Dieser Anblick bewegt ihn so sehr, »daß ich ihn mit dem König der Geister in der Wissenschaft verglich und Pik Humboldt nennen wollte«. Er wünscht, dies »möchte den Namen des großen Erforschers von Central-Asien an das centralste Gebirge dieses Erdteils fesseln«. Eine dritte Mission kommt dann nicht mehr zustande, stattdessen macht Semjonow im Staatsdienst Karriere und widmet sich parallel der Auswertung seiner großen Fahrt, die ihm schließlich den Ehrennamen Tjan-Schanski

einbringt. Später sollte er zum Vorbild, Lehrer und Förderer Przewalskis werden:»Mit meiner Unterstützung wurde er dorthin aus-
gesandt, wohin ich zu reisen geplant hatte.«

Per Fernsteuerung hat Humboldt also auch in die weitere Entdeckung Hochasiens hineingewirkt. Überhaupt erhöht sich nun
mit der Annexion immer weiterer Gebiete durch Russland die Fre-
quenz der Vorstöße. Einer der erfrischendsten, weil unbefangensten
Berichte stammt von Catherine de Bourboulon, von der es heißt,
»dass ihr Schicksal sie zum Reisen bestimmt hat«. Ihr Mann Al-
phonse ist als Diplomat in China tätig. Fünfmal schon sind sie mit
dem Schiff nach Europa gefahren, »eine monotone Passage, bei der
man nichts als nur Himmel und Wasser sieht«. Sie brauchen eine
Herausforderung. Und so machen sie sich im Frühjahr 1861 auf zur
wohl längsten Reise, die im 19. Jahrhundert zu Lande unternommen worden ist: von Peking nach Paris, zwölftausend Kilometer auf
direktem Weg. Catherine, gebürtige Schottin, gehört zu den ersten Europäerinnen, die Peking betritt, und als Erste durchquert sie
dann auch die Mongolei. Gemeinsam mit Anna, der Frau des russischen Gesandten Louis Heinrich von Balluseck, einem gebürtigen
Karlsruher. Teils im Sattel, teils in Kutschen und Karossen aller Art
arbeiten sie sich von Station zu Station. In der Mongolei eskortieren
neben Postillonen auch Postilleusen den Konvoi. Kurz vor Moskau
nehmen sie dann die Eisenbahn und erreichen schließlich nach nur
drei Monaten Paris. Auch ihre vier Hündchen überstehen die Reise;
Pekinesen vermutlich.

Anfangs müssen sie sich mit ungefederten chinesischen Wagen
begnügen, »einem kläglichen Transportmittel, zu dessen Gebrauch
man die übermäßigen Bewunderer der chinesischen Zivilisation
verdonnern sollte«. Die Verpflegung aber ist *comme il faut*: »Zu
Mittag Omelette, Reis, leicht gesalzenen Schinken, Fasanenpastete,
Himbeermarmelade, eine Flasche Bordeaux und Kaffee. Nur eines
fehlt zum wahrhaft guten Leben: frisches Brot!« Nach ein paar Ta-

gen schon ist ihr, »als hätte ich immer hier gelebt«. Die Gobi lässt nur die Gegenwart zu, alles andere bleibt außen vor. Über sechshundert Kilometer hinweg passieren sie kein einziges Gebäude. Sie trotzen Sandstürmen und Spätfrösten, fallen auf Luftspiegelungen herein, bestaunen Vogelparadiese und versinken fast in »perfiden Torfmooren«. Sie entfachen Feuer, um Wölfe fernzuhalten. Sie erleben biblische Szenen in den Hirtenlagern. Der Schmutz, die Armut, die Unzivilisiertheit stoßen sie ab, die Freiheit und die Grenzenlosigkeit ziehen sie an. Die Mongolen erlebt Catherine als »neue Zentauren, die ohne ihre Pferde nicht auskommen können«. Denn so meisterhaft sie reiten, so täppisch gehen sie dafür, »reichlich ungraziös« nämlich. O-Beine bilden hier einen Selektionsvorteil.

Einer ihrer einheimischen Begleiter berichtet von Wildkamelen, die er mit eigenen Augen gesehen hat – eine der klarsten und unmissverständlichsten Erwähnungen dieser scheuen Tiere. Dann wird es spannend. Er benennt auch zwei Arten von Wildeseln, die einander ähnlich sehen. Etwas heller die eine, etwas dunkler die andere. Nun gab und gibt es in der Mongolei aber nur eine Art von Wildesel, auch wenn sie unter zwei Namen firmiert, mal als Dschiggetai und mal als Kulan. Die andere Art aber, die ihm in der Tat ähnelt, ist kein Wildesel, sondern ein Wildpferd, das *Tachi*. Der kleine Unterschied geht beim Übersetzen schnell verloren; kein Geringerer als Alfred Brehm sollte dadurch noch fehlgeleitet werden. Catherines Route verläuft zu weit östlich, als dass sie ihnen begegnen könnte. Doch die Vorstellung, dass ebenso gut eine Frau ihre Entdeckerin hätte werden können, hat ihren Reiz. Das wäre denn aber doch ein großer Zufall gewesen? Nun, auch bei Przewalski handelte es sich um einen Glückstreffer, auch ihn musste man in diesem Fall zum Jagen tragen.

An einem langen, weitgehend ereignislosen Tag erblicken sie dann die bedeutendste Sehenswürdigkeit weit und breit: »*Il y a un arbre!*« Eine Art Erle, »krumm und hager, mickriges Produkt eines verwehten Samens. Wir halten an, um dieses Wunder der Steppe zu bestaunen.« Ein Stück weiter erstreckt sich »*une belle prairie*«. Eine neuerliche Sensation erwartet sie schließlich kurz vor Urga, wo der russische Vizekonsul unter einer Zeltplane ein Picknick für die Reisegesellschaft arrangiert hat – auf einem Tischtuch! Ein Stück Europa, die weiße Fahne der Zivilisation. Und frisches Brot bekommen sie dort auch.

Ähnlich wie Amerikas *frontier* bilden das Innere Asiens wie auch der Osten Sibiriens das unklar definierte Grenzland eines immer weiter expandierenden Imperiums. Nur dass den Russen von chinesischer Seite eine ebensolche *frontier* entgegenkommt, entlang der längsten gemeinsamen Landgrenze der Erde. Von Britisch-Indien her dringt zugleich England immer weiter vor, bringt dabei Afghanistan und später auch Tibet unter seine Kontrolle. Während die Briten aus dem Empire heraus agieren, erobern die Russen ein Kolonialreich vor der Haustür. Die sogenannte Kosakenlinie, die sowohl die Front als auch die Verbindung mit dem Hinterland bezeichnet, schiebt sich im Laufe des 19. Jahrhunderts immer weiter nach Süden und Osten vor. Sie bildet eine variable, im Falle dauerhafter Aneignung mit Grenzbastionen befestigte Scheidelinie. Bis hierhin und dann weiter. Die Kosaken stellen Russlands Antwort auf die Konfrontation mit den Steppenvölkern dar. Stets bereit, von der sesshaften in die nomadische Lebensweise und wieder zurück zu wechseln, ist Beweglichkeit durch sie gleichsam institutionalisiert worden. Das »Große Spiel« kommt in Gang, ein kompliziertes Kräftemessen mit vielfachen Vorstößen, Rochaden und Rückzügen, mit Bluffs und harten Bandagen. Vorerst werden die Akteure von Asiens unermesslichen Räumen noch im Zaum gehalten, auch von örtlichen Räuberbanden und Kriegsfürsten. Um 1870 ist dieses geopolitische Schachspiel dann in vollem Gange.

In aller Regel bringen sie die erheischten Gebiete militärisch in ihre Gewalt; danach übernimmt die Politik als Fortsetzung des Krieges mit anderen Mitteln. Wagemutige Siedler, Missionare und Forscher dienen dabei als beliebte Staffage, um die Machtgier der Herrschenden zu bemänteln und die eroberten Gebiete zu durchdringen. Bei deren Erkundung geht es vorrangig um Bodenschätze, insbesondere um Gold, sowie um militärische Informationen. Das betrifft nicht nur die Stärke der fremden Truppen und Stämme, ihre Befestigungen, ihre Bewaffnung, ihre Verkehrswege, sondern auch Landkarten. Aufklärung ist ebenso gut ein militärischer Begriff. Naturkundliche Funde werden als Beifang gerne genommen; »auch für die Wissenschaft hatte dieser Feldzug Erfolge«. Diese Prioritäten sprechen sich bis in die entlegensten Winkel herum. Przewalski erzählt, wie er einmal von chinesischen Goldsuchern am Rande der Gobi feindselig empfangen wird. Sie versuchen auch, ihn in die Irre zu leiten. Denn was könnte er anderes im Sinn haben als seinerseits nach Gold zu schürfen? Sie nehmen ihm das ganze Gerede von der »wissenschaftlichen Rekognoszierung« nicht ab.

Turkestan, Hochasien, die Große Tartarei – bis weit ins 19. Jahrhundert bilden sie noch das Ultima Thule der Geographie, zugleich Mitte und Ende der Welt. In fernem Land, unnahbar euren Schritten. Doch immer mehr Reisende durchmessen nun den Doppelkontinent. Das Gästebuch der dsungarischen Gobi wandelt sich zur Fremdenliste. 1874 trägt sich ein weiterer ungebetener Besucher dort ein, ein unmittelbarer Vorgänger Przewalskis, nur dass er heute gänzlich vergessen ist. Dabei verfolgt Julian Adamowitsch Sosnowsky, der gleichfalls im Rang eines Obersten steht, eine entschieden zivilisatorische Mission: Er soll, indem er eine kürzere Route für die Karawanen sondiert, den Teehandel befördern. An dieser offiziösen Expedition nehmen neben russischen Militärs und Kosaken auch Vertreter der chinesischen Teeindustrie teil.

Fast alle Reisenden jener Zeit begegnen Karawanen, die den

zu Briketts gepressten Tee befördern, der nicht allein als Genuss-, sondern auch als Zahlungsmittel dient. Jedes Kamel bekommt bis zu zweihundert Kilo aufgebürdet; stoisch defilieren sie in Schrittgeschwindigkeit durch die Gobi. Selbst Kohle wird so über weite Strecken verfrachtet, manche Konvois umfassen zweitausend Tiere. Die Hauptroute verläuft von Peking nach Urga, bevor sie dann in Kjachta die russische Grenze erreicht und sich nach Westen wendet. Der Weg diagonal durch die Dsungarei und dann den Irtysch abwärts nach Semipalatinsk wäre erheblich kürzer und für Kamele auch gangbarer. Zusammen mit der parallel verlaufenden Variante durch die Dsungarische Pforte war diese Route seit je einer der Hauptstränge der Seidenstraße, ist jedoch wegen der unsicheren politischen Verhältnisse außer Gebrauch gekommen. Je weiter man nach Westen zieht, desto schütterer wird Chinas Macht.

Als die Expedition den Barkulsee erreicht, etwa hundert Kilometer südlich des heutigen Schutzgebiets Gobi B gelegen, im Kernland der *Tachi* also, geschehen merkwürdige Dinge. Schon seit Tagen fürchten die chinesischen Begleiter den Überfall einer Räuberbande, sie verbarrikadieren sich und stellen Wachen auf. Dennoch fehlen nach einem nächtlichen Tumult zwei Pferde. Als sie am nächsten Morgen nach ihnen suchen, sehen sie in der Ferne eine Staubwolke. Von den »imaginären Briganten« aber fehlt jede Spur. Stattdessen sind sie Zeugen eines rücksichtslosen Annäherungsversuches mit anschließendem Mädchenraub geworden. Eine Spezialität von Pferdedieben der besonderen Art, wie der Topograph der Expedition erklärt, der Chinas Fernen Westen schon mehrfach erkundet hat: »Was ihr für Räuber gehalten habt, war eine Herde von Wildpferden. Davon gibt es in dieser Gegend gar nicht so wenige.«

B ei den meisten Asienfahrern jener Zeit ist es Forscherdrang, der sie antreibt, gepaart mit der Aussicht auf eine akademische oder militärische Karriere. Das Streben nach Ruhm und Ehre spielt gleichfalls eine Rolle, manchmal auch blanke Abenteuerlust. In exquisiten Fällen, so bei den Atkinsons, den Bourboulons und letztlich auch bei Humboldt, gibt schiere Begeisterung den Ausschlag. Graf Béla Széchenyi aber streift infolge namenloser Trauer und Melancholie umher.

Einen solchen Reisenden hat die Große Tartarei noch nicht gesehen. Unabhängig, unerschrocken, unbeirrbar, vor allem aber todunglücklich, seit seine Frau nach drei Jahren Ehe plötzlich gestorben ist. Im Vorwort zu seinem Ergebnisbericht bekennt er sich denn auch unumwunden zu seinem Kummer und widmet das »bescheidene Werk« von nicht viel mehr als zweitausend Seiten »dem Andenken meiner unvergesslichen, engelsgleichen Gattin«. Jahrelang habe er nach ihrem Tod »in geistiger und körperlicher Stagnation« verbracht. »Ich suchte Trost in der Religion, ich verirrte mich unter die Anhänger des Spiritismus. Beruhigung vermochte ich weder hier noch dort zu finden.« Dann ruft er die Wissenschaft zu Hilfe, doch bringt sie ihn erst recht der Verzweiflung nahe. »Endlich richtete ich meinen Blick auf die wundergleichen Gestaltungen der Natur und suchte in deren Geheimnissen Linderung und Hoffnung.« Hatte nicht schon Humboldt seine *Ansichten der Natur* »bedrängten Gemütern gewidmet«?

In der Gobi begegnet Graf Széchenyi einer Welt, die sich seinem Schmerz gewachsen zeigt. Die so maß- und grenzenlos ist wie sein Leid. Vielleicht würde er etwas davon in ihr zurücklassen können. Und vielleicht würde umgekehrt etwas daraus ihn künftig begleiten. »Der brennende Sand der Wüste Gobi, die himmelanstrebenden Alpen von Tibet, die dort herrschende Einsamkeit und Todesstille – sie sind das rechte Vaterland derer, die ihr Glück verloren haben. Es ist, als ob sie eigens für dieselben geschaffen worden wären.« So schreibt er »im neunten Jahre meiner Witwerschaft«. Orpheus in Hochasien.

Spross einer berühmten Familie, sucht Béla Ungarns Ansehen

in der Welt zu mehren. Sein Vater István gilt als eine der bedeutendsten Persönlichkeiten des Landes, ein Freund des Fortschritts. Er hat die Kettenbrücke zwischen Buda und Pest errichten lassen und das Nationaltheater mit ins Leben gerufen. Sein Sohn bemüht sich nun, in jenen abgeschiedenen Gefilden ebenfalls »zur Hebung und Verbreitung der Wissenschaft, der Zivilisation, ja der Wohlfahrt der ganzen Menschheit« beizutragen, freilich »hochhaltend die Sprache, Sitten und Gebräuche eines jeden Volkes, wie auch die individuelle Freiheit eines jeden Menschen«. Er finanziert die Expedition aus eigenen Mitteln. Am Ende belaufen sich seine Ausgaben auf einhunderttausend österreichische Gulden, nach heutiger Kaufkraft rund eine Million Euro. Über drei Jahre hinweg hat er sich darauf vorbereitet. »Ich studierte die namhaftesten Werke über Asien und machte die Bekanntschaft einiger Celebritäten unter den Reisenden.« Dann sieht er sich nach Begleitern um. Einzige Bedingung: Sie dürfen weder Engländer noch Russen sein. Am Ende engagiert er drei Landsleute per Handschlag: den Philologen Gábor Bálint, den Geographen Gustav Kreitner und den Geologen Lajos Lóczy. Ende 1877 schiffen sie sich in Triest ein. Ausgerechnet Bálint, der schon als Abiturient zwölf Sprachen beherrscht und als Einziger auch schon in der Mongolei gearbeitet hat, muss nach einem Dreivierteljahr aufgrund einer Erkrankung kehrtmachen. Da haben sie gerade einmal den Prolog absolviert, Indien, Java und Japan. Von Schanghai aus schicken sie sich dann an, über zehntausend Kilometer durch China zu reisen, weiter als alle anderen Europäer zuvor.

Zu ihrer Ausrüstung gehören Schnee- und Staubbrillen, pelzgefütterte Stiefel, eine Harmonika, Löteisen und Logarithmentafeln, Zyankali, Liebigs Fleischextrakt, Biscuit und Kaviar, dreißig Pfund Tee »nach europäischem Geschmack«, für besondere Gelegenheiten auch Champagner und Burgunder sowie dreitausend Zigarren. Wobei sie die zugleich als Tauschmittel mit sich führen und damit auch mal ein Pferd erstehen. Bei anderer Gelegenheit erhalten sie für eine Kiste Geschirr ein Tigerfell. Mit Flinten, Karabinern, Revolvern und Raketen sind sie reichlich versehen; Széchenyi hat sich in Kara-Ben-Nemsi-Manier für ein Henrygewehr mit fünfzehn Schuss entschieden.

In Peking gewähren ihm Prinz Kung (Gong) und weitere Würdenträger eine Audienz (»Finanzminister Tung Sun, Dichter und wackerer Trinker«). Dabei eröffnet er ihnen, vornehmster Zweck seiner Reise sei es, »jene Gebiete aufzusuchen, in denen ich das ursprüngliche Heimatland der skythischen Magyaren vermuthe«. Er gehorcht demselben Impuls, der Bruder Julian mehr als sechshundert Jahre zuvor auf die Suche nach *Magna Hungaria* schickte. Als hätten ihre Eltern es jeweils noch miterlebt, sinniert er mit seinen Gastgebern darüber, wie beider Reiche einst von den Mongolen erobert wurden. Nur dass die »östlichen Hunnen«, die Xiongnu, lange die Erzfeinde der Chinesen waren, verschweigt er taktvoll. Solch souveränes Denken in großen Zeiträumen hinterlässt, in Verbindung mit seinem Adelsstand und seiner Neutralität – kein Engländer, kein Russe –, einen günstigen Eindruck. Széchenyi und seine Begleiter erhalten Pässe und Schutzbriefe erster Klasse.

Jules Verne hätte seine Freude an dieser Gestalt gehabt. Als humanistischer Don Quichotte bildet er einen Gegenpol zum Machtmenschen Przewalski. Der Zufall will es, dass beide zur gleichen Zeit das gleiche riesige Gebiet durchstreifen, als spielten sie Hase und Igel. Przewalski vermag Széchenyi weder einzuholen noch abzuschütteln, kann ihn aber auch nicht treffen. Jeder bleibt in seiner Sphäre, die er gänzlich ausfüllt und sie ihn. Beider Sehnsucht gilt dem Horizont, beide wollen sie insgeheim nach Lhasa, doch gelingt es ihnen ebenso wenig wie allen übrigen westlichen Reisenden jener Zeit. Die tibetische Theokratie und die unwirtlichen Weiten des Hochlands vereiteln jede Annäherung.

Széchenyi zeigt eine Vorliebe für akribische Listen. Höhen misst er noch in Wiener Fuß, Entfernungen in chinesischen Li. Gewissenhaft verzeichnet er »gesehenes und geschossenes Wild« (»sechserlei Wasserschnepfen, dreierlei Rebhühner«) ebenso wie »geringfügige und namhaftere Unglücksfälle, die meine Expedition ereilten«: diverse Baro- und Thermometer gehen zu Bruch, ein Wagen überschlägt sich, ein Mitglied der Eskorte stirbt an Typhus. Erst in Burma wird es dann auch für sie selbst etwas ernster: »Unter Lebensgefahr wurden wir von einem Räuberfürsten mit Gewalt zurückgehalten.« Während der gesamten Reise erfreut der Graf sich bester Gesundheit, und nachdem sie die umfängliche Reiseapotheke bis auf ein wenig Chinin nie in Anspruch nehmen, stiftet er sie schließlich französischen Patres. Auch die »öfteren Stürze mit meinem Pferde« scheinen kaum der Rede wert. Die einzige nennenswerte Unbill »auf meinen langen Kreuz- und Querzügen« widerfährt ihm während einer eiskalten Nacht im Zelt, als er feststellen muss, »dass das Gehör meines linken Ohres irgendeiner Zugluft und der Wissenschaft zum Opfer fiel«. Durch Wüsten ziehend, kokettiert er mit seiner Unverwüstlichkeit. »Außerdem hat die Expedition den Beweis dargebracht, daß die gewöhnliche Bettwanze als wahrer Cosmopolit im chinesischen Reiche nicht fehlt.«

Während Przewalski, von ganzem Herzen Misanthrop, Schießübungen als die beste Reisevorbereitung ansieht, bemüht Széchenyi sich, Grundzüge der chinesischen Sprache und Denkungsart zu erlernen. Nie kehrt er den Herrenmenschen hervor, nie schwingt er die Peitsche. Kommunikativer als Przewalski ist er in jedem Fall, und so vermittelt er denn ein deutlich faireres und aufschlussreicheres Bild der Chinesen. Freilich verkehrt er auch in anderen Kreisen. Während der Russe die Grenzgebiete durchstreift, in denen Kartenspiele oft die einzige kulturelle Betätigung darstellen und Räuberbanden die einzig funktionierenden Institutionen, reist Széchenyi quer durchs chinesische Kernland und delektiert sich an »der Politesse« der Mandarine, welche »bei weitem die Manieren in Europa«

215

übertrifft, »wo die chevaleresken Umgangsformen immer mehr verschwinden«. Das Klischee will wissen, dass reisende Europäer von den durchtriebenen Chinesen ein ums andere Mal übers Ohr gehauen werden. Széchenyi und seine Gastgeber hingegen überbieten sich in gegenseitiger Liebenswürdigkeit. Einem Obermandarin, der ihm Lasttiere umsonst überlassen möchte, erklärt er, »ich hätte in China bisher noch immer, überall und für alles bezahlt, und wünsche es auch jetzt so zu halten«. Schließlich stellt er eine Klassifikation der vielen verschiedenen Würdenträger zusammen, die nicht nur deren Titel, Rang und die Farbe der Kugel auf ihrer Kopfbedeckung aufführt, sondern auch ihr Monatsgehalt. Mit einem ganzen Katalog von Danksagungen sucht er sich erkenntlich zu zeigen, allein »die Namen zahlreicher Mandarine niedrigeren Ranges, die ihrerseits alles aufgeboten haben, um Schwierigkeiten zu beheben, muss ich hier unerwähnt lassen«.

Zu einer Schlüsselfigur wird General Tso (Zuo Zongtang), Gouverneur der Grenzprovinz Gansu, der den Rang eines »Vizekönigs« bekleidet und Széchenyi als »die chinesische Ausgabe eines Grandseigneurs« erscheint. Einer der wichtigsten Militärs des Reiches, der sowohl bei der Taipingrebellion wie auch jetzt bei den Aufständen der Dunganen, muslimischer Hui-Chinesen, entscheidende Erfolge errungen hat. Nun soll er die Grenzlande befrieden, sie gegen die wachsende russische Einflussnahme sichern und sie notfalls auch verteidigen. Bei der Audienz betont der Gast einmal mehr, dass er einer Nation angehört, »die seit dem 13. Jahrhundert mit China nicht die geringsten Unannehmlichkeiten hatte. Ich befasse mich weder mit Bekehrungen noch mit Handel, und die Politik ist nicht mein Beruf. Ich habe einzig und allein zum Zwecke geschichtlicher und wissenschaftlicher Forschungen die Reise nach diesen fernen Gegenden unternommen. Ich hege großes Interesse für die Natur, ich liebe romantische Landschaften und Einöden. Geheimnisse habe ich keine.«

Die beiden Männer finden Gefallen aneinander. Schickt der General ihm acht Fasane, revanchiert der Graf sich mit einer selbst erlegten Antilope. Während eines dreistündigen Mahls kredenzt der Gastgeber »europäischen Wein« in Porzellantässchen. Er entpuppt sich als Tokajer aus dem damals noch ungarischen Preßburg. Anderen Ausländern begegnet Tso mit weniger Bonhomie. Als ein belgischer Missionar, ein Bischof gar, bei ihm vorspricht, raunzt er ihn an: »Was suchen Sie hier? Ich habe Sie nicht gerufen!« Ein vernünftiger Mann, dieser Gouverneur. Deshalb versucht er auch, Széchenyi dessen ursprünglichen Plan auszureden, zum Lob Nor durchzustoßen. »Diese Wege bestehen nicht mehr«, schwadroniert Tso. »Dort gibt es nichts als Berge und Flugsand, ausgedehnte Moräste, Gefahr und sicheren Untergang.« Ohne Kenntnis der Wasserstellen, ohne Begleitschutz und »verlässliche Diener« kann Széchenyi den Vorstoß nicht wagen. Daraufhin wendet er sich südlich ins tibetische Hochland, muss jedoch mangels einer Bewilligung aus Lhasa kehrtmachen; ein zweiter Versuch von Osten her bleibt ebenfalls vergeblich. Doch allein die Route, die er bei dieser Umkreisung einschlägt, über Sichuan und Yunnan bis nach Burma, durch unwegsames, unkartiertes Bergland, sichert ihm einen Ehrenplatz unter den Weltenwanderern. Noch fünfzig Jahre später wird etwa Joseph Rock, der ebenfalls der österreichisch-ungarischen Schule entstammt, auf diesen Pfaden als Pionier gefeiert, und selbst heute wäre es noch ein Abenteuer. Der Graf muss sich beeilen, um in Budapest der Einweihung eines Denkmals für seinen Vater beizuwohnen. Seine Sammlung vermacht er dem Ungarischen Nationalmuseum. Die wertvollste Ausbeute liegt auf geologischem Gebiet und verdankt sich dem damals noch blutjungen Lajos Lóczy. Die Berichte, die er, Kreitner und Széchenyi hinterlassen, gehören zu den ergiebigsten und ausgewogensten Schilderungen westlicher Chinareisender überhaupt. Und dank besserer Messgeräte und höherer Sorgfalt geraten ihre Karten zu den genauesten ihrer Zeit.

Bálint steuert noch ein paar Listen bei, mit frappierend ähnlichen Vokabeln der magyarischen Sprache einerseits und der mongolischen sowie verschiedenen tatarischen Sprachen andererseits. Meist elementare Begriffe wie Wind, Dieb, Salz, Handfläche, Bruder, Teufel, Apfel, Fuchs, Zwilling, Schnurrbart und nicht zuletzt Pferdegeschirr. Aufputschmittel für die Nationalromantik und die Suche nach den Wurzeln des Ungarntums.

Die Expedition zeitigt dann noch ungeahnte Spätfolgen. Ihren westlichsten Punkt bildet die Oasenstadt Dunhuang, traditionell auch der westlichste Außenposten des chinesischen Kulturraums und einer der wichtigsten Umschlagplätze der Seidenstraße. Bis dorthin reicht General Tsos Schutz und Schirm. In den Tälern der Umgebung besichtigen sie zahlreiche Höhlentempel; tausend sollen es nach chinesischer Auffassung sein. Nur zwei Mönchlein hüten all diese einstigen Heiligtümer. Während der Aufstände sind die Fresken von den muslimischen Bilderstürmern ebenso schwer beschädigt worden wie die monumentalen Statuen:»Mehr als ein Buddha ist jetzt in Reperatur.« Heute gelten die Höhlenkomplexe von Dunhuang als die größte Ansammlung buddhistischer Kunst weltweit. Széchenyi und seine Gefährten bekommen sie als erste Europäer zu Gesicht; sechs Wochen nach ihnen folgt dann Przewalski.

Ein Vierteljahrhundert später schwärmt Lóczy, längst Ungarns führender Geologe, einem jungen, ehrgeizigen Landsmann von diesen Tempelhöhlen vor. Der aufstrebende Archäologe, niemand anderer als Aurel Stein, erinnert ihn an sein eigenes Debüt in den Wissenschaften. Schnurstracks macht Stein sich auf den Weg nach »innermost Asia« – und fördert bei Dunhuang einen Jahrhundertfund zutage. Eine bis vor kurzem noch verborgen gebliebene Höhle birgt mehr als vierzigtausend buddhistische Schriftrollen aus dem ersten Jahrtausend unserer Zeitrechnung. Sie sind in einer Vielzahl von Sprachen abgefasst, neben Chinesisch auch Tibetisch, Sanskrit,

Tocharisch und sogar Hebräisch; einige konnten bis heute nicht entziffert werden. Auch der älteste gedruckte Text der Welt findet sich darunter, sechshundert Jahre vor Gutenberg. Im Jahr 1036 sind all diese Schriften eingemauert worden, um sie vor Kriegswirren zu bewahren. Steins Fund sorgt für eine der großen archäologischen Sensationen des 20. Jahrhunderts, vergleichbar der Entdeckung Machu Picchus oder des Grabes von Tutenchamun. So viel zu Béla Graf Széchenyi, dem Mann, der die Einöden liebte. Die *Tachi* aber hat er trotzdem nicht entdeckt; wieder warteten sie vergeblich. Es wäre aber auch nur wenig damit gewonnen gewesen, wären sie doch lediglich nach einem anderen Zungenbrecher benannt worden.

A nfang 1876 machen sich Alfred Brehm, Otto Finsch und Karl Graf von Waldburg-Zeil-Trauchburg auf den Weg in den Altai. Nach einer Audienz beim Zaren folgen sie weitgehend der Route Humboldts, treffen gelegentlich auch auf dessen Spuren. Nur dass sie bis Nischni Nowgorod nun schon die Eisenbahn nutzen können, die sich zusammen mit dem Sueskanal anschickt, das Ende der Seidenstraße zu besiegeln. Auf der gefrorenen Wolga geht es dann im Reiseschlitten bis Kasan. In Semipalatinsk begrüßt sie schließlich die Frau des Gouverneurs mit »Willkommen in der Wüste«. Aufgrund »der neuerdings vereinbarten Grenze« sind die russischen Vorposten nach Süden vorgeschoben worden, so dass dieses Forschertrio weiter in die Steppe hinein vordringt als das humboldtsche. Für einige Tage stromern sie gar durch chinesisches Hoheitsgebiet und erreichen dann in Saissan wieder die Grenze. Der Stützpunkt unweit des gleichnamigen Sees, den schon Carl Anton von Meyer bestaunt hat, ist erst kurz zuvor angelegt worden und umfasst rund hundertsechzig Häuser. Major Tichanow, der Kommandant, beherbergt die drei aufs Zuvorkommendste. Brehm befragt einen kirgisischen Jäger und renommierten Pferdedieb namens Matschafs Aldiaroff (Mirsasch Aldiarow), der ihm einen ausführlichen Bericht über Wildkamele in der Dsungarei gibt. Es verwundert, dass der Tiervater diesem Hinweis nicht weiter nachgegangen ist. So bleibt es denn wiederum Przewalski vorbehalten, im Jahr darauf mehrere Wildkamele zu erlegen und als deren »Entdecker« in die Annalen der Naturkunde einzugehen.

In Saissan hört Brehm auch von »zwei Arten von Wildpferden«, und auf die eine macht er sogleich Jagd. »Es war uns gesagt worden, daß man sie hier regelmäßig zu sehen bekäme.« Die halbe Garnison begleitet sie; allzu viel Abwechslung bekommen die Soldaten sonst nicht geboten. Schon nach gut einer Stunde »sahen wir plötzlich vier dieser schönen und stolzen Wildpferde, drei alte mit einem Füllen. Ein von Tichanow abgegebener Schuß blieb ohne Erfolg, nicht aber eine sofort von fast allen uns begleitenden Kirgisen und Kosaken unternommene Hetzjagd.« Nach zwanzig Minuten schwinden dem Fohlen die Kräfte, sie fangen es ein. Ermattet und traumatisiert stirbt es am nächsten Tag.

Es waren Kulane. Die heute zu den Halbeseln gerechnet werden, damals aber noch als Pferde gelten, denen sie tatsächlich ähnlicher sehen als Eseln. »Wenn Darwins Lehrsätze sich als richtig erweisen sollten, dürfen wir in dem Kulan vielleicht den Stammvater unserer Hauspferde sehen.« Brehm setzt aufs falsche Pferd. Hätte er gewusst, wie nahe er den echten Wildpferden war, dann hätte er vielleicht weniger der Vogeljagd gefrönt. Denn seine einheimischen Begleiter berichten noch von einem weiteren Typus: »Auch eine zweite Art von Wildpferden, Surtaka genannt, kommt dort vor. Sie ist hellgelb von Farbe, hat viele lichte Stellen und einen kürzeren Schweif als der Kulan.« Surtaka – »syr« bezeichnet auf Kirgisisch die Steppe, und »taka«, das sind die Tachi. Hätte Brehm sich an ihre Fersen geheftet, er wäre nicht nur als begnadeter Erzähler des Tierlebens in die Geschichte eingegangen, sondern auch als bedeutender Entdecker.

So aber schreibt er wenig später die folgende schmachvolle Passage in die erste Auflage seines *Thierlebens* ein: »Nun kennen wir zur Zeit zwar Innerasien noch herzlich wenig« – wohl wahr, Herr Doktor, wohl wahr –, »aber immerhin genau genug, um zu wissen, daß hier ein unserem Hauspferd in allen Stücken entsprechendes Wildpferd nicht lebt, und unsere Rathlosigkeit bleibt bestehen.« Doch wer trägt die Schuld an dieser Rathlosigkeit? Sie, Alfred Brehm! Sie haben in Saissan mürrisch Augen und Ohren verschlossen. Schon das Wildkamel wollten Sie nicht wahrhaben, und dann haben Sie auch noch den Kulan zum Stammvater des Hauspferdes gekürt, diese Pferdeparodie mit Kuhschwanz, Eselsohren und durchgestrecktem Rücken. Schämen Sie sich! Wenn die *Tachi* sich heute scheckiglachen wollen, genügt ihnen ein Stichwort: Wisst ihr noch, damals – Tiervater Brehm!

Mit dieser Pflichtvergessenheit hat er seinen größten Bock, um nicht zu sagen Esel geschossen. Karl Graf Waldburg und Otto Finsch, dessen *Reise nach West-Sibirien* im Übrigen zu den schönsten Fahrtenbüchern jener Zeit zählt, haben sich kaum weniger blamiert. Vergegenwärtigen wir uns, was in diesem Außenposten geschehen ist. Nachdem zuvor weder die Bezwinger Napoleons noch die »imaginären Briganten« am Barkulsee viel ausrichten haben können, müssen die *Tachi* einmal mehr in die Offensive gehen. Ein Motto dafür ist schnell gefunden: »Wir brauchen die Welt nicht. Aber die Welt braucht uns.« Die Ankunft der deutschen Gelehrten spricht sich dann im Nu an den Wasserlöchern der Gobi herum. Daraufhin schicken sie ihnen auf einem silbernen Tablett eine Visitenkarte: *Gestatten, Surtaka. Auch als Kertaga oder Kertake geläufig, drüben im Mongolischen gemeinhin als Tachi. Für entsprechende Referenzen wollen Sie gütigst Herrn Privatdozent Nemnich zu Rate ziehen. Wir würden uns glücklich schätzen, wenn Sie uns zwecks Anknüpfung näherer Bekanntschaft mit Ihrem Besuche beehrten. Folgen Sie dem Irtysch ein Stück flussaufwärts und halten Sie sich dann nach der dritten*

*Luftspiegelung rechts. Sie können uns kaum verfehlen. Wir verbleiben mit dem Ausdruck vorzüglichster Hochachtung,* und so weiter. Doch was macht Herr Doktor Brehm? Er lässt das Billet achselzuckend liegen und schießt sich einen Kiebitz.

Und so ist denn auch hier dem besonneneren und konsequenteren Przewalski am Ende Erfolg beschieden. Drei Jahre später besucht er denselben Außenposten, Saissan, berät sich mit demselben Kommandanten, Tichanow, und fachsimpelt mit demselben einheimischen Jäger, Aldiarow. Nur dass er ihn dann als Führer anheuert und zwei Herden echter Wildpferde sichtet. Schließlich überreicht ihm Tichanow das Fell und den Schädel eines Jungtiers, das Aldiarow kurz zuvor erlegt hat. Przewalskis »Entdeckung« geschieht also ziemlich unspektakulär und obendrein noch auf russischem Gebiet; er ist noch gar nicht im Expeditionsmodus. Auch rätselt er lange, was er da wohl aufgespürt hat; böse, in diesem Fall mongolische Zungen behaupten gar, Aldiarow hätte es ihm als das Fell eines Yetis schmackhaft gemacht. Przewalski selbst hält das Tier für »eine Zwischenform zwischen Esel und Hauspferd«, also etwas in der Art des Yo-to-tze. Bei anderer Gelegenheit bezeichnet er es als »Tarpan«, analog zu den südrussischen Steppenpferden. Die Petersburger Akademie der Wissenschaften deklariert es dann 1881 als Wildpferd. Es wird seinen Namen unsterblich machen.

# Ein Geschenk für den Oberst

»I was shown photographs of the region which looked very empty.«
*~ Jane Blunden Ende der siebziger Jahre vor einer Suchexpedition in die dsungarische Gobi, die dann ergebnislos verlief*

Wie verlockend es sein kann, unauffindbare Orte zu suchen! Und noch verlockender, sich dorthin aufzumachen! Baty ist solch ein Ort, ein Außenposten irgendwo am Irtysch. Vermutlich ein unscheinbares Fleckchen, doch immerhin benannt nach Batu Chan, und verewigt durch keinen Geringeren als Alexander von Humboldt. Dessen Besuch dort ist gut dokumentiert, sowohl in seinen eigenen Berichten wie in denen seiner beiden Gefährten. Auch in der Sekundärliteratur hat Baty einen festen Platz. Nur auf den Landkarten nicht. Wo zum Teufel liegt es? Weder der bewährte Diercke noch Google Earth wissen darauf eine Antwort, auch nicht in höchster Auflösung. »Versuche, eine PLZ hinzuzufügen«, rät Google.

Mit Saissan sieht es etwas besser aus. Schon der Diercke verbürgt das Steppenstädtchen am Fuße des Tarbagatai- und des Saur-Gebirges (sprich: *Sa-úr*, zur Unterscheidung vom Sauerland), und es ist seither auch nicht aus den Karten verschwunden. Doch wie gelangt man dort hin? Die Eisenbahn scheidet aus, denn die dröhnt dreihundert Kilometer weiter südlich durch die Dsungarische Pforte. Vielleicht mit dem Bus? Oder mit einer Teekarawane? Oder besser mit dem Flugzeug? Fragen Sie das allwissende Internet, den Geheimdienst des kleinen Mannes. Doch es lässt mich im Unklaren. Von einer russischen Homepage könnte ich mir die Angaben notfalls noch zusammenreimen. Aber bei Kasachisch beißt es aus, und obendrein muss man sich noch dieses fatalen Landeskürzels »KZ« erwehren. In allen mir zugänglichen Sprachen erhalte ich dagegen bestenfalls Orakelsprüche: »*Il y a un aéroport.*« Anderswo finden sich kryptische Hinweise auf ein inländisches Luftfahrtunternehmen, das diesen Flughafen ansteuert. Doch auf deren Homepage taucht Saissan nicht auf, auch historische Schreibweisen wie Dsaisang (Humboldt) oder Zaissansk (Przewalski) führen nicht weiter. Als ein befreundeter Reiseveranstalter von meiner digitalen Odyssee hört, packt ihn der Ehrgeiz, und er zieht eine Viertelstunde lang alle Register seines Metiers. Fehlanzeige. *Y a-t-il un aéroport?*

Zählen Baty und Saissan womöglich zu jenen »unsichtbaren Städten«, von denen Italo Calvino zu berichten wusste? In Asiens Weiten kann das Unwahrscheinliche höchst wirklich sein und die Wirklichkeit höchst unwahrscheinlich. Ein Beispiel dafür bietet Astana, die Hauptstadt Kasachstans, meine erste Anlaufstelle auf der Suche nach den Stätten des Triumphes wie der Schmach meiner Helden. Im Laufe der letzten sechzig Jahre trug sie fünf verschiedene Namen. Im Diercke firmiert sie noch als Zelinograd, ein roter Stecknadelkopf auf blassgelber Flur. Kürzlich wurde sie zu Ehren von Nursultan Nasarbajew, der das Land drei Jahrzehnte lang beherrscht hat, in Nursultan umgetauft. Zu seinen Lebzeiten wohlgemerkt, niemand soll ihn falscher Bescheidenheit zeihen können, und was Stalin recht war, kann ihm nur billig sein. Da zuvor schon zahllose Stätten nach ihm benannt worden sind, darunter auch der Flughafen der Metropole, landet man jetzt auf dem Flughafen »Nursultan« von Nursultan. Astana wiederum bedeutet Hauptstadt, so dass ich mich erwartungsvoll der kasachischen Hauptstadt »Hauptstadt« nähere. Calvino hätte seine helle Freude an diesen Tautologien gehabt.

»Jede Stadt«, diagnostizierte er, »bekommt ihre Form von der Wüste, der sie sich entgegenstellt.« Für Zelinograd dürfte das auch noch zugetroffen haben, doch schon beim Landeanflug zeigt sich, dass Astana nun seinerseits die Steppe attackiert. Eine Metropole vom Reißbrett, das kasachische Brasilia, ein Potemkinsches Millionendorf. Nicht von ungefähr liegt es an einer Nahtstelle des Doppelkontinents. Doch wo endet Europa, wo beginnt Asien? Es gibt keine klaren geographischen Grenzen, auch keine kulturellen, nur fortlaufende Übergänge. Es gibt nur Eurasien. Hier leben Russen, Ukrainer und Armenier als Hinterbliebene der Sowjetunion. Doch ebenso Mongolen, Turkmenen und Tadschiken. Und Kasachen natürlich, ihrerseits zusammengewürfelt aus allen Windrichtungen der Steppe. Hier leben aber auch, als Folge von Stalins rabiaten Völkerrochaden, viele Tausende von Koreanern und von Wolgadeutschen. Die erste und lange Zeit einzige anerkannte lutherische Gemeinde der Sowjetunion bestand in Astana, das damals gerade Akmolinsk hieß. Die Steppe hat seit je als Schmelztiegel gewirkt. Yasushi Inoue, der große japanische Romancier, hat ein einprägsames Bild dafür gefunden. Bei einem Aufenthalt in Samarkand versucht sein usbekischer Begleiter, die Volkszugehörigkeit der Passanten zu bestimmen:»Dies ist ein Araber mit mongolischem Blut. Der da ein Mischling aus Usbeke und Tadschike. Diese Frauen sind tadschikische Turkmeninnen. Und jene Gruppe dort Irano-Tataren mit leicht tibetischem Einschlag.«Dann, berichtet Inoue, stoßen sie »auf einen großgewachsenen, reinblütigen Mongolen. Und nur er, wie er mit eingezogenen Schultern traurig dastand, schien mir einsam zu sein.«

Ich entsinne mich nicht mehr, wer diese Spielregeln festgelegt hat, die andere Seite vermutlich, oder die Hellabrunner Goldpferde, oder die Phantombilder aus Lascaux, was weiß denn ich. Jedenfalls stand von Anfang an fest, dass ich jenen Orten, zu denen die Spur der *Tachi* führte, meine Aufwartung machen würde. Es handelte sich lediglich darum, überhaupt einmal dort vorstellig zu werden, der Rest würde sich finden. Saissan also, und Baty. Vorab hatte ich mit einer Agentur korrespondiert, von der es hieß, dass sie mir vielleicht helfen könnte. Es entspann sich eine Art Ping-Pong-Spiel, bei dem jede Angabe ins Netz oder ins Leere ging. Mehrere

Anläufe, doch kaum Entwicklung. Diese Agentur suche ich jetzt auf. Meine Ansprechpartnerin heißt ähnlich wie die Hauptstadt – Aidana. Die meisten Namen hier beginnen mit A, besonders die der Frauen. Es fällt sofort auf, wenn eine Rayana oder Sarina heißt; vermutlich handelt es sich um extravagante Ableitungen von Ayana und Arina. Aidana ist jung und diensteifrig, aber ein solcher Kunde verunsichert sie dann doch. Er möchte in ein entlegenes Kaff, in das noch nie jemand aus freien Stücken wollte, und dazu noch in ein unauffindbares Dorf am Irtysch. Ihr Englisch ist nicht sonderlich geübt, doch umso häufiger versichert sie mir: »Don't worry!« Im Programm tauchen allerhand Überraschungen auf, darunter eine »mountain cabin« sowie »three meals a day, national games and much more, you will like it«. Aber die Berge sind ja laut Diercke ein gutes Stück weg von Saissan, da verliere ich nur Zeit. Es wird doch irgendein Hotel dort geben? Die taugen alle nichts, meint Aidana. Und was soll ich mit den Nationalsportarten? Don't worry.

Dann geht es ans Bezahlen. Dazu brauche ich *Tenge,* die hiesige Währung. Da man mit Kreditkarte nur einen gewissen Betrag abheben kann, steuern wir mit dem Auto nacheinander vier Geldautomaten an. Dankenswerterweise befinden sie sich in der Nähe bedeutsamer Sehenswürdigkeiten, im Fall der Musikhochschule sogar mittendrin, so dass ich als Bonus eine kleine Stadtrundfahrt erhalte. Über das pompöse Nationalmuseum geht es zum klassizistischen Musentempel des Opernhauses, das Nursultan Nasarbajew höchstselbst entworfen hat. Er scheint häufiger in München gewesen zu sein, denn mich grüßt ein langgestreckter Doppelgänger des Nationaltheaters. Der letzte Bankomat findet sich unweit des Bajterek-Turms, der aufragt wie ein gleißender Pokal. Seine Kuppel bietet nicht nur einen stupenden Rundblick, sondern auch das Privileg, auf direktem Weg mit dem Paten der Nation in Verbindung zu treten. Auf einer Stele ruht dort oben ein vergoldeter Block, in den als Hohlform der Abdruck seiner rechten Hand eingelassen ist.

Derartige Transmitter finden sich auch an anderen viel besuchten Stätten im Land. Jeder Untertan darf und soll seine Hand dort hineinlegen, um sich telepathisch mit dem Landesvater kurzzuschließen. Stolz und vergnügt frönen sie so der mächtigsten aller Weltreligionen, dem Aberglauben.

Ein strammer Parteisoldat, fungierte er zu Sowjetzeiten als Generalsekretär der KP in Kasachstan. Verglichen mit ihm war Breschnew ein Sonnyboy. Seitdem *N. N.* sich 2019 aufs Altenteil zurückgezogen hat, regiert ein Interimspräsident das Land. Demnächst, so heißt es, soll dann die stellvertretende Premierministerin seine Nachfolge antreten. Zufällig handelt es sich um seine Tochter. Die ganze Stadt ist steingewordene Propaganda. Alles hier hat etwas Demonstratives, ja Missionarisches, nichts ist einfach nur da. Wie im Zeitraffer wachsen Ministerien, Moscheen und Sportstadien aus dem Boden, dazu eine Reihe von Symbolbauten, die der Glorifizierung des Großen Vorsitzenden dienen. Nur die »Eurasische Nationale Universität« trägt den Namen von Lew Gumiljow, des Sohns der Achmatowa. Eurasisch und national, das ist so folgerichtig wie ein Stück Wind. Doch keine Sorge – eine Nasarbajew-Universität gibt es selbstverständlich auch. Und falls irgendetwas noch nicht vorhanden sein sollte, so ist es bestimmt schon im Bau. Viele Städte zehren von dem, was einmal war. Astana aber, dieses fabrizierte Märchen, das mit »Es wird einmal« beginnt, zehrt von all dem, was morgen sein soll: eine Schöne Neue Welt, für welche die Gegenwart als Provisorium dient.

Am Ende überreiche ich Aidana einen dicken Stapel *Tenge*. Widerstandsfähige Scheine in gedeckten Farben, motivisch reichlich überfrachtet, so dass es nicht leichtfällt, sich darauf zurechtzufinden, zumal die eine Seite als Hoch-, die andere als Querformat angelegt ist. Alle Objekte werden zudem eifrig von Friedenstauben umflattert, an denen jeder Fälscher kirre werden dürfte. Die meisten Motive kenne ich dank unserer Geldbeschaffungstour bereits:

das Finanzministerium, den Triumphbogen, das Nasarbajew-Kulturzentrum, den Bajterek-Turm. Auf den größten Scheinen prangt wahlweise der Präsidentenpalast oder dessen langjähriger Hausherr. Einmal mischt sich auch ein geflügeltes Windpferd unter die Tauben. Könnte ich es doch als gutes Omen nehmen. Die Fahrt zum Flughafen erlebe ich wie in Trance. Sie geschieht mit mir, und ich habe nicht die Kraft, noch einzuschreiten. Worauf hast du dich da eingelassen? Was, wenn dich dort nun niemand in Empfang nimmt? Wenn diese ominöse Hütte ebenso wenig existiert wie Baty? Das Geld ist weg, und du hast nichts in der Hand. Die Sache könnte gründlich schiefgehen, ja sie ist schon längst schiefgegangen, du hast es nur noch nicht gemerkt. Not one meal a day, et il n'y a pas d'aéroport. Aber selbst, wenn dich jemand abholen sollte, um dir irgendetwas zu zeigen – erzähl bloß niemandem von deinen sogenannten Recherchen dort, einer hanebüchenen Angelegenheit von nicht einmal drei Tagen. Glaubst du wirklich, du hättest danach Nennenswertes zu berichten? So geht das auch im Flugzeug noch, die eine Stimme stachelt an, die andere wiegelt ab. Nun hab dich nicht so, Graf Széchenyi hat damals alles aus eigener Tasche bezahlt, Przewalski auch oft tüchtig zugeschustert, du bist in guter Gesellschaft. Mach dir keinen Kopf, wird schon klappen, lass es laufen, alles wird gut. Was man sich selbst eben so zuflüstert, wenn man sich inmitten der größten Landmasse der Erde auf eine ungewisse Unternehmung begibt. Geistige Anregungen höherer Ordnung. Du suchst geistige Anregungen höherer Ordnung. Schon vergessen? Du folgst den Spuren Humboldts, dieses köstlichen Genies. Hast du dir nicht damals in Tegel in den Stallungen des Humboldt-Schlösschens die ersten Sporen verdient? Könnte man also nicht auch dich noch zu seinen Sendboten zählen? Don't worry. Ich nicke ein.

Als ich aufwache, erstreckt sich unten noch immer strohgelbes Land. Eine kobaltblaue Schlange windet sich hindurch:

der Irtysch. Andere Farbtöne kommen nicht vor, sie vermischen sich auch nicht. Kein Grün, nur schwaches Gelb und starkes Blau. Nach anderthalb Stunden lande ich in Ust-Kamenogorsk, auf Englisch salopp zu »UK« verkürzt. Die ideale Partnerstadt für Oer-Erkenschwick. Am Flughafen erwarten mich Jewgeni und Sergej. Wir kennen uns noch keine Minute, doch ich weiß, dass ich mit ihnen auch quer durch den Altai ziehen würde. *Ankunft daselbst.* Am Parkplatz wartet der pompöseste Geländewagen, der mir je untergekommen ist. Ein feuriger Rappe, blitzblank und muskulös. Innen Premium-Ausstattung mit gestepptem Leder. Ich sitze nicht, ich throne auf der Rückbank. Nicht schlecht für einen brotlosen Künstler aus Feldmoching. Sattes Schnurren des Motors; beschwingte Konversation. Es stellt sich heraus, dass Sergej einst in Potsdam stationiert war. Kleine weite Welt.

Bis in die neunziger Jahre lebten in UK mehr Menschen als in Astana, gut dreihunderttausend. Die Liste von Söhnen und Töchtern der Stadt auf Wikipedia umfasst siebzig Eishockeyspieler und einen Jugendbuchautor. Gegründet wurde sie 1720 nach dem Debakel gegen die Dsungaren, damit ist es beinah so alt wie Sankt Petersburg. Im Zentrum haben einige Häuserzeilen aus der Zarenzeit überdauert. Sie könnten auch in Colorado stehen, wirken nur solider, gediegener, trutziger. Eine Wildoststadt. Bis heute weist sie einen hohen russischen Bevölkerungsanteil auf. Niemand benutzt hier die kasachische Bezeichnung Öskemen, auch ethnische Kasachen nicht. Das Land mag gewechselt haben, doch man lebt, wie auch zuvor schon, in beiden Kulturen. Und man lebt nicht schlecht. Die Bodenschätze des Altai haben seit je einen gewissen Wohlstand ermöglicht. Auch Ust-Kamenogorsk stellt auf seine Art ein Märchen dar, ein Utopia der Werktätigen, sollte es doch den Beweis antreten, dass das Proletariat nirgendwo glücklicher lebte als in der Sowjetunion. Mit seinen breiten Straßen und Plätzen, den frei stehenden Wohnblöcken und dem Kultur- und Sportpalast ist es sichtlich von der Stalinzeit geprägt. Man bräuchte nur die Autos auszutauschen und ein paar Leuchtreklamen abzuschrauben, schon könnte man einen Film über die dreißiger Jahre drehen. Die polternde Straßenbahn leistet als lebendes Fossil der Sowjet-Ära weiter gute Dienste, nur dass sie heute nicht den Lenin-, sondern den Nursultan-Prospekt hinunterrattert. Im Zweiten Weltkrieg wurde dann Schwerindustrie von der Westfront in einem gigantischen Umzug hierher verlagert, wo sie unangreifbar war und viel näher an den Rohstoffen.

»Bei uns steckt das halbe mendelejewsche Periodensystem im Boden«, feixt Elena Sergejewna Sanjenko, leitende Mitarbeiterin des naturkundlichen Museums. Die man schon dafür gernhaben muss, dass sie bei ihrer Führung durch das gleichfalls noch aus der Zarenzeit stammende Haus nicht mit einem Laserpointer herumfuchtelt, sondern sich eines hölzernen Zeigestabs von rustikaler Eleganz bedient. Sie ist *à la mode* gekleidet, mit beigegrünem Blazer und grauschwarzem Kleid, das Haar sorgsam geföhnt und blondiert. Die Visite der berühmten Gelehrten findet sich in der Ausstellung gut dokumentiert. »Für Humboldt muss diese Reise ein Fest gewesen sein«, schwärmt sie, »schade, dass er so wenig Zeit hatte.« Heute könne man hier binnen einer Woche alle europäischen Vegetationszonen erkunden, und die meisten asiatischen dazu, vom Hochgebirge bis zur Wüstensenke und vom Waldland bis zum Grasland. In den Vitrinen stehen denn auch Elch und Kamel, Schneehuhn und Steppenadler mehr oder weniger einträchtig beisammen. Ein Wolf geht einem Reh an die Gurgel. Neben einem etwas verhuschten Schneeleoparden harrt auch ein real existierender Wolpertinger seiner Entdeckung, der Hase, Reh und Vampir in sich vereint: das Moschustier. In der Mitte des Saales steht, gleich einer Erscheinung, ein kapitaler Maral, der größte Rothirsch der Erde, mit einem Geweih wie ein Kronleuchter. Mit ausgesuchter Höflichkeit korrigiert Elena Sergejewna den Meister: Humboldt habe allzu häufig vulkanische Ursprünge gesehen, so auch im Altai, wohl eine private Obsession. Überhaupt legte er eine gewisse Extravaganz an den Tag:»Er hat sein Reisegeld zurückgezahlt. Wussten Sie das?« Ob sie mir sagen kann, wo Baty liegt?»Ja, natürlich. Nur werden Sie da nicht hinkommen.« Aber könnte man nicht zu Fuß, oder hoch zu Ross, oder mit einem feurigen Geländewagen …?»Höchstens mit einem U-Boot.« Ihr Stab weist auf eine Delle in der großen Reliefkarte:»Ust-Kamenogorsk.« Ein blaues Band schlängelt sich hindurch:»Irtysch.« Gespannt ziehen Humboldt, Rose, Ehrenberg und ich mit den Kaleschen flussaufwärts, unterwegs *zu einem ganz centralen Punkt Asiens,* bis wir – klopf, klopf – an einen lang gestreckten blauen Schlauch gelangen:»Buchtarma-Stausee.« Einer der größten der Welt, größer noch als der von Assuan. In den sechziger Jahren ist Baty in seinen Fluten verschwunden wie ein sibirisches Atlantis.

Abends Promenade am Irtysch. Ein samtschwarzes Band, gesäumt von den Ausläufern des Altai. Das zählt etwas, wenn man den Diercke verinnerlicht hat; ein heißer Wunsch auch meiner Jugendtage. Hier im Süden besitzt der Fluss noch schlanke europäische Dimensionen. Doch hat er auch erst wenige Hundert Kilometer hinter sich gebracht. Mehr als fünftausend liegen noch vor ihm, bevor er sich schließlich dem Nordpolarmeer überantwortet, am Ende so breit wie ein strömender See. Der Irtysch ist der längste Nebenfluss der Erde. Ein zweifelhafter Superlativ, Meister in der Zweiten Liga. Er ist länger als der Niger oder der Mississippi und hat am Ende doch das Nachsehen, weil der weitaus kürzere Ob, der ihm den Weg abschneidet und ihn rücksichtslos usurpiert, nominell als Hauptfluss gilt. Doch was Nimbus und Majestät angeht, kann er ihm das Wasser nicht reichen. Eine weiße Uferbalustrade bringt mediterrane Grandezza nach UK. Gegenüber zieht sich dunkler Auwald schweigend hin. Nach Westen zu, am wolkenlosen Himmel, derselbe Farbkontrast wie beim Anflug, nur jetzt dunkler, satter, glühender, und durch die spiegelnde Schneise des Stroms verdoppelt: ein schmaler Streifen aus Feuerfarben am Horizont, und darüber, feierlich verlöschend, das kosmische Azur.

Schroff wie eine Klippe ragt mein Hotel am Ufer auf. Ein besonders geräumiges Zimmer im obersten Stockwerk verfügt über eine gläserne Aussichtskanzel. Dieses Zimmer bekomme ich. Im letzten Dämmerschein schweift der Blick die Flussbahn hinunter nach Süden. Irgendwo dort draußen liegt Baty auf dem Grund des Sees. Ich möchte trotzdem hin.

Anderntags Abschied von Sergej, Jewgeni und dem Fliwatüüt. Sie reichen mich an einen Taxifahrer weiter, der am Vorabend aus Saissan gekommen ist. Etwa sieben Stunden Fahrt, für ihn die Stammstrecke, die er oft zweimal die Woche absolviert. Manchmal geht die Tour auch noch ein Stück weiter flussabwärts bis nach Semei, das frühere Semipalatinsk. »Innerhalb von Saissan fahre ich fast nie.« Seinen Namen habe ich leider nicht behalten, den meines Führers dank einer Eselsbrücke dagegen schon. »Sergazy«, stellt er sich vor, »wie Sarkozy, nur anders.« Mitte dreißig, aufgeschlossen, ruhig und heiter, ist er einer von drei Englischlehrern in Saissan. Er war nie im Ausland, sein Englisch ist dennoch vorzüglich. »You know, we have internet.« Der strahlende Septembermorgen lässt ihn kalt, Sergazy liebt den November: »Trüb und traurig, wie bei Puschkin.« Langsam dämmert mir, dass ich es mit Aidana und ihrer Truppe nicht besser hätte treffen können.

Die Ausfahrtstraße folgt zunächst dem Fluss, nimmt dann die *direttissima* über die Hochfläche. Weiter östlich zeichnen sich ein paar veritable Berge ab. Irgendwo dort treffen vier Länder fast, wenn auch nur fast, aufeinander: Kasachstan, Russland, die Mongolei und China. Weil im Inneren Asiens Dutzende von Hochgebirgen thronen, wird der Altai gern als ein besserer Schwarzwald abgetan. Doch mit viereinhalbtausend Metern ragt er höher auf als die Rocky Mountains oder der Atlas, und er erstreckt sich über beinah die vierfache Fläche der Alpen. Anfangs säumt noch Wald die Strecke, Birken, Lärchen, ein paar Fichten. Doch bald schon übernimmt die Steppe. Und zwar komplett. Als wäre die ganze Welt mit Gras bespannt, erstreckt sie sich bis ins Unendliche. Sie wirkt zugleich erhaben und entsetzlich.

Passagenweise ist die Straße mit Schlaglöchern übersät wie nach einem Meteoritenschauer. Der Fahrer aber scheint einer Theorie anzuhängen, dass man nur schnell genug darüber hinwegflitzen müsse, dann würden sich alle Stöße und Sprünge und Stürze ausgleichen, die Vektoren einander neutralisieren, und das Vehikel glitte wie eine Schwebebahn dahin. Gut möglich, dass mit jener dubiosen Vielleicht-vielleicht-auch-nicht-Fluglinie sein Taxiunternehmen gemeint war. Um das Poltern zu übertönen, legt er eine Kassette mit russischen Unterweltliedern ein, *Schanson* geheißen. Einer dieser Knast-Bluesbrüder hat eine Kontrabassstimme, gegen die Tom Waits wie ein Regensburger Domspatz klingt. Im Gefängnis schreibt er zerknirscht an seine Mutter: Du, die Bullen haben mich eingelocht. Mütterchen antwortet, wie es sich gehört: Du bist der Beste! Lass dich nicht unterkriegen! In bunter Folge erklingen weitere *Schansons,* dazwischen ein Schlager, der Juri Gagarin in den Himmel hebt und wehmütige Kindheitserinnerungen bei unserem Fahrer weckt, und schließlich ein Potpourri typisch russischer Hits wie *Felicità, You're my heart, you're my soul* und *All you need is love.* Nostalgie ist die einzig wahre Internationale.

Das hügelige Land wird zusehends bräunlicher und mürber. »Vorwärts, Kasachstan!« steht trotzig mit Steinen auf einen Hang geschrieben. Menschen sind kaum einmal zu sehen, dafür überall Weidetiere. Ihnen gehört hier die Welt; Zäune gibt es keine. »Schafe und Ziegen sind unser Kleingeld, unsere Währung«, erklärt Sergazy. Während sie abends zusammengetrieben werden, bleiben Pferde und Kühe meist unbeaufsichtigt, kommen aber von selbst an den

Straßenrand oder, falls vorhanden, in die Nähe der Häuser. Der Wölfe wegen. Dafür werden sie dann entsprechend häufiger von Autos und Lastwagen gerammt.

Nach zwei oder drei Stunden – neben dem Raum- kommt einem hier auch das Zeitgefühl abhanden – mündet die Straße am Fähranleger. Wie ein chromblitzender Lindwurm staut sich die Warteschlange in den Schlusskurven. Dann rumpelt alles zügig an Bord, vom Motorrad bis zum Sattelschlepper. Drei Farben bestimmen die Welt: das Flachsblond des »Steppenflors«, das hypnotische Grün des Schilfgürtels, und das lichte, etwas cremige Türkisblau des sich weitenden Speichersees, der die zehnfache Fläche des Bodensees bedeckt. Darf ich vorstellen: Das ist Asien. Der größte deutsche Stausee, der Forggensee bei Füssen, hätte gar dreihundertmal darin Platz. Ein Gänsegeschwader zieht in Keilformation darüber hin.

Die Fähre gleitet hinaus auf den See, das Wasser glatt wie ein Spannlaken. Der marinegraue Anstrich verleiht ihr strategische Bedeutung. Sie ist schnell erkundet und birgt keine Geheimnisse. Bug- und Heckklappe, Zwischendeck, Oberdeck. Die Mysterien warten unter Wasser. Hinter der nächsten Biegung lag Baty. Durch eine Furt konnten die drei Naturkundschafter damals noch bequem hinüberreiten, um im Himmlischen Reich vorzusprechen und Tee mit seinem Statthalter zu trinken. Ein biedermeierliches Stelldichein auf halbem Wege zwischen Petersburg und Peking wie auch »in gleicher Entfernung vom Eismeere und von der Ganges-Mündung«. Euphorie der Mitte.

Aus Baty hätte etwas werden können. So manche Stadt entstand an einer Furt, Frankfurt, Bedford oder Oxford zum Beispiel. Oder auch München, das freilich erst sechshundert Jahre nach Mochos Zug ins *Gfild* erwachte, als die Awaren, dieser Spähtrupp vom Altai, längst wieder entschwunden waren. Die Bajuwaren jedoch blieben, und nachdem der Herzog von Bayern im 12. Jahrhundert eine Brücke des Bischofs von Freising niederbrennen ließ, mussten die Fuhrleute weiter oben über die Isar, womöglich bei Hellabrunn, in seinem Machtbereich jedenfalls. Dort presste er ihnen dann gehörigen Wegzoll ab. Ein Straßenräuber machte dem anderen die Beute streitig – so fing sie an, die Weltstadt mit Herz. Aus Baty hätte ebenso gut Astana hervorgehen können, doch es hat nicht sollen sein. Am Ostufer kriecht der Lindwurm schließlich wieder an Land. Wir kaufen einer Händlerin noch Räucherfisch ab und wollen uns unterwegs einen Picknickplatz suchen. Sergazy gibt den Witz mit den betrunkenen Mäusen zum Besten, doch der würde jetzt zu weit führen. Wir brausen erneut durch karges, sprödes Hügelland – gut, gut, ich erzähl ihn ja schon. Er stammt noch aus Sowjetzeiten. Also: Drei Mäuse, eine georgische, eine russische und eine kasachische, trinken sich einen an. Es dauert nicht lange, und die georgische Maus tanzt auf dem Tisch. Die russische Maus wird von ihrer slawischen Seele übermannt und wälzt sich schluchzend im Sessel. Die kasachische Maus krempelt die Ärmel hoch und ruft: Wo ist die Katze?!

Baty lag nicht nur an der Grenze zweier Weltreiche, sondern auch an einer Klima- und Vegetationsgrenze. Wuchsen bisher noch hie und da Büsche, in geschützten Lagen auch Pappeln, so wird jetzt selbst die Grasnarbe immer schütterer, immer mehr Salzflecken schimmern hindurch. Blanker Himmel über blankem Land. *Bad Lands* wie in Süddakota, der hiesige Name lautet denn auch Takyr, was einen kahlen Platz oder Raum bezeichnet; Takyrbas heißt die Glatze. Der Anblick allein wirkt demoralisierend. Eine schaurige Ahnung von der Steppe als Verbannungsort steigt auf. Schon Dostojewski war nach Semipalatinsk strafversetzt worden, und noch Solschenizyns Gulag befand sich in der gleichen Region, auf halber Strecke nach Astana. Während beider Weltkriege wurden im russischen Orient riesige Gefangenenlager angelegt. Ihre Bilanz war fast stets verheerend, die Todesrate lag oft über fünfzig Prozent. Von Spassk, einem der größten derartigen Komplexe der Sowjetunion, heißt es in einem Bericht des Roten Kreuzes von 1958 lapidar: »Über die Sterblichkeit unter den Gefangenen ist wenig bekannt geworden, da es nur vereinzelte Überlebende gibt.« Das Lager wurde dann nahtlos als Gulag-Kolonie fortgeführt. Es gibt eine Literatur der Steppe, die vom Glück der Freiheit erzählt. Und es gibt eine, die erzählt von Finsternis, Verzweiflung, Verstummen und Tod.

An der tiefsten Stelle dieses weiten Beckens ruht der Saissan Nor. Die Straße entfernt sich von ihm, doch ab und an schimmert er herüber. Er gilt als der älteste See der Welt, reichen seine geologischen Annalen doch siebzig Jahrmillionen zurück. Durch den Rückstau des Irtysch aber wird er nun zunehmend durchmischt, gleichzeitig können die Sedimente nicht mehr abfließen. Wie vielen anderen Steppenseen auch, wird ihm parallel durch Anzapfen der Zuflüsse und erhöhte Verdunstung das Wasser abgegraben. Da liegt er und hat Stress.

Wir halten an einem Rastplatz. Ein schmiedeeiserner Pavillon beschattet einen lila Plastiktisch, auf dem wir unseren Fisch zerlegen. Nebenan hat eine Bäuerin ihre Melonen aufgestapelt wie ein Kanonier. Die sterilen Hänge, der Staub, die stechende Sonne – es gibt nichts Köstlicheres, als dann seine Zähne ins schaumige Fleisch zu schlagen, einen Bissen nach dem anderen zu mampfen, jeden Tropfen des süßen Saftes aufzusaugen. Auch ein paar andere Autofahrer folgen unserem Beispiel, die Bäuerin kann zufrieden sein. Als einer davon hört, wo ich herkomme, preist er sein deutsches Jagdgewehr. Und zeigt sich enttäuscht darüber, dass ich die Marke nicht kenne. Am Ende bin ich gar kein richtiger Deutscher? Ich frage ihn, warum er, wie die Mehrheit der kasachischen Männer, Tarnkleidung trägt, obwohl er sichtlich nicht auf der Pirsch ist, sondern auf Familienausflug. Er bestreitet, dass eine solche Montur paramilitärische Gesinnung anzeige – sonst hätte er doch jetzt im Herbst keine Wintercamouflage angelegt. Nein, erklärt er, sie bekämen sie von der Armee geschenkt oder billig überlassen. Sie sei bequem, und praktisch wegen der vielen Taschen. So weit seine Erklärung, warum die Eingeborenen tagein, tagaus militante Pyjamas tragen, ob im Auto, im Flugzeug oder in der guten Stube. Sie scheinen gar nicht auf die Idee zu kommen, dass man sich auch anders kleiden könnte.

Am Rande der Glatze fahren wir durch einen uralten Transitkorridor weiter nach Südosten. Schon Alexander Newski zog am Saissansee vorbei nach Karakorum, um den Mongolenherrschern Tribut zu zollen. Meyer, Schrenk, die Atkinsons, Wlangali und Tjan-Schanski, Sosnowsky, Brehm und Finsch – sie alle sind hier durchgekommen. Noch heute bilden die Straßen beiderseits des Irtysch eine wichtige Verbindung zwischen Russland und China. Der Knastbruder mit der Kellerstimme fängt wieder an. Würden wir bis Urumtschi fahren, ich könnte irgendwann mitsingen. Du bist der Beste! Der Fahrer legt sich ins Zeug, als wolle er seinen eigenen Rekord über die Langstrecke brechen. Mit hundertzwanzig Sachen zischt er an einer Polizeistreife vorbei; erlaubt sind achtzig. Entfesselte Beschleunigung, rasendes Rumpeln – aber natürlich, Gagarin ist sein Idol, er übt für den Sprung in die Schwerelosigkeit! Gleich wird er uns in eine andere Dimension katapultieren.

Die beiden unterhalten mich mit Provinzschnurren. So gab ein hiesiger Viehzüchter Lastwagenfahrern einmal einen Hengst als Beiladung mit und bat sie, ihn möglichst weit weg auszusetzen. Ihr Ziel war Almaty, über tausend Kilometer entfernt. Sie taten, wie ihnen geheißen. Zwei Monate später war der Hengst zurück. Und er kam nicht allein, sondern mit einem Dutzend Stuten im Gefolge, die er anderen abspenstig gemacht hatte. Er hatte das gewisse Etwas. Sein Besitzer schlachtete die Stuten, bevor ihm jemand auf die Schliche kam, und schickte den Hengst bald erneut los. Nach dem dritten Mal flog er dann auf.

*Felicità, felicità.* Nach einigen weiteren Stunden – vielleicht drei, vielleicht auch fünf, wer will das wissen? – schwenken wir westlich ab nach Saissan. Ein Schild zeigt 1265 Kilometer bis Omsk an. Ist das nun weit oder nah? Entfernungen bemisst man hier üblicherweise in Stunden oder Tagen, Kilometer bedeuten wenig. Manche Strecken werden als »weit« eingestuft, andere als »nicht so weit«. Omsk rangiert irgendwo dazwischen. Jedenfalls korrespondiert der Wegweiser mit einer historischen Achse: Zur Zeit der Zarenherrschaft war Omsk die Hauptstadt des »Generalgouvernements der Steppe«, die Grenzposten wurden von dort aus verwaltet und beschickt.

Saissan, Kleinstadt im äußersten Osten Kasachstans, gegründet 1864–68, sechzehntausend Einwohner, keine Schönheit. Schachbrettartiger Grundriss, die Häuser dennoch wie hingewürfelt, nur wenige davon mehrstöckig. Nach Süden zu von sandigen Hügelzügen abgeschirmt, zur Steppe hin sperrangelweit offen. Darüber ein gleichfalls kahler Himmel. Temperaturen übers Jahr zwischen minus vierzig und plus zweiundvierzig Grad. Keine verzeichneten Eishockeyspieler, dafür ein Poet, Pawel Wassiljew, hingerichtet unter Stalin. Wichtigster Wirtschaftszweig ist die Viehzucht; sogar eine Kamel-Kolchose gibt es. Mehr Russland als Fernost, liegt die Stadt kulturell weiter westlich als geographisch. Ich möchte eine Postkarte an Jean-Louis Gouraud schicken, der lange vor mir auf Przewalskis Spuren gewandelt und geritten ist. Sein vergnügtes »Asie Centrale, Asie Cheval« habe ich noch im Ohr. Doch es gibt keine Postkarten von Saissan, sei es aus Mangel an Nachfrage, sei es aus Mangel an Motiven. Auch im örtlichen Museum nicht, von dem ich Aidana gesagt hatte, dass es mein vordringliches Ziel sei. Wo, wenn nicht dort, ließe sich mehr über diese Sternstunde der Zoologie in Erfahrung bringen?

Der Direktor und zwei Mitarbeiter erwarten uns. Obwohl das Haus in einer halben Stunde schließt, offeriert er erst einmal Tee in seinem Büro. Draußen wird unser Gepäck umgeladen, ein Kommen und Gehen, ein Diskutieren und Arrangieren setzt ein, dessen

Sinn und Zweck mir verborgen bleibt. Was Frau Merkel so mache? Wie Bayern München sich so schlüge? Irgendwie kommt das Gespräch auf Dschingis Chan. Sie wissen, dass er eigentlich Kasache war? Nein, wirklich? Aber sicher, das hat sich im Ausland nur noch nicht herumgesprochen. Wie ja auch Brünnhilde Kasachin war. Die also auch noch? Donnerknispel! *Roßweiße, Schwester, leih mir deinen Renner!* Wussten Sie das nicht? Sie kam dann mit den Hunnen nach Europa. Noch etwas Tee? Gerne. Aber nicht, dass Sie meinetwegen Überstunden machen müssen. Wollen wir vielleicht langsam die Ausstellung –

Gleich. Wir warten noch auf jemanden.

Ah. Auf wen denn?

Auf Themistokles.

D a kommt er auch schon. Ein kleiner Herr mit einem Vogelkopf, Anfang achtzig und drahtig wie ein Handballtrainer: Themistokles Tschungsow. Seine Eltern müssen den Churchill von Athen nachhaltig bewundert haben. Meist vereinfacht seine Umgebung den Namen zu Femistokl, woraus im Eifer des Übersetzens auch mal Mephistophel werden kann. Hinter den dicken Brillengläsern halten klare, entschiedene Augen der Gravitation des Alters stand.

Die Abteilung für Vor- und Frühgeschichte absolvieren wir im Galopp. »Nicht alle unsere Altertümer kommen ins Museum«, stellt der Direktor klar, »so viele Museen könnten wir gar nicht bauen. Vieles bleibt in der *Landschaft.*« Dieses Stichwort verstehe ich auch ohne Sergazys Hilfe, es ist übers Russische ins Kasachische eingewandert. Morgen, fährt der Direktor fort, würde ich gewiss allerhand zu sehen bekommen. Heiliger Gumboldt! Damit hatte ich gar nicht gerechnet. Gibt es hier Felszeichnungen? Aber ja. Und Kurgane? Noch und nöcher. Und Steinstelen? Nur hier zögert die Runde. Dann rückt Themistokles mit der Sprache heraus: »Früher standen hier viele, die Kurgane waren ja davon gesäumt.« Er illustriert es mit dem Zeigefinger an einem Modell, als würde er die Kerzen auf einer Geburtstagstorte zählen. »Doch als unsere Leute sesshaft wurden, haben sie sie in ihren Häusern verbaut.« Auch schamanische Ritualsteine fände man, mit einem Loch für das Blut der geopferten Tiere.

Dann folgt auch schon die Spätgeschichte. Die betreffende Abteilung würdigt Humboldt und Ritter, brachten sie die Region doch auf die Weltkarten, indem sie erste verlässliche Beschreibungen davon verfassten. Meyer, Wlangali, Potanin – ich begegne manchem Namen, der mir durch die Literatur vertraut geworden ist. Hier aber sind diese Leute leibhaftig gewesen, haben ganz andere Mühen auf sich genommen, um herzukommen und am Ende auch wieder zurück. Przewalski, diesen Odysseus des Festlandes, hat es dagegen wider Willen an die Gestade des Saissansees verschlagen. Sein Pech machte sein Glück. Es war die Ära der großen Entdeckungsreisen. Wie der Name schon sagt, bestand ihre Mission darin, Verborgenes aufzuspüren: die Quellen des Nils, Timbuktu, die Nordwestpassage, Franz-Josef-Land, den Lob Nor. Oder geheimnisvolle Naturvölker. Oder unbekannte Menschenaffen, Wildkamele, Riesenechsen. Bei diesem Wettbewerb des Weltwissens war Russland eines der gefragtesten Ziele wie auch einer der wichtigsten Akteure. *Petermanns Mitteilungen,* die führende deutschsprachige Fachzeitschrift, pries es damals als »eines der gelobten Länder für geographische Bestrebungen«. Zwischen 1870 und 1885 unternahm Przewalski vier Expeditionen durch die Weiten Mittelasiens, die damals »noch so unbekannt waren wie das Innere Afrikas«. Üblicherweise werden sie von eins bis vier durchnummeriert. Wobei die Allererste, seine Generalprobe im Fernen Osten, dann als Nullte anzusetzen wäre. Auf eine nähere Beschreibung der Routen verzichte ich. Als Schuljunge versuchte Sven Hedin, sie nachzuzeichnen. Er brauchte eine ganze Wand dafür.

Als Spross aus verarmtem Kleinadel ist Nikolai Michailowitsch Przewalski 1839 in Smolensk an den Gestaden des Dnjepr zur Welt gekommen. Seinen Vater hat er früh verloren, das Militär wird ihm dann zur zweiten Familie. Auch von ihm ließe sich sagen, »dass sein Schicksal ihn zum Reisen bestimmt hat«. Schon als Kind durchstreift er begeistert die umliegenden Wälder, Stadtbesuche dagegen machen ihn krank. Als wolle er den Fahnenwechsel seines Vorfahren ungeschehen machen, geht er, nachdem er die Akademie des Generalstabs absolviert hat, als Freiwilliger nach Warschau, um dort die russische Herrschaft zu zementieren. Zur Strafe muss er, zumindest in der zoologischen Literatur, bis in alle Ewigkeit das polnische ›rz‹ im Namen tragen. Als Lehrer an einer Schule für Offiziersanwärter frönt er seiner großen Leidenschaft, der Erdkunde. Er lernt Polnisch, doch nicht, um in Warschau zurechtzukommen, sondern um einige ornithologische Standardwerke studieren zu können. Mit einer weitgehend selbst organisierten und selbst finanzierten Expedition zum Ussuri gibt er dann seinen Einstand als Naturkundschafter. Diese Gebiete sind erst kürzlich von Russland annektiert worden; Wladiwostok zählt noch keine sechshundert Einwohner. Im beginnenden Zeitalter des Imperialismus werden Grenzen eher als Hypothesen denn als Realitäten angesehen. Ein Gutteil der Forschungs- oder besser Ausforschungsreisen jener Zeit führt durch solche Niemandsländer. Sie sollen immer auch Anhaltspunkte für künftige Grenzverläufe zum Vorteil der jeweiligen Zentralregierung liefern.

Przewalskis naturwissenschaftliche Kenntnisse sind allgemein gut, wenn auch mit denen der jeweiligen Spezialisten nicht vergleichbar. Nur dass diese Spezialisten keine zwei Wochen auf seinen Expeditionen durchhalten würden und es auch schnell zu Problemen bei der Subordination käme. Er mag widerborstig sein, doch erweist er sich als unersetzlich und in der Verbindung von Durchsetzungskraft, Wissensdrang, Pflichtgefühl und militärischem Schliff auch als unschlagbar. Es handelt sich um den seltenen Fall eines Draufgängers mit Augenmaß. Später, als er schon eine Berühmtheit ist, versuchen beflissene Akademiker einmal, ihm Nachhilfe in Geologie zu erteilen, die zu seinen eher schwachen Seiten zählt. Doch sie stellen ihre Bemühungen bald resigniert ein und verständigen sich dahingehend, dass er dann eben im Nachhinein ihren Rat einholt.

War die nullte Expedition seine Gesellenarbeit, so wird die erste sein Meisterstück. Sie beginnt 1870, dauert drei Jahre lang und führt über gut elftausend Kilometer durch *terra incognita* im Norden Chinas bis hinauf ins tibetische Hochland. Im Rang eines Oberst-Lieutnant stehend, reist er mit kleinem Gepäck und kleiner Entourage, nur einer Handvoll Kosaken und seinem Setter »Faust«. Hinzu kommen wechselnde einheimische Begleiter. Er muss selbst mit Hand anlegen, die Tiere beladen, Kamelmist als Brennmaterial sammeln. Was den Führungsstil angeht, macht er aus seinen Überzeugungen kein Hehl: »Despotismus ist für den Erfolg eines solchen Unternehmens unerläßlich.« Umgekehrt sieht sich die kleine Schar ihrerseits einer despotischen Natur ausgesetzt. Manchmal ist es so kalt, dass die Tinte erstarrt, einmal gefriert sogar das Quecksilber im Thermometer. Selbst die Kosaken frösteln, obwohl sie grundsätzlich in ihren Pelzröcken schlafen. Im Sommer wiederum reiten sie wochenlang unter einer sengenden Sonne dahin. Was Przewalski einmal bewundernd von einer mongolischen Karawane sagt, das gilt auch für ihn und seine Leute: »Man muß wirklich aus Eisen sein, um eine solche Reise zu ertragen.«

Zu ihrer täglichen Routine zählen Ortsbestimmung, Höhenmessung und Dokumentation des Routenverlaufs, geologische und meteorologische Untersuchungen, das Sammeln von Pflanzen und Tieren sowie die Jagd zur Versorgung der Gruppe. Bereits auf dieser ersten Reise erzählen einheimische Begleiter ihm von wilden Steppenpferden. »Sie halten sich in den entlegensten Gegenden auf und sind schwer zu beschleichen.« Er nimmt es interessiert zur Kenntnis, doch dabei bleibt es vorerst auch.

Die Reise gerät »zu einer Pilgerfahrt durch die wilden Gegenden Asiens«. Der erhoffte Vorstoß bis nach Lhasa erweist sich schließlich als undurchführbar, dennoch macht die Expedition reiche Beute: viertausend Pflanzenexemplare, dreitausend Insekten, tausend Vögel und über hundert Säugetiere, die bisher kaum oder noch gar nicht bekannt waren. Als Trophäen der Wissenschaft wie des Imperiums werden sie nach seiner Rückkehr im monumentalen Generalstabsgebäude präsentiert, wo nicht nur Zar Alexander II. und etliche Minister sie bestaunen, sondern auch Kaiser Franz Joseph, der gerade auf Staatsbesuch weilt und, selbst ein manischer Jäger, sich Allerhöchst erfreut zeigt. Noch vor der zweiten Forschungsreise wird Przewalski zum Oberst befördert. Sie beginnt im Sommer 1876 und soll zum mysteriösen Lob Nor führen, jenem Steppensee, der damals noch vom Tarim gespeist wird. Er ist westlichen Geographen bisher nur aus chinesischen Quellen geläufig. Noch Robert Shaw, der, aus Indien kommend, einige Jahre zuvor bis Kaschgar vorgestoßen ist, hat sich bei seinen Berechnungen gründlich verschätzt. *Petermanns Mitteilungen* rügen ihn denn auch dafür: »Als wenn jemand den Bodensee aufs Riesengebirge verlegen wollte.« Gustaf Renats Karte ist zu dieser Zeit noch nicht bekannt, und so gilt Przewalski als der erste Europäer, der den Lob Nor zu Gesicht bekommt. Erst vier Dezennien später wird sich herausstellen, dass er stattdessen wohl den benachbarten Karakoshun besucht hat, wobei die wenigen Bewohner der Gegend offenbar keinen Unterschied zwischen beiden Seen machen und die ganze Angelegenheit etwas verworren bleibt. Als sie einen Dorfältesten fragen, wie weit es noch bis zum Lob Nor sei, deutet dieser erstaunt auf sich selbst und verkündet: »Ich bin Lob Nor!«

Der erste Europäer dort war Przewalski jedenfalls nicht, und als Kronzeuge dafür dient kein Geringerer als er selbst. Seine Gastgeber berichten, dass sich fünfzehn Jahre zuvor hundertsiebzig russische Altgläubige dort niedergelassen hätten. Diese Orthodoxie der Orthodoxie hatte sich im 17. Jahrhundert von der Amtskirche abgespalten, oder diese sich von ihnen. Sie wurden verfolgt, verschmäht, vergrämt. Pioniere des Rückzugs, führte ihr Trotz sie in die entferntesten Winkel Russlands und Ostasiens ebenso wie nach Nordamerika und Australien. Im Falle des Lob Nor schickten sie sich selbst in die Wüste, als wollten sie die Unbeugsamkeit ihres Glaubens prüfen, als wollten sie demonstrieren, dass ihnen auch Unmögliches möglich sei. Ein Detail in diesem Bericht elektrisiert uns: Es heißt, sie hätten dort »polnische Pferde« gejagt. Das wären Tarpane. Was zeigt, dass einige Sektenmitglieder früher in Polen gelebt haben müssen, das zu dieser Zeit unter russischer Herrschaft steht und bis kurz vor Kiew und Smolensk reicht. Und dass sie diese zierlichen Wildpferde dort noch mit eigenen Augen gesehen haben. Ein letzter Gruß vom Tarpanland ins Tachiland? Tatsächlich wollten die ersten Nachrichten, die Przewalski zu Ohren kamen, von einem entsprechenden Vorkommen am Lob Nor wissen. Später tut er sie dann aber als »Phantastereien« ab. Obwohl kirgisische Begleiter ihm auch auf dieser zweiten Reise versichern, dass am Rand der Gobi neben dem Kulan auch der *Surtag* lebt, »eine andere Species des wilden Esels«. Wieder dieser ominöse Doppelgänger, Brehms *Surtaka,* hinter dem die *Tachi* sich verstecken. Was die Altgläubigen am Lob Nor angeht, so meint Przewalski, dass sie dort eben Kulane gejagt hätten. Nur dass er zu diesem Zeitpunkt selbst noch keinen blassen Schimmer von der Existenz der *Surtaka* hat, bis auf die erwähnten Gerüchte, denen er keinen rechten Glauben schenkt. Ach, wüssten wir nur etwas mehr! Doch die russischen Kolonisten sind wenige Jahre später in den Wirren der Dunganenaufstände aufgerieben worden und ebenso spurlos verschwunden wie die *Tachi* und dann auch der Lob Nor.

Aber wäre es überhaupt möglich, dass große Herden von Huftieren binnen fünfzehn Jahren gänzlich ausgelöscht werden? Doch, das wäre sehr wohl möglich, wenn sie ohnehin am Rand des Existenzminimums lebten und dann plötzlich mit Feuerwaffen gejagt würden, wie die einheimische Bevölkerung sie nicht hatte, wie sie aber die russischen Siedler und die gleichzeitig herbeiströmenden chinesischen Kolonisten und Soldaten mit sich führten. Das »überlebensfähige Ungleichgewicht« kippte dann schlagartig. Tatsächlich hat sich just am Lob Nor ein ähnliches Massaker ereignet, und der Kronzeuge dafür ist wiederum niemand anderer als Przewalski: »Vor zwanzig Jahren kamen hier noch viele wilde Kamele vor. Ein Jäger erzählte uns, daß man bisweilen hundert von ihnen zugleich sah. Jetzt läßt sich in manchen Jahren kein einziges mehr blicken.« Die dortigen *Tachi* könnte das gleiche Schicksal ereilt haben.

Doch damit nicht genug der Melancholie. Während eines Unwetters kommt Przewalski mehrere Tage bei örtlichen Fischersfamilien unter, die er als Urbevölkerung ansieht und Lobnorer nennt. Sie hausen in Schilfhütten, gehen barfüßig und halb nackt, nur im Winter tragen sie »Schuhwerk der ärmlichsten Art aus unbehandelten Häuten«. Ihre Werkzeuge »könnten als Musterstücke der Eisenzeit gelten«. Er vergleicht die Lobnorer mit Darwins Feuerlandindianern, vegetieren doch auch sie aus Sicht der Europäer auf einer primitiven Kulturstufe vor sich hin. »Boote, Netze, Fische, Enten und Schilf sind die einzige Mitgift, mit denen Stiefmutter Natur sie versehen hat.« Und doch schwingt in seiner eingehenden Beschreibung eine Wärme und Anteilnahme mit, die er wenigen anderen Volksgruppen schenkt. »So leben die unglücklichen Lobnorer, unbekannt in der ganzen Welt und von ihr nichts wissend.«

Nachts am See wird einer seiner Hunde von einem Tiger gerissen. Überhaupt steht diese zweite Reise unter keinem guten Stern; der Bericht über sie gerät denn auch von allen am dürftigsten. »Seine bisherige zoologische Ausbeute ist gering«, meldet die famose, von Richard Kiepert herausgegebene Zeitschrift *Globus* schon vorab. Sie bringt es fertig, selbst in einem so weltverlorenen Kaff wie Kuldscha, dem heutigen Yining im Ili-Tal, einen freien Korrespondenten zu haben. Ende Dezember 1877 meldet er das Eintreffen der Expedition, und wenige Wochen später steht die Nachricht auch schon im Blatt, bald gefolgt von einem weiteren Artikel über ihre Ankunft in Saissan. Schließlich kommt auch noch Przewalskis eigener Bericht im *Globus* heraus, dessen geneigte Leserinnen und Leser die Expedition also nahezu in Echtzeit verfolgen können. Ähnlich rasch, binnen vier Wochen, war im Jahr zuvor ein Bericht von Otto Finsch aus Saissan in der *Weserzeitung* erschienen. Ein Brief von Deutschland in die USA braucht heute noch genauso lange.

Auf Przewalskis Etappenstation sind sie hier natürlich besonders stolz. »Ursprünglich hatte er eine andere Route im Sinn«, erklärt der Direktor. »Doch das Geld ging zur Neige, und sowohl er wie auch mehrere Begleiter litten an einem bösen Ausschlag. So dass sie kaum mehr gehen, geschweige denn reiten konnten.« Mit letzter Kraft schinden sie sich bis Saissan. »Es waren die schlimmsten Tage meines Lebens«, bekennt der Anführer. Sie schicken nach Semipalatinsk um Medikamente und Ärzte, doch nur langsam vermögen sie sich auszukurieren. Der Schmetterlingssammler Josef Haberhauer aus Mähren leistet ihnen zeitweise Gesellschaft. Und doch wird gerade diese Reise Przewalskis Ruhm begründen, wird ihn und Saissan in die Annalen der Naturgeschichte einschreiben. Denn hätte er sich hier nicht ausgeheilt, hätte er nicht seine Ausrüstung und auch einige seiner Leute hiergelassen, und wäre er deshalb nicht ein Jahr später hierher zurückgekehrt – er hätte die letzten Wildpferde der Erde womöglich nie entdeckt. Es wäre auch in seinem Fall bei unklaren Sichtungen geblieben – vielleicht doch Hauspferde, vielleicht doch Kulane? –, bei Berichten vom Hörensagen, bei örtlichen Legenden. Die Wissenschaft aber fordert Beweise. Heute würde, zumindest fürs Erste, auch ein Foto einer unbekannten Tierart genügen. Doch wenngleich bereits Sosnowsky und Széchenyi »photographische Apparate« mit sich geschleppt haben, wenngleich auch Przewalski es dann auf seiner vierten Expedition widerstrebend damit versucht – die Kameras sind zu dieser Zeit höchst unhandlich und erfordern derart lange Belichtungszeiten, dass an Tierdokumentation noch überhaupt nicht zu denken ist. Erst eine Generation später konnten Pioniere wie Carl Georg Schillings oder Karl Soffel ernsthaft »mit Blitzlicht und Büchse« auf Forschungsreise gehen. Davor blieb den Zoologen allein die Büchse. Nur ein totes Tier ist unanfechtbar.

Einem guten Jäger, so will es ein russisches Sprichwort, läuft das Wild zu. Wobei Unklarheit darüber herrscht, ob ihm das bewusste Pferd schon am Ende der zweiten Expedition zugelaufen ist oder erst bei den Zurüstungen zur dritten. Przewalski selbst handelt die Angelegenheit nur in einer Fußnote ab, geniert sich wohl auch, dass er genau genommen nicht als Entdecker dieser Pferde angesehen werden kann, lediglich als ihr Überbringer. Die *Tachi* haben ihn zum Mittelsmann auserkoren, doch der Ruhm gebührte eigentlich Aldiarow, diesem kirgisischen Nimrod. Nur dass der wiederum nie auf den Gedanken gekommen wäre, sich als »Entdecker« einer Tierart zu sehen, die er gewohnheitsmäßig jagte, nicht anders als seine Vorfahren. Przewalski kann sein Glück selbst nicht ganz glauben: »Das Merkwürdigste ist, daß dieses wilde Pferd noch nirgends angetroffen worden ist.« Noch merkwürdiger scheint freilich, dass man es bereits für ausgestorben hielt, noch bevor es entdeckt war. Typisch *Tachi* – ganz wandelnder Widerspruch.

So erkundige ich mich denn bei meinen Gastgebern nach dem Hintergrund dieses kirgisischen Jägers – doch weiter komme ich nicht. »Kasache! Er war Kasache!« Ach. Aber ist nicht bei Przewalski, wie auch bei Brehm, von einem Kirgisen die Rede? »Kasache! Kasache!« Tatsächlich war Aldiarow noch autochthoner als Brünnhilde, und das Kuddelmuddel ist der damaligen russischen Sprachregelung geschuldet. Grundsätzlich sind beide Völkerschaften miteinander verwandt und haben sich teilweise auch vermischt, wie auch mit Mongolen, Uiguren und anderen nomadisierenden Völkern. Beide Sprachen gehören zu den Turksprachen. Zur Zeit der Zarenherrschaft aber vermied man die Bezeichnung »Kasachen«, um Verwechslungen mit den »Kosaken« vorzubeugen. Beide Worte gehen auf die gleiche türkische Wurzel zurück und bedeuten so viel wie freier Mann, freier Krieger. Die eigentlichen Kirgisen, so die Faustregel, lebten in den Bergen, die Kasachen galten kurzerhand als Flachlandkirgisen. Wobei die einen wie die anderen oft auch den Tataren zugeschanzt wurden, wenn man sie nicht schlicht als »Asiaten« subsumierte. Umgekehrt bilden die Kasachen heute zwar die Titularnation des riesigen Landes, in dem an die hundert Völkerschaften leben, die jedoch im offiziellen Sprachgebrauch alle als Kasachen vereinnahmt werden. Mehr sollte ich dazu nicht sagen, denn wenn überhaupt, so wissen am ehesten sie selbst, was da Kasache ist.

Aldiarow hatte sich der Expedition durch eine eindrucksvolle berufliche Biographie empfohlen: »Er bekannte, daß er im Laufe seines Lebens – er war 53 Jahre alt – mehr als tausend Pferde gestohlen hätte.« Der Typusfundort, die Stelle nämlich, an der er das *Tachi* zur Strecke gebracht hatte, lag westlich des heutigen Schutzgebiets Gobi B, rund dreihundert Kilometer von Saissan entfernt. Es war ein anderthalb Jahre altes Füllen. Warum hat er ein Jungtier geschossen, nicht gerade die feine waidmännische Art? Hunger scheidet als Erklärung aus, rund um den Grenzposten hätte es genügend Wild gegeben. War es einfach Zufall? Oder hat er bewusst eines ausgewählt, weil es leichter zu transportieren war? Warum sollte er den Schädel überhaupt über eine derartige Strecke mit sich schleppen? Durch den Besuch der deutschen Zoologen hatte er gelernt, dass seltene Tiere von Europäern gesucht und gut bezahlt wurden. Ist er deshalb nach Przewalskis Ankunft eigens losgezogen, um Beute zu machen? Oder hat Tichanow, der Kommandant, ihn dazu angestiftet? Hat Aldiarow als Auftragskiller gehandelt? So scheint es in der Tat: Przewalski erntete, was Brehm & Co. gesät hatten.

Finsch hat dazu eine Schlüsselszene überliefert: »Von Säugetieren wurden mir ebenfalls Überraschungen bereitet. Ganz besonders durch Häute des Kulan oder wilden Pferdes.«Wenn wir Herrn Direktor hier korrigieren dürfen – nicht *oder,* sondern *und.* An diesem Trugschluss sind ganze Forschungsreisen gescheitert. Der Kulan ist das eine Zaubertier der Steppe, *und* das Wildpferd das andere; vielleicht merken Sie sich diese Halbeselsbrücke. Doch bitte, fahren Sie fort:»Der Anblick, als unerwartet zwei Kirgisen, je mit einer mit Schilf ausgestopften Haut eines solchen, gleichsam ein ganzes Pferd unterm Arm haltend, vor der Tür standen, war ein so urkomischer, dass man ein herzliches Lachen nicht unterdrücken konnte.«Nun, wenn Ihnen danach ist, dann lachen Sie ruhig. Doch noch während Sie lachen, rollt ein kolossales Schnauben durch die Große Gobi, ein Stoßseufzer der Enttäuschung, der bis hinauf in den Altai hallt.

Denn in diesem Moment hätte es nur eines kleinen, in keiner Weise unbescheidenen Ersuchens Ihrerseits bedurft:»Ach, liebe Wildschützen, das ist ja reizend von euch. Seid herzlich bedankt. Was sind wir euch schuldig? Und da wir nun schon einmal dabei sind – wäre es euch vielleicht möglich, auch noch ein Exemplar dieses anderen Wildpferds aufzutreiben, also von diesem Surtaka, Sirtaki, na, ihr wisst schon: das, das immer so schaut.«Seien Sie versichert, Herr Direktor, Ihre beiden Kirgisen – Kasachen! Kasachen! – hätten sich unverzüglich auf die Pirsch gemacht. Und dann, dann hätten Sie wirklich gut lachen gehabt. Denn dann würde Ihr Haus, das heutige Übersee-Museum zu Bremen, berstend vor Stolz das Typusexemplar beherbergen. Dann würden Pferdefreunde aus aller Welt an die Weser pilgern. Dann hätte Oberst Przewalski zwei, drei Jahre später Mirsasch Aldiarow, den größten Pferdedieb der ganzen Tartarei, vertrauensvoll beiseitegenommen, ob er ihm nicht vielleicht auch ein Exemplar dieses mirakulösen Brehm- oder Finschpferdes beschaffen könne, dieser *species nova,* die neulich hier in Saissan, dem Nabel der Welt, entdeckt worden sei.

Das Museum besitzt ein Porträt Aldiarows. Er könnte für das

Reiterstandbild von Timur in Taschkent Modell gestanden haben: schmale Augen, hohe Wangenknochen, spitzer Bart, ziemlich kriegerisch und verwegen. »Er kannte sich in der westlichen Mongolei und in China gut aus«, vermerkt die Bildlegende, »Przewalski schätzte ihn als erfahrenen Führer und Jäger.« Sie präsentieren sogar noch seine Büchse, auch wenn niemand beschwören kann, dass er mit genau diesem Gewehr genau dieses Pferd erlegt hat. Doch näher als hier, das spüre ich, kann man dem eigentlichen Entdecker dieses Tieres nicht kommen. Seine Schützenhilfe gab den Ausschlag. Mit ihm als Führer durch die Dsungarei sieht Przewalski die Wildpferde dann zu Beginn der dritten Expedition auch noch mit eigenen Augen, kommt einmal sogar auf Schußweite heran. Doch sie nehmen gerade noch rechtzeitig Witterung auf und stieben davon. Wobei es, wie bei fast jeder späteren Sichtung, auch hier Stimmen gibt, die meinen, dass er gar keine *Tachi,* sondern Kulane erblickt hat. Tatsächlich könnten auswärtige Besucher die beiden ungleichen Vettern leicht verwechseln, schon gar auf große Entfernungen hin. Doch deren einheimische Begleiter dürften kaum je fehl in ihrem Urteil gehen. Przewalski berichtet mehrfach, dass sie Wild erspähen, das er selbst mit dem Fernglas nicht ausmachen kann – ein eindrucksvoller Fall von Koevolution.

Archetypus des Entdeckers, sucht er bald wieder sein Heil in der Flucht. Diesmal hat er mit der Eisenbahn schon bis Orenburg anreisen können, ist dann noch einen Monat lang nach Saissan geritten. Mit vier Tonnen Gepäck, verteilt auf zwei Dutzend Lastkamele, gerät diese Expedition schon etwas aufwendiger. Den größten Posten bilden Waffen und Munition. Doch auch chinesische Münzen schlagen mit zweihundert Kilo zu Buche. Hinzu kommen jede Menge Spiritus zum Konservieren, Löschpapier fürs Herbarium und Werg zum Ausstopfen der Tiere. Eine eigene Schafherde begleitet den Trupp als wandelnder Proviant. Es ist jene Reise, auf der es zu einem Fernduell mit Graf Széchenyi kommt. Wie dieser besucht

Przewalski die Höhlen von Dunhuang, wie dieser versucht er abermals, nach Lhasa zu gelangen. Martialische Landstreicher, ziehen sie stoisch »durch die wildesten und traurigsten Gegenden«. Doch weit davon entfernt, beständig Abenteuer zu erleben, beherrschen lange Phasen der Monotonie die Expeditionen: »Der Charakter der Wüste ist sehr gleichförmig ... Vierfüßler sahen wir nicht, nur Vögel ... Alles flieht diese trostlose Öde.« Die Verpflegung gestaltet sich ähnlich eintönig, doch was nimmt man nicht alles in Kauf, um gesellschaftlichen Zwängen zu entrinnen. »Ich bezweifle, daß irgendein Gourmet die Köstlichkeiten der europäischen Küche mit dem gleichen Behagen genießt, wie wir gepressten Tee trinken und Tsampa (Gerstenbrei) mit Hammelfett essen.« Auch sonst lassen sie die Normen der Zivilisation mehr und mehr hinter sich: »Merkwürdig war das kolossale Wachstum unseres Kopf- und Barthaares.« Äußerlich sind sie von einer Bande Strauchdiebe kaum zu unterscheiden, mit Przewalski als eindrucksvollem Räuberhauptmann. Nur ihre Beute ist eine andere: Rotschwänze, Pfeifhasen, Schlüsselblumen, Seidelbast, Pyrit. Von der Bedeutung seiner Mission aber bleibt er stets erfüllt. Er huldigt seinen Idolen, indem er Teile des Nanshan als Humboldtkette, Rittergebirge und Richthofengebirge verewigt. Das Gobi-Wildschaf, eine Unterart des Argali, benennt er nach Darwin.

Wenn sie sich schlafen legen, haben sie geladene Pistolen zur Hand. Mehr als einmal müssen sie sich ihrer Haut erwehren; die wochenlangen Schießübungen und der Waffenfetischismus des Anführers haben durchaus ihre Berechtigung. Seien sie nun chinesisch, uigurisch, mongolisch, tibetisch oder dunganisch – die örtlichen Machthaber erlebt er fast immer als habsüchtige Despoten, ihre Untertanen als stumpfsinnige Gaffer oder aber als »unverschämtes, zudringliches Räubergesindel«. Die Hauptbeschäftigung der chinesischen Soldaten »besteht im Teetrinken, Opiumrauchen und sich fächeln«. Allerdings beschreibt er auch die Besatzung der russischen Garnisonsstädte im Fernen Osten, die er auf seiner allerersten Reise erlebt hat, als Abschaum der Gesellschaft. Er ist nicht zimperlich. Er beurteilt seine Zeitgenossen danach, inwieweit sie mit seinen Vorstellungen von soldatischen Tugenden und menschlichem Anstand übereinstimmen. Die wenigsten vermögen diesen Ansprüchen zu genügen. Seinen Weggefährten gegenüber aber zeigt er sich loyal, diskret und generös. Sie danken es ihm mit Gefolgschaft über den Tod hinaus.

Przewalski macht sich nichts aus materiellen Dingen; auch deshalb blickt er auf die Chinesen mit ihren Krämerseelen herab. Seine Ausschweifungen sind räumlicher Natur. *Navigare necesse est.* Er versteht sich als ein Konquistador der Wissenschaft, als naturkundlicher Fernaufklärer. Dem entsprechenden Lebensstil frönt er auch nach seiner Rückkehr. Rund um den einstigen Familiensitz wohnen ihm zu viele Leute, zu allem Überfluss kommt nun auch noch die Eisenbahn dorthin. Und so lässt er eine Annonce in die Regionalzeitung setzen: »Oberst Przewalski sucht einen Landsitz mit weniger Nachbarn, dafür reich an Wild und Fischen.« Schließlich kauft er sich in Sloboda ein, im Nordwesten der Smolensker Oblast. Das abgeschiedene Dorf liegt mitten in einer Seenplatte. Ein guter Griff – heute ist das Gebiet Nationalpark. Dort erholt er sich, schreibt seine Berichte, regelt persönliche Angelegenheiten und streift mit Luchsen, Wölfen und Bären durch die Wälder. Parallel bereitet er die nächste Expedition vor. Zusätzlich zu Wsewolod Iwanowitsch Roborowski und einigen anderen, die sich bereits auf der dritten Reise bewährt haben, sucht er noch neue Reisegefährten. Ausgerechnet in Sloboda wird er fündig. Seine Haushälterin macht ihn auf Pjotr Kusmitsch Koslow aufmerksam, einen jungen, aufgeweckten, wenn auch bisweilen etwas geistesabwesenden Kontoristen in der örtlichen Schnapsbrennerei. Das erste Gespräch klingt zu kitschig, um wahr zu sein – aber je härter die Burschen, desto geräumiger oft die Kitschecke. Was er denn so vor sich hinträume, will Przewalski wissen. »Ich dachte daran, wie viel heller die Sterne doch in Tibet erstrahlen müssen.« Damit hat Koslow sein Ticket in der Tasche. Er sollte zum engsten Schüler des Meisters werden, und zu seinem wichtigsten Nachfolger.

Die vierte Expedition erstreckt sich über mehr als zwei Jahre bis Ende 1885. Sie knüpft an die vorhergehenden an und greift weit in alle Richtungen hin aus. Die Teilnehmer erforschen das Quellgebiet des Huang He und den Oberlauf des Jangtsekiang, durchqueren die Gobi und den Tian Shan, und sie schauen mal wieder am Lob Nor vorbei, als handle es sich um ein Ausflugsziel, und nicht um einen der bis heute unzugänglichsten Winkel der Erde.

Kaum zurück, prophezeit der Unentwegte einmal mehr, dass ihn »die Sehnsucht nach den fernen Wüsten Asiens« bald wieder heimsuchen werde. »Ich habe in diesen Weiten etwas Kostbares zurückgelassen, das mir Europa nicht bieten kann: Freiheit. Eine wilde Freiheit, unbändig und beinah absolut.« Die Ferne als Droge. Wobei diese Ferne Jahr um Jahr ein wenig näher rückt, ein wenig mehr durchkreuzt, domestiziert und beschnitten wird. Für die fünfte Expedition gelangen sie 1888 mit der Transkaspischen Eisenbahn, an deren Trasse sein Bruder mitgebaut hat, schon bis Samarkand. Von dort ziehen sie dann weiter zum eigentlichen Ausgangspunkt am Issyk-Kul (Yssykköl) im heutigen Kirgistan. Doch noch während der Startvorbereitungen stirbt Nikolai Michailowitsch Przewalski dort an Typhus, noch keine fünfzig Jahre alt. Gleich den skythischen Häuptlingen wird er in voller Expeditionsmontur bestattet. Doch weder die Berufung als Entdecker noch der Rang als Oberst schmücken sein Grab, und auch seiner Orden und Medaillen wird keine Erwähnung getan. Auf dem Stein steht schlicht der höchste aller Ehrentitel: *dem Reisenden.*

Die Ausstellung zeigt, dass diese Jahre generell eine Zeitenwende markieren. Die militärische Funktion Saissans weicht einem schläfrigen Alltag als Grenz-, Zoll- und Handelsposten. Exemplarisch dafür steht das Klavier einer Berliner Pianoforte-Fabrik, das irgendwie die halbe Seidenstraße absolviert hat. Dazu reichlich Nippes und Porzellan, Vasen und Dosen, Wanduhren und Grammophon sowie die unerlässlichen Samoware. Schon Otto Finsch erwähnt ein Pianino, mit dem bei ihrem Besuch zum Tanz aufgespielt wurde, als Auftakt zu einer »italienischen Nacht« mit Lampions, Feuerwerk und Champagner. *Folies Bergère* in der Steppe. Przewalski hätte Reißaus genommen. Und auch wir müssen nun weiter; die *mountain cabin, national games* und *three meals a day* stehen ja noch aus. Themistokles will es sich nicht nehmen lassen, uns morgen zu begleiten. Ich bitte ihn, aus den Beständen des Museums ein möglichst großes Porträt von Przewalski mitzubringen, das ich dann draußen in der Steppe, in *seiner* Steppe, ablichten will. Ein Jeep mit Fahrer erwartet uns. Im letzten Büchsenlicht geht es hinein in die Berge.

N ach einer Viertelstunde stehen unvermutet zwei Geländewagen auf einer Anhöhe neben der Piste. Ihre Scheinwerferaugen glühen, ihre Silhouetten heben sich vor dem rötlich verlöschenden Himmel und den violetten Bergen ab. Ein paar Leute winken uns zu. Brauchen sie Hilfe? Oder täuschen sie eine Autopanne vor, um uns auszurauben? Oder freuen sie sich einfach, nicht alleine auf diesem Planeten zu sein?

»Whisky oder Wodka?« Welch hinreißende Begrüßung. Eine Delegation des Nachtquartiers lauert uns zum *Sundowner* auf. Darunter auch – genießen Sie den Namen – Aelita Achmetsalimkyzy, die Anführerin der Truppe, die sich A-elita spricht, offenbar zugleich die Hüttenwirtin, eine imposante Erscheinung jedenfalls. Weniger wegen der obligatorischen Tarnkluft, sondern weil sie dazu kaum enden wollende Fingernägel in dunklem Karmesinrot trägt. *Cheers!*

Während der sandige Boden die Hitze des Tages abstrahlt, streicht von den Bergen her ein kühler Hauch darüber hin. Wir dürften an der Schwelle der beiden Gebirgszüge sein; das Tarbagatai- und das Saur-Gebirge (Berg mit ›S‹!) gehen nahtlos ineinander über. Von hier aus ist ihnen nicht anzusehen, dass sie fast dreitausend beziehungsweise fast viertausend Meter hoch aufragen. Dass sie Gletscher beherbergen und einige der wildesten Täler Kasachstans. Eine Bergkette, höher als der Ätna und länger als die Pyrenäen, und doch hatte ich bislang keine Ahnung von ihrer Existenz. Ein gutes Stück davon nennt meine Gastgeberin ihr Eigen.

Wir fahren ihr hinterher. Nach einer weiteren Viertelstunde lassen ein paar schummrige Lichter ein abgeschiedenes Dorf erahnen. »Hier war ich mal sechs Monate als Lehrer«, erzählt Sergazy, wie Sarkozy, nur anders. »In dieser Zeit habe ich fünfzig Bücher gelesen.« Ein milder Rausch schwingt noch immer in seiner Stimme. Doch so bald wird er solch holde Entrückung nicht mehr erfahren. Inzwischen lebt er mit seiner Frau, seinen beiden Töchterchen, seiner Mutter und seiner Großmutter in einem Gartenhaus in Saissan, in das nun auch noch die Schwägerin mit ihrer Tochter eingezogen ist. Adolf, der Schäferhund, komplettiert die Familie. »Adolf und ich sind die einzigen Männer im Haus.« An männlichen Vornamen mit A scheint die Auswahl beschränkt. Während wir bergan rumpeln, während im Lichtkegel erst Büsche und dann veritable Bäume aufscheinen, erzählt Sergazy von seiner Familie. Vom Urgroßvater besäßen sie noch Briefe in arabischer, vom Großvater dann in lateinischer und vom Vater in kyrillischer Schrift. Alle drei hätten kasachisch gesprochen und geschrieben, doch die jeweils herrschenden Schriftsysteme hätten mit den politischen und ideologischen Vorgaben gewechselt. Wenn seine Töchter demnächst in die Schule kämen, würden sie nun wieder ins lateinische Alphabet initiiert, das künftig als Standard dienen soll, um so auch die Abnabelung von Russland zu demonstrieren.

Wir sind da. Wie einem Matrosen der Seegang an Land, fehlen mir nach dem Ausstieg anfangs die Püffe in alle Richtungen. Etliche Hütten zeichnen sich ab, von denen zwei schon als Häuser anzusehen wären. Um sie herum gruppieren sich ein paar Schuppen und ausladende Jurten, die ersichtlich für längere Zeit hier installiert worden sind. Vorübergehende Permanenz, niedergelassene Beweglichkeit. Man bittet uns in die gute Stube. Und wie in jedem anständigen Film folgt nun, da kaum eine Steigerung mehr denkbar ist, eine weitere Eskalation. Sie muss stimmig sein, aber doch gänzlich unerwartet kommen. Das ist gar nicht leicht – versuchen Sie mal, glaubwürdig und durchgeknallt zugleich zu wirken. Stimmig sind die Holzverkleidung der Wände und der Decke, die gemütlichen Art-déco-Lampen, die rustikalen Anrichten mit ihren Schalen, Tässchen und Flakons, die den Speisesaal als ein Außenkabinett des Museums erscheinen lassen. Die festlich gedeckte Tafel, mit Blumenstrauß und mehrstöckiger Obstschale, leitet dann schon zum Unvermuteten über: Die Porzellanteller ziert ein stiernackiger Hirsch, dessen riesiges Geweih sich wie ein Korallenstock verzweigt. Gänzlich unerwartet kommt schließlich der Wandschmuck. Auf der Längsseite fletscht ein kapitaler Bär die Zähne und streckt alle viere von sich. Er lässt an ein Flughörnchen denken, das mit ausgebreiteten Schwingen zu einer Kurve ansetzt – nur eben ein Flughörnchen von der Größe eines Lieferwagens. »Oh ja«, schimpft Aelita, während ich versuche, meinen Unterkiefer wieder in eine manierlichere Position zu bringen, »war das ein böser Bursche!« Immer wieder sei er ins Camp eingedrungen und habe sich partout nicht verscheuchen lassen. Da, gleich da draußen sei er herumgetrollt, zwischen der Jurte und meiner Hütte. Und unten an der Sauna auch. Da habe sie ihn schießen müssen. Was macht er aber auch solche Sachen, dieser Bursche. Dazu schenkt sie mir ein Lächeln, so herzerfrischend wie ihre roten Krallen.

Die beiden sind nicht die einzigen Raubtiere im Raum. An der Stirnseite, über dem Platz, den gewöhnlich die Hausherrin einnimmt, hängen weitere Flughörnchen an der Wand: links ein Wolf und rechts ein Luchs. Aber nicht irgendwelche mediokren Gesellen, sondern richtig stattliche Exemplare. Wie eine Leibwache flankieren sie einen noch weit stattlicheren Teppich – wir sind schließlich im Orient –, von dem herab, noch erhabener, noch ehrfurchtgebietender, hier draußen völlig unerwartet und dabei gleichwohl absolut schlüssig, der König der Löwen überlebensgroß auf uns herniederschaut – Nursultan Nasarbajew höchstselbst! Er sitzt am Schreibtisch und blickt ins Ungefähre, vielleicht in Kasachstans stolze Vergangenheit, vielleicht in Kasachstans stolze Zukunft, ernst und würdig jedenfalls, ganz erfüllt von seiner Verantwortung für die Geschicke der Nation. Und in unverbrüchlicher Liebe zu seinem Volk, das über eine telepathische Standleitung allzeit mit ihm in Verbindung steht.

Ohne es zu ahnen, bin ich in einem Camp für Großwildjäger gelandet. Hier steigen sonst russische Oligarchen, saudische Prinzen, dänische Geschäftsleute und japanische Industrielle ab. Sie pirschen entweder auf den Maral (den Hirsch mit dem Kronleuchter auf dem Kopf), oder auch auf den Maral, oder aber auf eine örtliche Spezialität, den Maral nämlich. Er ist, abgesehen vom Elch, der größte Hirsch der Welt, verspricht also auch die imposantesten Trophäen. Bisweilen stehen auch Reh, Steinbock oder Bär auf den Wunschzetteln der Kunden, dazu kleineres Getier vom Fasan bis zum Wildschwein. Unsere Kolonie dient als Basislager, von hier geht es mit Pferden und Maultieren tiefer hinein ins Gebirge, wo dann gezeltet wird oder kleinere Außencamps bereitstehen. Daher die Premium-Ausstattung des Fliwatüüts, daher die zuvorkommende Betreuung und Beförderung wie am Fließband, daher der Whisky, *cheers,* zum Sonnenuntergang. Schöngeistige Irrläufer wie ich verkehren hier sonst nicht. Doch weil Aelita vielleicht gewittert hat, dass sie an mir ein gutes Werk vollbringen könnte, und weil einfach gerade niemand anderer da ist, lässt sie auch mich durchs System zirkulieren.

Statt Tsampa und Hammelfett tischen die Hausgeister allerlei Köstlichkeiten auf. Ich werde angehalten, eine elementare kasachische Maxime zu beherzigen: »Wenn du das Fleisch siehst, sei nicht schüchtern.« Will heißen: Greif zu! Im Laufe des Abends erfahre ich Aelitas Werdegang vom Milchmädchen zur Millionärin. Es fing damit an, dass sie und ihr Mann in Saissan ein kleines Haus mit Grundstück kauften. Allerdings unter der Bedingung, dass sie die beiden Kühe, die darauf weideten, mit übernehmen würden. Sie gaben gut dreißig Liter Milch am Tag. Und am nächsten Tag wieder. Die konnte man verkaufen, und Käse und Joghurt noch dazu. Bald verdiente Aelita damit mehr als ihr Mann in der städtischen Verwaltung. Inzwischen gebietet sie über ein Imperium mit tausend Angestellten. Die Viehzucht ist das Rückgrat ihrer Aktivitäten geblieben: zweitausend Rinder, hundert Pferde, eine Fleischfabrik, zwei Restaurants und eine Konditorei, eine Reiseagentur, und eben das Jagdunternehmen. Außerdem versorgt sie die kasachische Armee mit Marschverpflegung und Konserven. Damit gehört sie als Unternehmerin zu den größeren Kalibern im Land, wenn auch noch nicht zu den ganz Großen. Aber doch so, dass sie dem Mann auf dem Teppich ein Begriff ist.

Wohlwollen höheren Orts hat innerhalb der Familie Tradition. Ein Urgroßvater begab sich einst zu Pferd von Saissan nach Sankt Petersburg, wo der Zar ihm für irgendwelche »patriotischen Verdienste« einen Pelzmantel verehrte. Die genaue Natur dieser Verdienste scheint nicht überliefert, auch der Pelzmantel ist verschollen, doch gute Beziehungen zur Obrigkeit haben sich seither bewährt. Als die Sowjetunion auseinanderfiel, unternahm Aelita per Bus eine Reise durch Usbekistan und Turkmenistan bis hinein in den Iran. »Aus Instinkt«, wie sie meint. Sie kam mit Staatsverträgen für Leder, Kleidung und Nährmittel zurück. Als wenig später die Grenze zu China aufging, schaltete sie sich erneut ein. 1961 war die sowjetisch-chinesische Grenze von einem Tag auf den anderen hermetisch abgeriegelt worden. »Wie zwischen West- und Ost-deutschland.« Familien waren getrennt, Weidegründe zerschnitten, uralte Wege gekappt worden. »So viele Tränen, so viel Kummer.« Sie erzählt die Geschichte eines verheirateten Mannes, der sich gerade auf kasachischer Seite befand und nicht mehr zu seiner Familie in China zurückkonnte. Schließlich suchte er gezielt nach einer Frau, die den gleichen Namen trug wie seine, heiratete erneut, und bestand dann auch darauf, dass ihre Kinder die gleichen Namen erhielten wie seine ersten Kinder. Dreißig Jahre lang waren etwa anderthalb Millionen Kasachen in Xinjiang so von ihren Landsleuten isoliert. Dann wurden die Schlagbäume unversehens wieder geöffnet. »Alle strömten herein und küssten die Erde.« In dieser Situation war es kein Nachteil, ein Reiseunternehmen gleich hinter der Grenze zu haben.

Faszinierend, wenn die große Jägerin zwischendurch eigenhändig zur Fliegenklatsche greift. Aelitas Revier umfasst nahezu den gesamten kasachischen Teil des Saur-Gebirges bis zur chinesischen Grenze. Der Nationalpark Bayerischer Wald hätte zehnmal darin Platz. Nach dem Dessert rückt eine Mitarbeiterin mit Folterwerkzeugen und einer geheimnisvoll pulsierenden Lichthöhle zur Maniküre an. Darin werden die Nägel der Chefin dann nochmals gestählt. Ich nehme es als besondere Gunstbezeugung, ihr bei einer derart privaten Verrichtung Gesellschaft leisten zu dürfen. Wir plaudern bis tief in die Nacht. Durch eine geradezu massige Stille steige ich schließlich zu meiner komfortablen Hütte hinauf. Der Himmel eine sternenbestandene Steppe.

Am frühen Morgen klopft es. Nicht allzu laut, doch ziemlich hartnäckig, in flackerndem Stakkato. Ich öffne die Tür – und eine Krähe schwingt sich in weitem Bogen von der Veranda, von der sie die Insekten aufgepickt hat, die, vom nächtlichen Flug ums Hauslicht erschöpft, zahlreich zu Boden gefallen waren. Sie fliegt direkt in ein Kolossalgemälde hinein. Wegen unserer nächtlichen Ankunft hatte ich bisher keine Vorstellung von der Umgebung. Was ich nun sehe, erscheint in höchstem Maße unwahrscheinlich. Eine einzige Unverschämtheit der Natur. Wir logieren auf dem Grunde eines weiten Trichters, in dem die Gebäude des Camps sich aneinander-kuscheln. Die Wände dieses Trichters sind ringsum mit Wald von geradezu anstößiger Buntheit gepolstert. Farben wie Sirup, hemmungslos süß und konzentriert. Ich habe in dieser Hinsicht schon einiges geboten bekommen, doch weder der *Indian Summer* in Utah oder in Neuengland noch mein europäischer Favorit in Sachen Farbenrausch, der Wienerwald, können hier mithalten. Blattgold, Himbeerrot, Rehbraun, Lindgrün, Quittengelb, Ockergelb, Kupferbraun, Höllenrot, Hennarot, Waldmeistergrün, Bernsteingelb, Bronzefarben, Scharlachrot, Tannengrün, Ketchuprot und dazwischen noch gleißende Birken. Der Herbst läuft Amok, die Bäume lodern wie Fackeln. Waldbrand, lichterloh. Das Panorama wirkt, als wäre es in Photoshop kräftig nachbearbeitet worden. Und so habe ich dann zu Hause Farbsättigung aus den Bildern herausgenommen, damit sie nicht gänzlich unglaubwürdig wirken.

Das Camp erinnert an das windschiefe Bergdorf aus Robert Altmans *McCabe & Mrs. Miller,* in dem Goldsucher, Fallensteller, Glücksritter und Huren reihum hängen bleiben. Wieder dieses Hingewürfelte, Saloppe in der Anordnung. Bloß nicht in Reih und Glied, bloß keinen Masterplan. Gebaut wird aufs Geratewohl, in der unerschütterlichen Überzeugung, dass es so auch wohlgerät. Wie auf Bestellung erscheint ein Wiedergänger Aldiarows mit zwei erlegten Rebhühnern als Morgengabe. Er kommt aus diesen Zauberbergen angeritten wie durch einen unsichtbaren Vorhang. Dahinter wartet ein Reich voller Geheimnisse. Dort lebt der Manul, eine Wildkatze, die ihre Opfer vermutlich bloß anzusehen braucht, schon verharren sie auf der Stelle, so hypnotisch wirkt ihr Blick. Drei- bis fünfmal im Jahr, erzählt Aelita beim Frühstück, tappt gar ein Schneeleopard in eine ihrer Fotofallen. Zu Humboldts Zeiten streifte neben diesem »schönen langhaarigen Irbis-Panther« auch noch der Tiger durchs Tarbagatai, selbst bei Baty lebten noch welche. Auch botanische Schmankerl werden geboten. Wilder Hanf etwa stammt aus dieser Region, wie übrigens auch der Hopfen. Die Einheimischen kennen die Standorte genauso verlässlich wie Pilzsucher die Schwammerlplätze im Voralpenland, und sie verraten sie genauso wenig.

Vorbei am Dorf der fünfzig Bücher schlittern wir hinunter nach Saissan. An einer Tankstelle lesen wir unseren Heimatforscher auf, von dem freilich nur Kopf und Beine zu sehen sind, den Rest verdeckt ein schmuckes Konterfei aus dem Depot, ein Bildnis des Herrn Oberst. Sein Anblick macht etliche Kunden stutzig: Ist das nicht Stalin? Das ist doch Stalin! He, habt ihr da Stalin? Sie fragen ganz beiläufig, es schwingt keinerlei Entrüstung darin mit, allenfalls eine leichte Verwunderung, jemanden zu erblicken, von dem schon länger keine Rede mehr war. Wir stellen klar, dass es sich um Przewalski handelt. Doch so ganz vermögen wir sie nicht zu überzeugen. Sieht aus wie Stalin.

Womit wir bei dieser leidigen Geschichte wären. Ich selbst hätte sie nicht erwähnt, doch Volkes Stimme soll nicht übergangen werden. Also: Seit Langem schon geht das Gerücht – und es ist nicht mehr, aber auch nicht weniger als ein Gerücht –, dass Przewalski Stalins leiblicher Vater gewesen sei. Dieser Verdacht gründet sich auf die bemerkenswerte Ähnlichkeit ihrer Gesichtszüge, vielleicht auch auf beider Wesensverwandtschaft als bekennende Despoten, auf Vater Dschugaschwilis erbitterten Hass gegenüber seinem Sohn, den er ständig verprügelt und gedemütigt hat, auf gewisse Anhaltspunkte, dass seine Mutter nicht immer enthaltsam lebte, und auf die merkwürdige Tatsache, dass Stalin einen Narren an dem Entdecker gefressen hatte. Karakol, dessen Sterbeort, war 1893 in Przewalsk umgetauft worden, doch Lenin hatte dies umgehend rückgängig gemacht. Stalin aber bestand auf Revision der Revision.

Während zaristische Offizielle sonst bestenfalls totgeschwiegen wurden, gab es unter ihm einen regelrechten Kult um den großen Reisenden, dessen Leben auch aufwendig an den Originalschauplätzen verfilmt wurde. Als Stalin nach seinem Tod wiederum selbst in Ungnade fiel, als seine Statuen stürzten und Stalingrad zu Wolgograd mutierte, da wurden dann auch die Gerüchte um Przewalskis Vaterschaft vehement dementiert, um ihn nicht durch die Hintertür noch zu adeln.

Die ganze Sache ist dennoch unwahrscheinlich. Es gibt keine Anhaltspunkte für einen Abstecher Przewalskis nach Georgien; abgesehen davon war stets bekannt, dass er sich nichts aus Frauen machte. Und so könnte und sollte man die Angelegenheit auf sich beruhen lassen. Wäre da nicht sein Bruder, der im Kaukasus gearbeitet hat …

Die Mysterien der Steppe erwarten uns. Wir schlagen einen Bogen nach Westen und nähern uns dann wieder den Vorbergen. »Okey« verkündet ein übel verbeultes und verrostetes Schild im Nirgendwo. Ist schon okay, denke ich, *let's go to beach,* bis sich herausstellt, dass die Örtlichkeit tatsächlich so heißt. Ein Talkessel, weit wie ein Stadion mit grasbewachsenen Rängen. Entblößte Grundmauern, steinerne Pferche und der Kadaver eines estragongrünen Ladas zeugen von einer aufgegebenen Kolchose. Wir klettern den Nordhang hinauf, bis unser Wagen nur mehr wie eine possierliche Requisite in einem Flohzirkus wirkt. Themistokles ist als Erster oben. Die Felsbilder prangen dort, wo in Sportarenen die Reporterkabinen installiert sind, mit kolossalem Rundblick über das Tal und die dahinter zum Vorschein kommenden, allmählich höher gestaffelten Berge. Der Standort dürfte praktische Gründe gehabt haben – von hier ließen sich wandernde Tierherden erspähen –, aber auch sakrale. Denn der Blick geht nach Süden, seit je die erhabenste Himmelsrichtung. Wie ein Biologielehrer an der Schautafel dekliniert Themistokles die einzelnen Motive durch: Steinbock,

Stier, Hirsch, Pferd, Wolf, Kamel, wieder Steinbock. Auch hier der »figurative Kanon«, ein in die Landschaft gemeißeltes Hellabrunn. »Verstreut über den Hang, haben wir über tausend Darstellungen gezählt.« Sie sind ein, zwei Millimeter tief eingraviert. Während die Oberfläche schiefergrau glänzt, tritt darunter stumpfes Rostrot hervor, so dass man die Bilder, je nach Erosionsgrad des Gesteins, mal besser und mal schlechter erkennen kann. Themistokles hilft nach, indem er die Felshaut mit Wasser bestreicht. »Wir finden hier Petroglyphen vom vierten Jahrtausend vor unserer Zeitrechnung bis zum sechzehnten Jahrhundert danach, wobei die meisten aus der Frühzeit dieser Periode stammen.« Gravuren vom Anbeginn der Zivilisation, zeigen sie das, was ihren Schöpfern hoch und heilig war.

Wir arbeiten uns zurück zur Hauptpiste und dann durch kleinere Schluchten und Engpässe bis an den Fuß des Tarbagatai-Gebirges. Unweit von hier verortete Humboldt den Mittelpunkt Eurasiens, auf Höhe der heutigen Stadt Tacheng, damals noch klangvoll Tschugutschak geheißen. Namen sind die Geschmeide der Steppe: Karaganda, Andischan, Tamgaly, Simferopol, Serhetabat, Toktogul und, Gipfel der Wortmagie, Tschirgalantu. Wer da nicht hinwill, dem ist nicht zu helfen. Auch Tarbagatai rangiert unter den Beschwörungsformeln weit vorne. Bis Sergazy es ungewollt entzaubert: Der Name bedeute nichts anderes als »viele Murmeltiere«. Schließlich öffnet sich das Hochtal von Schilikti, ein breites Becken, in dem sich einst ein See erstreckte. Ein passender Ort für die Porträtsitzung mit dem Mann, der die Gobi zum Sprechen brachte. Der Himmel leuchtet bläulingsblau, mit Cirruswolken gefiedert. Die Steppe dehnt sich bis zum Horizont, umkränzt von fahlen Bergen. Themistokles hält das Konterfei zunächst hoch wie für eine Demonstration, und um eine solche handelt es sich ja auch. Dann nimmt er es mit sichtlichem Respekt in den Arm. Przewalski trägt Paradeuniform mit Stehkragen, Tressen und Epauletten, die Brust mit Orden garniert. Den Blick zielsicher in die Ferne gerichtet, sieht er aus wie ein Admiral, der auf einem Meer aus Gras kreuzt.

Wir steuern das nächste Dorf an, eine Ansammlung von Behausungen, staubig und schattenlos. Dennoch war dieser Landstrich früher wohlhabender als andere, weil er über gute Weidegründe verfügt und dank der Berge auch über ausreichend Wasser. Entsprechend groß sind auch heute wieder die Herden. Es wäre ein klassischer Lebensraum für Wildpferde, und tatsächlich erzählen die Leute im Dorf, dass bis vor siebzig Jahren hier noch welche vorkamen. Die Erklärung für ihr Verschwinden lautet kurz und bündig: »Es gab nichts zu essen.« Erst infolge der kommunistischen Machtübernahme, dann infolge der unter Stalin initiierten Hungersnot, und noch einmal infolge des Zweiten Weltkriegs. Diesem Druck vermochten sie nicht standzuhalten. Wir erinnern uns, dass um 1850 auch Atkinson die Wildpferde noch in seiner Liste von Säugetieren des Tarbagatai führte. Als gegen Ende der Sowjet-Ära erste Überlegungen zur Wiederansiedlung von Przewalskipferden angestellt wurden, stand dafür auch der Osten Kasachstans zur Diskussion. Die politische Entwicklung ging darüber hinweg, doch vor ein paar Jahren hat Russland diesen Schritt dann mit dem erwähnten Reservat bei Orenburg nachgeholt.

Als das Gespräch auf die Wolfsjagd kommt, staunen die Dorfbewohner, dass ich diese Art nützlichen Zeitvertreibs gar nicht kenne. Sie betreiben sie per Motorrad. »Der eine fährt, der andere schießt.« Was eine Art parthisches Manöver miteinbegreift, einen Schuß aus der Drehung – das Erbe der berittenen Bogenschützen lebt fort. Früher setzten sie auch ihre Luftwaffe ein und ließen Adler steigen. Dagegen wundern sie sich nicht im Geringsten, als ich anmerke, dass der Wolf wahrscheinlich in Mittelasien domestiziert worden ist. Vielleicht ja sogar in eurer Gegend? Bestimmt! Sie sind es gewohnt, dass Schilikti in früheren, freilich in sehr viel früheren Zeiten bedeutender war als heute. Schon in Ust-Kamenogorsk dürfte es nur den wenigsten ein Begriff sein, geschweige denn in Astana. Doch erwähnt man es, gleich wo auf der Welt, gegenüber Archäologen, so schnalzen ihre Zungen. Schilikti gilt als Asiens »Tal der Könige«, eine der wichtigsten Begräbnisstätten der Saken, auch als »östliche« oder »sibirische Skythen« geläufig. Jener kriegerischen Reiternomaden, die als Widersacher der Perser in die Geschichte eingingen, und denen Dareios' Feldzug einst gegolten hatte. Auf antiken Reliefs sind sie an ihren spitzen Zeremonialhüten zu erkennen – als trügen sie eine Schultüte auf dem Kopf. Sie dominierten ein riesiges Gebiet vom Kaspisee bis zur Gobi und von Sibirien bis Indien. Dass sie in größerer Zahl im Tal gelebt hätten, dass hier gar das Astana der Saken gelegen hätte, das geben die wenigen Siedlungsspuren bislang nicht her, und das steht bei einem Hirtenvolk auch nicht zu erwarten. Doch als Begräbnisstätte war Schilikti derart bedeutsam, dass die Saken über Generationen hinweg aus nah und fern herbeipilgerten, um ihre Führungsschicht der Unsterblichkeit zu überantworten. »Wohlan, finde die Grabstätten unserer Väter«, hatte Idanthyrsos seinem Feind Dareios herausfordernd zugerufen. Wir sind im Auge des Taifuns.

Die meisten Kurgane im Tal, mächtige Hügelgräber, die an Kohlenmeiler erinnern, wurden vor knapp dreitausend Jahren errichtet. Schon bei der Anfahrt aufs Dorf sind wir an etlichen vorbeigekommen. Manche haben einen Krater in der Mitte, weil sie irgendwann aufgegraben wurden und dann eingestürzt sind. Wie viele es hier davon gäbe? Zweihundert, vielleicht auch zweihundertfünfzig, schätzen unsere Gesprächspartner. Was, staune ich, zweihundert allein in diesem Tal! Nein, nein, korrigieren sie mich, nur rund ums Dorf. Das Tal insgesamt beherberge anderthalbtausend. Themistokles gibt mir zu verstehen, dass sie »wie üblich übertreiben«. Doch als wir einen der größeren Hügel besteigen, um uns einen Überblick zu verschaffen, da erscheint das Tal wie der schlimmste Albtraum eines Gartenbesitzers: als hätten Maulwürfe es komplett unterminiert. Dutzende von Kurganen liegen gruppenweise beieinander, die größten acht bis zehn Meter hoch aufgehäuft. »In der Mitte legte man eine oder mehrere hölzerne Grabkammern an«, erläutert Themistokles. Dann wurden Sand und Steine darüber aufgeschichtet und die Verbindungsgänge geschlossen. »Für die Mächtigsten rechnen wir mit einem Jahr Bauzeit.«

Je höher der Rang der Verstorbenen, desto verschwenderischer die Beigaben. So gründlich die Räuber die Bodenaltertümer auch plünderten, manchmal entging ihnen ein Nebengrab oder eine Geheimkammer. Und so stießen Archäologen, nachdem sie im Jahr 2003 einen Hügel mit schwerem Gerät geöffnet und systematisch abgetragen hatten, hier auf einen weiteren jener »Goldenen Männer«, die sich in vollem Ornat ins Jenseits aufgemacht hatten, mitsamt Spitzhut, frackartigem Umhang und etlichen Tausend kleiner Zierfiguren. Dieser Kurgan ist im Tal auch als Baigetobe geläufig, als Hügel der Pferderennen, offenbar wurde er später als Tribüne benutzt. Nach der Ausgrabung aber kam es im Winter zu Überschwemmungen, und infolge des gefrorenen Bodens verhungerte das Vieh. Im Sommer folgte eine Dürre. Die Leute von Schilikti wurden unruhig, verlangten, dass der Fürst zurück in sein Grab gebracht, der Hügel geschlossen und die Totenruhe wiederhergestellt würde. Das freilich hätte noch einmal gewaltige Erdarbeiten erfordert. Nach langem Hin und Her einigte man sich auf eine provisorische Bestattung, auf dass sein Geist zur Ruhe kommen möge.

Zu Sowjetzeiten stand bei solchen Ausgrabungen die wissenschaftliche Ausbeute im Vordergrund. Heute dienen sie vermehrt auch zur Konstruktion einer kasachischen Identität. Als 2019 gut hundert Kilometer südöstlich von Astana ein weiterer »Goldener Mann« freigelegt wurde, hätte man ihn am liebsten zum Schutzpatron der Hauptstadt umfunktioniert. Ein Zeitreisender aus glorreichen Tagen, stattete er der Gegenwart einen Besuch ab und nahm sie vermutlich reichlich konsterniert zur Kenntnis.

Unvermutet erwartet uns hinter dem Dorf auch ein modernes Grabmal. Ein Kleinod, kostbar schon deshalb, weil es auch nach hundert Jahren immer noch unverrückbar steht, formvollendet und in sich ruhend, was den zusammengeschusterten Häusern des Dorfes selbst in ihren kühnsten Träumen nicht einfiele. Bajasit Satbajew, ein Lokalgenie, hat es in den zwanziger Jahren für eine wohlhabende Familie errichtet. Alles daran wirkt ungewöhnlich, angefangen mit dem Baumaterial: Backstein. Dafür ließ er in Saissan eigens einen Brennofen errichten. Das zierliche Mausoleum besteht aus zwei Gebäuden, die ineinander übergehen. Die Grundform des einen ist ein Quader, die des anderen eine Kugel. Das Runde und das Eckige, das Organische und das Zusammengefügte, das Weibliche und das Männliche ergänzen einander. Auch wenn ein silbriger Halbmond beide Teile krönt, innen finden sich christliche Elemente neben islamischen, und statt Hammer und Sichel zieren Zirkel und Winkelmaß die Fassade, die Symbole der Freimaurer. Ein multireligiöses Denkmal am Ende der Welt.

Wie um die Ausnahmestellung des Ortes zu unterstreichen, ragt dahinter eine kleine Familie uralter Pappeln auf. Vom Herbst goldgrün verklärt, rauschen ihre Kronen im Wind. Ihre schrundige Rinde bietet der Zeit Paroli. Ganze Baumhälften sind mehrfach abgebrochen, und haben doch neu ausgetrieben. Es ist ihnen gelungen, irgendeine verborgene Wasserader anzuzapfen, womöglich Reste des prähistorischen Sees. Ein Wunder in der Steppe. In ihrem Schatten steht ein einsamer, mahagonibrauner Klepper angepflockt. Er wird von den schlimmsten Feinden der Pferde heimgesucht: den Fliegen. Ziemlich mager ist er obendrein. Man braucht etwas Phantasie, sich zu vergegenwärtigen, dass seine Urahnen einst zu Kultobjekten erhoben worden sind. Dass die Mächtigen sich stets mit ihren Reittieren bestatten ließen, wollten sie doch auch im Jenseits über ihren kostbarsten Besitz verfügen. Jede Grabstätte hier enthielt Pferdeskelette mit schmuckem Geschirr, das größte annähernd dreißig, einige auch Wagen oder Räder. Noch Wilhelm von Rubruk, der südlich des Tarbagatai vorbeizog, sah die Totenhügel im Mittelalter mit Pferdehäuten regelrecht beflaggt. Und als Wilhelm Radloff 1865 die ersten Kurgane an der Buchtarma öffnete, östlich des heutigen Stausees, fand er die Pferde darin von Kopf bis Huf mit Gold geschmückt. Aus diskreten Andeutungen entnehme ich, dass sie hier noch immer, wie schon von den Schamanen der Saken, bei Begräbnissen geopfert werden. Der Osten Kasachstans wurde als letzte Region vom Islam erobert, der hier auch weniger rabiat gegen die alten Kulte wütete. So konnten sie unter und neben den neuen fortleben und überdauerten schließlich auch die Drangsalierung im Sowjetsystem, in dem traditionelle Heiler als Betrüger und Kurpfuscher gebrandmarkt wurden, so wie man auch nomadische Viehzüchter ihrer privaten Herden wegen allen Ernstes als „demokratisch-bourgeoise" Elemente bekämpfte. Als wir auf der Rückfahrt abermals am Dorf der fünfzig Bücher vorbeikommen, umschleiche ich den Friedhof. Kleine, schimmernde Halbmonde wachen über den ummauerten oder mit Schmiedeeisen umzäunten Parzellen. Ovale Fotos der Verstorbenen helfen der Erinnerung auf die Sprünge. Und bei einigen liegen, als treue Wächter, Freunde, Reisebegleiter, Pferdeschädel mit ihren langgezogenen, schnabelähnlichen Kiefern dabei. Die Toten fühlen sich gewiss geborgen.

Im letzten Licht des Tages schaukeln wir hinauf zu unserem Adlerhorst. Ich weiß kaum, wohin mit all den Eindrücken. Was Dareios nie gelang – das Heiligtum der Steppenvölker zu finden –, das fiel mir in den Schoß. Nicht zuletzt dank der Unterstützung von Dareios' schärfstem Widersacher, Themistokles. *Mountain cabin,* Fliwatüüt, *Felicità,* Novemberpoesie, Irtysch, Aelita *and much more* – ich hätte es überhaupt nicht besser treffen können. Das Windpferd trug mich vom Anfang bis zum Ende. Es war ein Fest. Schade, dass ich so wenig Zeit hatte.

# Noahs Arche in der Steppe

»Du sollst in die Arche bringen von allen Tieren je ein Paar, dass sie
leben bleiben mit dir. Von den Vögeln nach ihrer Art, von dem Vieh
nach seiner Art und von allem Gewürm auf Erden nach seiner Art.«

*~ 1. Mose 7,1*

S prich mir, o Muse, von den Taten des *vielerfahrenen* Mannes, /
Welcher so weit geirrt, nach der heiligen Troja Zerstörung.« So
ließe sich, frei nach Przewalski, der Anfang der Odyssee übersetzen. Denn »Vielerfahrenheit« hat er als die wichtigste Eigenschaft
eines Forschungsreisenden benannt. »Das ist die Hauptsache.« Es
wäre die bestmögliche Übertragung dieser erhabenen Stelle, inspiriert durch einen Bruder im Geiste.

1881 veröffentlicht Iwan Semjonowitsch Poljakow, Kustos am
Zoologischen Museum zu Sankt Petersburg, seine Beschreibung
von *Equus przewalskii.* »Es handelt sich um ein außerordentlich interessantes Tier, welches der Wissenschaft bis jetzt nicht bekannt
war.« Als Sohn einer Burjatin und eines Kosaken ist ihm die Pferdekennerschaft in die Wiege gelegt worden. Nun darf er das begehrte
Adelsprädikat »*sp. nov.*« vergeben – »ein neuer und gegenwärtig existenter Vertreter aus der Familie der Einhufer«. Bei seinen Untersuchungen kommen ihm weitere Mitglieder dieser Familie zustatten,
die Przewalski der Akademie ebenfalls übersandt hat, Kiangs und
Kulane nämlich. Selbst ein weitgereister und ungemein produktiver
Naturforscher, stirbt Poljakow noch vor dem Meister, und wie dieser an einer Krankheit, die er sich in Russlands Fernem Osten zugezogen hat. Beide werden durch einen unglückseligen Tod zu Blutzeugen ihrer Leidenschaft. Zugleich aber verhelfen die *Tachi* auch
ihm zur Unsterblichkeit, ihr Auftauchen wird in der westlichen
Welt mit Begeisterung erörtert. Nur ein Land befleißigt sich säu-

erlicher Skepsis: das Vereinigte Königreich. Noch über Jahrzehnte hinweg tun britische Wissenschaftler sich als Bedenkenträger hervor, ob hier nicht doch ein Mischling, eine Verwechslung, eine Fehldeutung vorliege. Sie sticheln gegen den Entdecker und enthalten ihm die Ehre des Namenspatrons vor. Während der Neuzugang im Arteninventar überall sonst als Przewalskis Pferd gefeiert wird, firmiert er bei Richard Lydekker, im *British Museum* der Gralshüter für Wirbeltiere, schlicht als »mongolisches Wildpferd«. Wäre es hingegen von einem Landsmann entdeckt worden, hätte er sich sicher nicht mit einer so neutralen und bagatellisierenden Bezeichnung begnügt. Thomas Douglas Forsyth etwa wusste schon 1873 von »Wildpferden« in Xinjiang zu berichten – allein, sie überlagern sich mit den Kulanen, so dass auch er nicht auf den Gedanken verfällt, es könnte noch eine zweite Art herumgeistern. Auch Ney Elias, Mark Bell, Robert Shaw oder Francis Younghusband hätten das große Los ziehen können. Oder gar Lydekker selbst, der damals in Kaschmir geforscht hat und über Kaschgar bis ins Tachiland hätte vordringen können. Doch dann stiehlt ein zaristischer Offizier ihnen allen die Schau.

Der Präsident der Zoologischen Gesellschaft von London, Sir William Henry Flower, deklariert den Newcomer als eine zufällige, um nicht zu sagen versehentliche Kreuzung zwischen einem Kiang, dem tibetischen Wildesel, und einem mongolischen Hauspferd oder, schlimmer noch, »Pony«. Eine Art Maultier also, ein Leidensgenosse des Yo-to-tze. Womit die britischen Zoologen eine Allianz mit ihrem einstigen Münchner Widersacher Wagner eingehen, der nicht umhinkam zu bemerken, dass so viele von ihnen Dilettanten seien. Sie wollen einem Russen einfach nicht die Ehre geben. Zumal Przewalski es mehrfach auch auf Tibet abgesehen hat, das sie zu ihrem Beritt zählen. Und so verunglimpfen sie ihn unter der Hand als russischen Agenten, während ihre Auskundschafter, darunter zahlreiche indische *Pundits,* die sie als »einheimische Forscher« deklarieren, natürlich nur die lautersten Absichten hegen. In einer herzerfrischenden Retourkutsche hat Jean-Louis Gouraud die damalige *Royal Geographical Society* einmal als »ein veritables Nest von Spionen« dingfest gemacht.

Nach Przewalskis Tod entspannt sich das Verhältnis etwas, er wenigstens kann die Pläne des Britischen Weltreichs nicht weiter durchkreuzen. Seine fünfte Expedition wird unter anderer Leitung dennoch durchgeführt. Roborowski und Koslow bewähren sich auch diesmal, woraufhin man ihnen eigene Unternehmungen ermöglicht. Koslow, der einstige Ladenschwengel aus der Destillerie, übernimmt nicht nur das Gewehr seines Idols, sondern tritt auch sein geistiges Erbe an: »Dem Forschungsreisenden bedeutet das seßhafte Leben dasselbe wie dem Vogel der Käfig.« Je weiter draußen er umherstreift, desto wohler fühlt er sich: »Als sie uns kurz begrüßt hatten, fragten sie uns, wer wir seien. Ich antwortete, wir seien Russen und kämen von weither.«

Den *Tachi* droht nun Gefahr, weckt ihre Entdeckung doch die Begehrlichkeit zoologischer Institutionen in aller Welt. Noch besitzt kein einziges naturkundliches Museum ein Exponat, mit Ausnahme desjenigen in Sankt Petersburg: »Es ist nur ein Exemplar bekannt.« Die *Tachi* machen sich rar. Sie haben ihren Teil der Mission erfüllt, nun sind die Menschen am Zug. Erst 1892 erlegen Grigori Jefimowitsch Grum-Grschimailo und sein Bruder Michail dann ein erwachsenes Tier, das eine bessere Vorstellung vermittelt als Aldiarows Jährling. Roborowski, Koslow und der Ethnologe Dmitri Alexandrowitsch Klementz schicken weitere Häute und Schädel. Allmählich sammelt sich in Sankt Petersburg eine kleine Geisterherde. Wenig später präsentiert das Naturgeschichtliche Museum in Paris stolz das erste ausgestopfte Exemplar außerhalb Russlands.

Zum Glück zeigen wenigstens die Großwildjäger kein Interesse an den *Tachi*. Pferde eignen sich schlecht für die Trophäenjagd, sie tragen kein wie auch immer geartetes Gehörn, das man sich als

Zeugnis der eigenen Gloriosität an die Wand hängen könnte. Sie laufen wehrlos durch die Welt und scheiden als Gegner aus. Schutzlos sind sie indes nicht. Anderen Huftieren hat die Evolution Hörner mitgegeben, den Pferden hat sie Beine gemacht. So leicht und so lang wie irgend möglich. Und sie hat sie mit erstklassigen Frühwarnsystemen ausgestattet: die größten Augen unter allen Säugetieren, nahezu Rundumsicht, hervorragendes Nachtsichtvermögen, scharfe Lauscher, extrem schneller Reflexbogen. Weshalb die frühen Berichte darin übereinstimmen, dass sie von allen Tieren am schwersten zu erjagen sind.

Diesem Ruf machen sie auch in der Folge Ehre, als es nicht mehr nur um tote, sondern um lebende Exponate geht. Tierfänger dringen bis in die Dsungarische Gobi vor, um Zoos und Wildparks der westlichen Welt mit dieser kapitalen Rarität auszustatten. Zwei Männer werden für die *Tachi* nun zum Schicksal. Ein russischer Viehzüchter namens Friedrich Falz-Fein und ein hanseatischer Kaufmann, Carl Hagenbeck, der berühmte Tierhändler, Zirkusdirektor und Impresario. Ein Schafbaron und ein Pfeffersack also. Die *Tachi* sind bis heute geteilter Meinung, was deren Bewertung angeht. Fluch und Segen, Untergang und Überleben lagen stets eng beieinander. Ihr Unheil war ihre Rettung, und umgekehrt.

Jede Geschichte hat freilich ihre Vorgeschichte. Die der desaströsen Bergung der Wildpferde nimmt siebzig Jahre zuvor im anhaltischen Köthen ihren Ausgang. Da aber jede Vorgeschichte ihrerseits eine Vorvorgeschichte hat, sollten wir noch um einiges früher beginnen. Sagen wir bei Prinzessin Sophia von Anhalt-Zerbst. Wie bitte? Nein, nicht die Prinzessin auf der Erbse. Sondern die, die dem Russischen Reich als Katharina die Große riesige Ländereien einverleibte, insbesondere nach Süden zu. Das *Wilde Feld,* jener vermeintlich undefinierte Raum, der sich über den gesamten Süden und Osten der heutigen Ukraine erstreckte, wurde auf ihr Betreiben hin domestiziert. Mit »Neurussland« entstand eine Kolonie, die die Stammlande versorgen und zugleich den Zugang zum Schwarzen Meer sichern sollte.

Bis dahin hatte sich an dessen Nordküste, ähnlich wie in der Dsungarei, eines der letzten Nachfolgereiche des mongolischen Imperiums gehalten. Die Tataren des Krim-Chanats hatten die Goldene Horde beerbt. Im Zivilleben Wanderhirten, betätigten auch sie sich mit ermüdender Monotonie als Viehdiebe und Plünderer sowie im lukrativen Sklavenhandel. Auch wenn ihre Gebiete unter türkischer Oberhoheit standen, besaßen sie weitgehende Autonomie. Ihre sesshaften Nachbarn suchten sich ihrer Raubzüge zu erwehren, indem sie unter dem markigen Namen der »Russischen Verhaulinie« ein Befestigungssystem aus Gräben, Wällen und Sümpfen aus dem Boden stampften sowie Schutzwälder anlegten. Eine rustikale Variante der Chinesischen Mauer, ein weiterer jener vielen Versuche, den Raubzügen der Steppenreiter Einhalt zu gebieten oder sie zumindest in andere Regionen umzulenken.

Ende des 18. Jahrhunderts, nach zwei der vielen Kriege gegen die Türken, schluckt Russland das Chanat schließlich ganz. Und beginnt zielstrebig, weite Gebiete an der Küste und im Hinterland des Schwarzen Meeres zu besiedeln. Fürst Potjomkin, besser geläufig als Potemkin, ein fähiger Militär und Machtmensch, zudem ein Favorit der Zarin, wird zur treibenden Kraft. Er gründet Cherson an der Mündung des Dnjepr, und mit Odessa wird einige Jahre später eine zweite große Hafenstadt angelegt. Auch Sewastopol, Nikolajew (Mykolajiw) oder Jekaterinoslaw, das spätere Dnjepropetrowsk und heutige Dnipro, entstehen zu jener Zeit. Doch nicht als Gründer florierender Städte geht Potemkin in die Geschichte ein, sondern dank jener ominösen Dörfer, die zum Inbegriff für Täuschung und Propaganda wurden. Er lässt, so geht die Geschichte, aus Anlass der Inspektionsreise der Zarin entlang der Route Kulissendörfer aufstellen, um Prosperität vorzugaukeln. Doch in diesem Fall handelt es sich um eine gefälschte Fälschung, um nicht zu sagen um Potemkinsche Nachrichten. Denn die Dörfer sind echt, die Berichte dagegen von intriganten Diplomaten und Neidern lanciert. Ein klassischer Fall von Desinformation, bei der Wirklichkeit als Propaganda geschmäht und Propaganda als Wirklichkeit ausgegeben wird.

Tatsächlich hat Potemkin in nur wenigen Jahren eine erstaunliche Aufbauarbeit geleistet. Sein Meisterstück wird dann die Taurische Reise, auf der die Zarin 1787 unter seiner Regie die eroberten Besitzungen in Augenschein nimmt. Bis Kiew zieht die »imperiale Karawane« auf Kufen durchs Land, mit vierzehn großen Reisewagen und hundertsechzig Schlitten. An jeder Station stehen Hunderte von Pferden zum Wechseln bereit. Die Reisegesellschaft umfasst dreitausend Teilnehmer, darunter drei gekrönte Häupter, etliche ausländische Gesandte und die unabdingbaren Hofberichterstatter. Die Soldaten marschieren zu Fuß. In Kiew erwartet sie dann »die pompöseste Flotte, die je ein Fluß getragen hat«. Mit der kaiserlichen Prunkgaleere an der Spitze segeln achtzig Schiffe den Dnjepr hinab. Vor den Stromschnellen gehen sie dann wieder an Land, wo die Zarin eine Staatskarosse besteigt, die Platz für zwölf Personen bietet. Vierzigspännig rollt sie dahin, doch wirklich gezogen wird sie von wenigen Pferden, die die Fuhrleute vom Sattel aus lenken. Alle übrigen sind Show; eine Potemkinsche Kutsche. Manche Straßen sind eigens für diesen Triumphzug angelegt worden. Russland will aller Welt vor Augen führen, dass es imstande ist, seine eurasischen Randgebiete, auch im übertragenen Sinn, zu kultivieren. Blühende Landschaften, jauchzende Untertanen, schlagstarke Streitkräfte, christliches Abendland – das volle Programm. Selbst der Frühling macht Propaganda. Kaiser Joseph II., der streckenweise mit von der Partie ist, staunt sibyllinisch: »In diesem Land ist alles möglich.«

Und doch sieht Katharina, sieht Russland sich einer kaum bezähmbaren Widersacherin gegenüber: der Steppe. Das Gegenteil ei-

274

ner Kulturlandschaft. Zwar streicht der Dnjepr als strömende Oase hindurch, doch jenseits des üppig grünen Uferstreifens ist Wasser chronisch knapp. Es gibt kaum Dörfer, geschweige denn Städte. Mit Feuerwerk, Bällen, Jagden, Kosakenmanövern und Gesellschaftsspielen sucht der kaiserliche Beraterstab die Eintönigkeit vergessen zu machen. Vorbei am späteren Askania Nova, damals noch dürres, namenloses Grasland, geht es schließlich hinein in die sanfteren Gefilde des alten Taurien, von dem schon die Odyssee erzählt. Katharina nimmt ungeniert Anleihen beim Altertum, lässt sich mal mit Aurora und mal mit Iphigenie vergleichen, deren Tempelhain sie auch besucht. Mittlerweile wird der Zug von tausend Krimtataren eskortiert, eine Unterwerfungsgeste, die als »Vertrauensbeweis« hingestellt wird. Demonstrativ logiert die Zarin im verlassenen Palast des Tataren-Chans. Auch eine »Amazoneneinheit« steht huldigend Spalier, Pontos-Griechinnen aus Balaklawa. Wieder werden Illuminationen und allerhand Lustbarkeiten aufgeboten. Während die türkischen Tänzerinnen nur Beiwerk sind, ist die Flottenparade in Sewastopol unabdingbar. Der neue Süden wird zielstrebig zur militärischen Operationsbasis ausgebaut, und Katharina kokettiert mit einem weiteren »hübschen kleinen Krieg« gegen das Osmanische Reich.

Wohlgemerkt, wir schwelgen noch immer in der Vorgeschichte, ohne die unsere Hauptgeschichte sich jedoch nie und nimmer ereignet hätte. In der Folge sucht Russland sowohl Kolonisten wie auch Investoren für die in seinen Besitz gebrachten Gebiete. Bald aber zeigt sich, dass diese nur sehr begrenzt für den Feldbau nutzbar sind. Und so setzen Potemkins Nachfolger vor allem auf Weidewirtschaft. Das Herzogtum Anhalt-Köthen hat mit Merinoschafen gute Erfahrungen gemacht, sie liefern besonders viel Wolle. Und davon benötigt allein die russische Armee Unmengen für ihre Uniformen. Der Kleinstaat und das aufstrebende Weltreich, sie werden handelseinig. Dank der Taurischen Besitzungen vermag das Herzogtum seine Fläche fast zu verdoppeln. Seine Abgesandten haben sich für einen Claim entschieden, den die Liegenschaftskarte als »Steppe Nr. 71« ausweist. Alles Land südlich und östlich davon firmiert schlicht als »Tatarensteppe«. Zur Glorifizierung des anhaltinischen Herrscherhauses erhält der Ableger schließlich den Namen »Askania Nova«. Neben dem Hauptareal gehört auch ein Küstenstreifen am Schwarzen Meer dazu.

Zu Hause rüsten Schafzüchter, Kleinbauern und Handwerker zum wohl längsten Viehtrieb aller Zeiten, zumindest in Europa. Der erste startet 1828, bald folgen zwei weitere. In Planwagen und Kutschen, doch überwiegend zu Fuß, ziehen sie gut zweitausend Kilometer nach Südosten, versehen mit Werkzeugen, Schulbüchern und Sämereien. Durch Schlesien, Wolhynien und Podolien geht es bis in die Taurische Steppe, durch Tarpanland, Skythenland, Kosakenland. Vier Monate sind sie jeweils unterwegs, mit alles in allem gut achttausend Schafen und gut hundert Siedlern. Ein Vorauskommando hat bereits einen großen Schafstall angelegt, ihre Wohnhäuser bauen die Kolonisten sich dann selbst, dazu ein Schöpfwerk, eine Windmühle, eine Ziegelei, ein Schul- und ein Gemeinschaftshaus, die Schmiede, die Schenke, den Eiskeller und viele weitere Ställe und Schäferhäuser. Ihre Landnahme erfolgt im Zuge eines gewaltigen Bevölkerungstransfers, mit dem Russland die »Peuplierung« der südlichen Randgebiete betreibt. Unter den fünfzig- bis achtzigtausend Kolonisten bilden die Deutschen die größte Gruppe. Für eine Weile versüßen ihnen staatliche Privilegien die Auswanderung, die dann freilich eines nach dem anderen wieder kassiert werden.

Die ersten Jahre geht es wacker voran. Die Neusiedler leben sich ein, die Schafzucht floriert, erste Erträge fließen in die Staatskasse zurück. Schon damals schreibt Askania Nova sich in die Annalen der Wissenschaftsgeschichte ein. Johann Friedrich Naumann, der wohl wichtigste Begründer der Vogelkunde und einer der Ahnherren des modernen Naturschutzes, hat in Köthen eine ornithologische Sammlung aufgebaut. Seine Herzogliche Durchlaucht nimmt sie unter seine Fittiche, mit dem ausdrücklichen Wunsch, »daß er auch Ausländer sammeln möge«. Und so schickt »Naturforscher Naumann« einen Wunschzettel nach Neu-Askanien, instruiert Förster und Verwalter, auf welche Vögel sie »vigilieren sollen«, wie das Abbalgen zu geschehen habe, und dass sie, um Platz zu sparen, die Bälge kleiner Vögel in die der großen packen möchten. Er benötigt sie auch als Modelle, um sie für seine Bücher malen zu lassen, nach Möglichkeit ein typisches Männchen, ein typisches Weibchen und einen Jungvogel, ferner frisch ausgeblasene Eier. Mit diesen spektakulären Neuzugängen wird das »Herzogliche Vogelcabinet« schließlich der Allgemeinheit zugänglich gemacht. Bis heute sind Kaiseradler, Kragentrappen, Rosapelikane und Rostgänse im Köthener Schloss zu bestaunen, jeweils mit dem Etikett »Taurien« versehen.

Die gewaltige Entfernung zum Mutterland und die bald einreißende Misswirtschaft verhindern jedoch eine rentable Nutzung. Auf Fuhrwerken müssen die Kolonisten Wasser von weit her schaffen. Sie graben auch Brunnen, die jedoch wenig ergiebig sind und manchen Sommer gänzlich versiegen. Zudem bleibt die Steppe ihnen geistig fremd. Sie betrachten sie als Siedlungs- statt als Bewegungsraum und halten an ihrer altgewohnten kleinbäuerlichen Wirtschaftsweise fest. Die Furcht einflößende Weite und Isolation machen ihnen ebenso zu schaffen wie Dürren, Heuschreckenschwärme und Steppenbrände. 1853 beginnt auch noch der Krimkrieg. Als die Wirtschaft nach Russlands Niederlage in die Knie geht, trennen die Anhaltiner sich von ihren Latifundien und den mittlerweile fast fünfzigtausend Schafen. Der größere Teil der Kolonisten kehrt zurück. Vertragsgemäß kommen mit ihnen auch zweihundert Steppenpferde nach Dessau, geleitet von fünf tatarischen Hirten. Ein Treck, spiegelverkehrt zu jenem, der drei Jahrzehnte zuvor ausgezogen war, um die Steppe Nr. 71 zu besiedeln. Unterwegs ängstigen die Pferde sich »vor dem ungewohnten Rauschen des Waldes«, und »die zwölf Fohlen, die den Transport wohl nicht ausgehalten hätten, wurden von den Tataren nach und nach verspeist«. Die übrige Herde aber gelangt heil bis an die preußische Grenze, von wo an zwei Gendarmen sie eskortieren. Ordnung muss sein. Im fürstlichen Wildpark erwartet sie dann Seine Durchlaucht mit Gefolge, und die halbe Stadt dazu. »Endlich kamen die Pferde in langen, langen Reihen an.« Was die Schaulustigen am meisten frappiert: »Kein einziges war angebunden.« Ein Wallach trabt als Glockenpferd vorneweg, während »wildblickende Fremdlinge auf flinken Rößlein die Herde umschwärmen«. Die Tiere können mit sattem Gewinn versteigert werden, das beste geht für achthundert Taler weg. Wie schon seinerzeit in Paris begeben sich die Steppensöhne auch hier hinterher ins Theater, schlafen aber bald ein. Dafür zeigen sie großes Geschick im Einfangen ausbrechender Pferde. In Anbetracht der heutigen Versteppung großer Gebiete Mitteldeutschlands bleibt zu hoffen, dass sich das Know-how dieser Spezialisten irgendwie erhalten hat.

Wer aber hat die Schafe gekauft? Ein gewisser Friedrich Fein, ebenfalls Sachse, der sich als freier Kolonist, Viehzüchter und Textilfabrikant hochgearbeitet hat. Seine Tochter heiratet dann einen leitenden Angestellten namens Pfalz, woraufhin der Familienname wegen der leichteren Aussprache im Russischen zu Falz-Fein mutiert. Ihnen gelingt, was der Staatskapitalismus anhaltinischer Prägung nicht vermocht hat: den Betrieb einträglich zu führen. Die Schafe mehren sich ebenso wie die bewirtschafteten Güter.

Der alte Friedrich wird zum Begründer einer Dynastie. Der Sohn eines Nachbarn hat später ein lebhaftes Bild dieser Viehbarone gezeichnet: »Eine besondere Gruppe bildeten die deutschen Kolonisten. Unter ihnen gab es steinreiche Leute. Ihre Häuser waren aus Ziegeln, ihre Pferde rassig.« Diese Kolonisten »überragte die Figur Falzfeins, des Schafkönigs. Endlose Herden ziehen dahin. ›Wessen Schafe sind's?‹ ›Falzfeins.‹ Knechte fahren mit Heu, Stroh, Spreu. ›Wessen?‹ ›Falzfeins.‹ Es jagt auf einem Dreigespann im breiten Schlitten eine Pelzpyramide dahin. Das ist Falzfeins Verwalter. Oder es zieht eine durch ihr Aussehen und Heulen furchterregende Karawane Kamele vorbei. Nur Falzfein besaß eine solche. Der Name klang wie das Getrampel von abertausend Schafshufen, wie das Blöken zahlloser Schafstimmen, wie das Schreien und Pfeifen der Hirten mit ihren langen Stäben, wie das Geheul zahlloser Schäferhunde. Die Steppe selbst atmete diesen Namen bei Hitze und Frost aus.«

Besagter Nachbar, Dawid Leontjewitsch Bronstein, hat sich 1879 westlich von Gawrilowka niedergelassen, einem riesigen Gut ein Stück den Dnjepr hinauf, das zu dieser Zeit schon einer von Friedrichs Enkeln bewirtschaftet, Alexander Iwanowitsch Falz-Fein. Wie den deutschen, so hat die russische Regierung auch schwedischen, griechischen, jüdischen, armenischen, mennonitischen Siedlern Anreize zur »Peuplierung« geboten. Bei aller Verschiedenheit eint sie, ähnlich wie im amerikanischen Westen, eine Mischung aus Pioniergeist, Tatendrang und Plackerei. Bronstein nimmt sich die erfolgreichen deutschen Nachbarn zum Vorbild. Teils pachtet und teils kauft er Land, bis er es schließlich selbst zum Gutsherrn bringt. Sein jüngster Sohn, Lew Dawidowitsch Bronstein, von dem das Zitat stammt, wird sich später Leo Trotzki nennen.

Ein anderer Nachfahre des ersten Patrons, wiederum Friedrich geheißen, baut Askania Nova zu dieser Zeit endgültig zum Imperium aus. Damals bestehen engere Verbindungen mit Mitteleuropa als heute. Per Dampfschiff kommen täglich die deutschsprachige *Odessaer Zeitung* sowie Blätter aus Berlin, Breslau oder Lemberg. Die folgende Anekdote kursiert in verschiedenen Versionen und wird meist dem alten Friedrich zugeschrieben: Als der Herr über

Askania Nova einmal auf einem Donaudampfer geschäftlich nach Wien fährt, kommt er mit einer Gruppe ungarischer Schafzüchter ins Gespräch. Sie renommieren mit ihren vielköpfigen Herden und blicken auf den hergelaufenen Streuner aus der Tatarensteppe herab. Was wird der schon für eine Wirtschaft haben? Am Ende eröffnet er ihnen, dass er so viele Hirtenhunde hat wie sie alle zusammen Schafe.

Allein in der Taurischen Steppe umfasst der Familienbesitz ein Drittel der Fläche des Saarlandes und eine halbe Million Schafe. Manche Quellen sprechen gar von nahezu einer Million. So oder so ist Friedrich der Jüngere damit der größte Schafzüchter Russlands, wenn nicht sogar der Welt. Er ist der Zar der Schafe. Auch der Verkauf von Remontepferden an die Armee bleibt lange ein krisensicheres Geschäft. »Im Anfang waren die Schafe. Die Tat und das Wort kamen erst zufällig dazu.« Nicht von ungefähr spielt sein launiger Leitspruch auf den Faust wie auf die Bibel an. Er versteht sich selbst als Demiurg. Er will ein Paradies auf Erden schaffen und es mit seinen Kreaturen bevölkern. Zunächst mit solchen, die daraus vertrieben worden sind, dann auch mit solchen, die noch nicht darin gelebt haben, und schließlich sogar mit solchen, wie die Welt sie überhaupt noch nicht gesehen hat, mit künstlich gezeugten Hybriden und Homunculi.

Unabdingbar dafür ist Wasser als das Lebenselixier schlechthin. Die »weite, stein- und baumlose Steppe«, schreibt Falz-Fein, herrscht fast noch unumschränkt. Eines Tages aber erschließen sie in siebzig Metern Tiefe einen artesischen Brunnen, der bis heute nicht versiegt ist.

Und schon mündet unser Prolog in die Haupterzählung ein, schon haben der Junker und der Pfeffersack ihren Auftritt. Friedrich und seine Brüder könnten nun Feldbau im großen Stil betreiben. Doch am Anfang waren die Schafe, und dabei soll es getrost bleiben. Stattdessen legt er einen botanischen Garten mitsamt einem weitläufigen »Lustwald« an, der durch ein wassersparendes System von Furchen mehr berieselt als bewässert wird. Sie heben etliche Teiche aus und häufen das dabei anfallende Erdreich zu Hügeln auf. Die Steppe wird pittoresk. In einer Landschaft, in der zwischen dem unteren Dnjepr und der Krim kein einziger Baum steht, stellt dieser Park bald eine unerhörte Attraktion dar. Schatten! Wasser! Feuchtigkeit! Auch in der Vogelwelt spricht er sich rasch herum. Ganze Geschwader von Schwimm- und Tauchenten stellen sich ein, Schnepfen, Rallen und Brachvögel patrouillieren am Ufer. Dahinter ziehen arktische Schneegänse, australische Trauerschwäne und chilenische Pfeifenten ihre Bahn. Rebhühner treten in Massen auf, doch insgesamt geraten die angestammten Bewohner wie Kalanderlerchen, Regenpfeifer oder der Taurische Turmfalke rasch in die Minderzahl. Denn alles Leben in der Steppe ist spärlich. Kaum mehr als vierzig Vogelarten sind darauf spezialisiert, doch dafür steht ihnen ein endlos langer Korridor von Mitteleuropa bis zur Pazifikküste offen. Ausgestorbene Spezies wie den Asiatischen Strauß ersetzt Friedrich durch afrikanische und südamerikanische Verwandte; auch andere Exoten wie Papageien, Wellensittiche und Flamingos schwärmen frei umher. Wobei selbst Amsel und Buchfink hier zu den Exoten zählen, müssen doch auch sie erst einmal angesiedelt werden, nicht anders als Rehe und Eichhörnchen. Bald trapsen »nahezu sämtliche Fasanenarten, die es auf unserer Erde gibt«, durchs Gebüsch und »vermischen sich untereinander, wie ihr Instinkt es ihnen eingibt«. Ihr Hauptfeind ist nicht etwa der Schreiadler oder die Rohrweihe, sondern der Igel: »Drei Dutzend genügen, um nicht ein heiles Nest am Boden zu lassen.« In einem symbolischen Akt lässt Falz-Fein auch Kanarienvögel frei, klassische Käfigtiere, die er – der Mann hat Stil – direkt von den Kanaren importiert. Es gurrt und pfeift und rätscht und singt auf dieser grünen Insel, es keckert, gluckst und flötet. In ihren besten Jahren können sie dreihundertfünfzig verschiedene Spezies begrüßen – zwei Drittel aller in Europa heimischen Vogelarten.

281

Einmal mehr schreiben die Neu-Askanier nun Wissenschaftsgeschichte. Ihre Landgüter liegen an einer der Hauptrouten des Vo-
gelzugs, und gemeinsam mit der Vogelwarte Rossitten auf der Ku-
rischen Nehrung machen sie sich daran, dessen Geheimnisse zu
ergründen. Dazu entwickeln sie mit einigen weiteren Pionieren das
System der Beringung, wie es noch heute in Gebrauch ist. Jungtiere
und gefangene Vögel erhalten einen Ring aus Leichtmetall um einen
Fuß, größere auch um den Hals. Darin sind Ort und Zeit der Kenn-
zeichnung eingraviert sowie eine Kontaktadresse. Prompt erbringt
gleich der allererste dieser sogenannten Ringversuche eine spektakuläre Rückmeldung. Sie kommt von Rudolf Slatin, einem österreichischen Offizier in ägyptischen Diensten, der es zum Gouverneur
von Darfur gebracht hat, nur um dann jahrelang in Gefangenschaft
des Mahdi zu schmachten, der im Sudan einen islamischen Staat
aufgezogen hat. Eines Tages legt man Slatin in Omdurman einen
mysteriösen Zettel vor, der in einer Kapsel steckt, die wiederum an
einem großen Messingring befestigt ist. Die Aufständischen vermuten eine Teufelei der Ungläubigen, doch niemand vermag lateinische Buchstaben zu lesen. Bangen Herzens entziffert er die in vier
Sprachen gehaltene Botschaft:»Dieser Kranich ist auf meiner Be-
sitzung Askania Nova, Gouvernement Taurien, Südrußland, gebo-
ren und erzogen. Es wird gebeten, bekanntzugeben, wo dieser Vogel gefangen oder getötet wurde. September 1892, Fr. Falz-Fein.«
Wie eine Beschwörungsformel prägt Slatin sich diese vom Himmel
geholte Botschaft ein: Kranich, Askania Nova, Südrußland, Falz-
Fein … Drei Jahre später glückt ihm die Flucht, und er tut, wie
ihm geheißen.

Dampfgetriebene Pumpen ermöglichen dann auch anderswo
künstliche Bewässerung. Bis zur Jahrhundertwende wird die Taurische Steppe fast komplett unter den Pflug genommen. Meist
mit sechsspännigen Ochsenzügen, auf den Großgütern auch mit
Dampfpflügen. Friedrich aber möchte sie zumindest exemplarisch

erhalten. Gerade erst volljährig geworden, nimmt er ab 1883 weite Flächen als »Gottesgarten« aus der Nutzung heraus. Um jedoch die natürliche Vegetation wieder hervorzubringen, bräuchte es die Beweidung durch große Huftiere, die freilich ausgerottet worden sind. Doch vielleicht könnten andere Arten an ihrer statt in Aktion treten? Sein getreuer Bruder Woldemar, der später ein bewegendes Buch über das Tierparadies schrieb, erklärt: »Friedrich ging von der Erwägung aus, daß die Ursteppe früher ja auch von weidenden Herden wilder Tiere abgegrast wurde. Tatsächlich erholte sich der Pflanzenwuchs hiernach sehr gut.« So ruft das Gras die Grasfresser herbei, so wird der Herr über Askania Nova zum Stammvater der heute so beliebten Beweidungsprojekte im Dienste der Artenvielfalt. Gemeinsam schaffen sie einen Mikrokosmos größten Ausmaßes.

Die nachmals weltberühmte Tierfarm beginnt denkbar bescheiden. »1 junger Bär, 1 Hirsch, 1 Reh, 1 weißer Hase«, vermerkt die Inventarliste für 1887; hinzu kommen die Bewohner der Volieren. Zugleich fahndet Friedrich nach Tieren, die er aus den Erzählungen seines Vaters noch kennt, die mittlerweile aber abhandengekommen sind, zumindest im europäischen Teil Russlands. Mit beträchtlichem Aufwand lässt er im heutigen Kasachstan Saiga-Antilopen, Steppenbirkhühner und Steppenmurmeltiere fangen und auf den siebzig Hektar naturbelassenen Graslandes aussetzen. Bald schon kommen Bewohner anderer Weltgegenden hinzu, und die zweite »Peuplierung« der Tatarensteppe nimmt ihren Lauf. Indische Hirschziegenantilopen und tasmanische Kängurus machen den Anfang. Es folgen Yaks, Mufflons, Guanakos und Marale, auch Sika-, Schweins- und Axishirsche. Und wären nicht Streifenpferde vom Kilimandscharo noch eine schöne Ergänzung? Und Mähnenschafe aus dem Atlas? Oder argentinische Pampashasen? Falz-Fein erwirbt sie von weltweit tätigen Tierhändlern, oft gleich im Dutzend, um eigene Bestände aufzubauen. Schwergewichte wie Elen- und Nilgau-Antilopen bereichern die Sammlung ebenso wie grazile Muntjaks und persische Gazellen. Sie alle trotten in freiem Weidegang durcheinander, in einer phantastischen Herde, die jeden Tag von zwei einander ablösenden Hirten hinaus in die Wildbahn eskortiert wird. Zunächst bleiben sie noch in einem großen Gatter, wobei die Umzäunung so weit draußen verläuft, dass sie vom Gutshaus nicht zu sehen ist. Bald aber erobern sie auch die freie Steppe, die vor allem von Schafen bevölkert ist, dazu von einigen Rindern und Hauspferden sowie von gut hundert Baktrischen Kamelen, die als Lasttiere dienen. Gehütet werden sie allesamt von tatarischen Hirten und deutschstämmigen Oberschäfern, Schafmeister genannt.

Auch wenn die Wildtiere weit umherziehen, kehren sie doch immer wieder zu den Wasserstellen zurück. Der Durst ersetzt den Zaun. Das Hellabrunner Wohngemeinschaftsprinzip ist hier schon vorgeprägt. Die Praxis zeigt, dass Pflanzenfresser sich nicht auf die Füße treten; nur ein rabiater Gnubulle bekommt Messingkugeln auf die Hörner geschraubt. Fast alle aber scheinen die Ausdehnung der Herde gutzuheißen, verspricht sie doch Schutz im Falle eines Angriffs. Dass es sich um ein weitgehend vegetarisches Idyll handelt und die Steppenwölfe in Südrussland bereits ausgemerzt worden sind, das können sie nicht wissen. Durch Klim (Kliment) Sijanko, einen der tatarischen Hirten, mit dem Friedrich schon in jungen Jahren freundschaftlichen Umgang pflegt, gerät der Tierpark endgültig zu einem eurasischen Projekt. Er ernennt ihn schließlich zum obersten Wildhüter. Sijanko lernt lesen und schreiben, um die entsprechenden Nachschlagewerke studieren zu können, und bald fachsimpelt er mit den zahlreich anreisenden Koryphäen über *Cacatua sanguinea, Oriolus oriolus* und *Equus quagga chapmani*.

Mit seinem Bewässerungssystem und dem davon gespeisten Park erringt Askania Nova 1889 auf der Pariser Weltausstellung eine Goldmedaille. Diese bombastische Schau gerät zu einer Jubelfeier der Industrialisierung. Eiffel baut seinen Turm, Daimler stellt den

ersten Motorwagen vor, Otis präsentiert eine verbesserte Auffang-
vorrichtung für Fahrstühle, die Förderhöhen von über hundert Metern und damit den Bau von Wolkenkratzern möglich macht. Das
*Palais de l'Industrie,* ein Traum aus Glas und Gusseisen, wird als erstes Gebäude der Welt im großen Stil mit elektrischem Strom be-
leuchtet. Falz-Fein aber lässt das alles kalt. Er hat nur Augen für
die Bisons, die Buffalo Bill im Bois de Boulogne durch die Arena
scheucht. Mit ihren mächtigen Höckern, dem umbrabraunen Zot-
telfell, dem Spitzbart und den satanischen Hörnern muten sie geradezu prähistorisch an. Besonders die tonnenschweren Bullen:
Mammuts ohne Stoßzähne. Ob Mr. Cody ihm auch einige Exemplare beschaffen könne? Selbst jetzt, da es kaum mehr Bestände davon gäbe? Denn dass Amerikas größtem Landtier die Ausrottung
droht, hat sich herumgesprochen. Alfred Bierstadts Kolossalgemälde *The Last of the Buffalo* wird gleichfalls in Paris gezeigt; Codys
Indianertruppe besucht es beinah täglich. Im *Grand Hotel Terminus*
werden die beiden Herren schließlich handelseinig. Ein Häuptling
der Sioux verehrt Friedrich dann noch Sattel, Zaumzeug, Lasso und
Friedenspfeife. Wer sich für Bisons starkmacht, ist ein Freund.

Schon überlegt er, sich dazu noch Wisente zuzulegen. Denn Europas größtes Landtier erleidet das gleiche Schicksal. Die Zeiten,
als standesbewusste Fürsten sie für Hof- und Kampfjagden in ihren
Wäldern vorrätig hielten, sind längst vorbei. Der Letzte in Ostpreu-
ßen ist 1755 zur Strecke gebracht worden. Selbst in Naliboki, einem
Urwald westlich von Minsk, der zu den Besitzungen der Familie gehört, hausen sie nicht mehr. Einzig im weiter westlich gelegenen
Pendant von Białowieża streifen noch gut siebenhundert Tiere umher; Przewalski erwähnt auch noch Vorkommen südlich des Baikal-
sees. Außerdem sind wenige Jahrzehnte zuvor auf der Nordseite des
Kaukasus, am Oberlauf des Kuban, größere Bestände bekannt worden. Nachdem Russland sich auch dieses Gebirges bemächtigt hat,
werden sie unter den Schutz des Zaren gestellt. Etliche private Jagd-

und Tierfreunde machen sich ebenfalls für sie stark, dazu noch für
Europas letzte Großkatze, den Kaukasusleopard. Sie richten ein riesiges Banngebiet ein, stellen Wildhüter an, verhängen drakonische
Strafen für Wald- und Wildfrevel. Was, wie stets in solchen Fällen, den Unmut der örtlichen Bevölkerung hervorruft, im Gebirge
vorwiegend Tscherkessen, die sich ihrer Gewohnheitsrechte beraubt
sehen. Und so setzen sie die Jagd eben als Wilderei fort und treiben ihr Vieh weiter in die letzten Rückzugsräume des Wisents. Das
Ende der Monarchie bedeutet dann auch das Ende der Wildrinder
im Kaukasus. Innerhalb von zehn Jahren fällt ihre Zahl von fünfhundert auf null. Zur gleichen Zeit erlöschen auch die Bestände in
Białowieża. Einzig in Zoos und privaten Wildparks überleben einige Dutzend Tiere – von zwölf von ihnen stammen alle heutigen
Wisente ab. Ihr Schicksal gleicht jenem der *Tachi* so sehr, dass man
meinen könnte, sie seien Geschwister.

N icht nur Natur-, sondern gezielt auch Artenschutz zu betreiben, ist eine späte Errungenschaft. Einzelne Vordenker waren
ihrer Zeit hoffnungslos voraus, so etwa der Geraer Ornithologe und
Geologe Karl Theodor Liebe, der schon 1873 den Artenschwund
anprangerte, den Eigenwert der Natur postulierte und zum »Schutz
der Vögel um ihrer selbst willen« aufrief: »Wir haben das Recht und
die Pflicht, sie vor dem Untergange zu bewahren … Daher sind
die Tiere wie die Pflanzen unsere Mitgeschöpfe. Wir haben sittli-
che Verpflichtungen gegen sie, und daraus folgt, daß jeder Mensch
ein Tierschützer sein muß.« Zur gleichen Zeit mahnte der Baseler
Zoologe Ludwig Rütimeyer: »Die Zahl der Tierarten, welche dem
ungleichen Kampf (gegen den Menschen) erlagen und nur noch als
Mumien in Museen aufbewahrt werden, mehrt sich fortwährend.«
Doch erst ab den dreißiger Jahren setzen sich solche Gedanken
dauerhaft im öffentlichen Bewusstsein fest. Die entsprechenden
internationalen Abkommen sind gar erst in den siebziger Jahren

getroffen worden. Wobei sich Einzelkämpfer immer schon dafür starkgemacht haben. Häufig waren es Mitglieder der Aristokratie, denen mit dem Großwild auch die daran geknüpften Privilegien abhandenzukommen drohten. Einigen dieser Pioniere sind wir im Laufe unserer Tachi-Saga schon begegnet. Der Landgraf von Hessen und der Herzog von Jaktorow stemmten sich hartnäckig gegen die Ausrottung der Auerochsen. Graf Zamoyski versammelte die letzten polnischen Tarpane in seinem Tierpark, musste sich dann aber infolge der napoleonischen Kriege davon trennen, »nachdem sie zu nichts nutze waren«. Als einziges Großwild in Europa haben die Hirsche überlebt, da sie nie als Haustiere gehalten wurden. Wildrinder, Wildpferde und Wildschafe jedoch wurden fast überall zur Strecke gebracht. Sie galten schlicht als Schädlinge, machten sie dem Weidevieh doch nicht nur Wasser und Futter streitig, sondern entführten mitunter auch die Weibchen in die Wildnis, während sie die domestizierten Stiere, Hengste und Hammel schon mal zur Schnecke machten.

Auch der Steinbock galt bereits im Mittelalter als bedroht. Kaiser Maximilian »schonte ihn streng«, und auch die Salzburger Fürsterzbischöfe hatten sich seinen Schutz auf die Fahnen geschrieben. Das Zillertal war dann Ende des 17. Jahrhunderts die letzte Bastion in den Ostalpen. Doch »nach heftigen Auseinandersetzungen zwischen Jägern und Wilderern«, heißt es, »wurde die Population zur Vermeidung weiterer Bluttaten vom Fürstbischof ausgerottet«. Frühen Hegeversuchen wie der Fortzucht in Tiergärten oder der Umsiedlung in andere Regionen war kein Erfolg beschieden. Nur im savoyardischen Aostatal, an den Flanken eines Bergriesen mit dem programmatischen Namen *Gran Paradiso,* gelang es mit vereinten Bemühungen, eine letzte Population zu erhalten. Alle heute freilebenden Alpensteinböcke gehen auf diese Tiere zurück. Seit den zwanziger Jahren wurden sie in anderen Alpenregionen angesiedelt; auch Lutz Heck machte sich seinerzeit dafür stark. Bei der Erhaltung des Wisents tat sich, neben den erwähnten Initiativen am Kaukasus, der Fürst von Pleß hervor, der am Fuße der Beskiden ausgedehnte Wälder besaß. In den Wirren um die Teilung Oberschlesiens nach dem Ersten Weltkrieg wurde dieser Bestand jedoch fast gänzlich aufgerieben. Auch für die Tiere sind Kriege nur selten ein Segen. Wovon die *Tachi,* wie wir noch sehen werden, ein Lied wiehern können.

Cody schickt die Bisons. Zunächst weiden sie einträchtig mit den Milchkühen der Gutsangestellten, später werden sie der großen bunten Herde zugeführt. Und bekommen dann auch noch Wisente zur Gesellschaft. Sie sollten sich zusammentun, meint Falz-Fein, und tatsächlich paaren sie sich anstandslos untereinander – zum ersten Mal, seit vor Jahrzehntausenden ein paar unternehmungslustige Individuen über die Landbrücke von Sibirien nach Alaska gezogen waren und ihre Linien sich getrennt hatten. Äußerlich ähneln die Wisente aus Białowieża den Bisons sogar mehr als ihren Artgenossen aus dem Kaukasus. Die gemeinsame Gattungsbezeichnung »Bison« geht übrigens auf Charles Hamilton Smith zurück. Brehm nannte den Bison »amerikanisches Wisent«, während der Wisent im Englischen gemeinhin als »European bison« firmiert und im Französischen als »Bison d'Europe«, wobei Bison wiederum eine Entlehnung von Wisent ist. Dann kann man sie auch gleich kreuzen. Die so erzeugten »Wisentbisone« erweisen sich als uneingeschränkt lebens- und fortpflanzungsfähig, sowohl untereinander wie auch mit Hausrindern. Die zweite Generation dieser Mischwesen darf der Hausherr noch erleben, und sein leitender Wissenschaftler, Ilja Iwanowitsch Iwanow, überlegt bereits, die neue Art als *Bison falzfeinii sp. nov.* zu verewigen. Doch dazu kommt es nicht mehr.

Sobald sie genügend Platz haben, und den wenigstens bietet Askania Nova im Überfluss, erweisen die schaurigen Wildrinder sich als anstellig und pflegeleicht. »Man behandelt sie nicht ohne Vorsicht«, resümiert Iwanow, »aber man fürchtet sie nicht mehr als einen gewöhnlichen Ochsen von etwas unruhigem Charakter.« Gemeinhin als Waldbewohner betrachtet, fühlen die Wisente sich im offenen Grasland wie zu Hause. Denn ähnlich wie ihre amerikanischen Doppelgänger zogen sie einst durch die eurasischen Prärien. Noch zu Zeiten Peters des Großen kamen sie in Moldawien, am Don und am Dnjepr vor, bei Stawropol hielten sie sich bis Mitte des 19. Jahrhunderts. Zum Schluss aber blieben nur noch kümmerliche Reliktpopulationen tief in den Wäldern übrig. Während sie in Neu-Askaniens subtropischen Sommern ins Schwitzen kommen, frösteln Nandus, Zebras und Kängurus dort im Winter. Und doch gelingt es, die meisten Exoten an das Klima der Schwarzmeersenke zu gewöhnen. Einfache Unterstände genügen in fast allen Fällen.

In ihren Experimenten forciert die Domäne drei der großen wissenschaftlichen Themen dieser Zeit: Akklimatisation, Selektion und Zucht. Sie hängen eng mit dem Ausbau der Kolonialreiche zusammen. Einerseits sollen Nutz- und Zierpflanzen, Zoo- und Zirkustiere an das Klima in Europa gewöhnt werden. Hierzu dienen Einrichtungen wie der Pariser *Jardin d'Acclimatation,* der noch heute besteht. Andererseits versucht man durch künstliche Selektion, ebenso robuste wie ertragreiche Nutzpflanzen und -tiere für die Überseegebiete zu züchten. In Südafrika etwa siedeln die Engländer vornehmlich an der Küste; ihre Pferde vermögen den harten Bedingungen des Landesinneren nicht standzuhalten, von peinigenden Schmarotzern nicht zu reden. Die Buren hingegen, Nachfahren holländischer Siedler, haben über Generationen hinweg eine angepasste Rasse entwickelt, deren Grundstock Pferde aus Niederländisch-Indien bilden, die sich bereits als tropentauglich erwiesen haben. Der große Treck, der Exodus der Buren aus der Kapprovinz tief hinein ins südliche Afrika, wäre ohne diese Pferde nicht zu bewältigen gewesen. Im Burenkrieg schießen die Briten sie dann auch massenhaft ab, um ihren Gegnern diesen Vorteil zu nehmen.

Nachdem Sibirien als größte Kolonie der Welt bereits gesichert ist, eignet sich Russland zu dieser Zeit auch noch riesige Territorien in der Großen Tartarei an, bis an den Hindukusch, bis in die Dsungarei und in den Tian Shan hinein. Als »Generalgouvernement Turkestan« und »Generalgouvernement der Steppe« werden sie dem Imperium einverleibt – ein Zugewinn von der Größe Indiens. Bald stoßen auch die Künste in diese neuen Sphären vor. 1880 komponiert Borodin seine *Steppenskizze aus Mittelasien:* Getragen von langen Liegeklängen, schicken Klarinette, Jagd- und Englischhorn ihre elegischen Melodien in die Weite, untermalt von Hufgetrappel und schaukelndem Karawanenrhythmus. Am Ende verbinden sich, so Borodin, »das Lied der Russen und die Weise der Asiaten zu einer gemeinsamen Harmonie, deren Widerhall sich nach und nach in den Lüften der Steppe verliert«. Sein flirrendes Streichertremolo klingt noch in Strawinskys *Sacre du printemps* nach, einer extatischen Feier der schamanistischen Kulte Eurasiens. Verärgert darüber, dass ihm selbst so etwas nicht eingefallen ist, kontert Prokofjew daraufhin mit einem der martialischsten Stücke der Musikgeschichte, der *Skythischen Suite.* Sie bietet alles auf, was die Tatarensteppe je an Mysterien gesehen hat: Sonnengott, Hirtenflöten, Totentanz und Götzenbilder. Genüsslich spielt Prokofjew mit der Angstlust des Abendlandes gegenüber den Barbaren.

Nicht von ungefähr waren es in Borodins Begleitmusik zur imperialen Expansion die Russen, die rasteten, während die Nomaden an ihnen vorüberzogen. Tatsächlich betreiben die unterworfenen Völker vorwiegend Wanderviehhaltung, nun aber sollen sesshafte Bauern und Viehzüchter das eroberte Land produktiver nutzen. Weit davon entfernt, exzentrische Liebhaberei zu sein, dienen Falz-Feins Experimente vor allem der Entwicklung und Optimierung neuer, leistungs- und widerstandsfähiger Rassen. Es mag etwas befremdlich wirken, dass ausgerechnet ein eingefleischter Junggeselle solch züchterischen Ehrgeiz an den Tag legt. Doch er versteht sich als Vorreiter, und er verfügt über die Mittel und die Flächen, im großen Maßstab zu Werke zu gehen.

Auch anderswo setzen Tier- und Pflanzenzucht zu dieser Zeit eine Dynamik frei, wie sie seit Beginn der Domestikation ohne Beispiel ist. Die Landwirtschaft wandelt sich zur Agrarindustrie. Bereits um 1860 ist Gregor Mendel in Brünn den Gesetzen der Vererbung auf die Spur gekommen. Doch seine bahnbrechenden Erkenntnisse sind vier Jahrzehnte lang unbeachtet geblieben. In Schottland unternimmt James Cossar Ewart dann ähnliche Kreuzungsexperimente wie Falz-Fein. Aus der Paarung eines Kianghengstes und einer Exmoorstute etwa erhält er eine regelrechte Rennmaschine: »Als das Fohlen vier Tage alt war, lief es über zwanzig Meilen, und am fünften war es dann erst recht aktiv, um den erzwungenen Müßiggang des Vorabends wettzumachen.« In Amerika züchtet Luther Burbank Hunderte neuer Pflanzensorten; auch die ersten Versuche von Iwan Wladimirowitsch Mitschurin, der den Obstanbau revolutionierte, finden noch vor dem Ersten Weltkrieg statt. Carl Hagenbeck plant, neben seinem Zoo in Stellingen einen eigenen »Tierzuchtpark« einzurichten. Dort soll »das Tropen-Nutzrind der Zukunft« Gestalt annehmen, durch die Paarung genügsamer indischer Zebus mit ertragreichen Elbmarschkühen. Kaiser Wilhelm II., der auf Hagenbecks Empfehlung hin selbst Zebukälber großzieht, lässt sich von dessen Visionen anstecken: »Ich glaube, daß diese Zebu-Sache ein großer Sukzeß wird.« Die ersten Tiere machen sich wohl noch auf die Reise, dann setzen Hagenbecks Tod und der Ausbruch des Ersten Weltkrieges dem Vorhaben ein Ende.

Friedrich hat für seine Versuchsreihen einen der brillantesten Köpfe der Zoologie an sich gebunden. Ilja Iwanowitsch Iwanow, der seine deutschsprachigen Publikationen als Elias Iwanoff zeichnet, und der nicht mit seinem Kollegen Michail Fedorowitsch Iwanow zu verwechseln wäre, der als leitender Veterinär gleichzeitig als Verwalter fungiert, Ilja Iwanow also wird zum Begründer der künstlichen Befruchtung. Von 1904 an führt er eine eigene Versuchsstation in Askania Nova. Schon die anhaltischen Merinoschafe waren das Ergebnis zielgerichteter Züchtung gewesen, und die Falzens und die Feins haben sie so lange optimiert, bis sie doppelt so viel Wolle trugen wie herkömmliche Rassen. Nun soll sich auch noch die Wissenschaft mit dem züchterischen Sachverstand verbünden.

Nachdem Iwanow erstmals die künstliche Befruchtung bei Pferden gelingt, übernehmen auch die staatlichen Deckstationen der Umgebung seine Methoden. Die Bauern sparen viel Zeit, Geld und Energie, da die Prozedur fast immer auf Anhieb zum gewünschten Erfolg führt. Bis zum Ersten Weltkrieg werden so über siebentausend Pferde künstlich gezeugt. »Ein Teil dient zur Komplettierung der Kavallerie, ein Teil erhielt sogar Preise bei Trabrennen.« Auch bei Schafen und Rindern bewährt sich das Verfahren. Doch der Steppenzoo eröffnet noch ganz andere Möglichkeiten. Schon zuvor hatten sie etwa Bisons mit Hausrindern gekreuzt oder Hauspferde mit Zebras, woraus sogenannte Zebroide hervorgingen. Diese waren für ihre Arbeitskraft geradezu berüchtigt. »In den Stallungen wurde der größte und stärkste Hengst unter den Hauspferden ausgesucht, ›Sultan‹. Der Zebroid ›Fregat‹ reichte ihm kaum bis zur Schulter. Die Tiere wurden in einen Bauernwagen eingespannt, der mit Sand beladen war. Der Wagen sollte sechzig Kilometer weit fahren und dann zurückkehren.« Um es kurz zu machen: Noch vor dem Wendepunkt bricht ›Sultan‹ zusammen und stirbt. Daraufhin wird ›Kalif‹, das Reservepferd, eingespannt. Mit letzter Kraft hält er durch, bis sie bei Sonnenuntergang wieder in Askania Nova anlangen. Doch kurz vor der Ziellinie, bei der Einfahrt ins Dorf, geht auch er in die Knie und verendet. Er wird ausgespannt, und ›Fregat‹ zieht den schweren Wagen alleine in die Stallungen.

»Kraft, Ausdauer, Genügsamkeit, hohes Alter und gute Gesundheit«, benennt Iwanow generell als die Vorzüge der Hybriden. »Ein kastrierter Halbblutbison wird vor einen Pflug gespannt und hat,

was seine Kraft und Ausdauer angeht, keine Konkurrenten unter
den Arbeitsochsen.« Die künstliche Befruchtung verkuppelt nun
auch Arten, die auf natürlichem Wege nicht willens oder imstande
sind, einander zu begatten. Alchemisten des Lebens, kreuzen sie die
afrikanische Nilgans mit der südamerikanischen Moschusente, den
chinesischen Königsfasan mit dem Kaukasischen Fasan, Hänfling
und Grünling, Mufflon und Kalmückenschaf, verschiedene Kän-
guru-Arten, Palm- und Lachtaube. Auch Hirsche paaren sie wild
durcheinander. Die werden daraufhin zwar schwergewichtiger, tragen jedoch nach Einschätzung des Hirschexperten Christian Oswald, der Askania Nova in den achtziger Jahren mehrfach besucht
und die Trophäen inspiziert hat, »grausige Geweihe«. Doch Schönheit ist auch nicht das Ziel der Demiurgen. Hierin bleibt die Natur unübertrefflich; ein Blick auf *Parnassius przewalskii* genügt. Es
ist ihnen vielmehr um höhere Leistungsfähigkeit und damit um einen höheren volkswirtschaftlichen Nutzen zu tun. Zugleich hat der
Rausch der Machbarkeit sie erfasst; sie satteln buchstäblich Schi-
mä(h)ren. Auf der Moskauer Akklimatisationsausstellung präsentiert Falz-Fein fast jedes Jahr ein neues Retortengeschöpf. Mit der
Aufrüstung von Nutztieren zu Bio-Maschinen tritt die Domestikation in ein neues Stadium ein. Wieder bildet die Pontische Steppe
einen zentralen Schauplatz dafür.

Friedrich hat jedoch noch ein weiteres Motiv. Einen Tierliebha-
ber wie ihn trifft das Aussterben selbst einer fernen Spezies wie der
Verlust eines nahen Freundes. Neben Wisent und Bison schenkt er
auch anderen Raritäten wie dem Krimhirsch oder dem damals in
Freiheit nahezu ausgerotteten Buntbock besondere Fürsorge. Seine
Rettungs- und Kreuzungsversuche sind auch als Reflex angesichts
drohender Katastrophen zu verstehen. Er spielt Schöpfer, weil so
viele andere als Zerstörer wirken. Infolge exzessiver Jagd auf »weiches Gold« stehen in Russland Seeotter, Zobel, Biber und Polar-
fuchs kurz vor der Vernichtung. Eiderente und Silberreiher wird ihr

kostbares Gefieder ebenfalls beinah zum Verhängnis. Schon Mitte des 19. Jahrhunderts ist der letzte Eisbär auf dem europäischen Festland zur Strecke gebracht worden. Und ein so staunenswertes Geschöpf wie die Stellersche Seekuh, eine vollschlanke, bis zu acht Meter lange Meerjungfrau, die an den unwirtlichen Gestaden der Beringsee entlangzog und nie jemandem das Geringste zuleide tat, hat ihre Entdeckung durch westliche Naturforscher nur um wenige Jahrzehnte überlebt.

Was es bedeutet, wenn eine Tierart ausgelöscht wird, das hat Friedrich selbst in jungen Jahren erfahren. Er hat miterlebt, wie es seiner Familie nicht gelang, der Welt ein nobles Tier zu erhalten. »Mein Vater war ein großer Pferdekenner und Pferdezüchter und interessierte sich sehr für die in seinen jüngeren Jahren in der Steppe Tauriens noch ziemlich häufig vorkommenden Wildpferde.« Es scheint das letzte Refugium des Tarpan gewesen zu sein. »Alle meine Nachforschungen in den Steppen des Don, des Kuban, der Wolga und des Ural blieben erfolglos.« Selbst als er später beim Fang der Saiga-Antilopen bis in die Kasachensteppe vordringt, findet er dort keine Spur von wilden Pferden mehr. Er sucht in etwa jenen Streifen ab, aus dem die russischen Tatarenregimenter stammten, die Charles Hamilton Smith in Paris befragen konnte. Sie vermeldeten das Vorkommen von *Tachi* und Tarpanen, teils schon mit Hauspferden vermengt, teils noch in Reinform. Doch seither sind achtzig Jahre vergangen, und Friedrichs Ermittlungen gehen ins Leere. Einzig die Pferde der Baschkiren »kommen dem asiatischen Wildpferde sehr nahe«, sind sie doch »von rötlichgelber Grundfarbe« und »von demselben Körperbau. Die meisten hatten einen Aalstrich und Zebroidstreifen an den Beinen und eine Stute sogar an der Stirn.« In ihnen erkennt er Abkömmlinge des fehlenden Bindeglieds zwischen Tarpan und *Tachi,* das sich im Gouvernement Orenburg noch bis Ende des 19. Jahrhunderts halten konnte, denn so lange fingen die Baschkiren dort Wildpferde, um ihre Herden aufzustocken. Friedrich ist von ihnen so verzückt, dass er vier Stuten ankauft. Wenig später erblickt sie der Preußische Oberlandstallmeister in Askania Nova – und verfällt ihnen ebenfalls. Er will mit ihnen züchten, und so gehen sie als Leihgabe nach Trakehnen, wo sie sich »sehr gut bewähren«. So dass auch in dieser legendären Rasse etwas vom Blut der Steppenpferde fließt, zumal die Grundlage der Trakehnerzucht, das Schweikerpony, seinerseits aus dem ostpreußischen Tarpan gezogen worden ist. Als traditionelle Vieh- und vor allem Pferdezüchter leben die Baschkiren am Südrand des Ural, an der Schwelle zum innerasiatischen Steppenraum. Nicht umsonst wurde kürzlich in ihrem Siedlungsgebiet das erste russische Reservat für Przewalskipferde angelegt, in Nachbarschaft eines Nationalparks mit dem schönen Namen Baschkiria.

Während Friedrichs sonstige Recherchen ergebnislos verlaufen, zeigt sich, dass ausgerechnet in seinem eigenen Beritt »in den Taurischen und den Chersonschen Steppen allen älteren Einwohnern das Vorhandensein des Wildpferdes noch in frischer Erinnerung war«. Allein schon deshalb, weil sie im Winter die Heuschober plünderten. Er sammelt diese Zeugnisse und legt den Bauern und Hirten Illustrationen aus *Brehms Tierleben* vor. Entgegen der üblichen Einwände, dass es sich bei diesen Streunern auch um entlaufene Hauspferde handeln könnte, »haben alle, unter ihnen sehr gute Pferdekenner und auch mein Vater, ganz bestimmt behauptet, daß der südrussische Tarpan ein wirkliches Urwildpferd gewesen ist. Mein Vater trug sich mit der Absicht, sie auf einer in das Faule Meer vorspringenden Halbinsel anzusiedeln, um sie vor dem Aussterben zu retten. Leider konnte er aber solche nicht mehr bekommen. Es war zu spät.«

So wie das Quagga zur gleichen Zeit im südlichen Afrika von den vordringenden holländischen Kolonisten ausgemerzt worden ist, so sind die Tarpane ein Opfer der russischen Expansion hinein in die Tatarensteppe geworden. Aus den Augenzeugenberichten entsteht ein getreues Bild ihrer Lebensweise und ihrer Kollision mit den Siedlern. »Die Pferde weideten in der hohen Steppe und gingen nur zur Tränke in die sumpfigen Niederungen. Auf den höchsten Punkten befinden sich meistens skythische Grabhügel. Der Leithengst pflegte darauf sichernd zu stehen, während die Herde in der Nähe weidete.« Ironie der Geschichte, dass in diesen Hügeln fast immer auch Pferde bestattet waren. Fußgänger, so Friedrich weiter, ließen die Tarpane »verhältnismäßig nahe heran. Vor einem Reiter aber flohen sie schon in der Entfernung von einigen Kilometern. Die Wildpferde waren außerordentlich flüchtig, und an ein Einholen mit Reitpferden war nicht zu denken.« Als Gründe für die rasche Verminderung der letzten Bestände nennt er die forcierte Kolonisierung (»die starke Ansiedlung von Bauern aus allen Gegenden Rußlands durch die Regierung«), die mutwillige Jagd und Hetze (»besonders verderblich wirkte das Treiben auf stark beschlagenen Pferden während des Glatteises«) und die Trockenlegung der sumpfigen Niederungen (»schließlich mußten die vom Durst gepeinigten Tiere sogar an die Brunnen heran und wurden dabei erschossen«).

Noch Anfang der siebziger Jahre, Friedrich war noch keine zehn Jahre alt, erzählte sein Vater »öfters davon, daß er wieder einen Trupp in der Steppe gesehen hatte«. Doch ihre Zahl schwand, und schließlich blieb nur mehr eine einsame Stute übrig. »Sie war klein, sehr gut gebaut, mit trockenen, festen und gut gestellten Beinen, etwas ramsnasig, mit kleinen, spitzen Ohren, kurzer Mähne und kurzem Schweif. Die Färbung war mäusegrau oder wildfarbig, wie man es dort bezeichnete, mit dunklen Beinen und Aalstrich über dem Rücken.« Sie schließt sich einer Herde Hauspferde an, die einem benachbarten Gutsbesitzer namens Durilin gehört. »Kaum zeigte sich aber ein Hirt, so stand sie stets vereinzelt in einiger Entfernung da.« Über drei Jahre hinweg bekommt sie dann zwei Fohlen von einem zahmen Hengst.

Schließlich folgt sie der Herde sogar bis in den Stall. Diese Gelegenheit wird ausgenutzt, um sie einzufangen. »Sie benahm sich äußerst wild, sprang an den Wänden hoch und nahm einige Tage kein Futter an.« Den Winter über wird sie dann in einer Box gehalten. »Man gab sich die größte Mühe, das Pferd zahmer zu machen, und erreichte auch, daß es sich zur Tränke führen ließ, wobei es aber jedesmal versuchte, sich loszureißen. Putzen und Anrühren gestattete es nicht. Im Frühjahr bekam es das dritte Fohlen im Stall. Beim Einbringen in die Box hatte es ein Auge verloren. Da das Tier so zahm geworden war, hoffte Durilin, es würde nach dem Herauslassen weiter bei der Herde bleiben. Aber kaum war der Halfter abgenommen, als sie mit lautem Wiehern in die Steppe hinauslief. Bald kehrte sie wieder zurück, nahm ihr Fohlen mit sich und verschwand auf Nimmerwiedersehen.«

Später taucht sie nahe dem Dorfe Agaimany auf. Sie wird gejagt und verliert dabei ihr Fohlen. Ihr Ende ist ebenso heroisch wie grausam: »Die Bauern und einige umliegende Besitzer beschlossen, während der Weihnachtstage eine Jagd auf das Pferd zu veranstalten. Dazu sammelten sich die Reiter auf den besten Pferden der Umgegend. Man stellte berittene Vorposten auf und trieb nun die Stute dem ersten Posten entgegen. Dieser übernahm die Verfolgung bis zum zweiten, der nächste bis zum dritten usw. Doch allen Anstrengungen spottend, entging die Stute ihren Verfolgern. Es lag ziemlich viel Schnee, dessen Decke zu einer harten Kruste gefroren war. Dazu waren hohe Schneeanwehungen entstanden. Trotzdem sprang das Tier über alle diese Hindernisse mit fabelhafter Leichtigkeit hinweg und wäre niemals gefangen worden, wenn es sich nicht ein Vorderbein dadurch gebrochen hätte, daß es beim Springen in eine Erdspalte geriet. Auf einen Schlitten geladen, wurde es nach Agaimany gebracht, wo es die ganze Bevölkerung anstaunte. Man versuchte, um es zu retten, durch den Dorfbader einen künstlichen Huf zu machen, doch ging es nach einigen Tagen ein.« So verendete der letzte freilebende Tarpan 1879 auf dem schon nicht mehr *Wilden Feld.*

In Gefangenschaft haben einzelne Exemplare womöglich länger überlebt. So berichtet der bedeutende russische Zoologe Wladimir Georgijewitsch Heptner von einem Tierpfleger in Askania Nova, der allerdings erst nach der Ära Falz-Fein dort tätig wurde. Aufgewachsen war er auf einem der besten Gestüte des Landes, dem des Großfürsten Dmitri Konstantinowitsch bei Mirgorod, etwa zweihundertfünfzig Kilometer südöstlich von Kiew. Dort war einst ein Tarpan untergekommen, nachdem Kolonisten seine Herde niedergemacht, ihn als junges Füllen aber behalten hatten. Noch während des Ersten Weltkrieges diente er auf dem Gut als Deckhengst für eine Gruppe von »Kirgisenstuten«. Seine Farbe »war mausgrau (genau wie bei einer Wühlmaus). Längs des Rückens zog sich ein breiter schwarzer Aalstrich. An den Schultern eine schwach angedeutete Kreuzzeichnung.« Obwohl er damals schon »ein sehr altes Tier« war, ließ zumindest sein Verhalten an Wildheit nichts zu wünschen übrig. »Sein Charakter war ein außerordentlich böser und wilder. Er überfiel die Leute, die in der Steppe vorbeifuhren, wenn im Gespann Stuten waren, zerriß das Pferdegeschirr mit den Zähnen, vertrieb die Menschen und führte die Stuten zu seiner Herde.«

Im gleichen Jahr 1879, in dem die Bauern von Agaimany die letzte Tarpanstute zur Strecke bringen, wird in der dsungarischen Gobi ein zweites Wildpferd entdeckt. Es scheint wie eine Reinkarnation. Fast fünfzehn Jahre lang bleibt das von Aldiarow bereitgestellte Fell freilich der einzige Beleg für dessen Existenz. Noch hat Europa kaum eine Vorstellung, wo in diesem riesigen, sehr dünn besiedelten Gebiet man ihrer habhaft werden könnte. »Es ist mir nicht gelungen, ihre Fundorte auf den Karten aufzufinden«, bemerkt etwa Paul Matschie irritiert, Kustos am Zoologischen Museum zu Berlin.

Zu dieser Zeit entsteht der Steppenzoo von Neu-Askanien. Und Falz-Fein spricht: Die Erde bringe herfür lebendige Thier, ein jegliches nach seiner Art. Und Falz-Fein sieht es für gut an. Nur die Krönung seiner Schöpfung fehlt noch. Er wendet sich an Koslow sowie an den Zoologen Eugen Büchner, der Przewalskis Sammlungen an der Akademie betreut. Sie wiederum bringen ihn mit Nikolai Iwanowitsch Assanow in Kontakt, einem Kaufmann, der vom sibirischen Bijsk aus operiert und in Kobdo (Chowd) in der chinesischen Mongolei eine Niederlassung unterhält. Der rüstet daraufhin eine Expedition aus, die Przewalskipferde lebend fangen und bis zur Transsibirischen Eisenbahn bringen soll. Nun hatte Friedrich bereits einen enormen Aufwand betrieben, um Saiga-Antilopen in der Kasachensteppe zu fangen. Diese Geisterpferde aus der Dsungarei zu bekommen, würde ein noch weit schwierigeres Unterfangen bedeuten. Doch er setzt alles daran, den Traum seines Vaters wahr werden zu lassen und ihn damit zu erlösen: die Rückkehr von Wildpferden in die Taurische Steppe.

Die beiden ersten Unternehmungen schlagen fehl. Erwachsene Tiere, gar eine ganze Herde zu fangen, erscheint von vornherein aussichtslos. Obwohl die Jäger mehrfach die Pferde wechseln, entkommt ihre Beute mit jener »fabelhaften Leichtigkeit«, die auch das letzte Wildpferd Europas an den Tag legte. Allenfalls lassen sich ein paar Fohlen erjagen, indem man sie so lange hetzt, bis sie ermüden. Doch solange sie in der Herde laufen, entwischen sie meist dennoch. Wenn gar nichts mehr hilft, packt der Leithengst eines am Nacken und schleift es mit. Und so schießen die Jäger die Alttiere ab, um die Fohlen dann mit der *Uurga,* einer an einer langen Stange befestigten Schlinge, einzufangen. Die Mülheimer »Stricker« hätten sich sicher gut mit ihren mongolischen Kollegen verstanden. Meist schließen die verstörten Jungtiere sich dann den Reitpferden an und folgen willig ihren Häschern. Doch wer soll sie jetzt nähren? Für die ersten beiden Partien sind offenbar keine Ammenpferde verfügbar, oder sie wollen die Wildlinge nicht säugen, und Ziegenmilch vertragen diese nicht. So gehen sie noch in den Feldlagern jämmerlich zugrunde. Die dritte Expedition von 1899 führt deshalb schon von Bijsk aus Milchstuten mit, die so belegt worden sind, dass sie um die gleiche Zeit fohlen wie die Wildpferde. Als die Fänger dann einige Jungtiere erbeuten, wieder um den Preis eines Massakers an der übrigen Herde, töten sie schließlich auch noch die zahmen Füllen, damit die Nährmütter die Wildfänge an ihrer statt annehmen. Zumindest überleben sechs junge Stuten und ein Hengst diese Radikalkur und werden am Ende bis zu Assanows Kontor getrieben. Mit diesen Tieren, in der Zählung Kobdo 1 bis 7, beginnt die Ahnenreihe der *Tachi* in menschlicher Obhut. Während aber der Hengst und eine Stute zurückbleiben, da sie zu schwach für die Weiterreise sind, trotten die Übrigen im Pulk noch weitere neunhundert Kilometer bis nach Bijsk, wo sie vorübergehend in einem Gehege in Assanows Garten unterkommen, der damit zum weltweit ersten »Zoo« wird, der auch Przewalskipferde hält. Von dort werden sie dann per Flussdampfer und per Bahn über fünftausend Kilometer weit nach Westen verfrachtet. Eine Stute verendet kurz vor dem Ziel, die restlichen vier erreichen Askania Nova im Herbst 1899. Boten aus Tachiland kommen ins Tarpanland.

Mehrere mongolische Hirten haben den Transport begleitet und geben nun, so gut es eben geht, eine Gebrauchsanweisung für ihre Schützlinge. Was sie fressen, wie sie leben, was sie fürchten. Unter schlimmen Verlusten hat Falz-Fein die ersten Exemplare nach Europa gebracht. Doch er vermag sich an diesem Erfolg nicht recht zu erfreuen, da er mit vier Stuten allein nicht züchten kann. Unterdessen sind die beiden zurückgelassenen Tiere nach Bijsk verfrachtet worden. Dort geraten sie zu einer örtlichen Attraktion, und ein dienstbeflissener Beamter drängt Assanow schließlich, sie dem Zaren als Kuriosa zum Geschenk zu machen. Während Kobdo 2 bald darauf eingeht, wächst Kobdo 1, nun Waska geheißen, zu einem strammen Hengst heran. Er hat sich so sehr an menschlichen Umgang gewöhnt, dass er sich sogar reiten lässt, was bei Wildpferden nur selten gelingt. Doch was soll der Zar mit einem Junggesellen anfangen? So reicht er ihn schließlich an Falz-Fein weiter, und 1905 kommt das erste in Gefangenschaft geborene *Tachi* zur Welt. Allein in Askania Nova sollten bis heute über vierhundert folgen.

Der Patron kann sein Monopol nur kurz genießen. Denn auch andere Tiernarren unterhalten Privatzoos. Der Herzog von Bedford etwa, der ein ähnliches Rettungsprogramm für den chinesischen Davidshirsch startet. Oder der exzentrische Baron Rothschild, der nördlich von London eine der weltweit größten naturkundlichen Sammlungen besitzt. Er züchtet ebenfalls Zebroide und richtet Zebras sogar als Kutschpferde ab. Frans Blaauw scheut weder Kosten noch Mühen, um die Heide bei Hilversum in eine kleine Serengeti zu verwandeln. Und auch in Russland horten einige hochmögende Herren wilde Tiere, etwa Prinz Alexander von Oldenburg am Rande des Kaukasus. So wie Falz-Fein Iwanow protegiert, so betätigt der Prinz sich als Förderer von Iwan Petrowitsch Pawlow, dem er zu seinem Posten am Kaiserlichen Institut für Experimentelle Medizin verhilft. Gleichzeitig brauchen auch die Zoologischen Gärten, die mittlerweile in vielen Städten der Alten wie der Neuen Welt ein Millionenpublikum erfreuen, immer neue Attraktionen. Von Hamburg aus hat Carl Hagenbeck die Neuzugänge in der Taurischen Steppe genau registriert. Der Herzog von Bedford hat ihm gegenüber bereits starkes Interesse bekundet, »koste es, was es wolle«. Mit dem nächsten Transport nach Askania Nova schickt Hagenbeck einen seiner Agenten namens Wilhelm Grieger mit, der die vier Stuten erst einmal pflichteifrig bewundert. »Es galt vor allem festzustellen, wo man die Wildpferde zu suchen habe«, erinnert Hagenbeck sich seines Coups. Wie nebenher hört Grieger sich unter den Gutsangestellten um. Altai … Kobdo … Assanow … Stehenden Fußes reist er, »mit reichlich Geldmitteln versehen«, weiter nach Bijsk.

Von hier an unterscheiden sich die von Falz-Fein und Hagenbeck überlieferten Versionen. Der Erstere, in seinen Schilderungen sonst sehr präzise und verlässlich, gibt an, Grieger hätte dort sein Scheckbuch gezückt und eine bereits bereitstehende, für Askania Nova vorgesehene Fohlenherde kurzerhand nach Hamburg abgezweigt. Ein Handstreich, wie ihn Mirsasch Aldiarow nicht besser hätte führen können. Nach der hagenbeckschen Version haben sich Grieger und sein Mitarbeiter Karl Wache dagegen noch im Jahr 1900 selbst zu den Weidegründen der *Tachi* aufgemacht, vermutlich im Teamwork mit Assanows Leuten, um dann ebendiese Herde zu fangen.

Die Transsibirische Eisenbahn verläuft damals noch eingleisig und ist auch noch nicht durchgängig in Betrieb. Im Sommer setzt eine Fähre von der Größe eines Ozeandampfers Waggons, Fracht und Reisende über den Baikalsee, ein wahrer Leviathan. Im Winter gleiten Pferdeschlitten hinüber. Hagenbecks Männer brauchen zwar nicht ganz so weit nach Osten vorzustoßen, doch dafür sind die Anschlussstrecken nach Süden noch nicht vorhanden, so dass sie auf dem gefrorenen Ob stromauf ziehen und dann weiter auf der Bija bis nach Bijsk. Dann müssen sie noch anderthalbtausend Kilometer quer über den Altai bis in die Gobi reiten. Und das Ganze schließlich wieder zurück, mit einer Rasselbande widerspenstiger Waisenkinder im Schlepptau. Logistisch hätten sie sich gar kein schwierigeres Ziel suchen können als das meerfernste Gebiet der Erde – innerstes Eurasien.

Mit einer stolzen Karawane aus Pferden und Kamelen überschreiten sie im Winter das Gebirge, um pünktlich zur Fohlzeit zur Stelle zu sein. Silberbarren und Ziegeltee dienen als Zahlungsmittel, Seidentücher als kleine Geschenke. Monatelang ernähren sie sich von Schaffleisch, im Frühjahr ergänzen Forellen die Diät. In Kobdo machen sie dem chinesischen Statthalter ihre Aufwartung und schwärmen dann, begleitet von mongolischen Helfern, in verschiedene Jagdgründe aus. Hagenbeck meint deshalb später, »drei Unterarten der Wildpferde unterscheiden« zu können. Unterarten sind die Dialekte der Evolution, im Wesentlichen ähneln sie sich, aber doch mit bezeichnenden Abweichungen sowohl von der Stammform wie auch voneinander. Jedenfalls wird diese Variabilität den Züchtern und Gralshütern noch endlose Diskussionen über den Idealtypus bescheren. Strohgelb oder rötlich, mehr oder weniger Beinstreifen, weißes oder schwarzes Maul? Wie sich erst im Nachhinein herausstellt, jubeln die Mongolen den Käufern außerdem das ein oder andere Halbblut mit unter, Frucht eines Stelldicheins in der Steppe, für das dann im guten Glauben ein Stück von den begehrten Silberbarren abgeschlagen wird.

Als die Fänger mehr Wildfohlen erbeuten als geplant, kommt Grieger nicht umhin, nach Hamburg zu telegrafieren, um zusätzliche Transport- und Einfuhrgenehmigungen zu veranlassen. Dafür muss er vom heutigen Schutzgebiet Gobi B zweitausend Kilometer bis zur nächsten Telegrafenstation reiten, vermutlich ins spätere Nowosibirsk. Nach zwei Tagen kommt Bescheid, und er macht sich freudig auf den Rückweg. Am Ende haben die Häscher über fünfzig Fohlen beisammen, doch nicht alle überstehen die Strapazen der Hetzjagd, und nicht alle Ammenstuten nehmen sie als Ersatzsäuglinge an. Doch auch die toten Tiere sind von Wert, naturgeschichtliche Museen reißen sich um ihre Bälge und Skelette. Die Überlebenden machen sich als kurioser Viehtreck auf den langen, langen Weg zum Bahnhof. Schwache Fohlen werden in Säcke gepackt und auf die Kamele gewuchtet, die übrigen trotten hinterdrein. Dreißig berittene Treiber versuchen, den Pulk zusammenzuhalten.

Im Herbst 1901 treffen schließlich achtundzwanzig Fohlen lebend in Hamburg ein. Sie werden von ihren Stiefmüttern sowie etwas Beifang begleitet, von Steinböcken, Hirschen und einem versprengten Kulan. Ein Jahr später bringt eine weitere Fangexpedition, wiederum unter Grieger, noch einmal elf Fohlen nach Hamburg. In der Folge gelangen dann auch noch einige weitere Jungtiere nach Askania Nova.

Der Großvater von Nyamsuren, unserem Kronzeugen in der Mongolei, hat diese Fangexpeditionen in seiner Kindheit noch miterlebt. Damals seien, berichtete er, »Männer gekommen, die eine andere Sprache redeten als wir«. Sie hätten *Tachi* gejagt und dabei, zum Missfallen der Einheimischen, auch die Hengste geschossen, ohne die die Herden doch schutzlos wurden und sich auflösten. Auch wenn das Abschießen der Stuten noch schwerer wog – für die ohnehin bereits stark gelichtete Gesamtpopulation war das massenhafte Abschlachten in jedem Fall verheerend. Die Auftraggeber hingegen verwandten kaum einen Gedanken darauf; es ging ihnen auch nicht darum, die Art zu retten. Denn es bestand kein Bewusstsein ihrer Bedrohtheit, kein Leidensdruck, der zu Schutzbemühungen gleich welcher Art geführt hätte. Sie wollten sich mit diesen zoologischen Prunkstücken schmücken oder sie im Falle Hagenbecks gewinnbringend verkaufen. Der Herzog von Bedford zahlte schließlich fünfhundert Pfund Sterling pro Stück, was heute etwa dem hundertfachen Wert entspräche. Manchem Abnehmer genügte ein Exemplar, und auch bei den übrigen stellte sich längst nicht immer Nachwuchs ein. Doch nun war die Nachschublinie ja etabliert, nun konnte man jederzeit neue Tiere aus einem Reservoir herbeischaffen, das man für unerschöpflich hielt. Dass man, wenn keine mehr da sind, auch keine mehr holen kann, scheint sie nicht tangiert zu haben.

Die Tierfangreisen funktionierten wie ein Förderband, das Wildpferde aus den Tiefen des Kontinents hervorholte. Nur zu bald freilich wird dieses Förderband abrupt zum Stillstand kommen, um nie wieder in Betrieb zu gehen. Im Februar 1904 beginnt ein unerhörter Krieg – Asien wagt es, Europa herauszufordern. Japan attackiert Russland, wobei der Krieg fast zur Gänze auf chinesischem Territorium ausgetragen wird. Die beiden Nachbarstaaten betrachten die

*17* Der letzte Augenzeuge

*18/19* Mögen die Götter mit uns sein

20/21 Mögen die Menschen uns in Frieden lassen

22/23 Tachi in Tachin Tal

24/25 Rebekka, Ganbaa und ein Spähtrupp im Schutzgebiet Gobi B

26 Prypjat, die Kraftwerksstadt von Tschernobyl

*27/28* Pioniere in Tschernobyl

*29* Die Große Freiheit, eskortiert von einem Seeadler

Gebiete östlich der Gobi als ihren Einflussbereich. Die Transsibirische Eisenbahn wird zu Russlands Hauptschlagader. Sie befördert Soldaten, Geschütze, Proviant, Baumaterial, Gefangene und Verwundete. Zivile Reisen oder Transporte kommen fast gänzlich zum Erliegen, und in der Depression, die auf die unerwartete russische Niederlage folgt, ist dann an Forschungs- oder gar Fangexpeditionen nicht mehr zu denken. Zudem sind kaum mehr Wildpferde vorhanden. Um sich der bis dato etwa hundert Fohlen zu bemächtigen, von denen dann nur knapp die Hälfte ihre Bestimmungsorte lebend erreichte, dürften etliche Hundert erwachsene Tiere abgeschossen worden sein, was die Vernichtung der *Tachi* erheblich beschleunigt hat. Doch wären diese Fohlen damals nicht entführt und als Verschickungskinder über die halbe Welt verstreut worden, die Art wäre unweigerlich erloschen.

In der Folge wallfahren Biologen, Viehzüchter, Studenten, Naturfreunde und Fotografen nach Neu-Askanien. Wo der Hausherr ihnen gern auch mal Kängurusteak, Gazellenrücken oder Straußenrührei kredenzt. Als einer der Ersten macht sich 1901 Ludwig Heck auf den Weg. Er schlägt fast die gleiche Route ein wie weiland die Trecks der Kolonisten. Erst mit dem Zug über Breslau und Lemberg bis Odessa, dann übers Meer nach Cherson, im Flussdampfer den Dnjepr hinauf, und schließlich im Vierspänner durch die mit Hyazinthen, Schwertlilien und Goldsternen garnierte Tatarensteppe. »Ich sah Blauraken und Bienenfresser, diese für Europa viel zu bunten Vögel, auf den Telegrafendrähten sitzen.« Nachdem ihn am ersten Morgen das ungewohnte Fiepen eines Zwergfliegenschnäppers geweckt hat, wendet er sich stracks an seinen Gastgeber: »Jetzt aber bitte gleich zu den Wildpferden!« »Habe schon anspannen lassen«, bescheidet ihm schmunzelnd Falz-Fein.

Heck bleibt sechs Wochen lang, »es war ja so unglaublich viel für mich zu sehen, zu lernen und zu genießen«. Zum Beispiel die Steppenkuhmilch: »Diese hatte einen so köstlichen Geschmack, daß ich sie rein aus Schleckerei trank.« Zum Abschied schenkt der Gastgeber ihm ein Paar von jedem einheimischen Tier für den Berliner Zoo, »eine taurische Arche Noah«. Kaum zurück, ordert Heck aus Hagenbecks erster Tranche zwei Fohlen. Auch wenn sie zu seinem Kummer keinen Nachwuchs bekommen werden – mit diesen beiden Linien, der aus Askania Nova und den hagenbeckschen Beutestücken, die an ein Dutzend Abnehmer in aller Welt gehen, beginnt das zweite Leben der *Tachi*. Noch dreißig Jahre später rühmt Heck die »mit praktischer Tatkraft verbundene ideale Begeisterung« Falz-Feins, der damit sein »Meisterstück gemacht und einen ewig dankenswerten Präzedenzfall« geschaffen habe. Zu diesem Zeitpunkt ist bereits klar, dass die *Tachi* aus eigener Kraft nicht überleben werden. Heck erkennt, dass die mongolischen Wildpferde auch »als Ersatz für den Tarpan« gedacht sind, »der leider völlig ausgerottet wurde, ehe man sich der höheren Verpflichtung erinnerte, von diesem vielleicht allerwichtigsten Naturdenkmal (wilde Stammform unseres edelsten Haustieres!) etwas fortzuerhalten«. Gemeinsam – oder besser in störrischer Rivalität – mit weiteren Standorten werden seine Söhne dieses Erbe zu ihrer Lebensaufgabe machen.

Lutz kommt zehn Jahre nach dem Vater auf Antrittsbesuch. Da ein ›H‹ im Russischen als ›G‹ gesprochen und geschrieben wird, muss er sich damit abfinden, dort als Lutz Geck zu firmieren. Sein Bruder Heinz kann von Glück sagen, dass er nicht mit von der Partie ist. Sonst aber wirkt Lutz genauso beglückt wie noch jeder Besucher vor ihm. »Das ist einzig in seiner Art gewesen.« Ein Steinbock springt eben mal aufs Scheunendach, Papageien und Kakadus durchschwirren das mittlerweile zu einem stattlichen Park herangewachsene Arboretum. Als der stärkste Bisonbulle hundertzwanzig Kilometer nach Süden absetzt, lässt Falz-Fein »die Bisonkuhherde die weite Strecke zu ihm hintreiben, und willig folgte dann der Stier seinem Rudel zurück«. Etwas Vergleichbares wird

Lutz Heck in Berlin kaum widerfahren. Doch von nun an träumt er davon, ein zweites Askania Nova zu schaffen.

Auch Hugo Conwentz, der über Deutschland hinaus als Vordenker des Naturschutzes wirkt, pilgert nach Askania Nova. Bestärkt durch seine Expertise hat Schweden 1909 gleich neun Nationalparks eingerichtet. Es folgen die Schweiz, Spanien mit dem *Monte Perdido* und Italien mit dem *Gran Paradiso,* wobei jeweils der Erhalt der Steinböcke obenan steht. Mitten im Ersten Weltkrieg bringt Conwentz es fertig, sich für den Schutz von Białowieża einzusetzen, damals Frontgebiet. Er erreicht zumindest, dass die Kernzone geschont wird; Polen erklärt Europas letzten Urwald dann 1932 zum Nationalpark. Als Botaniker interessiert ihn an Askania Nova vor allem die Rekonstruktion der Steppe. Dass Friedrich sich eben nicht damit begnügt, sie sich selbst zu überlassen, sondern jene Tierarten wiedereinbürgert, die ihr überhaupt erst das Gesicht gaben, die aber ausgemerzt worden sind: Saigas, Murmeltiere, Steppenwisente, und die *Tachi* als nächste Verwandte des Tarpan. Dessen Schicksal vor Augen, wusste er, was auf dem Spiel stand. Falz-Fein war ein Genie des Naturschutzes, einer der Ersten, die komplexe ökologische Probleme erkannt haben und angegangen sind.

Durch Heiraten ist die Familie auch mit der geistigen Welt Russlands eng verbunden. Mit den Tolstois pflegt man vertrauten Umgang, die Schwester von Friedrichs Schwägerin hat einen Sohn Dostojewskis geehelicht, der selbst ein bekannter Pferdezüchter ist, und Friedrichs eigene Schwester Lydia heiratet schließlich Dmitri Dmitrijewitsch Nabokow. Ihr Sohn Nikolaus, der sich später in Amerika Nicolas Nabokov schreibt, analog zu seinem Vetter Vladimir, verbringt selige Kindheitstage in Askania Nova. »Das einzig Pompöse war sein hybrider lateinischer Name«, erinnert er sich. »Es gab keine Zeremonien, keine Etikette beim Essen, auch keinerlei religiöse Torturen. Bei Tisch wurde jeder in die Unterhaltung einbezogen, gleichgültig, welchen Standes er war. Auch wir Kinder nahmen daran teil.« Eine Bank vor den Großvolieren wird zu seinem Lieblingsplatz. »Das Konzert darinnen dauerte vom frühen Morgen bis zum späten Abend, ungestüm, männlich und fröhlich.« Der künftige Komponist und Kulturfunktionär empfängt hier erste, erregende Inspirationen: »Es klang wie ein Kontrapunkt für 1001 Stimme, oder auch aleatorisch und ungeheuer verzwickt, dabei von einer Schönheit, die alle von Menschen gemachte Kunst weit hinter sich ließ.« Im Morgengrauen belauscht er im dichtesten Teil des Parks die Nachtigallen wie ein Stalker, der sich in die Konzertprobe seines Idols schleicht. Ein Leben lang wird Nicolas sich in unstillbarem Heimweh nach diesem Kindheitsparadies verzehren, so wie sein Cousin den Verlust des geliebten Wyra nie verwinden konnte. Askania Nova scheint dieser dagegen nicht besucht zu haben, obwohl er mit seiner Familie anderthalb Jahre lang ganz in der Nähe auf der Krim gelebt hat. Doch das war nach dem Zusammenbruch der Monarchie, in Zeiten, in denen man nicht unbedingt eine Landpartie in umkämpftes Gebiet hinein unternommen hätte.

Zu den prominenten Fachbesuchern zählt auch Oskar Heinroth, ein rühriger Ornithologe und Begründer der vergleichenden Verhaltensforschung. Ihm scheint Askania Nova in Hinsicht auf den Vogelzug »das Helgoland der Steppe«. Auch Paul Matschie vom Berliner Naturkundemuseum begibt sich schließlich zu den Quellen. Wie noch jeden Besucher, so frappiert auch ihn die fast schon absurde Treuherzigkeit der fremdländischen Fauna. »Auf dem Fahrwege sicherte ein Zebra, zwei Lamas erhoben sich schwerfällig vom Boden, und ein kaukasischer Steinbock erhielt durch einen Hofjungen einen ernsten Verweis, weil er den Rosenstöcken einen unliebsamen Besuch abgestattet hatte.« Matschies Fazit: »Man glaubt, in einem Märchenlande zu sein.«

Friedrich wird sich der instruktiven Qualitäten eines Tierparks bewusst. 1913 finden bereits an die zehntausend Besucher den Weg in die Taurische Steppe. Einer von ihnen ist Pjotr Koslow, mit dem er wegen der *Tachi* schon lange brieflich in Verbindung steht. Da er als Przewalskis Intimus und geistiger Testamentsvollstrecker gilt, kommt seinem Besuch auch symbolische Bedeutung zu. Und doch hat er gerade einen schweren Verstoß gegen die Gebote des Meisters begangen: Er hat geheiratet. Frühere Überläufer waren von diesem als undankbare Abtrünnige geschmäht worden, welche der herben, heroischen Männerwelt der Steppen und der Hochgebirge nicht länger würdig waren. Doch in diesem Fall hätte wohl auch der gestrenge Pate seinen Segen gegeben. Denn mit Jelisaweta Wladimirowna Puschkarjowa kann man Pferde stehlen. Sie hat an der naturkundlichen Abteilung des Frauenpädagogischen Instituts in St. Petersburg studiert und bereits ornithologische Feldforschungen im Tian Shan unternommen. Nun brennt sie darauf, Askania Nova zu sehen. Koslow ist fast drei Jahrzehnte älter, doch sie sind füreinander bestimmt. Er meint sogar, Przewalskis »Nomadenseele« in ihr zu verspüren. Für ihn wie für den Park wird dieser Antrittsbesuch noch zum Schicksal werden.

Im April 1914 beehrt Nikolaus II. Askania Nova. Neben dem Hengst Waska besteht auch noch eine persönliche Verbindung zu Przewalski, hatte dieser doch den damals dreizehnjährigen Zarewitsch als naturkundlicher Hauslehrer unterwiesen. In drei Kraftwagen fährt Nikolaus mit kleinem Gefolge vor; ein Filmteam von *Pathé* hält den Besuch fest. »Nachdem er den Tee eingenommen, ging es sogleich in den Tierpark«, erinnert sich Friedrich. »Der Zar schenkte allem die größte Aufmerksamkeit.« Besonders der eingehegten Steppe, für die Friedrich bereits zwanzig Jahre früher einen Kernsatz des modernen Naturschutzes aufgestellt hat, »daß ein Steppenreservat innerhalb der Steppe liegen muß, daß es nicht an Ackerland grenzen darf«. Enthusiasmiert schreibt der Zar an seine Mutter: »Dort leben Hirsche, Antilopen, Känguruhs und Sträuße das ganze Jahr unter freiem Himmel zusammen. Wie ein Bild aus der Bibel, als ob die Tiere aus der Arche Noah hinausgegangen sind.« Doch im privaten Gespräch wirkt er angespannt und ergeht sich in Andeutungen, es könne Krieg mit Deutschland und Österreich geben. Er lädt Friedrich zu einem Gegenbesuch in seiner Sommerresidenz auf der Krim ein, in der später die Konferenz von Jalta stattfinden sollte. Schließlich werden die Falz-Feins ob ihrer Tüchtigkeit auch noch in den Adelsstand erhoben, was sich freilich bald eher als Nachteil erweisen sollte. Als Gegengabe erhält der Zar drei Bisons.

Im Herbst 1915 fällt den Ornithologen von Rossitten auf, dass die Krähen nicht wie sonst über die Kurische Nehrung nach Süden ziehen. Johannes Thienemann, der charismatische Leiter der Vogelwarte, erklärt es damit, »daß die Fülle von Nahrung, welche das Kriegsgetümmel bietet, sie an Ort und Stelle zurückgehalten hat«. Der groß angelegte Ringversuch erleidet durch den Krieg starke Einbußen. »Er ist ein internationales Unternehmen, und das Wörtchen ›international‹ ist uns ja jetzt ganz abhanden gekommen.« Gleichwohl stellt er der Luftwaffe die gewünschten Krähen zur Verfügung, die als Frühwarnsystem für sich nahende Flugzeuge ausgebildet werden sollen. Europa ist aus den Fugen. »In der Menschenwelt scheint alles auf den Kopf gestellt, und draußen in der Natur auch.«

Wie Rossitten, so verliert auch Askania Nova mit der Mobilmachung den Großteil seiner männlichen Arbeitskräfte und seiner Arbeitspferde dazu. Die Versuchsstation muss ihre Forschungen einstellen. Zwar sind das Fleisch und die Wolle kriegswichtig, doch es fehlen so viele Hände, die Erträge gehen merklich zurück. Gleichzeitig weht den Falz-Feins ein eisiger Wind ins Gesicht. Deutschstämmige Russen werden schikaniert, viele nach Sibirien deportiert, ihre Besitzungen liquidiert. Der »innere Feind« soll vernichtet werden; in Moskau kommt es zu Pogromen. Die Angriffe treffen auch viele, die nur fremdländische Namen tragen, aber fraglos für deutsch und damit feindlich gesinnt gehalten werden. Angst regiert

Askania Nova. Mit dem Staatsstreich der Bolschewisten im November 1917 wird die Lage vollends unwägbar. Auch Dawid Bronstein verliert nun, was er ein Leben lang aufgebaut hat: »Auf der Höhe des Bürgerkrieges mußte der Fünfundsiebzigjährige Hunderte von Kilometern zu Fuß zurücklegen, um Unterkunft in Odessa zu finden. Die Oktoberrevolution hat ihm natürlich alles, was er erreicht hatte, abgenommen«, protokolliert sein Sohn ungerührt.

Seines Lebens nicht mehr sicher, hält Friedrich sich zu dieser Zeit in Moskau auf. Zufällig begegnet er einem Transport deutscher Kriegsgefangener. Er unterhält sich mit ihnen, nimmt Anteil an ihrem Schicksal – und wird prompt als Spion ins Gefängnis gesteckt. Dort zeigt er eine Contenance, »die sogar seine Peiniger verwundert«, und hält zur Erbauung seiner Mitgefangenen zoologische Vorträge. Doch die harten Haftbedingungen setzen ihm zu. Die ohnehin mörderischen Gefängnisse sind überfüllt, da die Bolschewiken jeden hineinstecken, der ihnen in die Quere kommt. Als deutschstämmiger Großgrundbesitzer entspricht er gleich einem doppelten Feindbild. Es steht nicht gut um ihn.

Ob wohl ein Hoher Rat der Kreaturen existiert? Eine Arche-Noah-Holding, eine Weltweite Allianz zum Wohle von Mensch und Tier? Dann wäre jetzt ein guter Zeitpunkt für eine Intervention. Zwei Jahre zuvor haben höhere Mächte tatsächlich einmal zugunsten eines Falz-Feins eingegriffen, vielleicht ja der unter dem Kürzel FFF geläufige Fideikommiss für Flora und Fauna, der unter dem Patronat der Bremer Stadtmusikanten steht. Friedrichs Neffe Alexander nämlich war ein begeisterter Flieger. Gerade einmal sechzehn Jahre alt, hat er 1909 mit einem selbst konstruierten Doppeldecker den Himmel erobert, als erster Russe überhaupt. Anlässlich des Zarenbesuchs hat er dann auch Askania Nova angeflogen, wobei er in Ermangelung eines Flugplatzes – *y a-t-il un aéroport?* – mitten in der Steppe gelandet ist. »Besonderen Beifall schien er bei den frei umherstreifenden wilden Tieren gefunden zu haben, denn sie umringten ihn und seinen Apparat und beschnüffelten ihn von allen Seiten.« Im Krieg wird er schließlich über Galizien von den Österreichern abgeschossen, vom Himmel geholt wie ein Kranich über dem Nil. Er kommt in ein Lazarett, das niemand anderer als Rudolf Slatin leitet. Seit seiner Geiselhaft beim Mahdi und dem Auftauchen des mysteriösen Rings kreist ein Mantra in seinem Kopf: *Kranich, Askania Nova, Südrußland, Falz-Fein* … Und nun erblickt er diesen Namen auf der Liste der Patienten. Fortan lässt er Alexander »allerbeste Pflege und Fürsorge zuteilwerden« und kann ihn schließlich im Rahmen eines Gefangenenaustausches entlassen. Dem Ring der Neu-Askanier wohnt ein Segen inne.

Und auch Friedrich kommt aus dem Gefängnis frei. Der Direktor des Moskauer Zoos hat sich ebenso für ihn eingesetzt wie etliche Wissenschaftler und Künstler. Vergeblich versucht er in den folgenden Monaten, die wenigen verbliebenen liberalen Kräfte im wieder zur Hauptstadt gewordenen Moskau zu einem gemeinsamen Vorgehen zu bewegen. Dabei kommt es zu einem gespenstischen Vorfall. Jakow Bljumkin, ein früherer Angestellter aus der Konservenfabrik seiner Mutter in Odessa, allgemein als »Tomatenmann« geläufig, da er der Tomatenabteilung vorgestanden hat, sucht ihn auf. Er gehört den Linken Sozialrevolutionären an und prahlt damit, in Diensten der Geheimpolizei zu stehen. Unter Drohungen erpresst er ein feines Oberhemd mitsamt Knöpfen, Kragen und Krawatte. Derart ausstaffiert, begibt er sich mit einem Komplizen zur deutschen Gesandtschaft, wo sie mit einer fingierten Geschichte bis zu Botschafter Wilhelm von Mirbach-Harff vordringen. Drei Schüsse gehen fehl, eine Bombe detoniert nicht und eine Sprengladung versagt – aber dann trifft ihn doch noch ein tödlicher Schuss. Die Attentäter entkommen. Tags darauf fährt Lenin im Rolls-Royce an der Gesandtschaft vor, um scheinheilig zu kondolieren.

Zum Ende des Sommers hin gelingt es Friedrich, sich nach Berlin abzusetzen. Einer seiner ersten Gänge führt ihn zur Jahresversammlung der *Ornithologischen Gesellschaft,* deren Schriften er über die Kriegsjahre schmerzlich entbehren musste. Unverdrossen berichtet er von den Flugrouten der zuletzt von ihm beringten Turmfalken und Schellenten. Im Jahr darauf hält er vor der altehrwürdigen (und wundersamerweise bis heute fortbestehenden) *Gesellschaft Naturforschender Freunde zu Berlin* einen Vortrag über das Ende des Tarpan. Nachdem er das Martyrium der letzten Stute geschildert hat, drückt er abschließend sein Bedauern aus, »daß es weder meinem Vater noch mir gelungen ist, das noch vor kurzem in den Taurischen Steppen vorkommende Wildpferd vor dem Aussterben zu schützen. Um so mehr befriedigt mich das Bewußtsein, derjenige gewesen zu sein, der die Wege und Mittel ausfindig gemacht hat, um das asiatische Wildpferd als erster lebend nach Europa zu bringen und der wissenschaftlichen Vergleichung zuzuführen.« Ein Hauch von Wehmut weht durch seine Worte, gerade so viel, wie er, Friedrich, vor einer so kundigen Zuhörerschaft zu zeigen gewillt ist. Dagegen ist nicht die geringste Spur von Wut oder gar Weinerlichkeit auszumachen. Dabei ist die halbe Welt untergegangen, und seine Welt mit ihr. Wenn jemand weiß, was Unwiederbringlichkeit bedeutet, dann er. Wenige Monate später stirbt Friedrich Jakob Eduardowitsch von Falz-Fein mit siebenundfünfzig Jahren.

# Orlik und Orlitza

>»Die Naturgeschichte ist doch die Mutter aller Geschichten,
der Roman aller Romane!«
~ *Erik Orsenna, Lob des Golfstroms*

Seit Friedrichs Abzug haben die Verwalter, die Schafmeister und Klim Sijanko versucht, den Betrieb fortzuführen. Woldemar und Alexander hatten aus der Ferne ein Auge darauf. Nach der Oktoberrevolution ist Askania Nova dann enteignet, das übliche Rätesystem installiert und das Gutshaus geplündert worden. Als Friedrich daraufhin kein Geld mehr transferiert, wird die Lage bald kritisch. Anfangs können noch Saisonhelfer von außen angeheuert werden, aber mangels Lohngeldern beschließt der Arbeiter- und Bauernrat dann notgedrungen, selbst zu arbeiten. Doch keiner will aufs Feld. Wer aber wird im Dezember 1917 schließlich zum Kommissar für Askania Nova ernannt? Niemand anderer als Pjotr Kusmitsch Koslow.

Die Zeiten sind widrig. Nach dem Sturz der Monarchie ist ein Machtvakuum entstanden. Die Ukraine erklärt im Januar ihre Unabhängigkeit. Ohne die Unterstützung deutscher und österreichischer Truppen aber könnte sie der Roten Armee auf Dauer nicht Paroli bieten, die sich ihrerseits der Angriffe der sogenannten Weißen Armee zu erwehren sucht. Im März plündern bolschewistische Banden das Gut abermals und verbraten Wasserbüffel, Gazellen und Kängurus. Unter Mitnahme von hundert Arbeitspferden und aller Wagen flüchten sie schließlich vor den anrückenden Deutschen. Die *Tachi* bleiben verschont. Sie sind nicht kriegsverwendungsfähig, da sie sich weder reiten noch vor den Karren spannen lassen. Mit Ausnahme Waskas, doch der ist zuvor schon verstorben. Mit sechs reinblütigen Tieren der zweiten Generation kann die Zucht auf kleiner Flamme fortbestehen. Darunter findet sich auch eine Tochter von Kobdo 1 und Kobdo 5 mit Namen Orlitza.

Die deutschen Truppen rücken dann, wie Woldemar berichtet, mit einer unorthodoxen Kavallerie an: »An einem schönen Märztage erschienen feldgraue Radfahrer im Stahlhelm auf der Hauptstraße.« Bald ergeht durch den Generalstab »strenger Befehl zur Schonung von Wild, Vieh und sonstigem Besitz«, und Askania Nova wird eine Atempause vergönnt. Im November blasen bayerische Ulanen noch zur Hubertusjagd, Befehl hin oder her, doch wenige Tage später endet der Erste Weltkrieg, so dass sie abgezogen werden müssen. Woraufhin der Kommandant der bolschewistischen Gegenoffensive, Michail Frunse, dort sein Hauptquartier aufschlägt. Die Ukraine wird zum westlichen Hauptschauplatz des Bürgerkriegs, und einmal mehr macht das *Wilde Feld* seinem Namen Ehre. Rote kämpfen gegen Weiße, Ukrainer gegen Russen, Kosakenkavallerie gegen Budjonnys Reiterarmee. Anarchistische Partisanen proklamieren ihren eigenen Weg, und die Krimtataren rufen eine Volksrepublik aus. Die aus Kriegsgefangenen rekrutierten Tschechoslowakischen Legionen gehen erst eine Allianz mit den Bolschewiken ein, stellen sich dann jedoch gegen sie und versuchen, quer durch Sibirien und mit anschließender Weltumrundung von der befriedeten Ostfront an die noch umkämpfte Westfront zu gelangen. Das wiedererstandene Polen erobert nicht nur die Westukraine, sondern auch große Teile Litauens und Weißrusslands. Britische und französische Truppen mischen gleichfalls mit.

Koslow kommt aus dem Lavieren gar nicht mehr heraus. Mal kehrt er seine proletarische Herkunft hervor, mal seine Dienste für das alte Regime, in dem es bis zum Generalmajor gebracht hat, mal seine naturkundliche Kompetenz. Hat nicht Darwins Sohn ihm die höchste Auszeichnung der *Royal Geographical Society* zuerkannt? Hat er seine Expeditionen nicht zum Ruhme des Vaterlands unternommen? Jelisaweta steht ihm unerschrocken zur Seite. Und obwohl die Welt um sie herum in Stücke gerissen wird, hecken sie weitere Forschungsreisen aus.

Doch die Machtverhältnisse haben sich von Grund auf geändert. Erst in China, nun auch in Russland, und dadurch zwangsläufig auch in der Mongolei, die den Begehrlichkeiten beider Nationen ausgesetzt war und ist. Zwar heißt es, dass jedes Volk die Regierung hat, die es verdient. Doch von einer Regierung kann man im Falle der Mongolen kaum sprechen, und kein Volk der Welt hätte eine solche Folge brutaler, blinder und bösartiger Machthaber verdient. Nach dem Ende der Qing-Dynastie kommt es zwischen den beiden Nachbarn zunächst zu einem Tauziehen um die Äußere Mongolei. 1920 treten dann die Freischärler des Barons von Ungern-Sternberg eine ebenso blutige wie bizarre Schreckensherrschaft an. Ihr Anführer, einst Wachsoldat am russischen Konsulat in Kobdo, leitet seine Herkunft von den Hunnen her und trägt mit Vorliebe einen *Deel* in kaiserlichem Gelb zur Schau. Im Jahr darauf erobert schließlich die Rote Armee das Gebiet und ersetzt den planlosen Terror durch systematischen. Ausgerechnet die Sowjets verwirklichen so die alten russischen Planspiele und machen sich die Mongolei als Marionettenstaat untertan. Hätte irgendjemand im Westen sich damals für die Geschehnisse dort interessiert, er hätte eine Blaupause für die Kaperung der osteuropäischen Länder nach dem Zweiten Weltkrieg erhalten. Nirgendwo hatten die Kommunisten mehr als ein Fünftel der Bevölkerung hinter sich, in der Mongolei sicher noch weniger, doch binnen Kurzem wurde der Rest gewaltsam einkassiert. In den dreißiger Jahren mischen dann auch die Japaner noch mit im »Großen Spiel«. Unter dem Deckmantel, die Völker Ostasiens von der Fremdherrschaft befreien zu wollen, annektieren sie deren Gebiete. Doch tatsächlich hatten die Mongolen für Jahrhunderte keine ihnen so wohlgesinnte Besatzung als zu der Zeit, als im Süden ihres Lebensraumes mit Mengjiang ein »Autonomer Mongolischer Staat« von Japans Gnaden bestand, als Verschanzung gegen russische wie chinesische Ansprüche.

Aber noch ist es nicht so weit. Am 30. Dezember 1922 wird auf der Bühne des Bolschoi-Theaters die Union der Sozialistischen Sowjetrepubliken proklamiert. Damit ist der Bürgerkrieg beendet, die Rote Armee hat gesiegt. Allmählich sind zivile Unternehmungen im Fernen Osten wieder möglich. Koslow wollte seinen Lebensabend eigentlich am Issyk-Kul verbringen, um dem Freunde dann über den Tod hinaus nahe zu sein. Doch dank Jelisaweta fühlt er sich um zwanzig Jahre verjüngt. Bereits vor dem Krieg hat er die Ruinen von Chara-Choto entdeckt, das der rachsüchtige Dschingis Chan einst unterwarf, nachdem seine Entourage ihn wie befohlen jeden Morgen daran erinnert hatte, dass das Reich der Tanguten dort draußen fortbestand. Woraufhin er seiner Nemesis in Gestalt eines Wildpferds begegnete. Koslow will die Ausgrabung der »Toten Stadt« nun wieder aufnehmen. Sie liegt im westlichsten Teil der Inneren Mongolei, unweit des heutigen Schutzgebiets Gobi A, doch auf chinesischem Gebiet. Mit sechseinhalb Tonnen Gepäck, verteilt auf mehr als dreißig Fuhrwerke, zieht seine Crew zunächst vom Baikalsee nach Urga, wie Ulaanbaatar damals noch heißt. Dort müssen sie monatelang auf die chinesischen Genehmigungen warten. Zum Zeitvertreib untersuchen sie eine antike Stätte im Hügelland von Noin-Ula, achtzig Kilometer nördlich. »Auf der Talsohle erblickte ich in schütterem Wald kleine, schneeverhüllte Erhebungen von der Form abgestumpfter Kegel. Es waren Kurgane. Nach ungefährer Zählung über zweihundert in mehreren benachbarten Tälern.« Koslow identifiziert sie als »Gräber der östlichen Hunnen«, der Xiongnu, mongolisches Altertum also, rund zweitausend Jahre alt. Einer ihrer Anführer ist sogar aus chinesischen Chroniken namentlich geläufig. Die Grabbeigaben deklinieren die gesamte Seidenstraße durch, von Stoffen aus Südchina bis zu graeco-skythischer Kunst vom Schwarzen Meer.

Als handle es sich um die Bar des *Explorers Club,* in der sie sich nach Feierabend mit Phileas Fogg zu treffen pflegen, schaut zunächst Sven Hedin in Urga vorbei, und wenig später holt sich auch ein illustrer amerikanischer Forschungsreisender die höheren Weihen. Pflichtschuldig würdigt er Koslow als »großen Entdecker alter Schule«. Wer aber stünde für die neue Schule? Er natürlich, Roy Chapman Andrews, Biologe, Schriftsteller, Tierpräparator, Scharfschütze, Pfadfinder ehrenhalber, nachmaliger Direktor des Naturgeschichtlichen Museums in New York, und süchtig nach dem Rauschmittel des Reisens. Und so verewigt sich auch Indiana Jones noch im Gästebuch der dsungarischen Gobi. Wobei der Filmheld, verglichen mit seinem realen Vorgänger, reichlich unbedarft daherkommt. Koslow führt den Gast hinab in die feuchten Grabkammern, Jelisaweta dolmetscht. Englisch, Deutsch und Französisch spricht sie ohnehin, und für alle Fälle hat sie auch noch Tibetisch gelernt. Vielerfahrenheit, das ist die Hauptsache.

Sie schmieden sogar Pläne für ein Treffen ihrer Expeditionen am Fuße des Altai. Auch Pantelei Teleschow stößt noch dazu, der vier Jahrzehnte zuvor Przewalskis Mannschaft angehört hat. Sie schicken sich an, eine der letzten unbekannten Regionen Asiens zu erkunden, den südlichen Teil der Gobi und die angrenzende Alaschan-Wüste. Wollen sie die Spur der *Tachi* wieder aufnehmen? Wollen sie die Gehege der Zoologischen Gärten auffüllen, die seit zwei Jahrzehnten keinen Nachschub mehr erhalten haben? Weit gefehlt. Mit Pferden, und seien sie noch so wild und schön, ist kein Staat mehr zu machen. Sie stehen für die Welt von gestern. Es erscheinen auch kaum mehr wissenschaftliche Artikel über sie, gleichgültig, ob Haus- oder Wildpferde. Die einen werden zugunsten von Maschinen ausrangiert. Und die anderen – ja gibt es die denn noch? Seit 1904 haben keine Fangexpeditionen mehr stattgefunden, überhaupt keine Reisen größeren Stils mehr in die Dsungarei, Eurasiens Herz der Finsternis. Selbst Sven Hedin musste fünfzehn Jahre lang pausieren. Die Große Freiheit ist dahin. Es dringen auch keine Berichte über *Tachi* mehr aus diesem Gravitationsfeld heraus, weder von Sichtungen noch von Abschüssen. Eine der wenigen Erwähnungen überhaupt stammt aus unvermuteter Feder und von unvermuteter Stelle. In Stalinabad – so heißt die tadschikische Hauptstadt Duschanbe zu dieser Zeit – nimmt Egon Erwin Kisch 1931 das Reittier eines schielenden Räuberhauptmanns in Augenschein: »Der Hengst ist ein *Equus przewalskii,* ein Urpferd; längs des Rückgrats verläuft, wie mit dem Lineal gezogen, ein schwarzer Strich, vom Hals geht quer der Streif der Wildesel, die Unterschenkel sind die eines Zebras.« Ein zweiter Waska. Wie mag er gezähmt worden, wie über zweieinhalbtausend Kilometer hinweg nach Stalinabad gekommen sein? Niemand greift solche Fragen auf.

Andrews will neue Wege beschreiten. Also sucht er in der Mongolei etwas, das dort noch nie jemand gesucht, geschweige denn gefunden hat: Fossilien. Dann aber überschlagen sich die Entdeckungen, und die Gobi entpuppt sich als ein »urgeschichtlicher Garten Eden«, ein Hellabrunn der Fabelwesen. Andrews scheint einen sechsten Sinn dafür gehabt zu haben. Um seine Expeditionen zu finanzieren, muss er zu Hause einen herkulischen Aufwand betreiben. Unermüdlich hält er Vorträge, tritt zu Spendenempfängen an, trifft Journalisten, bearbeitet Geldgeber. Weder Przewalski noch Koslow wären je auf den Gedanken gekommen, ein Buch über *The Business of Exploring* zu schreiben. Auf eine sehr amerikanische Art zieht der lange Schlaks dann hinaus in die Welt: unbefangen, hemdsärmelig, großspurig. So hegt er etwa über Strapazen seine eigenen Ansichten: »Ich halte gar nichts davon«, meint er. »Abenteuer sind nur Zeichen von Unfähigkeit.« Versteht sich, dass er modernste Transportmittel einsetzt, in diesem Fall »eine wohlausgerüstete Kraftwagenexpedition in Verbindung mit einer Kamelkarawane als Hilfstruppe«. Ein solch »hybrider Verband« hätte auch Schukows Beifall gefunden. Bis sie sich dann doch in »unmöglichem Gelände« wiederfinden und nur mehr die Kamele weiterkommen. Selbstredend setzt Andrews auch die modernsten Medien ein. Die alte Schule fotografierte bestenfalls – die neue filmt. Auf einem wild bockenden Pritschenwagen gelingen seinem Kameramann die ersten Filmaufnahmen davonpreschender Kulane.

Als ihnen Gerüchte über mannshohe Knochen zu Ohren kommen, ganz wie die »Riesengebeine« aus alten Büchern, halten sie das erst noch für eine dieser schamlosen mongolischen Übertreibungen. Doch dann können sie die Lagerstätten bereits mit dem Fernglas ausmachen! Das Spektrum der Funde reicht von der Blütezeit der Dinosaurier bis zum Auftrumpfen der Säugetiere. Darunter die Überreste eines zwanzig Tonnen schweren Nashorns, das höher als eine Giraffe war und viermal so schwer wie ein Elefant. Doch es kommt noch besser: Sie entdecken Dinosauriereier. Niemand hatte bis dahin geglaubt, dass sie versteinert erhalten geblieben sein könnten. Hier aber treten ganze Nester mit »Landdracheneiern« zutage. Schließlich kann Andrews der Welt in einem triumphalen Telegramm verkünden: »Wir haben Wissenschaftsgeschichte geschrieben!«

Und er schreibt noch daran weiter. In kleinen Höhlen unweit von Peking ist Otto Zdansky, ein junger österreichischer Paläonthologe, zu dieser Zeit auf zwei Zähne eines frühen Vertreters der Gattung *Homo* gestoßen. Umfangreiche Grabungsarbeiten fördern daraufhin die Überreste des sogenannten Peking-Menschen zutage, der vor gut einer halben Million Jahre schon Werkzeuge gefertigt hat und auch das Feuer gemeistert haben soll. Die Hypothese, dass die Wiege der Menschheit in Ostasien gestanden haben könnte, erhält durch diese Funde neuen Auftrieb. Womöglich ja in der Gobi? Andrews ist elektrisiert. Wer wollte noch Urwildpferden nachspüren, wenn er Urwildmenschen ausgraben kann? Er schlägt sein Standquartier in Peking auf. Nachtarbeiter, die sie sind, telefonieren er, Sven Hedin und der kanadische Arzt Davidson Black, der die Federführung bei den Ausgrabungen des Peking-Menschen hat, sich dort oft gegen drei Uhr morgens zusammen, um die Nacht in einer Bar ausklingen zu lassen und mit den russischen Animiermädchen, die der Bürgerkrieg zahlreich nach China geschwemmt hat, zu tanzen. Für gewöhnlich frühstückt er dann am frühen Nachmittag, spielt eine Runde Polo und macht sich anschließend an sein nächtliches Pensum.

1930 unternimmt Andrews die letzte von fünf Expeditionen in die Gobi, der sich diesmal auch Teilhard de Chardin anschließt. Danach bezieht er mit seiner Frau eine Etagenwohnung im früheren Haus von Joseph Pulitzer in New York. Sie bestücken sie mit fernöstlichen Antiquitäten und lassen die Wände in chinesischem Weinrot streichen. In pelzbesetzter Seidenrobe schreibt er dort ein Drehbuch über Dschingis Chan und bringt seine Memoiren zu Papier. Täglich reitet er im Central Park aus. Doch je länger er aus den Weiten Hochasiens verbannt bleibt, desto stärker regt sich die Sehnsucht. Obwohl er ein ganz anderes Naturell besitzt als der beherzte Melancholiker Széchenyi, dem die Wüste eigens für jene geschaffen schien, die ihr Glück verloren haben, stimmt auch Andrews den Gobi-Blues an. »My heart lay in the desert« – er hat sein Herz nicht in Heidelberg, sondern in der Wüste verloren. Die Offenbarung überkommt ihn dann aber ausgerechnet in einer Berliner Bierschwemme: »Du bist Forschungsreisender«, redet er sich selbst ins Gewissen. »Du kannst mit der gewöhnlichen Existenz eines Städters nicht glücklich werden. Sie paßt nicht zu dir. Kehr zurück in die Wüste, wo du hingehörst.« Reumütig bekennt er sich zum Laster unstillbarer *wanderlust*. Da Ostasien weiterhin verschlossen bleibt, berät er schließlich George Patton im Wüstenkrieg.

Und Koslow? Nachdem die Papiere endlich eingetroffen und die Grabungen an den Kurganen abgeschlossen sind, macht er sich mit einer kleinen Gruppe auf nach Chara-Choto. Zu Hause könnte er bequem seine Militärpension genießen, doch er zieht es vor, über tausend Kilometer hinweg durch »gelbe Horizonte« zu reiten: »Wie eine Riesenschlange windet sich die Kamelkarawane durch die Sandwüste.« Die Nachfahren der Tanguten, denen schon Przewalski Respekt gezollt hat, schildert auch er als hartgesottene Zeitgenossen. Einen geschenkten Revolver weisen sie als »Kinderspielzeug« zurück, und den kostbaren Cognac, den er ihnen zunächst offeriert, verschmähen sie als »Weibergesöff«. Umso freudiger aber sprechen sie dem hochprozentigen Spiritus zu, der zum Konservieren der Präparate dient, und heben beifällig die Daumen.

Chara-Choto erweist sich als Goldgrube. Bis heute zählen Koslows dortige Ausgrabungen zusammen mit denen von Noin-Ula zu den bedeutendsten archäologischen Unternehmungen Russlands. Die erhoffte Expedition nach Tibet aber, das letzte Vermächtnis seines Übervaters, lässt sich einmal mehr nicht verwirklichen. Ende 1926 nimmt er Abschied von der Gobi. Ähnlich wie Hedin erwägt er noch Vorstöße mithilfe eines Zeppelins und hebt in seinen Träumen ab nach Lhasa. Immerhin unternimmt er zu guter Letzt von Ulaanbaatar aus einen kurzen Flug in einer Junkers F-13 mit offener Kanzel. »Wenn es doch möglich wäre, in die kulturellen Zentren meines Vaterlandes zu fliegen, dort ein paar Monate zuzubringen, und sich von neuem nach Asien zu begeben.« Doch schon wenige Jahre später ist dieses Asien, wie es bei Kisch heißt, »gründlich verändert«.

Zur gleichen Zeit versucht eine Fluggesellschaft mit dem schönen Namen *Eurasia,* ein Gemeinschaftsunternehmen der Lufthansa mit der Sowjetunion und China, eine möglichst direkte interkontinentale Route von Berlin nach Peking aufzubauen. Sie stellt 1929 auch die Piloten und Maschinen für Hedins Chinesisch-Schwedische Expedition. Wie sie sich dabei in Etappen vorarbeiten, fast stets nur die Steppe als Landebahn, zählt zu den großen Abenteuern der frühen Luftfahrt. Als dann zehn Jahre später Schukow zum Chalchin Gol entsandt wird, um die Japaner zurückzuschlagen, nimmt er schon ganz selbstverständlich ein Flugzeug in die Mongolei.

Ende der zwanziger Jahre begibt Koslow sich ein letztes Mal nach Askania Nova. Jelisaweta, die ihn schließlich um vier Jahrzehnte überlebt, wird eine der wichtigsten Ornithologinnen Russlands. Noch die Gemeinschaftsexpeditionen, welche die wissenschaftlichen Akademien der Mongolei und der DDR Anfang der sechziger Jahre auf die Beine stellten, hatten über sie als Mentorin einen kurzen Draht zu Przewalski. Die letzten Berichte über Beobachtungen von *Tachi* erschienen denn auch in ostdeutschen Zeitschriften, verbunden mit »der ernsten Sorge um diese Großsäuger«. 1973 melden mongolische Forscher noch einmal eine Sichtung, vermutlich jene von Nyamsurens Schwager. »Das Wildpferd ist also noch nicht ausgestorben«, hoffen sie. Das mochte beim Abfassen des Artikels noch zugetroffen haben, doch schon bei seinem Erscheinen dürften nur mehr die Geister der *Tachi* über ihre nun leeren, nur mehr vom Wind durchstreiften Weidegründe gezogen sein.

A skania Nova wird schließlich »zootechnische Versuchsstation« und »Steppenforschungsinstitut«. Friedrichs einstiger Verwalter, der andere Iwanow, hat es verstanden, sich so mit dem neuen Regime zu arrangieren, dass er zum Direktor befördert wird. Für Ilja Iwanowitsch aber, den Experimentalzoologen, brechen schwierige Zeiten an. Er hat seinen Mäzen verloren und seine Ressourcen dazu. Dennoch ist er entschlossen, die Kreuzungsexperimente fortzuführen. Bereits vor dem Krieg hat er auf einem Zoologenkongress in Graz neue Horizonte ins Auge gefasst: Bei künstlicher Befruchtung büßen »die Versuche der Kreuzung des Menschen mit den Anthropoiden den widerlichen Charakter ein und können ohne Verletzung der Moral und Religion im Laboratorium entschieden werden«. Wobei manche Glaubensrichtungen einer Kreuzung von Gott und Mensch mittels künstlicher Befruchtung ja durchaus aufgeschlossen gegenüberstehen.

Iwanows Testreihen haben gezeigt, dass die Vorzüge verschiedener

Arten sich kombinieren lassen, indem man wieder zusammenführt, was die Evolution einst auseinanderdividiert hat. Warum nach dem *missing link* suchen, wenn man es selbst fabrizieren kann? Warum den Peking-Menschen ausgraben, wenn man ihn neuerlich in die Welt setzen kann? In der Tat werden derartige Züchtungsutopien zu dieser Zeit vermehrt diskutiert. Da die Genetik, aber auch die prähistorische Anthropologie, sich noch *in statu nascendi* befinden, geht die Forschung von der grundsätzlichen »Blutverwandtschaft zwischen Menschen- und Affengeschlecht« aus und sieht zumindest keine unüberwindlichen physiologischen Schwierigkeiten. Der holländische Abenteurer Herman Moens und der Leipziger Gynäkologe Hermann Rohleder hatten bereits einer Vermischung von Mensch und Gorilla das Wort geredet, vermochten ihre Pläne jedoch nicht recht in die Tat umzusetzen. Iwanow dagegen ist ein Matador der Biotechnologie. Hat er nicht schon erfolgreich Mischlinge von Zebras und Eseln, Schafen und Mufflons, Bisons und Hausrindern erzeugt?

Natürlich bestehen gewisse ethische Vorbehalte, dass Mensch und Affe dadurch einander noch ähnlicher würden, als sie es ohnehin schon sind. Doch die Sowjetunion bietet ein gutes Experimentierfeld, solchen Fragen ohne religiöse Dogmen und bourgeoisen Dünkel nachzugehen, aus rein naturwissenschaftlichem Interesse. Dazu müsste sie allerdings auch ein Forschungsinstitut für Primaten aufbauen, nach dem Vorbild der deutschen Anthropoidenstation, die 1912 auf Teneriffa eingerichtet worden ist. Eifrig wirbt Iwanow für sein Projekt, das »außerordentlich interessante Erkenntnisse liefern könnte über die Entstehung des Menschen wie auch auf den Gebieten der Vererbung, der Embryologie, der Pathologie und der vergleichenden Psychologie«. Lange bleiben seine Bemühungen vergeblich. Schließlich aber ergattert er über den Privatsekretär Lenins und Trauzeugen der Koslows eine Anschubfinanzierung. Und so macht sich Ilja Iwanowitsch Iwanow auf den Weg nach Afrika.

Zweimal reist er, assistiert von seinem Sohn, nach Französisch-Guinea, wo das *Institut Pasteur* gerade eine Affenstation eingerichtet hat. Die Vorarbeiten erstrecken sich über anderthalb Jahre. Unter heftigen Torturen befruchten sie schließlich Anfang 1927 drei Schimpansinnen mit dem Samen eines menschlichen Spenders. Der Versuch schlägt fehl. Die umgekehrte Kombination wäre anatomisch ohnehin günstiger, und so treffen sie, unterstützt durch entgegenkommende Kolonialbeamte, Vorkehrungen für entsprechende Experimente in Französisch-Äquatorialafrika. Nach allem, was man weiß, sind sie nicht zur Ausführung gelangt. Dennoch frappiert der Hinweis, dass die Urform des HI-Virus just um diese Zeit just in dieser Region auf bislang unbekanntem Wege von Affen auf Menschen übertragen worden sein muss.

Als ihr Geld und ihre Zeit aufgebraucht sind, machen sie sich mit dreizehn Schimpansen im Schlepptau auf den Rückweg. Diese bilden dann den Grundstock der später so berühmten Affenzuchtstation in Sochumi an der Ostküste des Schwarzen Meeres, in beinah subtropischen Gefilden. Ein Askania Nova für Primaten, in dem während der Sputnik-Ära über zweitausend Affen für Tierversuche gehalten werden. Einige von ihnen fliegen gar in den Weltraum. In der Rückschau muss Iwanow als ein Pionier der Primatenforschung gesehen werden, und als ein Vorläufer der Reproduktionsmedizin dazu. Gewiss hätte er auch jene Experimente fieberhaft verfolgt, bei denen 2019 Genetiker in San Diego Affenembryos mit menschlichen Stammzellen versahen. Die Testreihen verliefen aus ihrer Sicht vielversprechend und erfolgreich. Langfristig sollen verwandte Spezies so menschliche Herzen oder Nieren ausbilden, die dann für Organtransplantationen genutzt würden.

Was aber wurde aus Iwanows Schimpansen? Nicht anders als die *Tachi* sind sie allesamt als Jungtiere gefangen worden. Sie haben das zeugungsfähige Alter noch nicht erreicht. Doch ist der einzige andere verfügbare Spender, ein Orang-Utan mit dem putzigen Namen Tarzan, mit sechsundzwanzig Jahren nicht schon wieder zu alt? Nein, er scheint noch geeignet. Vom Tarpan zum Tarzan. Um die Versuche zu beaufsichtigen, wird 1929 eine »Kommission zur artübergreifenden Hybridisierung von Primaten« ins Leben gerufen. Die hohen Herren von der Akademie suchen nun hinreichend revolutionär gesinnte Freiwillige. Mindestens eine Kandidatin hat sich bereits zur Verfügung gestellt, dazu eine betreuende Gynäkologin – da segnet Tarzan das Zeitliche. Hirnblutung. Bis Ersatz besorgt werden kann, vergeht ein weiteres Jahr. Und in dieser Zeit wird Iwanow Opfer einer der üblichen Intrigen. Einer seiner früheren Assistenten schwärzt ihn wegen »konterrevolutionärer Aktivitäten« an, um seine Stelle einzunehmen. Iwanow wird nach Alma-Ata verbannt, wo er 1932 stirbt. Schostakowitsch schreibt noch im gleichen Jahr eine Oper mit dem Titel *Orango,* die jedoch ebenso Fragment bleibt wie Iwanows Versuche. Ein Jahr später kommt *King Kong* in die Kinos.

Unterdessen steigt die Zahl der Wildpferde in Askania Nova langsam wieder an, doch mangels Blutauffrischung sind sie bedenklich eng miteinander verwandt. Auch die Kreuzungsversuche laufen weiter, wobei oft nur Iwanows Methode bleibt, erkennen »die Pferde doch die Kulane nicht als adäquate Reproduktionsobjekte an«, und zeigen auch »zu den Zebras keinerlei geschlechtliche Zuneigung«. Der alte Pferdewitz – »zieh deinen Pyjama aus, dann werd ich's dir schon zeigen« – geht hier ins Leere. Jedenfalls zielen diese Bemühungen hauptsächlich darauf, Hauspferden zu mehr PS zu verhelfen. Obwohl der Siegeszug des Automobils sie weitgehend überflüssig macht, scheint die biotechnische Aufrüstung wichtiger als der Erhalt der Art. Für die Betreuung aller exotischen Tiere ist zunächst weiterhin Klim Sijanko zuständig, Friedrichs tatarischer Jugendfreund. Dank seiner niederen Abkunft erscheint er politisch opportun, 1928 wird er gar als »Held der Arbeit« ausgezeichnet.

Doch er kann sich nicht lange daran erfreuen. Zwei Jahre später fällt er als einstiger Handlanger eines Kapitalisten in Ungnade; anschließend wird auch ihm noch wegen konterrevolutionärer Umtriebe der Prozess gemacht. Ohne Sijanko und Iwanow als Zugpferde fällt Askania Nova schließlich in ein Wachkoma.

Dramaturgisch folgt das Epos der Przewalskipferde dem eher ungewöhnlichen Muster eines Aufschwungs durch fortwährende Rückschläge. Gewisse Parallelen dazu weist das Märchen von Hans im Glück auf, der für einen Klumpen Gold erst einmal ein Pferd bekommt, danach dann einen schlechten Tausch nach dem anderen macht, bis er am Ende glücklich vor dem Nichts steht. In den Zoologischen Gärten dagegen weicht die Euphorie über die Neuzugänge allmählich gelinder Ernüchterung. Die wissenschaftliche Sensation gerät nicht zum Kassenschlager. Denn sie sehen ja wie Pferde aus. Will heißen: wie Haustiere. Was haben die im Zoo zu suchen? Der ungeheure Aderlass und die immensen Kosten der Fangexpeditionen amortisieren sich nicht. Es züchten auch nur ganze fünf Zoos mit dauerhaftem Erfolg.

Zu einer der wichtigsten Stätten der Tachi-Diaspora entwickelt sich in den Anfangsjahren Halle, wo sich dann auch ein gewisser Lutz Heck als stellvertretender Zoodirektor die Sporen verdient, um danach in Berlin in Vaters Fußstapfen treten zu können. Zur gleichen Zeit übernimmt Bruder Heinz in München Hellabrunn. Beide verschreiben sich der Rettungszucht der Przewalskipferde und praktizieren dabei eine Art Rotation, schieben sich mal die Hengste zu und mal die Stuten. Ob dabei die Hecks die *Tachi* oder aber diese umgekehrt die Hecks züchten, um nicht zu sagen aushecken, ist keineswegs entschieden. Lutz nennt seine beiden Söhne originellerweise Lutz und Heinz, was Recherchen zu Heckmenschen jeder Art bis heute ungemein erleichtert, zumal auch diese beiden – was sonst? – Zoodirektoren geworden sind und – was sonst? – Przewalskipferde gezüchtet haben. Bruder Heinz, also der Onkel von Lutz junior wie auch von Heinz dem Jüngeren, beweist seinerseits dynastischen Sinn, indem er eine Tochter Heinrich Hagenbecks heiratet. Dies nur in Parenthese, falls jemand sich fragen sollte, warum die Gebrüder sich weidlich mit Zucht- und Abstammungsfragen befasst haben.

In Halle also war ein Paar aus der hagenbeckschen Lieferung an Land gegangen. Nachwuchs stellte sich ein, und bisweilen konnte er dann abgegeben oder getauscht werden. Eine frühere Sendung an Frans Blaauw, den holländischen Falz-Fein, hatte noch mit einem Fiasko geendet, weil die aufgebrachten Tiere sich in den zu großzügig bemessenen Transportkisten das Genick gebrochen hatten. Daraufhin nimmt Lutz Heck senior, eigentlich ja Ludwig Heck junior, doch das würde nun wirklich zu weit führen, Lutz Heck also nimmt den nächsten Transport persönlich in die Hand. Durch Füttern gewöhnt er die Stute erst an die Kiste, und am Ende eskortiert er sie von Halle in die Hilversumer Heide, indem er neben ihrer Box im strohbestreuten Güterwaggon schläft. Heute hat man gelernt, die Tiere in eng anliegenden, aber dafür unverfänglichen Kisten zu befördern.

Auch Halle unternimmt im Landwirtschaftlichen Versuchstiergarten der Universität allerhand Kreuzungen. Irgendwann aber erlahmt der züchterische Ehrgeiz, und die verbliebenen *Tachi* gehen nach Prag. Der dortige Tierpark eröffnet 1931 als Nachzügler im europäischen Zooreigen, dafür nun umso großzügiger und moderner. Bis heute bildet er eine der wichtigsten Zuchtstätten. Vereinzelt gibt auch Askania Nova in diesen Jahren Exemplare ab, nimmt aber kaum welche von anderen Einrichtungen auf. Der Tierhändler Hermann Ruhe, einer der großen Rivalen Hagenbecks, erwirbt eines für Wien, zwei für Warschau und drei für den Berliner Zoo. Darunter den Hengst Pascha und die Stute Orlitza II, beides Enkel von Kobdo 1 und 5, welche bald die Berliner Linie begründen. In Schönbrunn soll der Hengst Kalif gemeinsam mit einer

Hallenser Stute, deren Name nicht überliefert ist, den Fortbestand der Art sichern. Doch auf echt wienerische Art entspinnt sich eine Tragikomödie. »Interessant ist das Benehmen der Tiere«, berichtet Otto Antonius, der Grandseigneur der österreichischen Zoologen. »Während nämlich die benachbarten (nicht rossigen!) Shetlandstuten den Hengst in hochgradige geschlechtliche Erregung versetzten, stürzte er sich, wenn seine eigene, außerordentlich stark rossende Stute in seine Nähe kam, wütend auf diese und jagte sie mit Bissen und Schlägen in die entfernteste Ecke des Geheges.«

Dennoch, so Antonius, »versteht das Publikum den doppelten Wert der Wildpferde: als aussterbende Tiere und als Stammform unseres edelsten Haustieres«. Das Bewahren oder Wiederherstellen der angestammten Natur gerät zu einem der großen Projekte der Moderne, die damit auch ihre fortwährenden Freveltaten zu sühnen versucht. Schon die beherzten Naturschützer der Jahrhundertwende, zu deren Vorreitern Friedrich Falz-Fein sich zählen durfte, waren erfüllt von dem Gedanken, eine im Verschwinden begriffene Welt festzuhalten, indem »eine totale Reservation begründet würde, ein unantastbares Freigebiet, ein Sanktuarium für alle von der Natur daselbst geschaffenen Lebensformen«. So hehr und schön formulierte es Paul Sarasin, einer der Väter des Schweizerischen Nationalparks. »Hier sollte alpine Urnatur wieder hergestellt und gleichsam als eine große Vorratskammer ungestörten Naturlebens der Zukunft zum Geschenk überreicht werden.« Der Diskurs über die Natur geht häufig mit einem Akt der Beschwörung einher. Ein uralter Reflex, der schon in den prähistorischen Felsbildern am Werke war, und der im 20. Jahrhundert neue Dringlichkeit erlangt. Dahinter steht ein Bewusstsein, das mehr Instinkt ist als Berechnung: dass es den Menschen besser geht, wenn nicht alle wilden Tiere tot sind. Dass wir uns retten, wenn wir sie retten.

In diesem Geist geschieht Anfang der zwanziger Jahre die Wiederansiedlung des Steinbocks in der Schweiz, um ihn »der freien

Alpenwildbahn aufs Neue zu schenken«. Bald darauf entstehen der Urwildpark in Hellabrunn und das Wisentgehege in Springe bei Hannover. 1931 veröffentlicht der schwedische Ornithologe und Tierfilmer Bengt Berg einen folgenreichen Aufruf: »Schafft einen deutschen Urwild-Park.« Das Thema wird nach der Machtübernahme der Nationalsozialisten noch populärer, zumal diese dann auch das Reichstier- und das Reichsnaturschutzgesetz erlassen, zwei zumindest auf dem Papier durchaus fortschrittliche Regelwerke, die Wildmanagement im großen Stil erleichtern. Als Reichsforst- und -jägermeister bekommt Göring bald auch Bergs Vorschlag als Wiedervorlage auf den Tisch. »Das ist gut«, meint er, »das mache ich.« Ein erster Versuch kommt in den Dünenwäldern des Darß in Gang, westlich von Rügen. Zum vorhandenen Rot- und Schwarzwild werden Wisente und Elche gesellt, letztere damals noch heimisches Wild, leben doch über tausend Exemplare rund ums Kurische Haff. Bereits Kurfürst Friedrich Wilhelm hatte im 17. Jahrhundert versucht, diese beiden großen Pflanzenfresser wieder in der Mark Brandenburg anzusiedeln. Auf dem Darß zeigt sich dann jedoch bald, dass sie unter modernen Bedingungen buchstäblich kaum zu halten sind. Die Wisente verwüsten manchen Acker und nehmen Strandkörbe auf die Hörner, die Elche bringen beinah die Darßbahn zum Entgleisen. Vielleicht ließen sich im Staatsjagdrevier in der Schorfheide bessere Bedingungen gewährleisten? In Kooperation mit Lutz Heck und dem Berliner Zoo entsteht dort eine Miniaturausgabe von Askania Nova, nur nicht in der eurasischen Steppe, sondern im ach so deutschen Wald. Denn wie alles, so hat auch die Natur nun vor allem deutsch zu sein und strammzustehen. Flankiert von einem Vers aus dem Nibelungenlied, heißt es auf dem dortigen Gedenkstein: »Einst zog uriges Großwild durch Deutschlands Wälder seine Fährte. Jagd war Mutprobe unserer germanischen Vorfahren. 1934 entstand an dieser Stelle ein Urwildgehege. Wisent, Auer, Elch, Wildpferd, Biber und anderes Getier unserer Heimat soll darin eine Freistatt finden, um kommenden Geschlechtern als lebende Zeugen zu dienen vom Wildreichtum des einst nicht durch Menschen beherrschten Deutschlands.« Über den Biber als Mitglied der *Big Five* mag man schmunzeln, doch zählt er damals zu den seltensten Wildtieren Europas. Ansonsten lässt die Inschrift erkennen, wie der Naturschutz ins Schwerefeld einer national gefärbten Regression gerät. Bei der, ganz in mongolischer Manier, auch der Hinweis auf die Jagd als Schulung für den Krieg nicht fehlen darf. Beim Wildgehege im Neandertal stoßen die Macher ins gleiche Horn und preisen den »im neuen Deutschland wieder mehr erwachten Sinn für die deutsche Urgeschichte und die Freude an urdeutscher Tierwelt«. Dass diese zuvor urdeutscher Zerstörungswut zum Opfer gefallen ist, wird wohlweislich nicht erwähnt. Überhaupt erstaunlich, welche Mengen von Krokodilstränen gerade die Europäer im Naturschutz zu produzieren imstande sind.

Neben dem Wildpark entstehen in der Schorfheide auch Görings pompöser Landsitz »Carinhall« und eine »Forschungsstätte Deutsches Wild«, der der begnadete Naturfilmer Horst Siewert vorsteht. Lutz Heck wird offiziell Abteilungsleiter für Naturschutz im Reichsforstamt. Es mag sein, dass Biologen sich im biologistischen Weltbild der Nationalsozialisten leichter wiederfinden als, sagen wir, Goldschmiede. Doch Heck ist weniger Überzeugungstäter als klassischer Karrierist. Und für diese politische Spezies stellt Aufstieg um jeden Preis immer noch die überzeugendste Überzeugung dar, um nicht zu sagen Über-Zeugung. Dank seiner privilegierten Beziehung zu Göring hat er nun Oberwasser. Der sentimentale Machtmensch und der zupackende Zoodirektor aus der berühmten Dynastie, sie akkreditieren sich wechselseitig. Beide sind Waidmänner, und beide begegnen sich in dem Projekt, die »urdeutsche«, sprich die für Mittel- und Osteuropa typische Fauna im wahrsten Sinne zu regenerieren. Neben dem Darß und der Schorfheide werden auch das Memeldelta und die Rominter Heide östlich von Königsberg zu

Reichsnaturschutzgebieten erklärt; zufällig zählen sie auch zu Görings Jagdrevieren. Mittelfristig ist ihre Hochstufung zu Nationalparks im Gespräch. Als Vorbild dient der von Białowieża, den Göring 1934 als Staatsgast inspiziert hat, woraufhin er fortan jedes Jahr zur Jagd eingeladen worden ist, bis er ihn sich 1939 kurzerhand unter den Nagel reißt und zu Bialowies eindeutschen lässt. Womit ihm auch das einstige Jagdschloss der Zaren in die Hände fällt, gegen das selbst »Carinhall« nur eine Datsche ist. Als Zubringer für die Jagdausflüge nutzt er häufig seinen feudalen Sonderzug, der kurioserweise den Namen *Asien* trägt. Schienenbus zur Seidenstraße, D-Zug in die Dsungarei? Nach der Niederlage von Stalingrad wird dieser dann, in Umkehrung der Stoßrichtung, ganz prosaisch in *Pommern* umbenannt.

In der Schorfheide feiert Bengt Bergs Vision fröhliche Urständ, nur mit reichlich Säbelgerassel. Doch der Erfolg ist höchst beachtlich, das Wisentschaugehege zieht jährlich Zehntausende von Besuchern an. Neben dem Hochwild sollen auch Fischotter, Wildkatze, Großtrappe, Auerhuhn und Uhu dazu beitragen, »das deutsche Wild aufzuarten«, »die schönste Zierde der Heimat«. Und noch ein zweites Wildrind gibt es zu bestaunen. Kreuzworträtsler kennen es als das Geschöpf mit dem kürzesten Namen im Tierreich: Ur. Zwar ist der Auerochse vor Jahrhunderten schon ausgerottet worden, doch insbesondere die Gebrüder Heck haben es sich in den Kopf gesetzt, ihn wiedererstehen zu lassen, indem sie sich kräftig am »Lotteriespiel der Vererbung« beteiligen und versuchen, durch Kreuzung alter Rinderrassen gewissermaßen Doppelgänger hervorzubringen. Rückblickend kommentiert Hans Hinrich Sambraus, Haustierexperte und viele Jahre Professor für Verhaltenskunde in Weihenstephan: »Die Mendelschen Gesetze und selbst Darwins Lehren waren damals noch frisch. Man kreuzte mit Leidenschaft. Aber man spekulierte auch auf Sensationen.« Durch geschickte Kombinationen landeten die Hecks auf Anhieb spektakuläre Treffer, viele Einzelmerkmale schlugen durch. Mal Färbung, mal Hornschwung, Stirnschopf, Rückenstrich oder Körperbau – nur nie alles zusammen. Hans Hinrich Sambraus:»Sie unterschätzten das Ausmaß der Mutationen, die zusätzlich zur Selektion bereits stattgefunden hatten.« Das Ergebnis ist eine Art Etikettenschwindel, eine fleischgewordene Unmöglichkeit, die freilich, so Heinz Heck, getreu der »gemeinnützig-belehrenden Aufgabe der Zoologischen Gärten« einem hehren Zweck dienen soll: uns vor Augen zu führen, was wir verspielt haben, indem wir die Natur bankrottgehen ließen. Wandelnde Verlustanzeigen, treten sie als Zeugentiere gegen unsere Vergesslichkeit auf. Ihre uralte, auch auf weite Entfernung hin sofort erkennbare Silhouette stellt einen Schlüsselreiz für den schweifenden Blick des Menschen dar. Sie imponieren durch ihr ruhendes Ungestüm, ihre kraftstrotzende Sanftmut und Friedfertigkeit. Auch den Geschmackstest bestehen sie mit Bravour: Ihr Fleisch ist dunkler als das von Hausrindern und schmeckt mehr nach Wild.

Ähnlich liegen die Dinge bei der postumen Abbildzucht des Tarpan. Auch hier streben die Hecks nach Form- und Farbvollendung, auch hier versuchen sie, einen Urtypus zu restaurieren, indem sie archaische Rassen wie Dülmener, Island-, Camargue- und selbst Przewalskipferde miteinander kreuzen. Doch bei diesem Experiment haben sie in Tadeusz Vetulani einen lästigen Rivalen, der zudem noch an der Quelle sitzt. Sekundiert von Otto Antonius, versucht er im Südosten Polens, Europas Wildpferd wieder heraufzubeschwören. Seine erste Station war dabei das Schlachthaus, um an Schädel und Knochen für Vergleichsuntersuchungen zu kommen. Die Koniks, kleine, genügsame Arbeitspferde nach Art der Feldmochinger, stellen direkte Abkömmlinge des Tarpan dar. Während sie und ihre Besitzer auf der russischen Seite der Kollektivierung zum Opfer gefallen sind, haben sie in den verstreuten Walddörfern auf polnischer Seite überdauert. Viele zeigen noch Merkmale der Wildform wie zebraartige Streifen oder den dunklen Aalstrich, der wie eine Kor del über den Rücken läuft. Die Koniks grasen in den Sümpfen, erwehren sich der Wölfe und schieben im Winter den Schnee beiseite, um an Futter zu kommen. Die Fortpflanzung geschieht »in freiem Sprung«. Schließlich begründet Vetulani ein Reservat in Białowieża, wo zweihundert Jahre zuvor noch Tarpane gelebt haben. Fasziniert beobachtet er, wie der jeweils führende Hengst, darunter einer mit dem schönen Namen Liliput, die aufstrebenden Junghengste wegbeißt. Wie in den alten Mythen kommt es zu Kämpfen zwischen dem Vater und den Söhnen.

Nach dem Überfall auf Polen wird Vetulani kaltgestellt und etwa die Hälfte seiner Tiere nach Deutschland – nun, soll man sagen, verschleppt? Entführt? Oder »herübergebracht«, wie Antonius es euphemistisch ausdrückt? Wenn die nicht als Kriegsbeute in Berlin und Hellabrunn gelandet sind.

Und was geschieht nach dem Überfall auf Russland? Im September 1941 nimmt das Oberkommando der 11. Armee unter Erich von Manstein kurzzeitig Quartier in Askania Nova. Die abziehenden Russen haben die Schaf-, Rinder- und Pferdeherden evakuiert, auch die Bisons ließen sich anstandslos davontreiben. Die meisten anderen Wildtiere aber sind geblieben. Selbst auf die von Berufs wegen unempfindlichen Militärs scheint der Zauber des Ortes zu wirken. Manstein gibt in seinen Memoiren ein paar Anekdoten über eine sanftäugige Hirschkuh im Kartenzimmer zum Besten und über ein Wellensittichpärchen, das einer der Offiziere fortan als Eskorte mit sich führt. Von dort aus nehmen sie die Eroberung der Krim in Angriff. Vom Rückzug sind keine derart idyllischen Szenen überliefert. Nur, dass von Askania Nova nicht viel übrig blieb.

Kurz vorher, im Herbst 1943, hat sich Lutz Heck dorthin begeben, um zwei, möglicherweise auch vier Przewalskipferde – nun, soll man sagen, sicherzustellen? Einzuziehen? Herüberzubringen?

334

Vielleicht nicht die schlechteste Ausrede für einen Pferdedieb. Zwar liegt er richtig, mit dem baldigen Vormarsch der Roten Armee zu rechnen. Doch wie in einer antiken Tragödie führt die vermeintliche Rettung der Beutetiere nur ihren Untergang herbei. In einem Güterwaggon rollen sie nach Westen. Weil sie revoltieren, müssen die Transportkisten alle zwei Stunden nachgenagelt werden. Was ihre unbändige Energie demonstriert, aber kaum zu ihrer Beruhigung beigetragen haben dürfte. Sie landen in der Schorfheide, wohin auch die *Tachi* aus dem Berliner Zoo kriegsbedingt ausgelagert worden sind. Doch nicht lange, und die Rote Armee formiert sich zum Endkampf um Berlin. Während Göring die vier Wisente kurz vor seiner Flucht noch eigenhändig abknallt, damit sie nicht den Russen in die Hände fallen, landen die Przewalskipferde dann in den Gulaschkanonen von Schukows Truppen, gleichviel, ob sie aus Berlin oder aus Askania Nova stammen. Den übrigen Großtieren ergeht es nicht anders. Anwohner berichten von Treibjagden mit Panzern und Maschinengewehren. Parallel zum Begriff des Kahlschlags müsste hier der der Kahljagd Anwendung finden. Lutz Heck verkriecht sich in die westlichen Besatzungszonen, die Sowjets haben ihn auf ihren Fahndungslisten. Die ersten Jahre tingelt er über Landgasthöfe und hält im Tausch gegen Naturalien zoologische Vorträge.

Auch Askania Nova ist schwer in Mitleidenschaft gezogen worden. Nur eine achtelblütige Stute und ein Zebroid iwanowscher Machart, »Vampir« geheißen, haben dort überlebt. Er hat sich in einer Nachschubeinheit der Roten Armee bewährt und wäre womöglich als Wunderwaffe zum Einsatz gekommen – doch dafür hätte es eines zweiten Zebroiden bedurft. Denn keines der Zugpferde zeigte sich seinen herkulischen Kräften gewachsen, so dass er, was er selbst an Energien überschüssig hatte, bei den anderen entsprechend verschliss. Wir aber, also die *Tachi* und ihre Gefolgschaft, wir stehen einmal mehr vor dem Nichts. Als Folge des Krieges erlöschen die

Linien von Askania Nova, von Berlin, von Warschau, von Königsberg. Im August 1945 wird dann auch noch das Schönbrunner Paar vergiftet aufgefunden, ein bis heute ungeklärter zoologischer Kriminalfall. Ähnlich wie nach dem Ersten Weltkrieg überleben ganze einunddreißig Tiere, verteilt auf ein Dutzend Standorte. Lediglich neun dieser Pferde sind fortpflanzungsfähig. Die beiden größten Herden stehen nun in Hellabrunn und Prag, und zumindest in ihnen überdauert auch etwas von Askania Nova. Ohne diese beiden Zuchten wäre die Art bald unwiderruflich ausgestorben.

Tadeusz Vetulani hat die Jahre der Besatzung mit einer Würde und Integrität durchgestanden, die man bei den deutschen Protagonisten vergeblich sucht. Unbeirrbar macht er sich in Białowieża daran, die Zucht mit den verbliebenen sieben Alt- und acht Jungtieren fortzuführen. Doch er stirbt 1952, und damit scheint das Projekt besiegelt. Aber dann findet es doch noch eine Fortsetzung, wobei seine Nachfolger auf die Zucht der alten Nutztierrasse umschwenken. Und so hat Vetulani, indem er den Tarpan wiedererlangen wollte, stattdessen die Koniks gerettet.

Askania Nova wirkt zu dieser Zeit orientierungslos; Pläne, mit Vetulanis Erben den Steppentarpan zu regenerieren, kommen nicht voran. Zwar amtiert mittlerweile Orlik als Platzhengst, ein Bild von einem *Tachi*. Hellabrunn hatte ihn während des Krieges an Leipzig ausgeliehen, wo ihn die Russen konfisziert und, zur Kompensation für den heckschen Viehdiebstahl, schließlich über Moskau nach Askania Nova geschafft haben. Doch dort muss er mit ordinären Hauspferden vorliebnehmen. Welch schlecht gemachte Wiedergutmachung! Die ganze ruhmreiche Sowjetunion ist nicht in der Lage, ihm Stuten zuzuführen. Beim Dösen lässt er die heißen Feger aus München und Leipzig wieder und wieder Revue passieren. Doch sie bleiben ferne Reminiszenzen, und er hat mit seinem Schicksal abgeschlossen. Kurioserweise aber findet sich Tausende von Kilometern weiter östlich ein ähnlich gelagerter Fall. In den Jagdgründen von

Nyamsurens Großvater, den Tachin Schar Naruu, den Gelben Ta-chi-Bergen unweit der chinesischen Grenze, sind Mitte der vierziger Jahre noch einmal einige Tiere gefangen worden. Ein Hoffnungs-schimmer? Doch wieder öffnet sich nur eine Sackgasse:»Der Hengst wurde so wild, daß er erschossen werden musste.« Eine Stute aber übersteht stoisch alle Drangsale. Sie fristet dann in einer Versuchs-kolchose ein bescheidenes Dasein, wo sie es sich gefallen lassen muss, von domestizierten Hengsten gedeckt zu werden, um die begehrten Mischlingspferde zu gebären, die als Rennsieger viel Geld einbringen können. Diese schnöde Existenz wird ihr allenfalls dadurch versüßt, dass die Kolchose am Gipfel der Wortmagie liegt, in Tschirgalantu.

Zwar heißt die Stute anfänglich Altai und später Mongol. Doch Lutz hieß auch Ludwig, Orlik ursprünglich Robert, und Schall eigentlich Rauch. Als sich jedoch, kostbare Jahre später, herum-spricht, dass es hüben eine einsame Stute und drüben einen einsa-men Hengst gibt, als Vorkehrungen zu einem Rendezvous getrof-fen werden, als die Mongolei sie schließlich 1957 anlässlich eines Staatsbesuchs feierlich an Woroschilow übergibt, da wird klar, dass zu Orlik nur Orlitza passen kann, nun schon mit römisch drei. Und so begegnen sich in der Taurischen Steppe nun Dsungarei und Isar-auen, Staatsgeschenk und Siegesbeute. Die letzte Mohikanerin wird zur Urmutter künftiger Geschlechter. Als dreizehntes überhaupt re-produzierendes Tier bringt sie frischen Wind in die Zucht, vor al-lem die dringend benötigte Blutauffrischung. Orlitza III ist nicht irgendein Pferd, sondern der Phänotyp in Reinform, ein Parade-tachi, das fünf Zentner auf die Waage bringt. Der klobige Charak-terkopf erinnert eher an einen Papageienfisch als an einen Araber: pausbäckig, bärbeißig, schrägäugig.

Es dauert nicht lange, da macht ein illustrer Herr dem Traum-paar seine Aufwartung: Bernhard Klemens Maria Hofbauer Pius Grzimek. *Der* Grzimek, als Zoodirektor in Frankfurt am Main der aufstrebende Rivale der Hecks, die ihn als Parvenü ansehen. Bislang hatten sie ihm die höheren Weihen von Askania Nova voraus, doch nun will er mit ihnen gleichziehen. *Habe schon anspannen lassen …* Neidvoll verzeichnet er fünfunddreißig Huftierarten mit insgesamt fünfhundert Exemplaren und vierundsechzig Vogelarten mit zweitausend. Welch ein Platz für Tiere. Grzimek, der privat Araber züchtet, delektiert sich an der Tachi-Familie, die nun wieder auf sieben Mitglieder angewachsen ist. Sieben von einer Art, deren Vertreter »seltener als echte Rembrandt-Gemälde« sind. Und mit der er ein rares Privileg teilt: das polnische ›rz‹ im Namen. Die Tatarensteppe ruft Erinnerungen an die über alles geliebte Serengeti in ihm wach. Amüsiert beobachtet er, wie die Gnus sich an den teils skythischen, teils mittelalterlichen Wächterfiguren scheuern, die überall in der Landschaft stehen.

Zwanzig Jahre nach ihm macht Gerald Durrell sich auf den Weg, der Friedrich Falz-Fein vom Wesen her vielleicht am nächsten kommt, ist doch auch er als Zoodirektor seiner Zeit voraus und widmet sein Projekt auf der Kanalinsel Jersey dem Schutz bedrohter Arten. Und einen Titel wie *My Family and Other Animals* hätte auch Friedrich mit homerischem Gelächter quittiert. Wie sein Bruder, der Schriftsteller Lawrence Durrell, veröffentlicht auch Gerald viele Bücher, wobei er damit kokettiert, sie anders als dieser allein der Erlöse wegen zu schreiben, um darüber den Zoo zu finanzieren. Heute wären die Tiere verratzt, blieben sie auf Tantiemen von Autoren angewiesen. Auch Durrell erfreut sich in Askania Nova an der Anarchie der Arten, bei der vom Rothirsch bis zur Viper alles durcheinanderlebt. Die Großtrappen haben es ihm besonders angetan: »Ein Maler, dem es gelänge, ihr Gefieder auch nur einigermaßen getreu wiederzugeben, wäre ein gemachter Mann. In einem Gehege voller Vögel würde es herausstechen wie die einzige Frau auf einer Cocktailparty, die ein Abendkleid von Louis Féraud trägt.« Gerald in Wonderland. Vielleicht schreibt er ja doch nicht nur für Geld.

Der Tachi-Bestand teilt sich zu dieser Zeit in zwei Gruppen: einen alten Hengst mit einem Dutzend Stuten und Fohlen und eine Clique von sechs männlichen Halbstarken. Eines Tages kommt es zu einem spektakulären Zweikampf: »Einer der Junggesellen machte dem Hengst die Vorherrschaft über die Stuten streitig«, berichtet Durrell. »Sie glänzten dunkel vor Schweiß. An Flanken und Schultern trugen sie große Bisswunden, und das Blut spritzte aufs Gras, während sie in vollem Tempo hin und her galoppierten und dabei quiekten, bissen und ausschlugen. Die Stuten und Fohlen liefen mal in die eine, mal in die andere Richtung, während die blutverschmierten Hengste um sie herumwirbelten. Keiner von beiden wollte nachgeben. Dann sah einer der Wildhüter, was vor sich ging. Eine lange Bullenpeitsche schwingend, galoppierte er heran. Mit ihrer Hilfe brachte er es fertig, den Schiedsrichter zu spielen und den rebellischen Hengst schließlich blutend, aber ungebrochen zur Junggesellenherde zurückzutreiben.«

Durrell bringt auch die verfahrene politische Situation zur Sprache: »Wir scheinen nicht viel Erfolg mit der internationalen Zusammenarbeit gegen das Wettrüsten zu haben – mal sehen, ob wir sie für das mongolische Wildpferd hinbekommen können.« Tatsächlich ist die Erhaltung der *Tachi* eines der wenigen Beispiele für eine jahrzehntelange gedeihliche Kooperation durch den Eisernen Vorhang hindurch, eine warme Episode im Kalten Krieg. Beide Lager machen hierbei gemeinsame Sache, denn keines würde sie alleine durchbringen. Zu klein sind die Bestände, zu groß die Gefahr der Inzucht, und auch das Wissen über die Haltung bleibt zunächst auf wenige Standorte beschränkt. Aus Sicht der *Tachi* aber sind Ost und West so wenig voneinander geschieden wie Asien und Europa – sie wissen um die einzig wahre Grenze, die zwischen Sein und Nichtsein. Zu einer der prägenden Figuren des Neubeginns nach dem Krieg gerät Erna Mohr vom Zoologischen Museum Hamburg. Sie wird sowohl von den *Tachi* wie von den Wisenten als Heilige und

Große Mutter verehrt, hat sie doch für beide das internationale Zuchtbuch angelegt und damit die Voraussetzungen für eine koordinierte Zucht und Erhaltung geschaffen. Heute bestehen solche Verzeichnisse für etliche Hundert Arten. Für die Przewalskipferde hat es dann viele Jahre Jiří Volf vom Prager Zoo betreut, der es bis heute weiterführt. Parallel koordiniert der Kölner Zoo das Europäische Erhaltungszuchtprogramm (EEP), bei dem bis vor Kurzem Waltraut Zimmermann die Federführung hatte.

Von 1959 an werden dann insgesamt fünf Symposien abgehalten, mal hüben und mal drüben. Während die Freunde der *Tachi* deren endgültiger Extinktion in der Gobi innewerden, dreht die Welt sich unbegreiflicherweise weiter. In der Kasachensteppe, in einer Fata Morgana namens Baikonur, starten die Sputniks; in Berlin wird die Mauer gebaut; München bekommt die Olympischen Spiele; am Prypjat gerät ein Kernkraftwerk außer Kontrolle; in Berlin fällt die Mauer. Die meisten Teilnehmer dieser Symposien sind vom Fach, Zoodirektoren, Veterinäre, Biologen. Schon erblindet, lässt es sich Heinz Heck nicht nehmen, 1976 zur Tagung in München ein letztes Wort beizusteuern. Gelegentlich haben auch Exoten einen Gastauftritt, so Jan und Inge Bouman 1990 in Leipzig. Bald zwanzig Jahre sind vergangen, seit sie ihre Flitterwochen in Prag verbracht und dabei den Tierpark besucht haben. Was sie dort sahen, wollte ihnen nicht gefallen. Insbesondere Jan zeigte den alten Zooreflex, die Tiere befreien zu wollen. Er war selbst auf dem Land aufgewachsen und hatte sich vor schwierigen Familienverhältnissen manches Mal in den Stall geflüchtet, um Schutz und Trost bei den Pferden zu finden. Durfte er seine besten Freunde im Stich lassen? Als Sozialarbeiter war es seine Aufgabe, Menschen in prekären Lagen zu helfen. Gemeinsam mit seiner Frau und ein paar weiteren Unentwegten machte er sich dann daran, auch diesen wundersamen gelben Pferden aus ihrer prekären Lage zu helfen. Sie hatten wenig Geld, doch im Herzen waren sie Millionäre. Über Jahrzehnte wurden sie von den angeblich zuständigen Stellen bestenfalls höflich belächelt. Wenn es nach den Schreibtischhengsten, Gremienstuten und Amtsschimmeln gegangen wäre, hätten diese ihre Besprechungen bis zum Sankt-Nimmerleins-Tag fortgeführt, hätten Untersuchungen angestellt, alles erwogen, diskutiert, verworfen, und weitere Untersuchungen anberaumt. Studieren geht über Probieren. Institutionen denken nicht nach vorne, sondern immer nur zur Seite. Sie haben eine gewisse Macht, aber keinerlei Kraft. Einzelmenschen besitzen mitunter erstaunliche Kräfte, aber keinerlei Macht. Es waren die Außenseiter, die den *Tachi* den Weg zurück in ihre Heimat bahnten. Leute wie die Boumans, die Stamms, Christian Oswald oder dessen chinesisches Pendant, Guo Fang-Zheng. Niemand hatte sie damit beauftragt, niemand dafür bezahlt. Man mag sie Narren, Idealisten, Windmühlenstürmer nennen. Doch in ihnen brannte ein heiliges Feuer.

Während eine Repatriierung der *Tachi* im Lauf der achtziger Jahre allmählich ins Auge gefasst werden kann, verlieren die Rückzüchtungen an Boden. Obwohl etwa die Tarpane erfreuliche Fortschritte gemacht haben – die aschfalbe Färbung, das zierliche Gebäude, die stählernen Hufe, der langschnauzige Schädel mit der charakteristischen Krümmung, ein bisschen wie beim Elch –, trennen sich viele Zoos in dieser Zeit von ihren Stellvertretertieren, um die wertvollen Flächen für unbedenklichere Spezies zu nutzen. Sie geben sie meist an private Halter ab, die dabei umgehend mit dem Heck-Virus infiziert werden und ihrerseits alles daransetzen, dem Phänotyp auf die Sprünge zu helfen. Parallel werden Heckrinder, Heckpferde, Koniks, aber auch Przewalskipferde zunehmend im Landschaftsschutz eingesetzt. Vielfach handelt es sich um ehemalige Truppenübungsplätze, die nach Ende des Kalten Krieges nicht mehr benötigt werden, doch auch nicht bebaut werden können. Anderswo werden Ausgleichsflächen für Großprojekte beweidet. So grasen neben dem neuen Berliner Flughafen die isabellfarbenen

»Liebenthaler Wildlinge«, die ein Pferdefreak aus dem Bayerischen Wald einst aus verramschten Hellabrunner Tarpanen zog, indem er sie mit Fjordpferden mischte. Auch andere Tierarten sehen in der Umgebung des BER ein hohes Wildnispotenzial: Schon mehrere Wölfe sind dort überfahren worden.

Sind es in Deutschland vielfach private und kommunale Initiativen, so entstehen in Holland und Frankreich auch »Naturentwicklungsprojekte« im großen Stil. Im ungarischen Nationalpark Hortobágy, mit über achthundert Quadratkilometern der weitläufigste in Mitteleuropa, weiden in Kooperation mit dem Kölner Zoo seit über zwei Jahrzehnten Przewalskipferde. Lange Zeit war die dortige Herde mit dreihundert Tieren die weltweit größte; mittlerweile haben die beiden Hauptschutzgebiete in der Mongolei gleichgezogen. Auch etliche Hundert Auerochsen setzen das hecksche Experiment in der Puszta fort. Sie sollen den Urahn der Rinder vorstellen – und zählen doch zu den jüngsten Rassen überhaupt, insofern ihre Zucht erst in den zwanziger Jahren begonnen hat. Damit verkörpern sie auch ein Stück Zoologiegeschichte. Sie zeigen, wie schwer es fällt, sich mit dem definitiven Aussterben so vieler Arten abzufinden. Man kann sie als erhabene Surrogate sehen oder als verzweifelte Dementi. Mögen sie ihren Urbildern auch noch so nahekommen, sie wirken seltsam unerlöst. Denn was sie scheinen, sind sie nicht, und was sie sind, das sollen sie nicht scheinen. Dennoch starten immer wieder ähnlich verwegene Projekte. In Südafrika läuft seit den achtziger Jahren ein Versuch, das Quagga aus den verbliebenen Zebraarten heraus so gut es geht wiedererstehen zu lassen. Er »zielt darauf ab, einen tragischen Fehler zu berichtigen, der vor über hundert Jahren aus Gier und Kurzsichtigkeit begangen wurde«.

Durch Klonen ließen sich nicht nur getreuere – aber auch noch melancholischere – Abbilder erzeugen, sondern wandelnde Paradoxa, künstlich-authentische Tiere. Bis vor Kurzem galt diese Technologie noch als Science-Fiction, doch bei vielen Haustieren ist sie inzwischen Realität, und ein profitabler Geschäftszweig dazu. Sobald die Tüftler in den Gen-Laboren ihre Methoden weiter ausgefeilt haben, wird auch bei Wildtieren eine zweite Welle anlaufen. Dann wird man sich der Ewarts, Iwanows und Hecks als Pionieren des Bio-Designs neu entsinnen. Ein erster Probelauf beim Pyrenäensteinbock scheiterte noch knapp, das geklonte Tier starb wenige Minuten nach der Geburt. Auch bei der Wandertaube, dem Heidehuhn und dem Tasmanischen Beutelwolf sind mittlerweile entsprechende Versuche angelaufen. 2020 ist zum ersten Mal ein Przewalskipferd geklont worden, das nun im Zoo von San Diego seine Runden dreht. Schöne neue Tierwelt? Wäre das wirklich ein taugliches Verfahren, den fortwährenden Artenmord ungeschehen zu machen? Auch wenn derartige Kreationen kontrovers diskutiert werden – Einigkeit herrscht darüber, dass es ungleich besser wäre, bestehende Arten stürben gar nicht erst aus. So verschlungen es auch ist, das große eurasische Epos der *Tachi* dient dabei stets als leuchtendes Beispiel.

Postskriptum: Eduard von Falz-Fein, Jahrgang 1912, ein Sohn Alexanders und ein Neffe Friedrichs, ließ sich in den dreißiger Jahren in Liechtenstein nieder und reüssierte als Sportreporter, Geschäftsmann und Gesellschaftslöwe. Seine Villa *Askania Nova* geriet zu einem bewohnten, mit Antiquitäten bestückten und mit Gemälden gekachelten Museum. Zu Sowjetzeiten durfte er nicht einreisen, nach der Unabhängigkeit der Ukraine aber besuchte er den Familiensitz fast jedes Jahr. Er stiftete auch beträchtliche Summen für dessen Erhalt, unklar ist nur, wo sie geblieben sind. Eduard brachte es auf einhundertsechs Jahre, bevor ein nächtlicher Zimmerbrand seinem Leben ein Ende setzte. Sonst wäre er vielleicht hundertneunzig geworden. Man glaubt, in einem Märchenlande zu sein.

# An Bord der Arche

»denn lautlos nahte sich das niegeglaubte,
das weiße Tier«

~ Rainer Maria Rilke, Das Einhorn

Meine Phantasie war in den Mahlstrom dieser versunkenen Welt geraten. Askania Nova – ein Atlantis in der Steppe, ein Hellabrunn in der Prärie. Auf die Gefahr hin, dass nichts mehr davon übrig sein sollte, ich wollte hin.

Bevor unsereiner auf Recherche geht, versucht er für gewöhnlich, ein oder zwei Ansprechpartner im Zielgebiet ausfindig zu machen. Der Rest fügt sich dann meist. Vermutlich hätte ich in Odessa oder Kiew über ein paar Ecken Leute gefunden, die bereit gewesen wären, mir zu helfen. Aber von Odessa sind es acht Stunden Busfahrt nach Askania Nova, von Kiew zwölf. Sie hätten aus der Ferne kaum mehr ausrichten können als ich. Geographisch zählt die Ukraine zu Europa, doch von den Dimensionen her gehört sie Asien an. Ich begriff, dass es keine einfache Reise werden würde. Ja, ich war verzagt. Wie sollte ich das schaffen?

Aufs Geratewohl rief ich bei der ukrainischen Botschaft in Berlin an. Eine junge Dame schenkte mir Gehör. »Ich möchte ein Dorf im Hinterland der Krim besuchen«, erklärte ich. »Ein entlegenes Nest nur, aber für diese meine Pferde so bedeutsam wie Bethlehem. Vielleicht haben sie ja schon einmal davon gehört: Askania Nova.«

Kurze Stille. Unendlicher Moment.

»Ich komme aus Askania Nova.«

Wiederum Stille. So viel Glück kann man unmöglich haben.

Viktoria Kononenko war nicht nur dort aufgewachsen, sie entstammte der Aristokratie des Steppenforschungsinstituts. Ein Halbrelief ihrer Großmutter Nadja prangt bis heute an dessen Fassade. In den hundert Jahren seiner erst sowjetischen und dann ukrainischen Geschichte ist diese Ehre nur vier Wissenschaftlern zuteilgeworden, darunter den beiden Iwanows. Sie versprach, mir zu helfen. Ihr Vater habe die Familientradition fortgeführt und sei stellvertretender Leiter des Instituts. Derzeit sei ihre kleine Tochter bei den Großeltern zu Besuch. Doch die Ferien neigten sich dem Ende zu, deshalb würde sie sie demnächst abholen. Wenn ich am Montag, den 12. August, bis elf Uhr vormittags an einer Bushaltestelle im Nirgendwo aussteigen würde, könne sie mich dort abholen und in Askania Nova kurz einführen. Doch müsse sie mit Mann und Tochter noch am selben Tag die Rückreise nach Berlin antreten, alles im eigenen Wagen.

Ich sah mich wie in Hitchcocks *Unsichtbarem Dritten* in der Prärie stehen, allein auf weiter Flur. Nur dass sich dann hoffentlich ein gütiger Engel meiner annehmen würde und kein Killerkommando.

Doch, ein Quartier gäbe es auch, ein einfaches Hotel. Eine Nacht würde ja vermutlich genügen. Eine Nacht? Hatte ich dafür Woldemar Falz-Feins Buch des Gedenkens verschlungen? Hatte ich dafür die hymnischen Berichte ganzer Generationen von Zoodirektoren gelesen? War nicht auch Christian Oswald mehrfach dort gewesen, um die ersten Tiere für die Gobi-Mission zu rekrutieren wie Kosmonauten für Baikonur? Eine Nacht? Wo doch schon Johann Friedrich Naumann Vögel aus Neu-Askanien bearbeitet hatte? Wo Karl Soffel, einer der ersten nennenswerten Tierfotografen, ebenso dorthin gepilgert war wie Paul Matschie, eine der tragenden Säulen des Berliner Naturkundemuseums? Nur eine Nacht für eine Welt, in der Nicolas Nabokov Offenbarungen von 1001er Stimme vernommen hatte?

In Gedanken war ich längst schon vorausgereist. Und so eröffnete ich Frau Kononenko, dass ich vorhätte, zumindest fünf Tage lang in ihrem Heimatort zu bleiben. Zum ersten Mal schien sie stutzig zu werden. »Aber was wollen Sie denn da so lange? Dort gibt es doch nichts!«

Nachdem ich mir am neuen Istanbuler Flughafen – modern, steril, hypertroph – eine Nacht um die Ohren geschlagen habe, lande ich am Vormittag in Cherson, jener einst von Fürst Potemkin gegründeten Hafenstadt. Dank dieser einen Verbindung nach draußen firmiert der Flughafen als *International Airport* – während meine ukrainischen Bekannten erst durch mich Kenntnis erlangten, dass Cherson überhaupt einen Flughafen besitzt.

Schon um zehn herrscht brütende Hitze; der Himmel ist diesig und von fahlem Blau. Etwas benommen schnüre ich durch die Stadt. Erinnerungen an Reisen durch Osteuropa in den achtziger Jahren steigen auf, auch durch China in den späten Neunzigern: die Neubaublöcke, die leblosen Grünflächen, die jungen Mütter, die mit Verachtung gestraften Altbauten, die pastellfarbenen Monopolyscheine. Die Währung wird Hrywnja geschrieben, aber Griwna gesprochen. Der größte Schein, der Fünfhunderter, entspricht etwa fünfzehn Euro. Doch er taugt allenfalls als Reiseandenken. Denn es ist schier unmöglich, ihn irgendwo gewechselt zu bekommen, selbst wenn die Kasse überquellen sollte. Ausnahmslos alle Ukrainer besitzen eine abergläubische Scheu vor großen Scheinen. Schon bei einem Hunderter muss man die Verkäuferin beknien, dass sie einem Wechselgeld herausgibt. Wer Spielschulden begleichen will, kann dies gerne in einer Plastiktüte mit zerknüllten kleinen Hrywni tun. Doch wehe, er zückt stattdessen ein paar druckfrische Fünfhunderter. Eine Bankangestellte wird für einen gewöhnlichen Überfall vollstes Verständnis zeigen; den Leuten geht es nun einmal nicht besonders gut. Doch wenn einer dieser rücksichtslosen Touristen ihr einen Fünfhunderter hinschiebt, weil sie seine letzte Hoffnung darstellt, dann wird diese sonst so duldsame Kassiererin zur Furie. Jeder Schutzgeldeintreiber der Mafia wird, Zeter und Mordio schreiend, Reißaus nehmen, wenn er ein Couvert mit unverkäuflichen Fünfhundertern zugesteckt bekommt. Mittlerweile soll es, *horribile dictu,* sogar Tausender geben!

Vorsichtshalber baldowere ich schon einmal den Weg zum Busbahnhof aus. Hunde rotten sich zusammen; ramponierte Textilkombinate liegen im Koma. Auf den Straßen fristen, zwischen den gesichtslosen Autos unserer Tage, noch ein paar ausladende Wolga-Limousinen und humpelnde Ladas ihr Gnadenbrot. Sogar ein sensationell schnittiger Wartburg 311 aus den Sixties schwebt über den Uschakow-Prospekt, die städtische Hauptachse vom Bahnhof bis zum Hafen, benannt nach dem ersten Admiral der Schwarzmeerflotte. Auch Potemkins Grab, die Katharinenkathedrale und die Reste der Festungsanlagen stammen noch aus der pompösen Gründerzeit Neurussland.

Es ist Sonntag. Die Frauen treten entweder als dralle Matronen oder als eiserne Hungerkünstlerinnen in Erscheinung, aufgetakelt wie zum Opernball. Die Männer meist als Riesenbabys in militanten Strampelhosen, ganz nach Art ihrer kasachischen Brüder. Obwohl ich vorher beim Friseur war, muss ich ihnen als Hippie erscheinen. Ihre Köpfe sind von Mähdreschern geschoren, mit schmissigen Schneisen im Haar, das oben kurz ist und an den Seiten ultrakurz. Ein starker Geschlechtsdimorphismus herrscht vor. »Diese riesigen Männer, die alle so breitschultrig dahergehen, als trügen sie Stacheldraht unter den Achselhöhlen«, schrieben Freunde einmal aus Odessa. Die Stimmung schwankt zwischen verhaltener Lebensfreude und verhaltener Tristesse. Die südlichen Breiten, das satte Grün, der Dnjepr als großer, feierlicher Strom, dazu die Nähe zum Meer, all das verleiht Cherson einen mediterranen Einschlag. Der freilich durch die althergebrachte sowjetische Freudlosigkeit in Schach gehalten wird. Die Menschen wurden über einen Kamm geschoren, auch hier so kurz wie möglich, damit sie der herrschenden Ideologie entsprachen. Wer sich einfügte, wurde belohnt, und sei es nur, indem man ihn oder sie in Ruhe ließ. Wer jedoch abstand, wer sich auch nur geringfügig abhob, war suspekt.

Breit streicht der Strom dem Schwarzen Meer entgegen, schwelgerisch wie eine dieser nicht enden wollenden Melodien von Rachmaninow. Während die sinkende Sonne das Ostufer vergoldet, prangt drüben schon der Mond am Himmel wie ein voreilig entzündeter Lampion. Schlagermusik, Stimmengesumm, Kindergekreische, tuckernde Bootsmotoren. Rundum eine amphibische Welt aus Wald und Schilf, Seitenarmen und Inseln. Wie stets in den Deltas großer Flüsse herrscht ein eigentümlicher Tonus, schlaff und vergeistigt. Auf Normalnull angekommen, fächert der Fluss sich auf, strömt ein ins Uferlose. Entgrenzung, Verschmelzung, Erfüllung. Ich bleibe, bis nur noch die letzten Angler und die ersten Liebespaare am Geländer der Uferpromenade lehnen. Noch einmal steigen Reminiszenzen an frühe Fahrten auf, und ich fühle mich wieder jung. Fast so jung und unbedarft, so scheu und offenherzig, so bang und so neugierig wie damals. Hinzu kommt ein stilles *Stadt-Land-Fluss*-Vergnügen: drei Premieren. Die Mündung des Dnjepr besucht zu haben, das gilt etwas, wenn man von klein auf geophil gewesen ist und die russischen Ströme der Reihe nach hersagen kann. In der Schwarzmeerregion gibt es bei ›D‹ einen Knoten: Don, Donez, D(o)njepr, D(o)njestr. All diese Namen sollen, genau wie die Donau, auf die gleiche skythische Wurzel zurückgehen. Donau, Donez, Dnjepr, Don, fließen ins Schwarze Meer davon. Rioni, Enguri, Kızılırmak und Çoruh, strömen ebenfalls hinzu.

Zeitig gehe ich zu Bett. Ich bin in der Taurischen Steppe verabredet.

Askania Nova, frage ich den Busfahrer, da an der Front ein anderes Ziel angeschrieben steht. Schon dass er die Existenz eines derart unwahrscheinlichen Ortes bestätigt, beglückt mich außerordentlich. Und gleich fährt er auch noch hin! Es wird kein zweites Baty geben.

Lange vor der Zeit ist der Bus bereits voll besetzt und warm wie ein Brutkasten. Die Fahrt gerät holprig, aber vom Tempo her gemütlich. Alle zehn, fünfzehn Minuten steht ein Wartehäuschen mitten in der Landschaft. Allmählich werden selbst die Stehplätze knapp. Im Gedränge versucht ein herrenloser Hund, als blinder Passagier durchzuschlüpfen. Zweimal legt der Fahrer längere Pausen ein. Dann klappern abwechselnd Wasser- und Fächerverkäufer die Reihen ab. Eine einbeinige Frau von vielleicht vierzig Jahren, gekonnt geschminkt und salonfähig gekleidet, nähert sich dem Bus mit schwungvollem Schritt, gestützt auf eine hölzerne Achselkrücke. Schon erklimmt sie die Eingangsstufen. Sie wirkt zu selbstbewusst, als dass sie betteln müsste. Doch sie tut es gleichwohl. Die Kinder geben ihr etwas.

Am Westufer führt die Fahrt flussaufwärts bis zur großen Staumauer. Einige Ortsnamen wie Schlangendorf, Friedenheim und Neuklosterdorf sind alles, was von den Schwarzmeerdeutschen hier geblieben ist. Eine Fahrstunde weiter nördlich läge Gawrilowka, das Landgut Alexander Falz-Feins. Wir aber rollen über den drei Kilometer langen Staudamm hinüber nach Nowa Kachowka, und dann weiter quer durch die Tiefebene in Richtung Krim. An jeder Kreuzung harren Halden von Wassermelonen auf Käufer. Sonnenblumen stehen in Reih und Glied. Vereinzelt säumen auch Bäume den Straßenrand, meist Pappeln, das eurasische Gehölz schlechthin.

Als würden wir uns jeden Tag beim Schichtwechsel begegnen, warten Viktoria Kononenko und ihr Mann am vereinbarten Treffpunkt. »Wir fahren gleich ins Institut.« Es gehört heute zur Landwirtschaftlichen Akademie der Ukraine. Ein langgestreckter Riegel im klassizistischen Gewand der dreißiger Jahre, mit Portikus und Tempelgiebel, in strahlendem Weiß mit hellem Pistaziengrün, flankiert von alten Bäumen und einem Springbrunnen, der seit Jahren versiegt ist.

Im Flur präsentiert der Direktor die Ahnengalerie seiner Vorgänger. Angefangen mit Michail Iwanow, hängen sie dort in drei Reihen zu vier Porträts. »Ich bin der Dreizehnte«, feixt er. Und fügt in Parenthese an: »Zwei von ihnen sind erschossen worden.« Über sie lassen sich auch keine Unterlagen mehr auffinden, und statt mit Fotos musste man sich mit Phantombildern behelfen. Die späten vierziger und frühen fünfziger Jahre waren eine besonders tückische Zeit. Die Genetik wurde verteufelt, die amoklaufende Ideologie suchte nun auch die Lebenswissenschaften heim. Ansonsten aber blieb das Institut, mit Ausnahme der Kriegsjahre, über die gesamte Sowjetzeit hinweg als Forschungseinrichtung für Haustierzucht bestehen. Es bildete auch Studenten aus Ägypten, Kuba, dem Irak und der Mongolei aus. Keine Geringere als Nadja Kononenko nahm sich dieser Aspiranten aus den Bruderländern an. Sie, die Unermüdliche, die hier bis ins fünfundsiebzigste Lebensjahr täglich ihrer Arbeit nachging, und auch danach noch zu Hause weitermachte.

In seinem Arbeitszimmer offeriert der Direktor Kaffee. Als ich um Milch bitte, meint er: »Wir trinken ihn mit Cognac.« Auch gut. Näher zur Krim hin erstreckt sich ein Weinbaugebiet, von dort kommt der Cognac her. Die große Landkarte an der Wand bietet einen Überblick. Noch immer umfasst das Versuchsgut dreihundert Quadratkilometer. »Gelb ist Steppe.« Bevor sie bewässert und beackert wurde, wären allenfalls ein paar grüne Einsprengsel darin vorgekommen. Längst aber hat sich das Verhältnis umgekehrt. Immerhin birgt die Region überhaupt noch eines der letzten größeren Refugien, das den Namen Steppe verdient. Bezeichnend, dass dieses Lehnwort in zahlreiche andere Sprachen Eingang fand, ins Deutsche, Französische, Italienische. Der umgekehrte Fall kam sonst viel häufiger vor.

Möglich, dass er es nur aus Höflichkeit sagt, jedenfalls meint der Direktor, sie würden durchaus noch dem Konzept Falz-Feins folgen. Tatsächlich stimmt er auch gleich das Mantra von der Hybridisierung an. Wobei es in letzter Zeit weniger um Mischwesen als um züchterische Selektion bei eng verwandten Haustierrassen gegangen sei. Möglich, dass sie drüben im Zoo auch noch mit Wildtieren kreuzten; man habe wenig Kontakt zueinander. Im Kommunismus seien sie unter einem Dach gewesen, aus kommerziellen Erwägungen dann aber getrennt worden. Dem hängen die Wissenschaftler bis heute nach, denn während sie sich als Berater verdingen, über Messen tingeln oder Zuchttiere verkaufen, um sich zu finanzieren, verdient der Zoo mit jährlich hundertfünfzigtausend Besuchern gutes Geld.

Wolodymyr Kononenko, Viktorias Vater, führt mich durchs Institut. Es wirkt etwas überdimensioniert, beschäftigt es doch nur mehr einen Bruchteil der Mitarbeiter, die es zu Sowjetzeiten hatte. Und auch die nicht unbedingt dort, wo sie hingehören. Laborantinnen gießen die Blumenrabatte, denn für Gärtner fehlt das Geld. Der promovierte Agraringenieur ist auf Futtergräser und -kräuter spezialisiert, und wäre ich vom Fach, würden wir uns angeregt über die Vorzüge des Gelben Steinklees als Schaf- wie auch als Bienenweide unterhalten. Vierhundert Kilo besten Steppenhonigs aus einem Hektar! So aber schweifen wir bald ab zu seiner Zugehörigkeit zur Saporischja Oblast, diesem Kernland des Kosakentums, und seinem rein ideellen Rang als »Generalmajor« im Kosakenbund. Wir schweifen weiter zum Familienwappen der Kononekos, drapiert mit dem Wahlspruch: *Eripitur persona, manet res.* Lukrez, *Über die Natur.* Ganz schlicht übersetzt: Die Person vergeht, die Sache bleibt. Weil es so Brauch ist, lege ich eine Rose unter den Bildnissen der vier Unsterblichen an der Fassade nieder, darunter seine Mutter. Viktoria bringt mich noch in mein Quartier, dann macht sie sich mit ihrer Familie auf die lange Reise nach Berlin.

Nachmittags schlendere ich durch den Park, der gleich hinter dem Institut beginnt. Er ist etwa so groß wie der Berliner Tiergarten und, was hier die eigentliche Sensation darstellt, auch etwa so grün. Damals muss er wie ein Weltwunder gewirkt haben. Und noch heute kommen Besucher von weit her, um darin zu lustwandeln. Sie inhalieren die Waldaromen wie ein Aufputschmittel. Sie fotografieren ihre Kinder unter den Bäumen. Kleine Gehölze wechseln mit Lichtungen ab, dazwischen Heideland mit Wacholder und Ebereschen. Elliptische Wege, organische Formen, nur wenig Geometrie. Und dann: Ein Teich! Seerosen, Libellen, Salto schlagende Fische! In einer Welt, die lechzt und dürstet.

Abends schaue ich noch einmal hinüber, und ergehe mich dann jeden Tag in diesem lauschigen Reich. Düster wie Mausoleen heben sich die in Efeu gehüllten Wassertürme vor dem verlöschenden Himmel ab. Aus einem Brünnlein sprudelt ein Strahl, jeder kann davon trinken. Doch es ist ein Wasser ohne Eigenschaften, außer dass es eigentümlich stumpf schmeckt, nach Tonerde oder einem kalkgesättigten Reservoir. Tropfsteinwasser vielleicht, gefangen in unterirdischen Hohlräumen, ohne je Sonne, Sauerstoff und Waldboden gekostet zu haben.

Im Anfang waren die Schafe. Noch immer verfügt das Versuchsgut über etliche Tausend davon, wenn es auch längst nicht mehr so viele sind wie früher. Am nächsten Tag besuche ich eine Außenanlage, eine Raumstation in der unendlichen Weite, mit Stallungen, Verwaltungsgebäuden, Scheunen und einem gemauerten Schornstein. Sie stammt wohl noch aus der Ära Falz-Fein. Wohlgenährt und wuschelig drängen die Schafe sich in ihren Pferchen. Die Mütter blöken in volltönendem Alt, die Lämmer in fisteligem Sopran. Dazwischen paradiert eine Gänseschar umher, ein Taubenschwarm kreist als Mobile unter dem chinchillagrauen Wolkenpelz. Die Tierärztinnen führen allerhand Versuchsreihen durch. Wie lässt sich die Milchleistung steigern, wie der Fettgehalt, wie die Wollqualität? Sie genieren sich, mir den Operationssaal zu zeigen, obwohl sie ihn öfter nutzen und bestimmt gute Arbeit leisten. Doch er wirkt, als hätten sich die Iwanows darin noch eigenhändig zu schaffen gemacht, Gerätschaften und Gestelle stammen aus den Pioniertagen der Wissenschaft.

»Wohin mit all den Schafen«, seufzen sie. Früher war die Rote Armee der größte Abnehmer, da brauchten sie sich darum nicht zu kümmern. Heute ist der Wollpreis im Keller, und die Ukrainer essen nur wenig Schaffleisch. Vielleicht aus Sorge, man könnte sie dann für Vegetarier halten? Es fehlt an allen Ecken und Enden. Einmal lief auch ein Projekt mit deutschen Partnern an, die sogar ein Gebäude errichteten. Doch es blieb leer, irgendetwas hat nicht funktioniert. Diesen Satz hört man hier allenthalben. Er bezeichnet die Kluft zwischen einer guten Idee und der unguten Wirklichkeit. Man könnte glauben, dass dieses Irgendetwas in der Ukraine höchst erfolgreich kultiviert wird.

Ein paar Tropfen fallen, verschämte Spritzer nur, als wäre es dem Himmel selbst nicht ernst damit. Dass es kaum regnet, daran seien sie gewöhnt, sagen die Tierärztinnen. Vierhundert Millimeter im Jahr, manchmal auch nur zweihundert. In letzter Zeit habe es nicht mehr geschneit, dafür hätten Staubwirbel und Sandtänze zugenommen. Wir fahren weiter hinaus auf die Vorwerke mit ihren schlichten Stallungen und Unterkünften. Möglich, dass einige davon noch aus der anhaltinischen Ära stammen. Sie sollen helfen, die riesigen Herden auf der Fläche zu verteilen. Vanillegelbe Schafe fluten um sie herum, begleitet vom Piepsen der Feldlerchen und von den zugleich lockenden und treibenden Rufen eines Schäfers: Hrrrrrr, Ho-ho-ho, Tsa-tsa-tsa. Erst weit draußen, an einem Streifen Land, das nicht bewirtschaftet wird, stellt sich das Steppengefühl ein. Zugegeben mit etwas Phantasie, doch wenn man sich die alten Telefonmasten und die ferne Baumzeile wegdenkt, erhascht man zumindest noch ein Zipfelchen vom *Wilden Feld,* das auf historischen Karten auch als *Loca deserta* verzeichnet steht, oder, mit einem echten Karl-May-Namen, als *Descht-i-Kiptschak.* Eine Storchenstaffel zieht darüber hin.

Wenn man an den Gestaden *Isarias,* der Reißenden, groß geworden ist, machen einem diese grenzenlosen Ebenen Angst. Sie geben keinen Halt, keine Orientierung und keine Energie. Falz-Fein aber ängstigten umgekehrt Berge und Wälder. Für ihn war die Steppe kein nihilistischer Raum, sondern eine Operationsbasis. Mir scheint sie entmutigender als jedes Hindernis. Die Alpen kann man in zehn Tagen überschreiten. Doch um ein Land wie die Ukraine zu durchqueren, braucht man selbst mit dem Zug anderthalb Tage, für Kasachstan gar drei. Reine Fahrzeit wohlgemerkt, Tag und Nacht. Wer das in Gehstunden umrechnet, nimmt bald wieder Abstand von einem solch aberwitzigen Unterfangen. Man könnte ebenso gut im Kreis laufen.

Die Gräser tuscheln im Wind. Der Himmel ist weiterhin bedeckt, der Blick reicht nicht weit. Doch auch dahinter gäbe es nicht mehr zu sehen. Die Steppe besteht hauptsächlich aus Horizont. So spähe ich denn über den östlichen Rand Europas hinaus ins Ungefähre. Möglich, dass schon Dareios hier durchgezogen ist, vergeblich den Skythen hinterherjagend. Weit im Osten kann ich Wilhelm von Rubruk auf seinem Planwagen ausmachen. Und ist nicht auch Bruder Julian dort unterwegs zu seinem fatalen Treffen mit den Borg? Katharina II. strebt machtgierig der Krim zu, um das alte Taurien einzuheimsen. Wie eine Leinwand absorbiert die Steppe all die großen Epen, die der Menschen wie auch die der Pferde. Die Vegetation wird sich bis zur koreanischen Grenze nur unwesentlich ändern, und nirgendwo wird sie lauschig oder lieblich erscheinen. Ein blonder Filz aus Halmen, Ähren, Binsen, Dolden. Knapp hüfthoch, trocken und filigran, mal dichter und mal dürftiger. Du könntest aufbrechen – doch wohin? Du könntest unter

Umständen überleben – doch wozu? Sieben Tagesmärsche weiter
sähe es genauso aus, und sieben Tagesritte weiter auch. Auf eine solche Landschaft ist das mitteleuropäische Bewusstsein nicht vorbereitet. Wobei der Begriff Landschaft hier unangebracht wirkt. Eher
schon Schicksal.

Und doch gab es einen, der aus eben dieser Steppe *Richtkräfte*
und *Energieströme* bezog, der aus ihr Heilung, Frieden, Weisheit
zu gewinnen suchte, Erneuerung vor allem, wenn nicht gar Erlö-
sung. Vierzig Kilometer Luftlinie entfernt beginnt die Krim. Im
März 1944 zerschellte dort eine deutsche Maschine am Boden,
nach Blindflug durch ein Schneetreiben. Der Pilot starb, der zweite
Mann überlebte schwer verletzt. Was danach mit ihm geschah, darüber hat Joseph Beuys mancherlei erzählt. Er hat die Geschichte
im Nachhinein, gelinde gesagt, ausgestaltet, hat eine Legende in
eigener Sache entstehen lassen, eine autobiographische Installation.
Wohl auch, um damit dem Krieg und seinem ikarischen Absturz
doch noch einen Sinn abzugewinnen. Aber die Elemente, die Ma-
terialien, waren real und erlebt: die Krimtataren, der Filz, das Fell,
der Honig, der Hase, der Hirtenstab, das Wirken an der Nahtstelle
zweier Kontinente und die Dehnung des Raumes wie der Zeit. In
der Folge machte er sich daran, seinen Mythos einzuholen. Beuys
trug die Steppe nach Europa, wurde ihr Botschafter, ihr Sänger. Mit
dem *Eurasienstab* etwa, einer an die vier Meter langen und fünfzig
Kilo schweren Kupferstange, mit der er in verschiedenen Aktionen
als zeitgenössischer Schamane und guter Kunsthirte agierte. Mit
dem *Energy Plan for the Western Man,* so der Titel seiner Vortrags-
tournee durch Amerika. Mit dem *32. Satz der Sibirischen Sympho-
nie* und auch mit seiner packenden Installation *Das Rudel,* welches
nicht etwa von den Hunden, sondern von den Schlitten gebildet
wird. Sie sind mit Überlebensmitteln für »Orientierung, Ernährung, Wärmehaltung« ausgestattet. Sie könnten eine hilflose Person
aus dem Schneesturm in Sicherheit bringen.

Der Spaltung der Welt in Ost und West setzte Beuys 1967 die *Gründung des demokratisch sozialistischen Staates Eurasia* entgegen, eines geistigen Gebildes von schrankenloser Ausdehnung. Unter dem poppigen Titel *I like America and America likes me* rief er dann auch noch die Geister der Prärie an. Drei Tage und Nächte verbrachte er in Gesellschaft eines Kojoten in René Blocks New Yorker Galerie. Wie immer trug er dabei auch sein berühmtestes Requisit, den Hut, der ebenfalls der Katastrophe auf der Krim geschuldet war, sollte er doch die Brandnarben auf der Kopfhaut verbergen. In eine Filzbahn gehüllt und mit einem Hirtenstock als handlicherer Version des Eurasienstabes bewehrt, begab er sich in eine kreatürliche Choreographie, einen *Pas de deux* für Mensch und Tier. Der eine brachte »das Wissen um die Freiheit« ein, der andere »die Genialität seines Tierseins«. Der Tanz mit dem Steppenwolf geriet zu einem Meisterstück. Wer genau hinhörte, konnte ein korrespondierendes Brummen vernehmen, einen Grundton aus den Tiefen des Kontinents.

Einige Jahre zuvor hatte Beuys bereits einen taurischen Stoff entwickelt, *Iphigenie,* unter Mitwirkung eines Schimmels, um nicht zu sagen eines Tarpan, einem der »wilden weißen Rosse« Herodots. Überhaupt bildeten Tiere, die er einmal »Engelwesen« nannte, eines seiner wichtigsten Sujets; später regte er gar eine eigene Partei für sie an. Er war aber auch neben dem Klever Zoo aufgewachsen. Seine Tierzeichnungen und -aquarelle standen immer im Schatten der spektakulären Aktionen. Doch er vermochte ihr Wesen so treffsicher einzufangen, wie es der Menschheit seit Lascaux nicht mehr gelingen wollte. Sehenden Auges vollzog er den Kurzschluss mit der Prähistorie. *I like Eurasia and Eurasia likes me.*

Statt eines Hasen eskortiert mich am nächsten Morgen ein Wiedehopf zur Gemeindeverwaltung. Mein Lieblingsvogel, der Zeremonienmeister der Steppe. *Jetzt aber bitte gleich zu den Wild-*

356

*pferden!* Sollte ich nicht langsam den Zoo und die Freianlagen besuchen? Gewiss doch, ich hatte nur immer gehofft, vorher dem Direktor meine Aufwartung machen zu können. Doch der ist entweder wirklich nicht da oder einfach nicht zu sprechen. Auch heute nicht. Vielleicht aber morgen, am vierten und letzten Tag meines Aufenthalts.

So statte ich Olena Leonidiwna Schestak einen Besuch ab, der stellvertretenden Bürgermeisterin. Vor dem Amtshaus wehen drei Fahnen: die der Ukraine, die der Europäischen Union und die des örtlichen Fußballklubs Koloss Askania Nova. Wobei die EU ja auch eine Art von Klub darstellt. Dennoch überrascht ihr Hoheitszeichen hier, denn eine Mitgliedschaft der Ukraine ist mindestens so utopisch wie die beuyssche Republik Eurasia. Nicht minder überrascht es mich, wie freundlich ich überall empfangen werde, auch Olena Leonidiwna macht da keine Ausnahme. Hängt beides etwa zusammen? Kommt es daher, dass sie sich, unbegründeterweise, von Europa Hilfe gegen den übermächtigen Nachbarn Russland erhoffen? Die Krim liegt fast in Sichtweite. Die Ukraine kann sich selbst nicht helfen, Europa kann sich selbst nicht helfen. Seine Flagge soll die Leute darüber hinwegtäuschen, wie prekär die Lage ist.

An dem ovalen Konferenztisch könnte man jedenfalls auch eine NATO-Sitzung abhalten. Er ist mit einigen Wimpeln befreundeter Nationen garniert. Ungleich größer und zahlreicher sind jedoch die Wimpel von Koloss Askania Nova, sind die Poster und Pokale des Klubs, die den vorherrschenden Wandschmuck bilden. Bis 2016, erklärt die Bürgermeisterin, sei Russland als Freund, als Bruder angesehen worden. Bis dahin hätte es auch kaum einen ukrainischen Patriotismus gegeben. »Erst seit dem Krieg, den wir nicht gewollt haben, hat die Beschäftigung mit ukrainischer Kultur, mit Sprache, Geschichte, Trachten und Überlieferung, derartige Ausmaße angenommen.« Hier im Osten des Landes mit seinem hohen russischen Bevölkerungsanteil werden die Annexion der Krim und des Donbas auch als das Scheitern eines friedlichen, multikulturellen Miteinanders erlebt.

Dabei sind beide, Ukrainer wie Russen, Neuankömmlinge auf dem *Wilden Feld,* verglichen mit alteingesessenen Reitervölkern wie den Kumanen oder den Tataren. »Vor zweihundert Jahren erstreckte sich hier nur Steppe, Steppe, Steppe«, meint Olena Leonidiwna. Dann kamen die europäischen Siedler. Wegen der Übergriffe auf ihre Hauspferde dezimierten sie die Tarpane, die bis dahin noch relativ ungestört umherzogen. »Falz-Fein wollte sie retten, doch es war zu spät«, seufzt sie. »Dafür machte er es sich zur Aufgabe, die Przewalskipferde zu bewahren.« Im neuen Wappen von Askania Nova, das von einer Bürgerinitiative gestaltet worden ist, findet diese Geschichte ihren Niederschlag: Im Goldgrund der Steppe prangt wie eine Insel ein grüner Kreis, der Fruchtbarkeit, aber auch den Botanischen Garten symbolisiert. Ihn ziert ein gelbes Ross mit Irokesenmähne. Farblich kommt es dem *Tachi* näher als dem Tarpan, doch es steht für beide. Auf dem roten Feld darüber schwebt der Adler der Askanier. Für die Bürgermeisterin sind die historisch gewachsenen internationalen Bezüge ein Pfund, mit dem sich wuchern lässt. Mit mütterlicher Zuversicht erklärt sie: »Dank des Zoos und des Institutes stehen wir noch heute mit Partnern in aller Welt in Verbindung.«

Um 1900 war Askania Nova einer der fortschrittlichsten Orte weit und breit. Falz-Fein hatte es an die Indo-Europäische Telegrafenlinie angeschlossen, hatte Wasser- und Abwasserleitungen verlegen lassen, Dampfbäder installiert, Telefon und elektrische Beleuchtung eingeführt, ein Postamt, eine Poliklinik und eine Bibliothek eingerichtet. Als einer der Ersten im Taurischen Gouvernement legte er sich ein Auto zu, moderne Landmaschinen kamen überall zum Einsatz, und sein Neffe Alexander schwebte dann im Doppeldecker ein. Mit einem Wort: Friedrich hatte die Pariser Weltausstellung in die Taurische Steppe übertragen.

Aber die Zeit ist ein sonderbar Ding. Heute sieht der Ort sich abgehängt von den großen Entwicklungen und zeigt sich außerstande, demoralisierende Schlaglochpisten, verschorfte Fassaden oder die marode Kanalisation zu sanieren. Das Kulturhaus ist geschlossen worden, das Kino abgerissen, der Jugendklub steht leer. Aber für eine protzige Kirche war Geld da. Sie ist der einzige Neubau seit der Unabhängigkeit, abgesehen von einer Investitionsruine, die wie ein Mahnmal menschlicher Unzulänglichkeit gleich gegenüber dem Gemeindeamt dräut: der Panzerkreuzer von Askania Nova. Der trutzige Betonkomplex sollte Sport-, Kultur- und Unterhaltungspalast in einem werden, auch ein Hotel mitsamt Schwimmbad war angekündigt, dazu ein Kongresszentrum. Er wurde in der Umbruchzeit von einem Oligarchen errichtet, auch weitgehend fertiggestellt, doch nie seiner Bestimmung übergeben, mit Ausnahme der Freilichtbühne. Die Kommune würde auch andere Teile gerne nutzen, hat jedoch kein Geld und keinen Einfluss in Kiew. Vorläufigkeit in Vollendung. Irgendetwas hat nicht funktioniert – ein weiteres Lehrstück zwischen Agitation und Agonie. Zu Sowjetzeiten zählte Askania Nova fast fünftausend Einwohner, heute nur noch die Hälfte. Es ist kein Dorf mehr, aber beileibe auch keine Stadt. Vielmehr eine Streusiedlung, eine opportunistische Ansammlung auf Zeit. Zwischen den Plattenbauten und den kleinen, zugewachsenen Gartengrundstücken erstrecken sich Grünflächen und Ödland. Wenn es in Russland etwas im Überfluss gab, so war es Platz.

Manche Leute treffe ich auf meinen Gängen wieder, ein Zeichen, dass ich angekommen bin: die Vorzimmerdame aus dem Gemeindeamt, den Kollegen von Wolodymyr, das Postfräulein, dem ich die obligatorische Postkarte an Jean-Louis Gouraud anvertraut habe. Ab und an schaue ich im Institut vorbei. Als ich einmal kurz warten muss, bittet die Sekretärin mich vor den Ventilator. Es beherbergt auch ein kleines Museum, ein liebenswürdiges Kabinett, das die Nutzungsarten der Schafe vorstellt und die Geschichte des Instituts. Einige Bildlegenden sind auf Deutsch gehalten. Etwa die zur einst viel beschworenen Akklimatisation, bei der es darum ging, überseeische Arten zu »verheimlichen«. Will heißen: heimisch zu machen.

Um nicht gänzlich leer auszugehen, besuche ich das Tierparadies am Nachmittag als normaler Tourist. Im Eingangsbereich steht, arg lädiert, noch die Hülle der Falz-Fein'schen Villa. Gediegen und geräumig, aber in keiner Weise feudal. Friedrich machte sich nichts aus Luxus. Doch wenn er erfuhr, dass im fernen China Hirsche vorkamen, die kaum größer als Hasen waren, dann wollte er sie um jeden Preis beschaffen. Vor dem Anwesen begrüßt ein süffisantes Bronzedenkmal die Besucher. Die Beine übereinandergeschlagen, sitzt der Hausherr lässig in einem Korbstuhl, mit kniehohen Stiefeln bewehrt und ähnlich wie Beuys mit Weste und Fedora. Zu seinen Füßen kommt eine Großtrappe angetrappt und spitzt darauf, dass für sie etwas abfällt. Diese kapitalen Vögel, die noch Gerald Durrell so ergötzten, gehörten zu den Vorzeigearten, sie waren immer schon hier heimisch gewesen. Mittlerweile aber zählt selbst das kleine Burgenland mehr als die gesamte Ukraine. Noch ärger erging es dem Steppenadler, dem einzigen Raubvogel, der, mangels Bäumen, auf dem Boden brütet. Seine armseligen Horste bestanden nur aus ein paar Zweigen, Schafwolle und Lumpen. Zu Friedrichs Zeiten wurden sie markiert und beim Abmähen des Grases sorgfältig ausgespart. Heute gibt es im ganzen riesigen Land nur noch rund um Askania Nova ein paar letzte Brutpaare.

Was das Artenspektrum angeht, so wurde die Falz-Fein'sche Linie beibehalten. Vögel haben die Mehrheit, Raubtiere bleiben außen vor. Dazwischen melancholische Wasserbüffel, renitente Steinböcke und öffentlichkeitsscheue Biber. Der Zoo dient jedoch auch als kulturelles Refugium. An fast jeder Wegkreuzung stehen etwas ungeschlachte Steinstatuen. Einst hielten sie überall in der Landschaft Wacht, nach und nach hat man sie dann in dieses Reservat gebracht, damit sie den Landmaschinen nicht im Wege waren. Musikfreunde kennen ihre Urheber aus den Polowetzer Tänzen, diesem delirierenden Reigen von Alexander Borodin. Ein weiteres Musikstück aus dem *Wilden Feld;* die Polowzer waren die »Steppenleute«, die Kumanen nämlich. Wenn russische Komponisten es einmal richtig krachen lassen wollten, brauchten sie nur das heidnische Erbe zu mobilisieren. Das damals näher, greifbarer war als heute, auch im Alltag noch erlebbar. Für Tschechow etwa, der unweit von hier aufgewachsen ist und seine letzten Lebensjahre auf der Krim verbracht hat, gehörten skythische Kurgane und archaische Statuen zum Inventar der Steppe: »Unterwegs begegnet man einem schweigsamen alten Hügelgrab oder einem steinernen Götzenbild, das Gott weiß wann und von wem aufgestellt worden ist.«

Es zetert und zwitschert allenthalben. Jaulende Pfauen, kreischende Papageien und blechern trötende Kraniche suchen einander zu übertönen. Die Anlage vermag vielleicht westlichen Standards nicht zu genügen, dennoch bietet sie, wie jeder Zoo, ein Festival des Schauens. Beißende Ironie der Geschichte, dass Staatspräsident Wiktor Janukowytsch auf seinem Landsitz dieses Vorbild mit einer privaten Menagerie nachzuahmen suchte. Freilich mit derart obszönem Luxus, dass das Gelände später zum »Volksmuseum der Korruption« erklärt wurde.

Mit einer Fremdenführerin und sieben Touristen aus Mariupol, die sich auf einer mehrtägigen Rundreise befinden, die auch einen Besuch im Weingebiet und eine Flussfahrt auf dem Dnjepr einschließt, besteige ich das Safarimobil, einen altgedienten Lastwagen mit Bänken auf der Ladefläche, an den Seiten offen, oben von einer Plane gegen die Sonne beschirmt. Der Zoo geht nahtlos in das über, was zu Zeiten Falz-Feins die »Tiersteppe« hieß, ein riesiges Areal, dessen Zaun kaum zu sehen war. Und doch bildete es für viele Tiere nur die Vorstufe, bevor sie bei guter Führung Freigang erhielten, begleitet von ein paar berittenen Hirten. Wir kurven hinaus. Schon nach einer Minute rollt der Wagen aus, der Fahrer kippt die Heckklappe herunter und legt eine kleine Leiter an. Flugs klettern wir hinab. Drei Elen staksen heran und bekunden Interesse an den mitgeführten Karotten. Mit einem Stockmaß von anderthalb Metern bilden sie die größte Antilopenart. Im Körperbau wirkt dieses Kaltblut der Savanne seltsam unentschieden, zugleich grobschlächtig und graziös. Bei einem Gewicht von bis zu einer Tonne ist es wohl nur mehr beschränkt möglich, Landlebewesen auf Eleganz hin zu trimmen. Dafür gewöhnen sie sich schnell an menschliche Obhut, gelten als pflegeleicht, ja geradezu höflich. Sie zeigen sich weniger nervös als Pferde, weniger ungehobelt als Rinder. Ihre proteinreiche Milch enthält vierzehn Prozent Fett. Zu Sowjetzeiten hat das Forschungsinstitut sie mit vorzüglichen Ergebnissen als Krankenkost und Kinderstärkung erprobt. Jeder, der ihr Fleisch gekostet hat, schnalzt mit der Zunge. Das Elen wäre das ideale Nutztier für Afrika, immer wieder wurden Versuche unternommen, in den damaligen Kolonialgebieten wie auch in Europa, immer wieder hat man ihm die besten Zeugnisse ausgestellt und vielversprechende Pläne geschmiedet – und doch hat es sich nie durchgesetzt. Vermutlich, weil auch Viehzüchter Gewohnheitstiere sind.

Einsteigen! Wir kurven weiter. In Halbdistanz zieht ein Trupp Saiga-Antilopen dahin. Das sollen Erdenbewohner sein? Mit diesen knautschigen Rüsselnasen und dem zwillenartigen, pedantisch gerippten Gehörn? Wenn die nicht von Alpha Centauri stammen. Aussteigen! Eine Bisonherde erwartet uns, an die dreißig Tiere, ganz wehrhafte Friedfertigkeit. Als wäre die Showeinlage inbegriffen, wälzt eine Kuh sich lustvoll im Gras, hin und her, her und hin. Eine Staubfahne weht davon. Erstaunlich behände, in einer einzigen schwungvollen Bewegung, springt sie wieder auf die Beine. Etwas abseits sieht der Patriarch dem Treiben wohlgefällig zu. Er ist der eigentliche Koloss von Askania Nova.

Einsteigen! Die Reiseleiterin gehört selbst einer bedrohten Spezies an, deklamiert sie doch mit einer Leidenschaft, die ihren Kollegen in anderen Weltgegenden längst abhandengekommen ist. Sie gibt die Märchenerzählerin für Erwachsene. Ich überlasse mich ihrem Redefluss wie einer warmen Strömung. Und siehe da – ich verstehe fast alles. Mit meinem Russisch ist es sonst nicht weit her, ihren Ausführungen aber vermag ich mühelos zu folgen: *eto Kulan, eto Zebra, eto Bison, eto Shetlandpony. Eto Nandu, eto Strauß, eto Emu.* Ein betörendes Idyll. Ohne Gefahren, ohne das sogenannte Böse, vom Menschen einmal abgesehen. Doch das stellt wohl die Grundvoraussetzung eines jeden Paradieses dar. Es fehlt der Biss.

Aussteigen! *Eto loschadj przewalskowo.* Ein paar Stuten mit Fohlen trotten übers stoppelige Gras; ein Hengst ist nicht zu sehen. Seid mir gegrüßt, ihr Abkömmlinge von Orlik und Orlitza! Die sinkende Sonne lässt ihr Fell erstrahlen: ein milder Naturton von hellem Ocker, aber etwas quietschig, ins Orange hinüberspielend. Die Fohlen dagegen noch unausgegoren, vom bleichen Beige der Schafe. Ich bräuchte etwas Ruhe, für Foto- und auch Tonaufnahmen, und um, nun ja, Zwiesprache mit ihnen zu halten. Vielleicht möchten sie mir ja etwas sagen? »Mach mal so weiter« etwa, oder »Was hört man aus Hellabrunn?«, oder »Gibt's den Grzimek noch?« Ich könnte sie auch von ihrer Verwandtschaft in der Dsungarei grüßen, jenen tollkühnen Auswanderern, die den Grundstock der Herden in der Gobi B gebildet haben, aber auch in Chustain Nuruu und im chinesischen Xinjiang. Und ich könnte seelisch zur Ruhe kommen. Doch all das geht nicht, wenn Touristen ständig »ja, was ist denn« und »komm doch mal her« rufen. Einsteigen!

Abendspaziergang am Boulevard Falz-Fein. Sobald die Tore des Zoos geschlossen sind, erscheint auf der Hauptstraße nur mehr alle zehn Minuten ein Auto. Eine Bäuerin geht etwas verschämt mit ihrer Kuh spazieren, die vom Gemeindeland naschen darf. Schwalben üben für eine Flugschau.

Am nächsten Morgen Audienz in der Verwaltung, der Direktor ist zu sprechen. Charakterkopf mit Hakennase und silbrigem Omar-Sharif-Schnurrbart. Er wäre gut als Räuberhauptmann oder Polizeikommissar zu besetzen. Eine Mitarbeiterin dolmetscht. Ich bitte ihn um einen Wagen mit Fahrer für höchstens eine Stunde, um mit den Pferden zu sein. Bereits im dritten Satz – eine Begrüßung hat nicht stattgefunden – taucht das Wort *problema* auf, und es kehrt dann jeden weiteren dritten Satz wieder. Dies ginge nicht, und das ginge nicht. Er habe dafür keine Leute, meint er. Bei hundertfünfzig Angestellten ein etwas überraschender Befund. Es ließe sich aber wohl einrichten, wenn ich den zehnfachen Preis bezahlen würde. Das überrascht schon weniger, nur höre ich es nicht so gern. Zwar könnte ich das noch berappen, wenn auch nur in Fünfhundertern, und schon hätten wir das nächste *problema*. Doch ich sehe es nicht als meine Aufgabe an, seinen Betrieb privat zu sanieren. Werter Herr Direktor, es ist Usus, dass unsereinem die Arbeit erleichtert und nicht erschwert wird. Das war im Yellowstone so und auf den Galápagos, bei den afrikanischen Nashörnern wie auch bei den indischen Tigern. Das war auch in der Gobi B so, wo unsere *Tachi* nun endlich wieder verheimlicht worden sind. Ich trage die Kosten, das versteht sich, aber ich hätte schon auch gern Unterstützung bei meinen Recherchen. Ich musste einen weiten und steinigen Weg hinter mich bringen, um über Askania Nova zu berichten. Das wird dann auch wieder dem Park zugutekommen und unserer gemeinsamen Sache, der Liebe zur Natur. Es erscheinen Artikel, ein größerer Radiobeitrag wird ausgestrahlt, und eines fernen Tages kommt ein ganzes Buch heraus, hoffentlich in vielen Sprachen, hoffentlich auch auf Ukrainisch. Dafür brauche ich besseres Material. Doch der Direktor stellt sich taub. Und so gehen zwei Sturköpfe schließlich achselzuckend auseinander, und ich ziehe den Kürzeren.

Um durchzuatmen, drehe ich ein paar Runden durch den Lustwald. Labe mich am dunklen Grün, am Segen des Schattens. Auch
wenn der Baumbestand in beiden Weltkriegen schwer gelichtet
worden ist, die stattlichsten Exemplare dürften noch unter Falz-
Fein gepflanzt worden sein. Die Bäume im Arboretum tragen Schilder. Gestatten: eto *Syringa amurensis*, eto *Syringa persica*, eto *Ju-
niperus nipponica*, eto *Paulownia tomentosa*, eto *Gingko biloba*, eto
*Salix babylonica*, eto *Quercus pontica*. Ein eurasischer Hain. Auch
*Abies nordmanniana* ist vertreten, der Weihnachtsbaum, der nicht
etwa aus Skandinavien stammt, sondern aus dem nahen Kaukasus.
Er verdankt seinen Namen Alexander von Nordmann, der zu Zeiten Meyers und Humboldts Konservator am Botanischen Garten in
Odessa war. Rundum ein Zirpen, Flöten, Gurren. Welch betörendes Vermächtnis von Friedrich dem nun wirklich Großen. *Eripitur
persona, manet res.*

Ich setze Wolodymyr die missliche Lage auseinander. Er flucht,
und dann nimmt er mich am Arm. »Wir machen ein Experiment«,
erklärt er. Mit offenem Ausgang: da/njet, fifty-fifty, vielleicht, vielleicht auch nicht. »Wir fahren einmal um die Anlage herum und
schauen, ob Pferde am Zaun stehen.« Und so besteigen wir seinen
kleinen Kastenwagen, in dem er auch mal ein Schaf transportieren kann oder kübelweise Steppenhonig, und brausen los. Das erste
Stück noch auf befestigter Straße, dann auf einer Schotterpiste oder
auch mal querfeldein. Zwei ältere Lausbuben auf Tour. Wir machen
ein Experiment! Gleich zu Anfang sichten wir eine Gruppe Przewalskipferde, doch stehen sie viel zu weit draußen. Einmal rund ums
Paradies; Zutritt verboten. Nachdem wir es zu drei Vierteln umrundet und die Hoffnung beinah schon aufgegeben haben, grast doch
noch eine Clique aus fünf Junghengsten nicht allzu weit vom Zaun.
Sie spitzen die Lauscher.

Fein seht ihr aus! Die stramme Mähne, der muskulöse Rumpf,
das knusprige Goldbroilerbraun, die maskenhaften Visagen. Und

wieder dieser Schlafzimmerblick. Ihr seid trotzdem zu weit weg. Es reicht für ein paar Belegfotos, doch Freude habe ich keine dran. Sie müssten fünfzig Meter näher stehen. Zwar ziehen sie grasend weiter, aber nur hin und her, nicht auf uns zu. Als hätten sie gegenüber Zaungästen einen Mindestabstand einzuhalten.

»Wolodymyr, wir brauchen Äpfel!« So brettern wir zurück auf die Piste und dann noch zwanzig Minuten bis ins Dorf. Der Chef steuert ein verstecktes Gartenhäuschen an, schwätzt mit der strohhutbewehrten Bäuerin und kommt schließlich mit einem prallen Sack zurück, mit dem man den halben Zoo anfüttern könnte. Herr Generalmajor, es ist mir ein Vergnügen! Dann geht es den gleichen Weg wieder retour. Ob sie noch da sind? Da/njet, fifty-fifty, vielleicht, vielleicht auch nicht.

Nach einer Stunde langen wir wieder auf der Höhe der Pferde an. Sie grasen viel weiter weg. Inständig halte ich einen Apfel hoch, drehe und wende ihn. Orliks Nachfahren äugen skeptisch herüber. Ein menschliches Katapult, feuere ich ihn über den Zaun, und einen zweiten hinterher. Doch sie fallen kläglich früh zu Boden. Die Burschen machen keine Anstalten, sich den Ködern zu nähern. Ich hätte genauso gut Steine werfen können. Dann aber, als hätten sie die Angelegenheit beraten, kommt doch noch Bewegung in die Gruppe, und sie trotten tiefer in die Tiersteppe hinein. Mit Äpfeln hat man im Paradies nicht die besten Erfahrungen gemacht.

Wolodymyr bringt mich am nächsten Vormittag zum Bus, und schließlich fliege ich von Cherson aus nach Kiew, wo krasses, schmerzliches, dröhnendes Grün regiert. Nach kurzem Zwischenhalt geht es weiter nach Berlin, einen Sack voll taurischer Äpfel im Gepäck.

# Viva Eurasia!

> »Ich war nie in der Wüste,
> aber ich hab das Kamel gesehen,
> da kenn ich die Wüste.«
> ~ *Rajzel Zichlinski, Das Kamel*

Nichts, nichts, nichts. Nur bleiche Grasbüschel auf noch bleiche-
rem Boden, ausgedörrt von einer fahlen weißen Sonne. Kaum
vorstellbar, dass die Steppen Innerasiens einst Brücke sein konnten
zwischen China und dem Abendland. Und doch war diese Zone einmal reich und voller Leben, war wirklich Mitte und nicht Rand.

Von Almaty her kommend, muss die Eisenbahn tief in die Steppe
hinein ausweichen, um den himmelhohen Tian Shan zu umfahren.
Hier ragen die nördlichsten Siebentausender der Erde auf. Vor nicht
langer Zeit noch trugen viele Gipfel Namen wie Pik der Stalinschen
Verfassung oder Pik Pobeda, welcher den Sieg über Deutschland
glorifizierte. Nursultan Nasarbajew hat einstweilen bescheiden den
früheren Pik Komsomol für sich reklamiert, einen moderaten Vier-
tausender, der allerdings den Vorteil bietet, unübersehbar über dem
meistbesuchten Skigebiet des Landes zu thronen, gleich hinter Almaty. Propaganda sei wie Gras, bemerkte Joseph Brodsky einmal,
als er die Versteppung des Bewusstseins anprangerte: banal, steril
und allgegenwärtig.

Von Zeit zu Zeit gellt die satte Quinte der Dampfpfeife wie ein
Schlachtruf über das Land, eine Fanfare der Ferne. Doch wenden
wir den Blick kurz von der Kasachensteppe ab, wir werden nichts
versäumen. Selbst wenn wir uns in einen Schmöker wie diesen hier
versenkten, so böte sich, ließen wir ihn vierhundert Seiten später
nachdenklich wieder in den Schoß sinken, vor dem Fenster immer
noch das gleiche Bild. Als wäre der Zug im Kreis gefahren.

Es wäre ja vielleicht interessant zu hören, wie alles so gekommen ist. Was bringt einen Feldmochinger Streuner dazu, der Spur der wilden Pferde zu folgen? Vor zehn Jahren habe ich auf eben dieser Bahnreise von Almaty bis nach Lhasa zum ersten Mal Bekanntschaft mit der Dsungarei geschlossen. Es war eine Kreuzfahrt auf Schienen. Im Zug reisten auch dreihundert kasachische Studenten, die sich die Zeit lesend, plaudernd und kartenspielend vertrieben. Sie fuhren zu ihren Universitäten in Urumtschi (Ürümqi), Lanzhou oder gar im fernen Xi'an. In China, sagten sie, läge ihre Zukunft. Nach einer ruhigen Nacht touchierten wir den Balchaschsee, eine salzige Pfütze von der fünfunddreißigfachen Fläche des Bodensees. Dann schwenkte die Trasse nach Osten ab, bis wir am frühen Nachmittag die Dsungarische Pforte erreichten. Sie ist so etwas wie der Brenner Mittelasiens, der noch am einfachsten zu passierende Übergang zwischen Orient und Fernem Osten, eine Bresche zwischen dem Tarbagatai und dem Dsungarischen Alatau, der wiederum einen Ausläufer des Tian Shan bildet. Richthofen apostrophierte sie einst als »die asiatischen Säulen des Herkules«. Irgendwo im Nirgendwo kam schließlich der Grenzposten Druschba (»Freundschaft«, kasachisch Dostyk) in Sicht. Ein paar Verwaltungsgebäude, viele Rangiergleise, weiter weg auch hingewürfelte Wohnblöcke. Hier musste der Zug umgegleist werden, von der russischen Breitspur auf die auch in China gebräuchliche Normalspur. Zusammen mit den Grenzformalitäten zog diese Prozedur sich über viele Stunden hin. Das Warten war die geistige Entsprechung zur Steppe: gleichförmig und unausweichlich.

Auf hohem Land. Wenn man sich an einer derart entlegenen Stelle ausgesetzt sieht, fern von überall, so versucht man unwillkürlich, Bezugspunkte zu finden, um dem vielen Nichts ein wenig Etwas zuordnen zu können. Doch was wissen wir schon von der Dsungarei? Außer vielleicht, und nun stellte sich, dem frühen Anschauungsunterricht im Hellabrunner Geo-Zoo sei Dank, doch eine Reminiszenz ein: dass irgendwo hier draußen, womöglich dort drüben oder da hinten, dass dort Oberst Przewalski auf dieses besondere Pferd gestoßen ist. Tatsächlich haben er und seine Begleiter sich damals, von Kuldscha kommend, mit letzter Kraft an der Dsungarischen Pforte vorbei bis nach Saissan gequält. Während er sich dort noch auskurierte, hat ihm dann Mirsasch Aldiarow das Fell und den Schädel jenes ominösen Jungtiers verehrt. Erlegt hat er es vielleicht vierhundert Kilometer Luftlinie nordöstlich von hier, kurz vor der mongolischen Grenze. Für hiesige Verhältnisse also fast noch um die Ecke, solange man nicht auf die Idee verfällt, zu Fuß dort hinzulaufen. Das hätte ebenso wenig Sinn, wie mitten im Atlantik schwimmen zu wollen. Auch zu Pferd bräuchte man eine knappe Woche, doch das zählte hier noch als Kurzstrecke. Ritten wir ein Stück weiter, landeten wir in Chowd oder, in etwas südlicherer Richtung, in Biidsch. Im Herzen des Tachilandes also, wo alles zu Ende ging und nun alles wieder beginnt.

Diese Reminiszenz fand schließlich 2016 Eingang in ein Chinabuch, da passte alles noch auf eine Seite. Parallel erschienen ein paar Artikel über die *Tachi,* und zwei Jahre später füllten sie dann in meinem ersten Pferdebuch schon ein größeres Kapitel. Dass sie sich nun noch mehr Raum verschafft haben, wird niemanden verwundern, dem sie einmal ihren betörenden Blick geschenkt haben. Oder ihr entwaffnendes Grinsen, wie es sonst nur noch Lucky Lukes *Jolly Jumper* zustande bringt, er, der den Zucker stets ohne Kaffee nimmt.

Welch merkwürdiger Landstrich, diese Dsungarei. Die Armeen Dschingis Chans rückten durch ihre Pforte nach Westen vor, später zockelte dann Wilhelm von Rubruk in der Gegenrichtung hindurch. Galdan Tserengs Dsungaren dürften viele Male hinüber und herüber gewechselt sein, mitsamt ihrer Bibliothek. Der Aufschwung der Seefahrt und der Fall Konstantinopels ließen die Region dann ins Abseits geraten. Für Chinas Geopolitik spielt sie nun jedoch wieder eine prominente Rolle. Die groß angelegte Kampagne »Yidai Yilu«, ein Strang und eine Straße, soll an die historischen Handelsrouten zu Lande wie zur See anknüpfen. Der Eisenbahnverbindung von China durch die Dsungarische Pforte bis Duisburg und Rotterdam kommt dabei besondere Bedeutung zu. Das Konzept ist an die »Große Ostasiatische Wohlstandssphäre« angelehnt, welche die Japaner in den dreißiger Jahren den Ländern des Fernen Ostens schmackhaft zu machen versuchten. Wie damals verheißt man ihnen Harmonie und Prosperität, meint aber Hegemonie und Profit.

Ein Gelände, das gut für Pferde ist, ist auch gut für die Eisenbahn. Doch erst seit dreißig Jahren durchquert sie dieses Gebiet. Dabei war der Anschluss der sowjetischen Turksib an das chinesische Schienennetz schon in den fünfziger Jahren vorgesehen, aber dann zerstritten sich die beiden Riesen, und statt schwüler Freundschaft herrschte fortan Permafrost. 1968 wurden entlang der gesamten Grenze Truppen zusammengezogen, und die Feindseligkeiten hätten, ähnlich wie in der Kuba-Krise, zu einem Krieg eskalieren können, womöglich zu einem nuklearen Krieg. Schon seit Längerem hatte das sowjetische Regime seine Atomwaffen westlich von Semipalatinsk erprobt. In den sechziger Jahren zog China dann nach und zündete die ersten im ausgetrockneten Becken des Lob Nor. Sie duellierten sich über die Dsungarische Pforte hinweg, doch es blieb schließlich bei Drohgesten, beim Kalten Krieg zwischen Nord und Süd. Die Einrichtung des Kernwaffentestgeländes im Tarimbecken aber korrespondiert mit dem Verschwinden der letzten *Tachi* rings um die Gobi. In einer solch grimmigen Welt war kein Platz mehr für sie.

Die Quinte heult auf. Alles einsteigen! Es dunkelt bereits, als unser Zug wieder anrollt. Von Alashankou, dem chinesischen Grenzort, schmettert eine Jubelfanfare herüber. Hier herrscht Ordnung, signalisiert sie. Hier herrscht Optimismus. Hier herrscht China. Es geht hinein in die Provinz Xinjiang, wörtlich »neue Grenze«. Am

Morgen zeigt die Landschaft sich dann deutlich grüner. Baumwollpflücker arbeiten sich durch endlose Plantagen. Nach sowjetischem Vorbild und unter Führung des Militärs waren in den fünfziger Jahren riesige Baumwollfarmen angelegt worden, um mit der Wüste zugleich auch die neue, noch mehrheitlich von Uiguren bevölkerte Westprovinz zu kolonisieren. Seit dieser Zeit wird dem Tarim und anderen Wüstenflüssen zunehmend das Wasser abgegraben. Damals stand ein einziges zweistöckiges Gebäude in Urumtschi. Heute hat die Stadt über drei Millionen Einwohner und eine vieltürmige Skyline. Auf den Straßen herrscht eine farbenfrohe Mischkultur aus zahllosen Ethnien, wie Yasushi Inoue sie in seiner Geschichte vom einsamen Mongolen verewigt hat. Die Uiguren aber sind längst zur Minderheit im eigenen Land geworden.

Östlich von Urumtschi erhebt sich der Bogda Shan, ein weiterer Ausläufer des Tian Shan, von Gletschern gekrönt und von Bergseen durchsetzt, die ihren schweizerischen Pendants das Wasser reichen können. Zu beiden Seiten dieses relativ schmalen, von West nach Ost verlaufenden Gebirgszuges aber erstreckte sich Wüste – hätten die Chinesen nicht ein Gutteil seiner Flüsse und Schmelzwasser für die Landwirtschaft abgezweigt. An seinem Nordrand, etwa zwei Fahrstunden von der Provinzhauptstadt entfernt, liegt Jimsar. Vor zwölfhundert Jahren einmal ein bedeutender Stützpunkt des Uigurenreiches, heute ein unscheinbares Landstädtchen. Die *Tachi* aber kennen es als einen der wichtigsten Schauplätze ihrer Geschichte.

Vor vierzig Jahren lernte Christian Oswald auf einer Geschäftsreise Guo Fang-zheng kennen. Der promovierte Wildbiologe sprach fließend Bayrisch und Deutsch und brachte ihm Chinas Naturlandschaften und Wildtiere nahe. Guo muss ein bemerkenswerter Mensch gewesen sein. Er arbeitete für die nationale Forstbehörde, wo er seiner unbestrittenen Kompetenz wegen gleichermaßen geschätzt wie gefürchtet war. Der Mann meinte es ernst! Als

er ausgerechnet bei Yan'an in der Provinz Shaanxi, einem der Wall-
fahrtsorte der Kommunistischen Partei, seltene Bergwälder unter
Schutz stellen wollte, wäre er fast in ein Arbeitslager gesteckt worden. Er und Oswald verstanden sich auf Anhieb. Zwei Unange-
passte hatten sich gefunden.

Trotz bester Absichten und hoher Protektion waren die Bemühungen um eine Wiedereinbürgerung der *Tachi* in der Mongolei bis
dahin wenig vorangekommen. Fünf Jahre lang hatten Oswald und
seine Mitstreiter vergeblich auf die endgültige Genehmigung gewartet. Über Guo bot sich nun eine Alternative in China. Sie fragten bei der Forstverwaltung an. Ausgerechnet Forsten! Abgesehen
von ein paar verborgenen Gebirgstälern und einem Zipfel des Altai
kann Xinjiang von Wald nicht einmal träumen, und die *Tachi* würden sich auch schön dafür bedanken. Wie dem auch sei, Oswald
machte zu seiner eigenen Verblüffung eine konstruktive Erfahrung
mit einer Institution: »Innerhalb von vierundzwanzig Stunden traf
die Zusage ein.« Das fing gut an mit den Chinesen.

Tatsächlich waren die achtziger Jahre die beste Zeit für eine Zusammenarbeit. Nach vier Jahrzehnten Abschottung begann das
Land, sich wieder zu öffnen. In allen Lebensbereichen waren die
Menschen an den lang entbehrten ausländischen Kontakten interessiert, handhaben die Dinge pragmatisch, und sie zeigten sich
von einer kostbaren Unbefangenheit, ja Unschuld, die erst durch
die Ereignisse rund um den Platz des Himmlischen Friedens ge-
schändet und zerstört wurde. Auch für die wilden Pferde war diese
Tauperiode ein Glücksfall. In Jimsar wurde nun eine Zuchtstation
aufgebaut, und in rascher Folge konnten Transporte aus westlichen
Zoos organisiert werden. Vielleicht schwangen ja bei der Rückbesinnung auf die heimische Fauna ähnliche Gedanken und Gefühle
mit wie seinerzeit bei den Bemühungen der Hecks um das »germa-
nische Urwild«. Das *Tachi* war schließlich eine endemische Art gewesen; zum Zeitpunkt seiner »Entdeckung« durch Przewalski hatte

noch sein gesamtes Streifgebiet auf chinesischem Territorium gelegen. Musste es dann unbedingt einen russischen Namen bekommen? War es nicht, wie der Abbé Breuil es richtig gesehen hatte,
seiner ganzen Erscheinung nach ein »chinesisches Pferd«? Eine nationale Ikone, eine vierbeinige Überlieferung?

Seit Bestehen des Reiches, also mindestens seit den Zeiten von
Kaiser Qin Shihuangdi und seinen Terrakotta-Pferden, errichtet
man in China, wenn es sich darum handelt, die einen drinnen und
die anderen draußen zu halten, keinen Zaun, sondern eine Mauer.
Immerhin versuchte man sich damals der Xiongnu zu erwehren,
unberechenbarer Reiterverbände, die überall und nirgends waren.
Da reichen penible Grenzmarkierungen oder rustikales Flechtwerk
nicht aus. Solchen Kräften muss man schon eine Befestigung ent-
gegensetzen. Dann herrscht, so die Hoffnung, zumindest drinnen wieder Ruhe, egal, was draußen sein mag. Auch sind Steine in
China ungleich reichlicher vorhanden als Holz, erst recht in den
Grenzregionen. Mehr noch als die Abgrenzung nach außen zählt
dabei der Zusammenhalt von innen. Am wichtigsten aber ist, dass
die Regeln eingehalten werden. Mauern schaffen Ordnung. Hier ist
dies, und dort ist das. In Jimsar wurden für die *Tachi* zweihundertfünfzig Hektar ummauert. Parallel sollten Vorbereitungen für die
Auswilderung in einem geeigneten Gebiet getroffen werden. Doch
so schnell die Zuchtstation eingerichtet wurde, so langsam kamen
diese Bemühungen in Gang. Ordnung darf man mit Fug und Recht
als eine chinesische Domäne ansehen, zumindest im Ideal. Was sich
von der Freiheit nicht sagen lässt. Denn Freiheit widerspricht der
Ordnung. Und Widersprüche sind der Zivilisation nur abträglich.

Die ersten elf Tiere kamen 1985 aus England und dem Ost-Ber-
liner Tierpark nach Urumtschi und wenig später nach Jimsar. Aus
San Diego folgten weitere, und schließlich kam die Reihe an Hellabrunn. Die Organisation und Logistik der Transporte hatte schon
genug Geld verschlungen, und so wollte Oswald nicht auch noch

Unsummen für die Pferde bezahlen. Stattdessen einigten sich die Partner auf einen Naturalientausch. Erst wünschten die Münchner Argalischafe und Schneeleoparden, doch die zu beschaffen, erwies sich beim besten Willen als zu kompliziert. Und so fiel die Wahl auf den Kiang, auch Tibetischer Wildesel genannt, mit einem Stockmaß von eins vierzig der größte unter den wilden Eseln. Die Bayerische Staatskanzlei war bei dem ganzen Transfer involviert, Franz Josef Strauß wirkte als Schirmherr. Wie so oft verfolgten er und der Freistaat dabei ihre eigene außenpolitische Agenda; er nutzte auch häufig Jagdreisen zu politischen Treffen und umgekehrt. Während die chinesische Seite sich als bemerkenswert unkompliziert und vertrauenswürdig erwies, entpuppte Hellabrunn sich als schwieriger Partner und forderte zudem eine persönliche Bürgschaft Oswalds, falls die Esel nicht kämen. Sie mussten auch als Erste geliefert werden, bevor man dann gnädig die fünf auserkorenen Pferde herauszurücken bereit war. Schließlich handelte es sich nicht um gewöhnliche *Tachi*, und schon die zählten bekanntlich zu den seltensten Wesen auf Erden – es handelte sich um *Hellabrunner Tachi*, nach eigenem Verständnis der Hochadel unter den Przewalskipferden, die schönsten, hellsten und reinsten Vertreter ihrer Art.

Die chinesische Seite sagte zu, alle Bedingungen zu erfüllen. Sehr zur Freude des Tierparks, hatte doch jeder Kiang einen Marktwert von gut und gerne fünftausend Mark. Kein westeuropäischer Zoo konnte damals damit aufwarten. Das Problem war nur, dass sie erst gefangen werden mussten. Und dass sie in vollem Lauf siebzig Stundenkilometer erreichen.

Die Tibeter haben dafür im Winter eine traditionelle Taktik, nur dass es diesmal darum ging, die Tiere lebend zu erbeuten. Und so kam es in den Weiten des Hochlands zu einem filmreifen Showdown. Nachdem eine Kiangherde ausgemacht worden war, schwärmten an die hundert Reiter aus und jagten sie auf einen zugefrorenen See. Dank eines speziellen Hufbeschlags waren sie den

Eseln auf der Eisfläche überlegen, sonst hätten sie nie und nimmer mit ihnen mithalten können. Zehn Tiere konnten schließlich eingefangen und ins nächste Dorf gebracht werden. Dort war eigens eine hohe Mauer rund um den Sammelplatz gezogen worden. Ein strafversetzter Veterinär musste auf die Wildfänge achtgeben, bis die Lkws für den Transport anrollten.

Als sechs Kiangs schließlich heil in der bayerischen Landeshauptstadt angekommen waren, schickte Hellabrunn seine Tiere auf die Reise. Doch die meisten erwiesen sich als steril. Begreiflicherweise hatte Oswald danach eine Stinkwut auf die Rosstäuscher vom Isartal.

Mit Pferden wird seit Jahrtausenden Politik gemacht, gelten sie doch in fast allen Kulturen als königliche Tiere. Mit Ausnahme der fernen Sunda-Insel Madura, deren selige Bewohner, worüber wir mittlerweile dank Philipp Andreas Nemnich im Bilde sind, »kein größeres Glück kennen, denn als Esel wiedergeboren zu werden«. Schon der päpstliche Gesandte Johannes von Marignola hatte dem letzten Mongolenherrscher in Peking das erwähnte schwarze Schlachtross zugeführt. Von Albrecht von Preußen heißt es im 16. Jahrhundert, dass er befreundeten Herrschern Tarpane aus seinen herzoglichen Tiergärten bei Königsberg und Marienburg zukommen ließ, wobei er sich »des Besitzes eines so seltenen Wildes rühmte«. Der marokkanische Sultan Mulai Ismail sandte einige Araber-Berber als Staatsgeschenk an Ludwig XIV. Er konnte sie durchaus entbehren, hielt er doch zehntausend davon. Und auch Xi Jiping bekommt anlässlich von Staatsbesuchen andauernd Pferde verehrt. Gurbanguly Berdimuhamedow, der Beschützer Turkmenistans, machte den Anfang, dann folgte Emmanuel Macron, dann der Emir von Abu Dhabi.

Bereits die Mandschu-Herrscher erfreuten sich an Tachi-Tributen. Und erst kürzlich befand die mongolische Regierung, dass ein paar davon ein vorzügliches Staatsgeschenk für Japan abgeben würden, dessen Zoos bislang noch keine hatten. Nun dürfen sie aber als streng geschützte Tierart nicht außer Landes geschafft werden, und dank der Rückführungsprogramme verfügt ausgerechnet die Mongolei praktisch nur über wildlebende Exemplare. Die ITG half schließlich mit einigen eidgenössischen *Tachi* aus, die dann via Ulaanbaatar nach Tokio gelangten.

Wenn die Machthaber ihre Pferde nicht verschenken, dann sitzen sie darauf. Aus ihren Reiterstandbildern könnte man eine ganze Kavallerie rekrutieren, mal unbeirrbar vorwärtsschreitend, mal drangvoll erigiert. Besagter Beschützer Turkmenistans ließ sich mitten in Aschgabat auf einem futuristischen Felsen postieren, höchst zu Ross und voll vergoldet. Ein Abklatsch des »Ehernen Reiters« an der Newa, der Peter den Großen glorifiziert. Nur dass Berdimuhamedow sein Denkmal vorsichtshalber bereits zu Lebzeiten errichten ließ, falls es der Nachwelt an der nötigen Inspiration gebrechen sollte. Andere begnügen sich vorerst mit beweglichen Monumenten. Wladimir Putin ritt zünftig mit nacktem Oberkörper durch die tuwinische Taiga, rein privat, versteht sich, aber doch so, dass es die ganze Welt sehen konnte. Und Kim Jong-un, dem man es aufgrund seiner nicht vorhandenen Statur am wenigsten zutrauen würde, galoppierte mit einem schneeweißen Pferd zum ebenso schneeweißen heiligen Gipfel des Paektusan in den Changbai-Bergen. Ein Thron, der einen überall hinträgt – wäre die Evolution nicht von sich aus aufs Pferd verfallen, die Despoten hätten es erfunden.

Als Zhang He-fan 1995, frisch von der Universität in Urumtschi weg, als junge Tierärztin an die Zuchtstation nach Jimsar beordert wurde, machte sie aus ihrer Enttäuschung kein Hehl. Die *Tachi* entsprachen durchaus nicht ihrem Schönheitsideal von Pferden. Auch waren die Lebensbedingungen in der abgelegenen Kleinstadt dürftig, das Klima kannte nur Extreme, und die materielle und finanzielle Ausstattung ließ zu wünschen übrig. Doch immer, wenn sie sich zur Kündigung durchgerungen hatte, verletzte sich ein Tier, oder eine Stute starb wenige Wochen nach der Niederkunft, und sie als damals einzige Frau im Team glaubte es nicht verantworten zu können, dass Männer das Fohlen mit der Flasche großzögen. Und so hat denn auch Zhang He-fan erfahren müssen, dass es vor dem Willen der *Tachi* kein Entrinnen gibt. Seit einem Vierteljahrhundert wirkt sie nun in Jimsar und hat alle Auswilderungsversuche begleitet. Auch ihr Schönheitsideal scheint eine Veränderung erfahren zu haben. Was heißt zu klein? Mittelgroß eben, gerade richtig. Wieso denn struppig? Kernig und urwüchsig. Zu nahe am Esel? Die Maduresen werden Ihnen was husten! Nach der Geburt ihres Sohnes stellte sie ihn bald auch den vierbeinigen Familienmitgliedern vor. Und inzwischen hat Zhang ein herzerfrischendes Buch über ihre Zeit mit den *Tachi* geschrieben.

Einige wenige tragen Namen, die meisten nur Nummern: Dsungar 145, Dsungar 269. Ende der neunziger Jahre ging man daran, kleine Gruppen in ihrer ursprünglichen Heimat auszuwildern. Die Wahl fiel auf das Kalamaili-Schutzgebiet, gut zwei Fahrstunden nördlich von Jimsar. Die mongolische Grenze verläuft nur hundertfünfzig Wüstenkilometer weiter östlich, dahinter beginnt dann bald das »Gobi B«-Reservat. Im Prinzip finden die *Tachi* in der Kalamaili das gleiche Habitat vor – nur noch karger, trockener, lebensfeindlicher. Dennoch konkurrieren sie auch hier mit den Interessen nomadischer Viehzüchter, die durchweg den einst tonangebenden, doch längst ins Hintertreffen geratenen Minoritäten angehören, Mongolen, Kasachen oder Uiguren. Die Han-Chinesen dagegen haben nie Wanderviehhaltung betrieben. Für sie gab es nur Ackerland oder Ödland.

Wie auch in Tachin Tal bedurfte es mehrerer Anläufe, die Neuankömmlinge ins feindliche Leben hinaus zu entlassen. Zunächst ließen die Parkleute sie im Sommer frei, bekamen dann aber Angst vor der eigenen Courage und sammelten sie im Herbst wieder ein. Sie wissen doch: die Wölfe, die Nomaden, die Kälte, die Unerfahrenheit, die Freiheit. Gewiss, eigentlich waren es Wildtiere. Doch durfte man sie wirklich wieder verwildern lassen? Hieß das nicht auch, sie verkommen zu lassen? Unkontrollierte Freizügigkeit ist in China nicht vorgesehen. Wer sollte dafür zuständig sein? Die Verantwortlichen zauderten, und bis heute ist diese innere Schranke nicht wirklich überwunden.

Im Sommer 2001 wurden die ersten ernsthaft in die Freiheit entlassen. Der folgende Winter war mit minus fünfunddreißig Grad besonders streng, und etliche Tiere starben schließlich an Entkräftung, darunter der Leithengst. Die verbliebenen Stuten aber fohlten im Frühjahr. Dies hätte die Verluste des Winters ausgeglichen, wenn, ja wenn die Menschen die *Tachi* einfach einmal in Ruhe gelassen hätten. Doch sie waren der Meinung, dass jede Herde einen Anführer braucht, und so schickten sie Dsungar 49 ins Rennen, der sich durch sein Temperament den Beinamen »Wilder Prinz« erarbeitet hatte. Und was tat er als Erstes? Er biss den Fohlen seines Vorgängers den Nacken durch, einem nach dem anderen. Zum Entsetzen ihrer Mütter, die verstört die toten Fohlen leckten. Einige begehrten auch auf gegen den Tyrannen, doch letztlich mussten sie sich damit abfinden. »Ein grausamer Prinz, aber es liegt in ihrer Natur«, kommentiert Zhang, so werden die Stuten schneller wieder trächtig. Doch für das Projekt bedeutete es einen schweren Rückschlag.

Zumal auch die Führerschaft des Wilden Prinzen nicht lange unangefochten blieb. 2003 kamen wie beabsichtigt etliche seiner Fohlen zur Welt, doch mittlerweile waren ihm aus den Reihen der männlichen Tiere mehrere Nebenbuhler erwachsen. Zwar wurde er zunächst noch mit jedem fertig, doch irgendwann war er so erschöpft, dass sie ihm doch einzelne Stuten abspenstig machten. Andere liefen heimlich über, und schließlich fand der Prinz sich allein in den grimmigen Weiten der uigurischen Puszta wieder. Zhang hatte ihn schon abgeschrieben, doch nach einigen Monaten kehrte er zurück und forderte seine Rivalen heraus. Nach erbitterten Kämpfen vermochte er einige Stuten zurückzuerobern. Doch von den dabei erlittenen Verletzungen erholte er sich nicht mehr und starb im darauffolgenden Winter.

Auch wenn ihr manches Mal die Tränen kamen, verfolgte Zhang diese Dramen fasziniert. »Bislang waren immer wir die Heiratsvermittler, wir haben entschieden, welcher Hengst welche Stuten decken sollte. Nun aber züchten sie sich selbst in der Wildnis.« Auch ihr eigenes Leben blieb vom Beispiel der Pferde nicht unberührt. Sie folgten ihren natürlichen Bedürfnissen, die sie auch stets unmittelbar äußerten. Zhang beschreibt, wie sie ihr so »den Geist der Freiheit« vorlebten, so dass sie zunehmend gesellschaftliche Grenzen und Beschränkungen infrage stellte. Landesweite Aufmerksamkeit erhielt das Projekt dann, als Kung-Fu-Darsteller Jackie Chan zwei Tiere adoptierte, den »Fliegenden Drachen« und den »Schwarzen Wind«, Letzterer benannt nach seinem Schlachtross in dem Film *Mythos,* das sich als Kung-Fu-Pferd bewährt hatte.

Schimären aus Fleisch und Blut, besitzen die *Tachi* in der Tat mythische Qualitäten. Eine davon scheint unbegrenzte Leidensfähigkeit zu sein. Auch in der Kalamaili wurden sie nicht nur willkommen geheißen. Zu den Vorbehalten der Viehzüchter kamen konkurrierende Interessen von Bergbau und Ölförderung, obendrein noch tödliche Verkehrsunfälle nach dem Ausbau einer Schnellstraße durch die Berge. Auch ihre Erbfeinde, die Wölfe, gewährten ihnen keine Schonzeit. Dennoch liegt der Bestand hier inzwischen bei fast dreihundert Tieren in freier Wildbahn. Vor einigen Jahren hat sich ein etwas näherer Kontakt mit der ITG entwickelt. Parallel soll die Zusammenarbeit zwischen der chinesischen und der mongolischen Seite intensiviert werden, in der Hoffnung auf Reaktivierung alter Wanderrouten. »Wildtiere kümmern sich nicht um staatliche Grenzen«, erklärte der schweizerische Biologe Reinhard Schnidrig, Präsident der ITG, kürzlich nach Gesprächen in Xinjiang. »Unser

Traum wäre ein grenzüberschreitendes Schutzgebiet, das nicht nur die Tiere zueinander brächte, sondern auch die Menschen aus beiden Ländern verbinden würde.« Mit fast achtzigtausend Quadratkilometern Fläche, wenn nicht gar noch mehr, wäre der anvisierte »Peace Park« eines der größten Schutzgebiete der Welt.

Über seine Nachbarvölker hatte China stets Kunde von der Existenz wilder Pferde rund um die Gobi gehabt. Schon vor gut zweitausend Jahren etwa, zu Zeiten von Kaiser Wu (Han Wudi), fanden sie in den Annalen Erwähnung. Als erbitterter Gegenspieler der Xiongnu schickte dieser Herrscher der Han-Dynastie Strafexpeditionen weit nach Westen und auch in die heutige Mongolei hinein. Sie berichteten, dass einige der dortigen Stämme Jagd auf wilde Pferde machten. Die älteste schriftliche Nennung datiert gar dreitausend Jahre zurück, als ein Steppenvolk König Mu (Zhou Muwang) vierzig Wildpferde als Tribut zollte. Mu galt als besonders reiselustig, sprich expansiv. Ob jedoch die mythischen Kunlun-Berge, in die ihn seine Sehnsuchtsreisen führten, mit den realen Kunlun-Bergen am Südrand des Tarimbeckens gleichzusetzen wären, muss offenbleiben. Als Kuriosum sei jedenfalls angefügt, dass diese in der geographischen Literatur des Westens ebenfalls Przewalskis Namen tragen.

Bereits im dritten Jahrhundert vor unserer Zeitrechnung unterschied dann das *Er Ya,* halb Wörterbuch, halb Kompendium, klar zwischen Hauspferden und Wildpferden. Zur gleichen Zeit fasste Zhuangzi, einer der klassischen chinesischen Denker, das Paradox der Domestikation in graziöse Worte: »Daß Ochsen und Pferde vier Beine haben, das heißt ihre himmlische Natur. Den Pferden die Köpfe zu zügeln und den Ochsen die Nasen zu durchbohren, das heißt menschliche Beeinflussung. Darum sagt man: Wer nicht durch menschliche Beeinflussung die himmlische Natur zerstört, der kehrt zurück zu seinem wahren Wesen.« Sein Idealis-

mus klingt heutigen Ohren vertraut – Natur Natur sein lassen. Im
16. Jahrhundert erwähnte dann auch der berühmte Natur- und
Heilkundler Li Shi-zhen die *Tachi*. Und so zieht sich ihre Spur,
wenn auch verwischt und über lange Strecken kaum mehr auszumachen, durch die Geschichte der chinesischen Welt. Freilich
ohne dass sie systematisch erfasst worden wären. Solch neuzeitliche Denkungsart führten dann die Jesuiten in China ein, während sie zugleich tief von der dortigen Kultur durchdrungen wurden. Was schließlich auch zu jener aufregenden, später gänzlich in
Vergessenheit geratenen Erwähnung der *Tachi* durch Jean-Baptiste
Du Halde führte. Die wohl schönste Synthese vollbrachte der Maler Lang Shi-ning alias Giuseppe Castiglione. Ein eurasisches Genie, in dessen Leben und Werk China und Europa sich nicht mehr
auseinanderdividieren lassen. Eines seiner Bilder zeigt kasachische
Gesandte, die Kaiser Qianlong Pferde als Tribut überbringen. Er
nimmt sie huldvoll entgegen und lässt diese Szene dann auch verewigen. Sowohl für den Maler wie für seine Auftraggeber bildeten
die edlen Tiere ein bevorzugtes Sujet, und in ihrer Schwäche dafür
begegneten sich die sonst so ungleichen Kulturen. So auch im Fall
der »hundert Pferde«, einem fast acht Meter langen Rollbild auf
Seide. Es zeigt eine vielköpfige Herde, in der alle Fellfarben vertreten sind. Sie saufen, grasen, spielen, rangeln, dösen weit verstreut
in einer arkadischen Flusslandschaft, so grenzenlos entspannt, dass
allein das Anschauen dieses Bildes tiefen Seelenfrieden im Betrachter stiftet.

Die Seidenstraße hätte ebenso gut Pferdestraße heißen können,
stellten diese doch ein nicht minder wichtiges Handelsgut dar, nur
dass sie den umgekehrten Weg nahmen. Wenn die Eisenbahn, von
Urumtschi her kommend, am Südhang der Bogda Shan weiter gen
Osten donnert, so folgt sie der Haupttrasse dieses Handelskorri-
dors am Nordrand des Tarimbeckens. Von den alten Oasenstäd-
ten haben nur wenige überdauert. Die erste ist Turfan, auch Tur-

pan geschrieben. Der Name geht auf die gleiche alttürkische Wurzel zurück wie beim Tarpan – wieder eine dieser kommunizierenden Röhren zwischen Tachiland und Tarpanland. Hier wurde kürzlich ein weiterer kulturgeschichtlicher Meilenstein nachgewiesen, der zwar nicht unbedingt für die Domestikation erforderlich war, wohl aber für das Reiten: die Erfindung der Hose. Gräber bargen dreitausend Jahre alte wollene Beinkleider mit breitem Zwickel, dazu weitere Reitutensilien, Peitsche, Pfeil und Bogen, aber auch Musikinstrumente, Wein und Geschirr. Sie sind noch um einiges älter als ihre skythischen Gegenstücke und wie diese eigens zum Reiten gemacht. *Wohlauf, Kameraden, aufs Pferd, aufs Pferd!*

Vierhundert Kilometer weiter folgt dann Hami, und schließlich, noch einmal so weit, Dunhuang, jene Oasenstadt, in der es 1879 zwischen Przewalski und Graf Széchenyi um ein Haar zu einem ähnlich historischen Zusammentreffen gekommen wäre wie zwischen Livingstone und Stanley. Auch hier gibt es mittlerweile eine Zuchtstation für *Tachi*, vergleichbar der in Jimsar. Eine weitere wurde in Wuwei eingerichtet, noch einmal achthundert Kilometer in Richtung Osten. Dort endet dann der Hexi-Korridor, der einen Hauptschauplatz des fortwährenden Tauziehens zwischen den Chinesen und den Xiongnu bildete. Später beteiligten sich auch Tibeter, Tanguten und Mongolen nach Kräften daran.

Die neuzeitliche Variante war dann der Kalte Krieg. Während der Krise mit der Sowjetunion in den sechziger Jahren wurden die Bewohner Wuweis angewiesen, Unterstände für den Luftschutz auszuheben. Dabei stießen sie auf bronzene Grabbeigaben, darunter die gut zweitausend Jahre alte Statuette eines Pferdes. Der Schriftsteller und Archäologe Guo Muruo erkannte sofort ihre herausragende künstlerische Qualität wie auch ihre Symbolkraft als eine Art chinesischer Pegasus. Als »Fliegendes Pferd von Gansu« erlangte sie bald Berühmtheit. Das muskulöse Ross touchiert die Erde allein mit dem rechten Hinterhuf. Doch eigentlich schwebt es gänzlich in der Luft, oder vielmehr auf einem Vogel, der mal als Schwalbe, mal als Falke angesehen wird. Diese ungemein kraftvolle und stilistisch ganz eigenständige Tierplastik verkörpert Freiheit und Vitalität in Reinform. Bis heute bringt sie die Bewunderung zum Ausdruck, welche die Chinesen, die vor zwei Jahrtausenden in dieser unruhigen Grenzregion lebten, für die Steppenpferde hegten. Seit den achtziger Jahren verwendet das Staatliche Amt für Tourismus das Fliegende Pferd als Emblem. Die bekanntesten Reiseziele des Landes dürfen sich damit schmücken. So ist es zum Botschafter einer ganzen Kulturnation geworden.

Noch dem heutigen chinesischen Schriftzeichen für Pferd, 马 (mǎ), ist das zugrundeliegende Bildzeichen anzusehen. Noch viel deutlicher war dieses stilisierte Pferd in der ersten Stufe der Schrift, den sogenannten Orakelknochen, erkennbar. Die Stehmähne, der Kastenkopf und die Schweifrübe weisen es dabei eher als wildes denn als zahmes Pferd aus. Als diese Schrift vor mindestens dreieinhalbtausend Jahren entstand, spielten solche Unterscheidungen noch kaum eine Rolle; die meisten Chinesen dürften weder das eine noch das andere aus eigener Anschauung gekannt haben. Schon bald aber setzte die Einfuhr domestizierter Pferde auch hier jene Dynamik in Gang, die wir in den ersten, nun schon wieder verklungenen Teilen dieser eurasischen Rhapsodie kennengelernt haben.

Nach vier weiteren Fahrstunden erreichen wir dann Lanzhou am Gelben Fluss, die westlichste Metropole des eigentlichen China. Seit Druschba hat die Bahn eine Strecke zurückgelegt, die fast schon der von Paris nach Moskau entspricht. Von Lanzhou aus verzweigten sich die alten Handelswege weiter bis Xi'an, Luoyang und später auch bis Peking. Das selbst noch der Steppe angehört, nur einige höhere Hügelketten und die Große Mauer trennen es von den endlosen Weiten des mongolischen Graslandes. Peking war die östlichste Karawanenstadt, und noch bis in die achtziger Jahre hinein konnte man in seinen Außenbezirken Kamele als Lasttiere sehen.

Nachdem die Mongolen es unter Kublai Chan zur Hauptstadt ihres chinesischen Imperiums erhoben hatten, legten sie südlich davon einen Wildpark an, den Nan Yuan. Die Jagd war für sie zugleich paramilitärische Praxis wie Ausdruck ihrer Machtvollkommenheit. Von einer Mauer umschlossen, diente er dann über drei Dynastien hinweg als Lustgarten und Jagdrevier. Er beherbergte auch eine Tierart, deren Schicksal viele Parallelen mit dem der *Tachi* aufweist: den Milu, im Westen als Davidshirsch geläufig, mit einem der wunderlichsten Geweihe im Tierreich. Armand David, ein stiller Priester aus dem Baskenland, war von seinem Orden nach China entsandt worden, auf dass er dort das Christentum verbreite. Seine wahre Mission aber galt der Natur, deren Wunder er in die Köpfe und Herzen der unverständigen Menschen zu bringen suchte. Er wurde ein bedeutender Naturforscher, und einer der größten Chinareisenden aller Zeiten. Zu Fuß pilgerte er durch das riesige Reich, ein Maultier trug seine Siebensachen. David entdeckte den Großen Panda, den Chinesischen Riesensalamander, die Tibetgazelle und den Tibetmakaken. Auch Dutzende von Vögeln, Kleintieren und Pflanzen tragen seinen Namen. Wären Przewalski und Széchenyi ein paar Jahre früher aufgestanden, hätten sie ihm auf ihren Streifzügen begegnen können.

Vor den Toren Pekings gelangte David 1865 an den Nan Yuan und konnte schließlich mithilfe einer Leiter einen Blick hineinwerfen. Dabei sah er wunderliche Hirsche, die ihn an Rentiere erinnerten, und die kein Europäer je zuvor zu Gesicht bekommen hatte. Aber auch kaum ein Chinese, waren sie doch in freier Wildbahn schon so gut wie ausgerottet. David kam mit den »tatarischen Wildhütern« ins Gespräch, die ihm schließlich gegen eine entsprechende Gratifikation zwei Häute besorgten, die er ans Pariser Naturgeschichtliche Museum sandte. Und so ging dieser große, absonderliche Hirsch als *Elaphurus davidianus* in die zoologische Systematik ein.

In der Folge gelangten einzelne Exemplare als Staatsgeschenke in europäische Zoos. Doch die Art war längst dem Untergang geweiht. Wie als Symbol für den baufälligen Staat der Qing-Dynastie verfiel auch der Kaiserliche Hirschgarten. Eine Überschwemmung unterspülte die Mauer, und durch die so entstandene Bresche konnten Menschen und Tiere ungehindert hinein und hinaus. Während des sogenannten Boxeraufstands sollen dann ausländische Truppen den Park geplündert und den Großteil der verbliebenen Tiere verspeist haben. Mal werden Deutsche, mal Russen und mal Japaner als Übeltäter genannt, wobei auch die örtliche Bevölkerung nicht untätig war. Doch weder die marode Mauer noch das Schicksal der Hirsche schien irgendjemand in China zu bekümmern. Ein Mann aber handelte. Der Herzog von Bedford, dessen privater Wildpark vor allem Huftiere beherbergte und in mancher Hinsicht das englische Pendant zu Askania Nova darstellte. Der Herzog gehörte denn auch zu Hagenbecks Großabnehmern und spielte bei dessen denkwürdigen Fangexpeditionen eine wichtige Rolle. Zur gleichen Zeit bemühte er sich, die über eine Handvoll Zoologischer Gärten verstreuten Davidshirsche zusammenzubekommen. Am Ende langten achtzehn Tiere im Park von Woburn Abbey an, von denen nur sechs reproduktionsfähig waren. Doch sie schafften es. 1985 feierten schließlich, zeitgleich mit den ersten *Tachi,* auch die Davidshirsche ihr Comeback in China. Besser als jede offizielle Stellungnahme bekundet der Brief eines fünfjährigen Mädchens die tiefe Freude darüber. Darin schickte sie ihr Taschengeld an den alten Hirschgarten, der für die Heimkehrer reanimiert worden war: »Bitte kauft für Onkel und Tante Milu Süßigkeiten, damit sie wissen, dass sie in einem Land angekommen sind, das sie willkommen heißt.«

Neben Herden von Milus und anderen Hirschen versammelt der Park heute auch Antilopen, Kulane, *Tachi* und Wildyaks. Unvermutet, und dennoch stimmig, begegnen wir ausgerechnet hier einem alten Bekannten: Christian Oswald. Aber fei scho! Was Hirsche anging, war er zugleich Jäger und Sammler. Um deutlicher zu werden: Er war ein heilloser Hirschfetischist. Drei Jahrzehnte lang hatte er Geweihe gesammelt, über fünfhundert an der Zahl, etliche davon selbst erjagt, andere als Abwurfstangen gefunden oder erworben. Gegen Ende seines Lebens vermachte er sein privates Cerviden-Museum dem Park. Und so ist das Erbe eines Ebersberger Müllermeisters heute im Dunstkreis von Peking zu bestaunen, mitsamt der Geweihe des Sambars, auch Pferdehirsch geheißen, des seltenen Gelbsteißhirsches oder des noch selteneren Alaschan-Rothirsches. Der letzte Europäer, der zuvor einen erblickt hatte, war 1904 Koslow gewesen. Einige unscheinbare Mauerreste zeugen noch von der bewegten Geschichte des Parks. Armand David wird mit einer Gedenktafel gewürdigt. Die Vorstellung, dass ein Missionar sich mithilfe einer Leiter Einblick in den verbotenen Paradiesgarten verschafft, nicht anders als die Spanner in der Pupplinger Au, diese Vorstellung mag zunächst einfach nur amüsant anmuten. Doch vor so einer Ausnahmeerscheinung kann man nur einen tiefen Kniefall machen. David war ein Prophet, ein moderner, freier Geist, und er hat seine ganze Kraft dem Dienst an der Natur gewidmet, ohne Rücksicht auf das eigene Wohlergehen. Obgleich er zu ahnen schien, wie vergeblich seine Bekehrungsversuche in dieser Hinsicht bleiben würden: »Es macht uns unglücklich, zu sehen, wie schnell die Zerstörung dieser Urwälder voranschreitet, von denen in ganz China nur noch einige Fetzen übriggeblieben sind und die niemals ersetzt werden können. Mit den Bäumen verschwindet eine Vielzahl von Pflanzen, die nur im Schatten gedeihen können, so wie all die kleinen und großen Tiere die Wälder zur Erhaltung ihrer Art gebraucht hätten. Und was die Chinesen mit ihrem Lande anstellen, machen andere anderswo genauso! Es ist jammerschade, daß sich die allgemeine Bildung des Menschengeschlechts nicht rechtzeitig genug entwickelt hat, um so viele Wesen vor der heillosen Zerstörung zu retten – planvoll organisierte Wesen, die der Schöpfer auf unsere Erde gesetzt hat, auf daß sie Seite an Seite mit den Menschen leben, und zwar nicht allein, um diese Welt zu schmücken, sondern auch, um eine nützliche Rolle in der Ökonomie zu erfüllen. Die blinde, selbstsüchtige Verfolgung materieller Interessen bringt uns soweit, diesen Kosmos, der für diejenigen, die ihn zu betrachten wissen, so wunderbar ist, auf einen prosaischen Bauernhof zu reduzieren! Bald werden das Pferd und das Schwein, der Weizen und die Kartoffel überall jene Tausende tierischer und pflanzlicher Geschöpfe ersetzen, die Gott aus dem Nichts erschaffen hat, auf daß sie mit uns seien. Sie haben ein Recht auf dieses Leben, wir aber schicken uns an, sie unwiderruflich auszulöschen, indem wir ihre Existenz auf brutale Weise unmöglich machen.«

# Das blaue Akkordeon

»Meine Pferde verstehen mich recht gut; ich unterhalte mich jeden
Tag wenigstens vier Stunden lang mit ihnen. Sattel und Zügel sind
ihnen fremd; sie leben in großer Freundschaft mit mir und untereinander. Das Wort Houyhnhnm bezeichnet in ihrer Sprache ein
Pferd, und etymologisch bedeutet es: ›die Vollendung der Natur‹«.

*– Jonathan Swift, Gullivers Reisen*

E in Land, himmelweit und nur erfüllt von Ferne, ein Land wie
sein eigenes Meer. Unweigerlich stellen sich in der Steppe ma-
ritime Metaphern ein. Blickt man etwa von dem Hügel, auf dem
der Gedenkstein für Christian Oswald steht, hinaus in die dsungarische Gobi, so könnte man sich ebenso gut auf der Brücke eines
Schiffes glauben. »Man fliegt durch diese einförmigen sibirischen
Grasfluren – eine wahre Schifffahrt zu Lande«, notiert Humboldt
auf dem Weg nach Ust-Kamenogorsk. Ähnlich erlebt Charles Di-
ckens die amerikanische Prärie: »Da lag es, ein stilles, wasserloses
Meer, über dem die Sonne unterging; Einsamkeit und Schweigen
herrschten allumfassend. Die wenigen wilden Blumen, die sich
zeigten, sahen ärmlich aus.« Später ergeht es Robert Louis Steven-
son dort ebenso: »Wir waren auf See – es gibt keinen anderen ange-
messenen Ausdruck dafür.« Selbst ein so hartgesottener Bursche wie
Roy Chapman Andrews, der wahrhaftig auszog, das Fürchten zu
lernen, kommt sich im mongolischen Hochland verloren vor: »Wir
gelangten in eine Ebene, die so flach und unermeßlich war, daß wir
glaubten, auf einen Ozean zu schauen. Unsere Autos schienen wie
winzige Boote in einem grenzenlosen Meer aus Gras.« Und Vladimir Nabokov, der Fuchs, lässt in seinem Roman *Die Gabe* einen
Forschungsreisenden »die Inseln des Gobi-Meeres und seine Küs-
ten« erkunden. »Entschlossen, Asien ernsthaft in Angriff zu neh-

men«, ist dieser übermächtige Vater der Hauptfigur sichtlich Przewalski und einigen seiner Kompagnons nachempfunden. Versteht
sich, dass seine kostbarste Trophäe bei Nabokov kein Wildpferd,
sondern ein Apollofalter ist, das Großwild unter den Schmetter-
lingen.

Auch wir wollen in See stechen. Wollen hinaus, hinein ins Streifgebiet der *Tachi*. Die vier sanftmütigen Stuten im Eingewöhnungs-
gehege liegen ja noch auf Reede. Vorher sollten wir jedoch einigen
Viehzüchtern einen Besuch abstatten. Aber werden wir sie auch finden? Sie leben mal hier, mal da und mal dort. »Bestimmt«, beruhigt
uns der Wildhüter, mit dem wir ausfahren. »Ich weiß nur nicht,
wo.« Ein Weidemanagement scheint es nicht zu geben. Gleichwohl
haben die Hirten feste Wandertraditionen ausgebildet und Bewe-
gungsmuster mit weit geschwungenen Schleifen und Girlanden.
Doch folgen sie selten exakt der gleichen Route oder lassen sich an
genau der gleichen Stelle nieder. Es hängt vom Wetter, vom Wasser, vom Zustand der Weiden, von der Größe der Herden und des
Hausstandes ab, von der Position der anderen Hirten, und mal auch
nur von einer Laune. Treibt eine zweite Familie ihre Tiere in die Gegend, so arrangiert man sich. In ein paar Wochen sind beide wieder
weg. Niemand würde auf die Idee kommen, ein Stück Land oder
ein Tal als seinen Besitz anzusehen. Auch das Konkurrenzdenken
scheint sich erst mit dem Ackerbau entfaltet zu haben. Bis heute
sind die Mongolen eine bemerkenswert egalitäre Gesellschaft geblieben. Nicht umsonst wird bei Rennen auch das Schlusslicht belobigt und nicht nur der Champion.

Wanderviehhaltung ist eine Erfahrungswissenschaft. Es gibt Gewohnheiten, und Abweichungen von den Gewohnheiten. Es gibt
Regeln, und Ausnahmen davon, die aber ihrerseits wieder Regeln
folgen. Wobei die Grammatik des Lebens eine grundlegend andere
ist als in sesshaften Gesellschaften. Weshalb etwa Richthofen sich
um eine sorgfältige Definition des Nomadentums mühte, um diese

Sphäre geistig überhaupt in den Griff zu bekommen. Sie »beruhe in der Beweglichkeit des aus Herden bestehenden Eigentums und der an dasselbe gebundenen Wohnhäuser, daher in der oftmaligen Veränderung des Wohnsitzes als Eigenschaft eines ganzen Volksstammes«. Nicht der Grund ist die Konstante, sondern die Bewegung.

Wir starten von der Station in Tachin Tal, wobei *Tal,* wie erwähnt, das mongolische Wort für Steppe ist. Auf unserer Fahrt durchs umgebende Hügelland stehen alle Viertelstunde ein oder zwei Jurten in der Landschaft, *Ger* geheißen. Die Herden grasen ziemlich weit entfernt, was sollen sie auch im Lager, werden aber täglich zum Melken zusammengetrieben. Man fällt nicht mit der Tür in die Jurte, die Etikette schreibt vor, dass man sich erst irgendwie bemerkbar macht. Das hat der Geländewagen schon für uns erledigt, Tsegen und Worlig erwarten uns. Beide sind um die fünfzig, wobei es nicht leichtfällt, das Alter der Menschen hier draußen zu schätzen. Die meisten wirken betagter, als sie sind. Die Höhe, das strenge Kontinentalklima, die harten Lebensverhältnisse fordern ihren Tribut. Achtzigjährige sind hier so selten wie bei uns Hundertjährige. Frauen begründen die Tatsache, dass sie schon früh Kinder bekommen, gern damit, dass sie es noch erleben möchten, Enkel um sich zu haben.

Zwanglos bittet Tsegen uns in die gute Stube. Die Frau bestimmt drinnen, erklärt sie, kocht, macht sauber, bereitet Quark und *Kumys* zu. Der Mann bestimmt draußen, hält die Jurte instand, hütet die Herde, spürt verlorenen Tieren nach und steuert das Auto. Sie melkt, er schlachtet. Geduldig erklärt sie den Fremden all diese Dinge, die doch selbstverständlich sein sollten. Dass die Jüngste noch im Internat ist. Dass man die Jurte im Winter mit Filz bedeckt. Dass man den Schafen zum Melken die Köpfe aneinanderbindet, am besten versetzt.

Die beiden besitzen dreihundert Schafe und Ziegen, fünf Kühe, zwanzig Pferde. Damit lägen sie im Durchschnitt, meint Tsegen.

Wir sehen uns in ihrem Heim um. In der Mitte tragen zwei Pfeiler
den runden, orangefarbenen Dachring, der wie ein großes Wagen-
rad das Firmament bildet. Dort, wo das Ofenrohr durchstößt, fallen auch Licht und Luft ein. Von dieser Krone streben Holzstangen
speichenartig bis hinab zur Wand, die aus Scherengittern gebogen
und mit Teppichen behangen ist. In diesem Rund hat das Paar seine
Siebensachen aufgestellt, bunt bemalte Tischchen und Kommöd-
chen, Höckerchen und Bettchen. Darauf, darunter und dazwischen
allerhand Taschen, Koffer und Kissen sowie ein paar Bücher und
Familienfotos. An der Decke stecken Federn einer Eule, mit denen
es irgendeine magische Bewandtnis hat, die Tsegen aber herunter-
spielt, um sie nicht erklären zu müssen. Der Ofen steht im Zentrum. Bei einem Umzug wird er als Erstes aufgebaut. Er ragt dann
in der Steppe auf, als sei er vom Himmel gefallen. Während er zu
qualmen anfängt, errichten die Bewohner um ihn herum ihr Heim.
Dort, wo der Ofen steht, wohnen sie dann. Doch sie sind nicht zu
Hause, sie nehmen nur Aufenthalt. Sie sind zu Jurte.

Der Begriff Nomaden leitet sich vom griechischen Verb für grasen her. Es sind »Weide Suchende«. Wie viele hiesige Hirten halten die beiden vermehrt Kaschmirziegen. Dank der Nachfrage aus
China ist deren watteweiche Wolle wichtiger geworden als Fleisch.
Ein Kilo brächte gut dreißig Euro, erklärt Worlig, Schafwolle nicht
mal mehr anderthalb. Noch vor zwanzig Jahren hätte wenig Unterschied bestanden, nicht zuletzt, weil der Bedarf an Jurten damals
höher war, deren Filzwände aus Schafwolle gefertigt werden. Nach
einem Intermezzo in Ulaanbaatar ist Worlig bewusst wieder nach
Biidsch zurückgekehrt. »In der Stadt musst du für alles bezahlen:
Wasser, Land, Lebensmittel.« Hier dagegen produzieren sie Milch,
Fleisch und Wolle selbst, »da hast du schon mal das Nötigste«.

Wenn er über Pferde spricht, wird er weich. Im Winter füttern
sie ihnen manchmal Heu zu, die übrigen Tiere müssen sich selbst
behelfen. Während er sonst alle Gerätschaften draußen aufbewahrt,

gehört das Zaumzeug zum Hausstand. »Der Hauptstolz des Nomaden besteht in seinem Reitzeug«, bemerkte schon Przewalski.
Wie fast alle aus ihrer Generation waren die beiden zugegen, als
die ersten Wildpferde in der Antonow einschwebten. Dieses unerhörte Ereignis bildet allgemein eine Zeitschwelle für die Region:
Die jüngere Geschichte teilt sich in die Jahre vor und nach der *Tachi*
Wiedergeburt. »Ich wusste so gut wie nichts über sie«, bekennt Tsegen. »Ich kannte Kulane, Gazellen, das ja. Aber keine *Tachi*.« Zwei
Jahrzehnte nach ihrer endgültigen Ausrottung waren sie auch aus
den Köpfen verschwunden oder gar nicht erst hineingelangt. »Anfangs sorgten wir uns, weil es sich doch um *wilde* Pferde handelte.«
Tsegen dachte, sie wären vielleicht wütend und würden wie Furien
aus ihren Transportkisten herausstürzen, so dass sie vorsichtshalber
aus der Bahn traten. »Aber sie sahen aus wie richtige Pferde und be-
nahmen sich auch so. Nur die Mähne und die Farbe waren anders.«
Rein äußerlich, resümiert Worlig, habe sich durch sie nichts Nennenswertes geändert. »Doch seither haben wir mehr Arbeit, seither
kommen auch mehr Ausländer, und der Staat schützt jetzt ihretwe-
gen die Natur.« Und seine Frau schließt: »Man sieht ihnen an, dass
sie hierhergehören. Wir müssen dafür sorgen, dass sie diesmal erhalten bleiben und sich vermehren.«

Nach zehn Minuten Fahrt treffen wir auf Baasantseren und ihren Mann Baasanchan, beide Anfang dreißig. Sie betrachten Tsegen
und Worlig als Nachbarn, auch wenn die einen bald hierhin ziehen
werden und die anderen dorthin. Zugleich aber bleiben sie einander in geselliger Isolation verbunden, denn hier draußen bezeichnen
und empfinden sich Menschen auch dann noch als Nachbarn, wenn
der eine, umgerechnet, in Nürnberg lebt und der andere in Leipzig.
Auch Baasantseren bittet uns herein, doch macht sie sich bald draußen zu schaffen und überlässt das Gespräch ihrem hemdsärmeligen
Mann, der gar nicht so scharf darauf ist. Eine Folie bedeckt als Par-
kett-Imitat den Boden, knallrote Teppiche die Wände. Der Fernse-

her läuft, Zebrastreifen zittern durchs Bild. Früher hätte seine Familie nur batteriebetriebene Radios besessen, erzählt Baasanchan. Bis dann vor zwanzig Jahren Solarzellen Einzug in der Gobi hielten. Für einen Fernseher reicht ihr Strom, für einen Kühlschrank dagegen nicht. »Wobei im Winter das ganze Land ein Kühlschrank ist.«

Das Verhältnis zur Parkverwaltung bezeichnet er als »kooperativ«. »Es ist genügend Grasland für Herden und für Wildtiere vorhanden«, versichert er mit großzügiger Geste. In den Gesprächen klingen nur selten Konflikte an, alles scheint in bester Ordnung. Auch die Erosion ist kein Thema, ach woher denn. Dabei haben wir schon auf der Herfahrt aus Chowd kritische Abschnitte mit verschlissener Grasnarbe und ins Rutschen gekommenen Hängen gesehen. Auch wenn die Zahl der Hirtenfamilien langsam zurückgeht, haben sich die Herden dank des Kaschmir-Booms stark vergrößert. Aber die Gelder der Regierung und der ITG sollen weiter fließen, die Ausländer sollen weiter kommen, da wird man ihnen doch nichts erzählen, das sie nicht hören wollen. Dabei ist Überweidung hier ein Dauerproblem; schon Przewalski konstatierte, dass »alles Weideland übermäßig vom Vieh beansprucht war«.

Auch Baasanchan entpuppt sich als Pferdenarr, wenngleich sich seine Leidenschaft weitgehend auf Rennen beschränkt. »Da steckt eine Menge Geld drin.« Wieder diese Schecks mit den vielen Nullen. In den *Tachi* sieht er vor allem eine Art Turbo, der Rennpferde noch schneller machen kann. »Sie hängen jedes Hauspferd ab«, schwadroniert er. »Leider ist es nahezu unmöglich, sie zu zähmen.« Doch jetzt gäbe es eine neue, explosive Rasse, da stecke Tachi-Blut mit drin. Er weiß auch von einem Kumpel zu berichten, dessen Leithengst von einem wilden Rivalen zum Duell gefordert wurde. »Der hat ihn beinah umgebracht.« Was Baasanchan in seinem Glauben an die Unbesiegbarkeit der *Tachi* nur bestärkt. Magische Schnüre aus Pferdehaar durchziehen die Decke wie Spinnweben einen Dachboden.

393

Ihr Lebensstil hat etwas Biblisches. Etwa zehnmal im Jahr ziehen sie um. Die Jurte ist weder Haus noch Zelt, sondern eine für dieses Klima und diese Lebensweise ausgeklügelte bewegliche Wohnstätte. Eine transportable Schlafwohnküche, etwa wie ein Caravan, den man jedes Mal zerlegt und wieder zusammensteckt. Früher wurde sie auf Pferde- oder Kamelschlitten gepackt, heute auf den Anhänger. Im Winter wandern Hirten und Herden in die Berge hinein, wo die Lagen etwas höher, aber geschützter sind, im Frühjahr dann wieder mehr hinaus ins Offene, im Sommer auch hoch auf die Almen des Altai. Von klein auf darin geübt, bauen sie eine Jurte in einer Stunde auf oder ab. Sie leben im Unruhestand.

Auch wir selbst hausen so, in Gästejurten neben der Parkverwaltung. In diesen runden Räumen, organisch aus der umbauten Feuerstelle hervorgegangen, wohnt es sich wie in einer Trommel. Der Blick eckt nirgendwo an. Die Tür steht tagsüber meist offen, um Licht hereinzulassen. Innen und außen, Menschenwelt und Natur begreifen einander mit ein. Abends liebkost dann leichter Regen die Decke. Er wird begrüßt wie ein seltener Besuch.

Ausfahrt ins Ungefähre. König Ganbaa lässt es sich nicht nehmen, uns selbst durch sein Reich zu kutschieren. »Wir werden allerhand sehen, nur keine Bäume«, baut er vor, während er den Jeep energisch hinein ins Reservat steuert. Bei ihren täglichen Patrouillen haben die Wildhüter ein Auge auf die Tierwelt, kontrollieren Wasserstellen und Pisten, halten Ausschau nach ungebetenen Gästen und fachsimpeln mit den Hirten. Parallel fahren manchmal auch Studenten oder Wissenschaftler hinaus, um ihren jeweiligen Projekten nachzugehen. Rebekka Blumer, Schatzmeisterin der ITG, nutzt die Gelegenheit, das Schutzgebiet zu inspizieren und die Bestände zu sichten, für die die Stiftung seit vielen Jahren mitverantwortlich ist. Jedes Mal muss sie dabei an ihre erste Fahrt hier denken. Damals wären sie lange herumgekurvt, ohne auch nur ein einziges *Tachi* zu Gesicht zu bekommen. »Sie haben das helle Sandbraun der Gobi und sind gar nicht so einfach zu entdecken.« Plötzlich aber wäre ihr, der sonst so Beherrschten und Vernünftigen, ein Juchzer entfahren: »Da sind sie!« Etliche Haremsgruppen hatten sich zusammengefunden, sechzig, siebzig Tiere kamen auf sie zugaloppiert und drehten dann ab, als sie die Eindringlinge bemerkten. Das Gras stand hoch, war bleich und gelb wie die Pferde. Es war keine Sichtung, es war eine Manifestation.

Kurs West-Südwest. Die Hügel zur Rechten schimmern bronzefarben, mit Grünspan überzogen. Der Boden ist mit einer Art Schnittlauch bestanden, *Allium przewalskianum,* in China Sandzwiebel genannt. Er schmeckt vorzüglich, und könnten die Gobi-Anrainer ihn so in unsere Biomärkte bringen, sie würden das Geschäft ihres Lebens machen. Wie Nadelkissen sprießen die Büschel aus der nackten Erde. Ihre Blüten überziehen das Land mit einem rosafarbenen Flaum, als hätte es Rouge aufgelegt. Sonst aber ist es eine spartanische Welt, bereits Schmetterlinge besitzen Seltenheitswert, überhaupt alles Leben. Zum Ausgleich sind hier in der Hochsteppe auch Bremsen und Fliegen nicht so zahlreich wie etwa in Kasachstan.

Mehrfach stoßen wir auf vermeintlich herrenlose Herden. Nach den Pferden sehen die Hirten täglich, nach den Kamelen nur alle paar Tage. Sie wissen, dass sie sich nicht allzu weit von den Wasserstellen entfernen werden. Durch diese Libertinage geraten Wild- und Haustiere aneinander. In Eurasien hat diese direkte Konkurrenz den Stammformen von Rind, Yak, Zebu, Wasserbüffel, Schaf, Ziege, Esel, Pferd, Dromedar und Trampeltier fast oder gänzlich den Garaus gemacht. Undank ist der Welt Lohn. Nur in Afrika herrscht mehr Toleranz. Denn mit Ausnahme des Perlhuhns wurde kein einziges Tier südlich der Sahara domestiziert; vom Elend des Elen war ja schon die Rede. Dadurch kamen die eingeführten Haustiere sich auch nicht mit ihren unmittelbaren Stammformen ins Gehege. Wandert man durch die Savanne, so findet man immer wieder Zebras mit Rinderherden oder Antilopen mit Ziegen vergesellschaftet. Zwar halten sie einen schicklichen Abstand, suchen aber erkennbar die Nähe zum Kollektiv. Vierzig Augen sehen mehr als zwei, und je größer die Zahl der Weidegänger, desto höher die Überlebenschance des einzelnen Tieres im Falle eines Angriffs.

Als klassische Parklandschaft entspricht die Savanne dem Archetypus des Paradieses. Die Steppe dagegen entspricht im besten Falle dem des Fegefeuers. Sie hat nichts Mildes, Unbeschwertes an sich; Sandstürme fungieren hier als Frühlingsboten. Der Planet Gobi B erweist sich als ein würdiger Bruder solch unwirtlicher Himmelskörper wie Setebos, Omikron, Pandora oder Herschel-3. Doch wer B sagt, muss auch A sagen. Die Gobi A, das zweite Schutzgebiet weiter östlich, die Heimat der letzten Wildkamele, wirkt noch außerirdischer, Mond, Mars und Venus in einem. Zumindest die Randgebiete aber würden sich auch gut für Wildpferde eignen. Zwei Junghengste aus Tachin Tal haben sich auch schon einmal dorthin auf den Weg gemacht. Dann aber schlossen sie sich einer Herde von Hauspferden an und mussten zurückgebracht werden. Dennoch wäre das eine vielversprechende Adresse für eine weitere Auswilderung.

Ganbaa und Rebekka delektieren sich an der Vegetation, als führen wir durch einen Auwald: Was diesmal alles blüht! So grün war es ja schon lange nicht mehr! Wovon sprechen sie? Welches Grün denn? Die paar Halme? Armut ist relativ. Eskortiert von unserem Schatten, fahren wir mitten hinein in die Weite. Oben bleiches Blau, unten fahles Gelb. Kein Zweifel: Die Welt ist eine Scheibe. Wie eine riesige Pizza liegt sie in diesem Umluftherd, nur ohne Belag, abgesehen von viel Schnittlauch. Rebhühner stieben auf. Ab und zu bleichen Knochen entlang der Piste, auch mal ein Argalischädel mit mächtigem Gehörn. Häufiger jedoch Wodkaflaschen, Benzinkanister oder abgefallene Scheinwerfer. Entschuldigend meint Ganbaa, es führen Leute durchs Gebiet, die hier nicht sein sollten: Rowdys, Glücksritter, Kumpel aus den umliegenden Bergwerken, die ihr Mütchen kühlen wollten. Auch Wilderer? Na ja, manchmal vielleicht, aber insgesamt doch eher selten, höchstens vereinzelt, man kann es nicht ganz ausschließen. Er sagt es im gleichen beschwichtigenden Tonfall, in dem die Viehzüchter beteuern, dass genügend Land und Wasser für alle Tiere da wären.

Hügelkämme verlaufen kreuz und quer, in weitem Abstand zueinander und ohne klare Streichrichtung. Die flacheren lassen sich auch mit dem Geländewagen erklimmen und dienen den Wildhütern als Aussichtspunkte. Der klassische Feldherrnhügel; die Schönheit des Weitblicks ist von strategischer Natur. Gewiss, man könnte das Gefährt auch unten stehen lassen, sich die Beine vertreten und hinaufsteigen. Doch Nomaden gehen nicht spazieren. Sie gehen überhaupt nur ungern, wenn irgend möglich reiten sie. Als die Mongolen halb Eurasien eroberten, staunten die ihrer Scholle verhafteten Europäer nicht schlecht, dass dieses Reitervolk im Sattel aß, trank und seine Notdurft verrichtete, ja sogar im Sattel schlief. Catherine de Bourboulon erlebte sie später glattweg als »neue Zentauren«. Und noch Andrews bescheinigte dem Mongolen: »Pferd und Sattel sind Teil seiner Anatomie geworden, und er wird freudig fünfzehn Stunden am Tag dort oben verbringen.« Tatsächlich wirken selbst die Vertikalen des Altai auf Fußgänger noch einladender als die schwindelerregende Horizontale der Gobi. Noch einmal Andrews: »Nie fühle ich mich hilfloser, als wenn ich mich allein und ohne Pferd inmitten der weiten Ebenen wiederfinde. Hier gehen zu wollen, erscheint sinnlos. Die eigenen Beine tragen dich in diesen unermeßlichen Räumen elend langsam und nur über eine jämmerlich kurze Strecke.« Vergiss es, sagt die Steppe. Sie nimmt einem jeden Elan und jede Hoffnung, nicht umsonst war sie ein bewährter Verbannungsort. Man braucht nur hinzusehen und weiß sich schon verloren. Selbst im Auto flößt sie einem noch Beklemmung ein. Vermeintlich nahe Hügel wollen einfach nicht näher rücken, auch nach einer halben Stunde nicht. Für solche Dimensionen fehlt dem Europäer jedes Maß, und dem Blick jede Grenze. Zugleich aber atmet sie Archaik und Grandiosität – Erde schlechthin. Als hätte sich hier ein Stück der Universallandmasse Pangaea erhalten, jenes Superkontinents aus frühen Erdzeitaltern, der dann in so aparte Erd-Teile wie Avalonia, Gondwana, Laurussia und Lemurien auseinanderbrach. Es nähme nicht wunder, wäre die Gobi das einzige Überbleibsel, das sich all die Jahrmillionen kaum bewegt hat. Sie ermöglicht den mentalen Sprung in eine Vorzeit, als es nur Steine gab und Tiere und vielleicht noch Götter.

Ein Sakerfalke schwebt über uns, groß und massig wie ein Bussard. Sein Verbreitungsgebiet zieht sich bis in die Pannonische Tiefebene hinein, und doch ist er überall selten. Hin und wieder sichten wir Kropfgazellen. Oder vielmehr: Wir kollidieren fast mit ihnen. Bei Gefahr springen sie erst in die Luft und geben dann Fersengeld. Blieben sie einfach im Gras stehen oder liegen, so würden sie in den meisten Fällen gar nicht entdeckt. Und würden sie von der Piste weg oder gegen die Fahrtrichtung davonrennen, wären sie im Nu außer Schussweite. Doch nein, sie müssen es den Autofahrern unbedingt zeigen. Also schneiden sie ihnen halsbrecherisch den Weg ab, so dass sie fast die Stoßstange touchieren, und sausen endlich auf der anderen Seite davon wie ein Kugelblitz. Obwohl sie es jedem Jäger damit leicht machen, hat die Evolution diese Kamikaze-Gazellen noch nicht aus dem Verkehr gezogen. Gleichwohl gelten sie in der Mongolei mit hunderttausend Exemplaren als »gefährdete Art«. Da können die *Tachi* nur höhnisch schnauben. Pfrrrrr!

Und dann stehen sie einfach in der Landschaft, herbeigepfiffen vom anderen Ende der Erde. Da sind sie! Ein Dutzend Stuten, Fohlen, Jährlinge, und dazu Chowd, der Leithengst. Eine seiner Gefährtinnen muss Paradise sein. Mit denkbar größter Selbstverständlichkeit grasen sie in zweihundert Meter Entfernung vor sich hin.

Sachte wogt die Dünenlandschaft ihrer Leiber. »Wildpferde« bedeutet ja nicht, dass sie ständig umhergaloppierten und sich Zweikämpfe lieferten. Im Gegenteil, ihr Alltag könnte beschaulicher kaum sein. Nur Chowd äugt herüber und stellt sich beiläufig zwischen uns und seinen Harem, lässig wie ein Türsteher vor einem Nachtklub.

Die nächstgelegene Wasserstelle heißt Tachin-Us. Um die Wildpferdepopulation hier draußen im Westen zu stabilisieren und zugleich die Konkurrenz mit den Haustieren zu entschärfen, wurde vor einigen Jahren ein Brunnen gebohrt und ein zweites Auswilderungsgehege errichtet. Der Brunnen hat nun eine Solarpumpe erhalten, die den Betrieb einfacher und verlässlicher machen soll, und die just zu unserer Ankunft in Betrieb genommen wird. Die Arbeiten haben sich hingezogen, finden sie doch auf dem Außenposten eines Außenpostens statt. Wasser, Nahrung, Benzin müssen über viele Stunden herbeigeschafft werden, und wenn ein Teil fehlt, stockt das Vorhaben unter Umständen für Wochen. Nun aber ist es geschafft – Wasser marsch! In einer solch knochentrockenen Welt gibt es kein köstlicheres Geräusch als dieses Pritscheln und Plätschern. Es verheißt Überfluss im wahrsten Sinne. Der Trog neben dem Brunnenhäuschen füllt sich, und bald dümpeln Bierdosen im kalten Tiefenwasser, das von hier aus sowohl ins Gehege als auch in ein außerhalb gelegenes Auffangbecken fließt, aus dem dann Wild- wie auch Haustiere saufen können. Die improvisierte Einweihung nimmt ihren Lauf, mit Gruppenfoto, Schulterklopfen, feixenden Lobesworten des Chefs und brummigen Einlassungen eines Funktionärs, der mit zwei Mann Entourage aus der nächsten Kleinstadt oder besser Großsiedlung angereist ist. Hinzu kommen ein halbes Dutzend Techniker und Bauarbeiter sowie unsere gemischte Delegation. Zur Feier des Tages hat der Vertreter der Obrigkeit Milch und Wodka mitgebracht, wobei ihm anzusehen ist, dass nur letzterer als Grundnahrungsmittel fungiert.

Den Winter über hat sich, neben Chowds Gruppe, noch eine weitere Herde hierher vorgewagt. Chimbaa, ihr Leithengst, ist vor einigen Jahren aus der Zuchtstation drüben in Xinjiang in die Gobi B gekommen. Doch nachdem im Frühjahr ungewöhnlich viele Fohlen aus seiner Gruppe von Wölfen gerissen worden sind, gewährt man ihr nun zwei, drei Monate lang Asyl im Freigehege. »Eigentlich lassen wir der Natur ihren Lauf«, kommentiert Ganbaa. »Doch in diesem Fall waren die Verluste zu hoch. Wenn die Fohlen etwas kräftiger sind, steigen ihre Chancen.« Eine Regung, die jedem Hirten hier draußen eingeimpft ist, nehmen sie doch junge Füllen nachts in die Jurte, um sie vor Spätfrösten und Wölfen zu schützen. Durch die Ferngläser sehen wir die Herde grasen, geruhsam heben und senken sie ihre sanften Häupter. Sie genießen die Kampfpause. Nur Chimbaa wirkt irgendwie nervös, strahlt längst nicht die fraglose Souveränität von Chowd aus. Wenn es hier draußen auch befremdet, sie hinter Maschendraht zu sehen, so entspannen doch auch wir uns bei diesem Anblick. Bedenkt man, dass die Gründermütter und -väter seinerzeit mit rund zwanzigtausend Mark pro Tier zu Buche schlugen, so wird man auch die Nachkommenschaft nicht leichtfertig opfern, nur weil Anschaffungs- und Transportkosten jetzt entfallen.

Aber da ist noch einer. Lässig schlendert er jenseits der Einfriedung auf und ab, wechselt Blicke und Pferdeworte mit den Eingeschlossenen, geht dann seiner Wege, aber nur, um bald wieder vorstellig zu werden. »Das ist Tzuut«, schmunzeln Ganbaa und seine Mannen. Huldvoll zeigt sich der Berühmte. Der Waisenknabe, der einst im Kleinbus geborgen werden musste. Seine Ziehmutter hat ihn dann mit in Chowds Harem gebracht, aus dem er freilich letzten Sommer unsanft hinauskomplimentiert worden ist. Mit drei Jahren steht er nun schon an der Schwelle zur Volljährigkeit, trägt aber noch juvenile Züge: die weichen Wangen, die zarteren Proportionen, die unfertige Maskulinität. Man sieht förmlich seinen

Oberlippenflaum. Ein charmanter Jungspund, scheu und frech zugleich.

Auf den ersten Blick wirkt er heillos melancholisch, wie er so mutterseelenallein durch die Welt streift. Doch er ist zu alt, um noch in der Herde eines anderen geduldet zu werden, und zu jung, um schon selbst einen Harem zu gründen. In der Gruppe läuft ebenfalls ein Junghengst mit, der ohne die Umzäunung vielleicht schon in die Wüste geschickt worden wäre. Er und Tzuut scheinen sich zu mögen, sie traben verspielt hin und her, der eine diesseits, der andere jenseits des Zauns. Das lässt hoffen, dass sich zwei Einzelgänger bald zu Zweisamgängern zusammentun werden. Auch die ein oder andere Stute besieht sich den Newcomer. Chimbaa aber ist sichtlich erbost über den Störenfried. Er steigt hoch und fuchtelt wie wild mit den Vorderläufen. Doch der Zaun macht Tzuut unangreifbar. Er wirft den Kopf mit einer knappen Bewegung zurück, ein provozierendes Nicken nach oben: Is was, Alter? Gelegentlich, so erzählen die Wildhüter, betritt auch Chowd die Arena. Wobei er Tzuut weder begrüßt noch attackiert, sondern sich einfach in der Landschaft aufbaut, so wie er es auch bei unserer Ankunft getan hat. Der Schwächling im Gehege ist dagegen Luft für ihn.

In der Nähe befindet sich eine Schutzhütte, die die Mitarbeiter als Standquartier für den westlichen Teil des Parks nutzen. Eine schmucklose Kabine aus Beton, die Fenster mit Blechen abgeschottet, der Sandstürme wegen. In ihr können ein paar Menschen sitzen, kochen, schlafen und palavern. Ein Stück abseits steht ein azurblaues Plumpsklo. Die Parkleute sind froh und auch ein wenig stolz, dass die Solarpumpe am Brunnen endlich in Betrieb gehen konnte. In der Wüste besitzt Wasser revolutionäre Kraft. Ein paar Bierdosen aus dem Trog haben sie vorsorglich eingesteckt, und auch der Wodka leistet jetzt gute Dienste.

Ich trete vors Haus. Versuche, diese monumentale Weite mit den Augen unserer Gastgeber zu sehen. Doch es gelingt mir nicht, ich bleibe der europäischen Kleinteiligkeit verhaftet und schwanke zwischen Ohnmacht und Omnipotenz. Sie dagegen sind durch diese Schule der Unendlichkeit gegangen. Doch wird ihnen nicht auch mal angst und bange zumute? Fühlen nicht auch sie sich bisweilen verloren, ausgesetzt im Irgendwo-da?

Die sinkende Sonne tränkt die Welt mit Honig. Das Gras leuchtet, an kahlen Stellen glitzert Salz wie Schnee. Chowds Herde ist unbemerkt auf die andere Seite der Hütte gewandert und erstrahlt bedeutungsvoll in Gold. Bricht nun womöglich auch ein Goldenes Zeitalter für die *Tachi* an? Mit tiefer Befriedigung saugt Rebekka den Anblick in sich ein: Als wären sie nie weg gewesen. Wie groß muss eine Population sein, damit sie sich selbst erhalten kann? Dass sie strenge Winter oder Dürreperioden verkraftet? »Wir nähern uns dem Punkt, an dem keine weiteren Transporte aus Europa mehr nötig sein werden.« Dafür wirkt die ITG seit gut zwanzig Jahren, dafür mobilisiert sie politischen Einfluss, wissenschaftliche Expertise und menschliche Energie. Vor allem aber versucht sie Geld aufzutreiben. Doch das erweist sich oft als eine mühselige Angelegenheit. »Die *Tachi* eignen sich nur bedingt dafür, Leute dazu zu bringen, sich zu engagieren. Na ja, das ist halt ein Pferd, denken sie – davon gibt's doch Abermillionen.« Bei einem Nashorn oder Tiger seien Seltenheitswert und Schutzbedürftigkeit offenkundig. Die *Tachi* dagegen ernüchterten uns gleich zweifach: »Einerseits sehen sie den Hauspferden zu ähnlich, andererseits fehlen deren lieb gewordene Eigenschaften.« Sie lassen sich weder füttern noch streicheln, sie fügen sich uns nicht, sie rennen vor Menschen davon. Gerade das zeigt, dass sie auf dem richtigen Weg sind, verhalten sie sich doch, wie Helisäus Rößlin, Stadtphysikus von Hagenau, bekanntlich befand, »in ihrer Art viel wilder und scheuer | denn in vielen Landen der Hirsch«. Nur eben ohne Stirnwaffen.

Ruhig zieht die Herde in Schussweite der Teleobjektive dahin. Wie eine Kolonne von Mähdreschern arbeiten sie sich leicht ver-

setzt durchs Gras, die Fohlen an der Seite ihrer Mütter. Eines davon
hat es Cyril besonders angetan, es springt, »als wolle es neue Turnschuhe ausprobieren«. Dank ihres keilförmigen Schädels haben die
*Tachi* ihre Umgebung auch beim Grasen immer im Blick. Da sie
nicht wiederzukäuen brauchen, können sie gleichzeitig weiden und
wandern. Sie ruhen im Stehen, und wenn sie sich doch einmal hin-
legen, hält immer eines Wacht. Sie beanspruchen kein festes Territorium; ihre Heimat ist die Herde. Sonst scheint die Landschaft
leer, doch rund ums Haus kursiert noch allerhand Kleingeld der
Schöpfung. Echsen wie die Krötenkopfagame, die auch einen dieser gut sitzenden Tarnanzüge aus Armeebeständen ergattert hat, so
dass sie mit dem steinigen Untergrund verschmilzt. Cyril glaubt, in
ihrer brutalistischen Formgebung Ostblock-Design aus den fünfziger Jahren wiederzuerkennen. Später legt ein Hase einen Kata-
pultstart hin. Auch die koboldhaften Wüstenmäuse kommen aus
ihren Bauen. Die kleinsten, wie die nach Koslow benannte Zwerg-
springmaus, wiegen keine zehn Gramm, größere wie die Przewal-
ski-Rennratte bis zu vierzig. Auch Roborowski wurde unter den Na-
getieren verewigt, ein Zwerghamster trägt seinen Namen.

Eine weißgoldene Banderole erglüht am Horizont. Darüber
flottierende Wolken, der Bauch mauvefarben, der Rücken vio-
lett. Kaum ist die Sonne versunken, übernimmt der Wind das Regiment. Wir haben unsere Zelte etwas entfernt aufgestellt, versetzen sie dann aber kleinlaut in den Windschatten der Hütte. Wieder
prangt Venus als dicker Klunker über der Kimm. Der Himmel ist
mit Sternenstaub bepudert. Wir haben einen Logenplatz im Welt-
gebäude bekommen.

In der Mongolei gilt ein bedeckter Himmel als ein schöner Himmel, nährt er doch die verwegene Hoffnung, er könne sich noch
mehr bedecken und gar ein wenig Regen bringen. Doch am nächsten Morgen zeigt sich nicht eine Wolke. Blank und blau lastet er

über der Welt. Bald weichen die morgendlichen Pastelltöne dem drakonischen Gleißen der Sonne.

»Außer Gras gibt es dort überhaupt nichts«, hatte der chinesische Gesandte einst von seiner Reise durch die Mongolei berichtet. Auf dem Rückweg nehmen wir eine südlichere Route. Erst nach vielleicht zwanzig Kilometern sichten wir die nächste Herde. »Auch die schauen gelegentlich in Tachin-Us vorbei, bleiben aber nicht lange«, berichtet Ganbaa. »Wir freuen uns, wenn die *Tachi* wandern. Inzwischen ziehen sie auch mal über vierzig, fünfzig Kilometer. Dafür wäre in den anderen Schutzgebieten überhaupt nicht der Raum vorhanden.« Noch aber scheuen sie das Unbekannte, sind fremd in ihrer Heimat. Wo verlaufen die Wildwechsel? Wo finden sie Wasser? Im Vergleich zu ihren ruhelosen Cousins, den Kulanen, blieben die ersten Rückkehrer noch wie angewurzelt stehen, meist in der Nähe ihres Freilassungsortes. Hundert Jahre lang haben sie in babylonischer Gefangenschaft verbracht, über zehn, zwölf Pferdegenerationen hinweg. Sie besitzen kein Erfahrungsgedächtnis mehr. »Doch vieles steckt noch in den Genen«, meint Ganbaa zuversichtlich.

Der Nachteil dieser Standorttreue zeigte sich während des harten Winters von 2009/2010, einem sogenannten Dzud. Aufgrund hoher Schneemengen kamen selbst die *Tachi* nicht mehr ans Gras. Die Kälte schwächte sie zusätzlich, und geschwächt fielen sie dann auch leichter den Wölfen zum Opfer. Weshalb diese so einen kleinen Dzud alle paar Jahre durchaus begrüßen. Für die Hirtennomaden ist er dagegen fatal, da die meisten ihrer Tiere schon eine dünne Schneedecke nicht zu bewältigen vermögen. Über zwei Millionen Stück Vieh verendeten damals im ganzen Land. Und auch die mühsam hochgepäppelte Tachi-Population büßte fast zwei Drittel ihrer Tiere ein. »Unsere kleinen Vorräte brauchten wir fürs Gehege«, erinnert sich Ganbaa. »Dort haben wir dann auch Hafer verfüttert, um den es ein ziemliches Gerangel gab – diese Delikatesse kennen sie hier ja gar nicht.« Für die freilebenden Tiere versuchten sie, Heu zu beschaffen, doch das gestaltete sich schwierig, denn auch die Hirten mussten ja zufüttern. »Die Garnison konnte uns ein bisschen aushelfen. Aber bis wir das dann draußen in den Einstandsgebieten hatten, war es oft schon zu spät.«

Die Kulane dagegen wandern schon routinemäßig weiter umher, und in solchen Katastrophenwintern weichen sie in noch entferntere Gefilde aus. »Damals zogen sie über Bergsättel nach China, wo es in der Regel trockener ist. Eventuell haben sich auch einige unserer *Tachi* dorthin abgesetzt. Wir wissen es nicht, wir können es nur hoffen.«

Am Nachmittag sind wir zurück in unseren Gästejurten. Die orangefarbene, mit Blumenornamenten bemalte Tür weist, wie es sich gehört, nach Süden. Ihre Öffnung wird zur Pforte des Lichts, durch die man hinaus in blaue Fernen blickt, in ein unerschöpfliches Nichts. Unwillkürlich erwartet man, dass etwas geschieht, dass etwas kommt. Doch es geschieht nie etwas. Es kommt garantiert nichts. Auch gut. *Never mind. Pas de souci.* Wer dieses Stadium des Gleichmuts erreicht hat, beginnt, sich zu Hause zu fühlen.

Mittlerweile sind Schönwetterwolken aufgezogen. In langer Reihe gleiten sie dahin, wie mit einem Strick aneinandergebunden. Der Boden ist mit ihren Schatten gesprenkelt. Im Laufe des Nachmittags treibt ein ganzes Aquarium vorbei, Wolken wie Quallen, wie Schwämme, wie Kraken, und dazwischen als Flaggschiff ein Fünfmaster auf hoher See. In diesem Zustand des Gewährenlassens bemerken wir wie nebenher, dass sich die Zeit verflüchtigt hat. Wie ein Umzugshelfer, der nicht mehr benötigt wird und sich leise zurückzieht, ohne sich zu verabschieden. Um uns zu vergewissern, lassen wir den Blick in der Jurte kreisen, spähen noch einmal durch die Tür hinaus in die Ewigkeit, treten sogar ein paar Schritte nach draußen und blicken uns um. Doch sie ist fort. Die Gobi hat sie aus dem Verkehr gezogen. Ihr ungeheurer Raum erodiert die Zeit, nicht umgekehrt. Diese vergeht nicht mehr, sie zirkuliert lediglich. Sonnenaufgang Sonnenuntergang Vollmond Neumond Sommer Winter Eiszeitalter Warmzeitalter. Vater Mutter Kind. Zum Raum wird hier die Zeit.

Dieses Brummen aus der Erde aber, dieser Tinnitus im Kontrabass, das ist natürlich rein erzählerische Willkür. Im besten Falle noch Poesie, oder, schon schlimmer, Esoterik, oder schlichtweg Einbildung. Es handelt sich schließlich um stumpfes Gestein, was sollte denn da brummen? Doch die Wissenschaft widerspricht. Alles brummt. So auch die Erde und mit ihr die Erdteile. Mit Stethoskopen aller Art hören Geologen sie beständig ab und rücken ihr mit Seismographen, Interferometern und Hydrophonen zu Leibe. Frank Scherbaum zum Beispiel, Professor für Geophysik in Potsdam, belauscht unseren Himmelskörper seit Jahrzehnten. Analysiert die akustischen Begleiterscheinungen von Erdbeben und Vulkanausbrüchen ebenso wie die Grundschwingungen der Erde. »Wie jeder Festkörper, so hat auch sie Eigenschwingungen. Größe und Materialeigenschaften der Körper bestimmen deren Frequenzen und die Stellen, an denen Resonanzen auftreten.« Seismische Wellen verhalten sich kaum anders als die Schwingungen von Pauken und Trompeten. Und so spricht Scherbaum denn auch unerschrocken vom »Musikinstrument Erde«, dessen Töne allerdings in extrem tiefen Lagen erklingen. Zwar kennt etwa der mongolische Untertongesang Bässe, die bis unter die Hörschwelle reichen. Elefanten kommunizieren mit Infraschall über Kilometer hinweg. Doch die Frequenzen, mit denen er und seine Kollegen operieren, liegen buchstäblich unterirdisch tief, »da sind wir schnell bei dreizehn Oktaven«. Man kann sie nicht hören, aber messen. Und dann in den hörbaren Bereich überführen, so wie man eine Gesangspartie vom Bass- in den Violinschlüssel transponiert. Verdichtet man dazu noch die sehr langen Zeitperioden, über die hinweg die Erde ihre Signale abgibt, erhält man ein charakteristisches Hörbild. Eine Art

Kammerton der Lithosphäre, der steinernen Membran der Erde. Vulkanische Aktivität erzeugt entsprechend abruptere und komplexere Klangverläufe. Das wäre die eine Methode.

Die andere wäre, sich einfach in die Gobi zu stellen und darauf zu warten, dass die Welt uns anschlägt. Dass wir in und mit der Landschaft schwingen, dass unser Körper das Surren dieses großen Brummkreisels aufnimmt, und sei es als Oberton eines Obertons von etwas, das dreizehn Oktaven tiefer rumort. Dabei empfangen wir eine Art Testsignal, klangvoll, vernehmlich, immerwährend. Ommmm. Diesen Einklang kann man dann an jedem beliebigen Ort und zu jeder beliebigen Zeit wieder wachrufen. Er stellt sich zuverlässig ein, sobald wir uns nur den Blick durch die offene Jurtentür vergegenwärtigen. Manchmal genügt sogar das Wörtchen Gobi, das offenbar miteinprogrammiert worden ist. In Wirklichkeit hat das Signal nie aufgehört, die Erde klingt und schwingt ja immer, es wird nur von vielerlei Alltagsgeräuschen, von der Beschallung durch Medien, von inneren Spannungen und vom Grundrauschen der Zivilisation überlagert. All das aber ist, ohne dass wir es bemerkt hätten, schon in Chowd einbehalten worden, am Flugplatz mit den drei fortlaufend stillstehenden Uhren.

Für den Abend sind wir bei Ganbaa und seiner Familie eingeladen. Sie wohnen auf halbem Wege zwischen dem Hauptquartier und dem Dorf, gemeinsam mit ein paar Nachbarn. Neben einer Handvoll Jurten erhebt sich statt eines Kohlehügels ein dunkler, struppiger Haufen. Der Dung von Kamelen und Kühen wird bevorzugt zum Kochen verwendet, der von Schafen und Ziegen zum Heizen. Dank eines Generators verfügen ihre Behausungen über mehr Licht, auch über Kühlschränke und Fernseher. Ganbaa lotst uns am Ofen vorbei zu einem niedrigen Tischchen, auf dem Odnoo, seine Frau, sogleich Teigtaschen und Buttergebäck auffährt. Alles wirkt hell und proper, mit Truhen und Teppichen ausstaffiert. Eine kleine Schausammlung von ausländischem Nippes erinnert an denkwürdige Begegnungen und Besuche des Herrn Direktors. Doch die Unterschiede zum Lebensstil der Mitarbeiter oder anderer Dorfbewohner sind gering. Allzu viele Dinge haben ohnehin nicht Platz, und sie werden auch dann eher als Belastung empfunden, wenn die Jurten nicht länger alle paar Wochen versetzt werden. Eine Flasche Cognac kann dagegen Status anzeigen, ein neues Auto natürlich auch. Die Schwiegermutter trägt zur Feier des Tages eine Perlenkette.

Jahrgang 1978, ist Ganbaa im Norden aufgewachsen, »in der mongolischen Schweiz«. Als guter Schüler war er bei den Wissensolympiaden immer vorne mit dabei. Seine Bachelorarbeit in Biologie hat er über Gewässerverschmutzung geschrieben, »darauf greife ich hier aber nur selten zurück«. Schon in der Schule hatte er von der Wiederkehr der *Tachi* gehört. Sie haben ihn schließlich dazu bewogen, vor zwanzig Jahren in der Gobi B anzuheuern. Der zweite Grund war seine Frau, die er hier kennenlernte. Seit fünfzehn Jahren steht er dem Großschutzgebiet nun schon vor. »Wo ist der Papa?«, fragten die beiden Töchterchen dann oft. Mamas Antwort ist zum geflügelten Wort geworden: »Bei den *Tachi*.« Heimweh nach dem Norden verspürt er selten, nur das Schwimmen vermisst er.

Ein älterer Mann kommt mit einem etwas größeren Doktorkoffer herein. Sie parlieren in ihrer kehligen Sprache, die dem Klingonischen nachempfunden scheint. Zu Ehren unseres Besuches hat Ganbaa einen Musiker bestellt, den vermutlich einzigen Instrumentalisten im Umkreis von dreihundert Kilometern. Erst nimmt der Gast noch eine Stärkung, und natürlich auch ein Gläschen. Dann hievt er ein Knopfgriffakkordeon aus dem Koffer, das Gehäuse in leuchtendem Kobaltblau, der Balg etwas heller und mit Blumen verziert. Es stammt aus Leningrad. Vor fast sechzig Jahren hat er es als kleiner Junge geschenkt bekommen. Vielleicht haben russische Soldaten es hinterlassen, er weiß es nicht mehr. Er hat sich das Spiel selbst beigebracht, woher sollten sie in der Gobi auch einen Mu-

siklehrer nehmen? Das Repertoire musste er sich nach Gehör aneignen, wozu sich jedoch nur selten Gelegenheit bot. Manchmal
hörten sie Radio mit Batterie. Andere Musiker erlebte er allenfalls
bei seltenen Reisen in ferne Orte wie Chowd oder Bugat. Dennoch
machte er Fortschritte, und viele Jahre lang spielte er dann jeden
Sonntag in der Grundschule zum Tanz auf. Bis heute wird er noch
gelegentlich angefragt. *Hey Joe, mach die Musik von damals nach!*
Beschwingt vom Nachglühen des Cognacs, verwandelt er das Ak-
kordeon in ein Perpetuum mobile. Arbeitet sich mit näselnden Bäs-
sen und quäkendem Diskant durch drei Walzer und einen Galopp.
Mongolische Unterhaltungsmusik russischer Prägung, hörbar noch
aus jenen Zeiten, als der Große Bruder im Land stand. Sein Spiel
stimmt traurig und tut doch wohl. Weil es bei aller Unbeholfenheit
in der Lage war, den Menschen in Biidsch Freude zu schenken. Und
weil selbst diese ausgeleierten Schlager hinreichen, um der schran-
kenlosen Natur dort draußen die menschliche Seele in ihrer ganzen
Kraft und Zerbrechlichkeit gegenüberzustellen. Das Immense und
das Intime begegnen einander.

A m nächsten Tag sind wir noch zu einer Porträtsitzung mit
Nyamsuren verabredet. Wir treffen ihn vor seinem Quartier,
wo er, im Blaumann und mit Schweißerbrille im Sand kniend, einen
Balkenmäher repariert. Der stammt noch aus den Beständen der Kolchose, als sie versuchten, Futtermittel anzubauen. In kleinem Umfang geschieht das bis heute, auch Tomaten, Kartoffeln, Gurken sowie Sanddorn werden kultiviert, teilweise in Gewächshäusern.

Er lässt die Arbeit liegen und bittet uns herein, noch mit Ruß an
Wangen und Handschuhen. Zwar nennt er eine Art Haus sein Eigen, eine Betonschachtel von der Größe unserer Rangerhütte dort
draußen. Doch er nutzt sie vorrangig als Werkstatt und Lager und
wohnt nebenan in der Jurte. Früh schon, erzählt er, sei er technisch
interessiert gewesen und habe sich dann das Schweißen und auch

das Traktorfahren selbst beigebracht, nicht anders als unser Alleinunterhalter das Akkordeonspiel. Im Familienverbund habe er sich parallel auch als Hirte betätigt, vor allem, nachdem die Kooperative sich in den neunziger Jahren aufgelöst hatte. Wir fragen ihn, ob er Großvaters Gewehr noch hat. Schon lange nicht mehr. »Piff! Paff! Puff!«, imitiert er, damals hätte es noch einen Knall und Pulverdampf gegeben, und meist hätten sie mit Aluminiumkugeln geschossen.

Dafür sind ihm weitere Tachi-Geschichten eingefallen. 1946 oder 1947 wären noch einmal Fremde in die Gegend gekommen, um Fohlen zu jagen. Orlitza! Das müssen Orlitza & Co. gewesen sein, die letzten Wildfänge. Auch dafür seien noch einmal etliche Alttiere abgeknallt worden, gerade auch die Hengste, worüber er noch heute den Kopf schüttelt. Die zweite Geschichte stammt aus den fünfziger Jahren, Nyamsuren kennt sie nur vom Hörensagen. Die Alten, die noch *Tachi* in nennenswerter Zahl erlebt hätten, wussten, dass diese schneller rannten und über mehr Kondition verfügten als Hauspferde. Daraus entstand die Theorie, dass, wenn sie ihre Haus- mit Wildpferden vergesellschafteten, jene bei den Rennen schneller laufen würden. Und so hätte man ein paarmal versucht, sie gemeinsam zu halten, weniger, um sie zu züchten, sondern als Sparringspartner. Da soll sich mal die Rasse unvermischt erhalten. Vor vielleicht zwanzig Jahren hätte sich dann ein vereinsamtes *Tachi* einmal einer Herde Hauspferde angeschlossen. Ein Bekannter hätte es mit der *Uurga* gefangen, um es zu reiten. »Doch er lag schneller auf der Erde, als er schauen konnte. Seither können ihm die *Tachi* gestohlen bleiben.«

Dann bittet Cyril ihn zum verabredeten Porträt. Daraufhin entnimmt er der Truhe, auf der er bislang gesessen hat, einen prächtigen *Deel* aus purpurnem Brokatstoff, bestickt mit einem goldenen Drachen. Er legt ihn an, schlüpft in seine Schnabelstiefel, setzt einen taubenblauen Filzhut auf und nimmt wieder Platz. Und zwar unwillkürlich in der gleichen hoheitsvollen Pose, in der sich die Kaiser der Qing-Dynastie einst von ihren jesuitischen Hofmalern porträtieren ließen. Die Truhe wird zu seinem Thron. Der Sohn des Himmels, der Schweißer von Biidsch.

Am Nachmittag und am folgenden Tag unternehmen wir kleinere Ausfahrten, bevor dann noch einmal eine lange Tour ansteht. An den Zufahrtsstellen zum Park wie auch an einigen Wegkreuzungen mittendrin führen Schilder die Bußgelder für Wilderei auf. Am höchsten firmieren *Tachi,* Argali und Schneeleopard mit umgerechnet rund viertausend Euro pro Stück, wobei Weibchen jeweils höher taxiert werden. Bei einem Wolf beträgt die Strafe dann noch hundertsiebzig Euro und bei einem Bussard fünfundzwanzig.

Fast bei jeder Exkursion sichten wir ein oder zwei Tachiherden und weiden uns an ihrem Anblick. Einmal kommt hektische Bewegung in eine Gruppe. Der Unruhestifter scheint gänzlich aus der Art geschlagen, sticht sein bleigrau schimmerndes Fell doch aus dem Rotblond der übrigen Tiere heraus. Kommt hier womöglich Tarpan-Erbe zum Vorschein? Doch der Leithengst hat nur ein Schlammbad genommen und fühlt sich nun bemüßigt, die Herde aufzumischen.

Da die Wildpferde ausstarben, bevor ihr Verhalten in Freiheit studiert werden konnte, besteht ein gewisser Nachholbedarf. Die Ranger führen Aufzeichnungen, und verschiedentlich widmen sich auch Doktoranden ausgiebigen Verhaltensstudien. Neben direkten Beobachtungen sammeln sie auch Kotproben. Zwar lässt sich Pferdeäpfeln nicht ansehen, ob sie von Allerweltstieren stammen oder von einem der immer noch seltensten Wesen der Erde überhaupt, von dem keine tausend Individuen in freier Wildbahn leben. Doch im Labor kann die Urheberschaft dann meist geklärt werden.

Der Alltag der Tiere verläuft in geradezu provozierender Gelassenheit. Sie chillen viel und galoppieren selten. Die meiste Zeit über fressen sie. Dann und wann aber werden ihre Beschatter Zeugen dramatischer Ereignisse. Etwa wenn eine hochträchtige Stute sich für ein paar Tage absentiert und sich etwas Gebüsch als Wind- und Sichtschutz sucht. Dort bringt sie dann, nach fast einem Jahr Tragzeit, ihr Fohlen zur Welt, meist in den frühen Morgenstunden. Wenn sie aufsteht, reißt die Nabelschnur, und sie leckt das Kleine ab. Nach ein paar Stunden stakst es dann auch schon auf Läufen, dünn wie Pfeifenputzer, hinter seiner Mama her. Mit der Rück-kehr lassen sie sich Zeit, schließen sich erst nach einigen Tagen wie-der der Herde an, als sei nichts gewesen. Die Harmlosigkeit in Per-son, man kann sie förmlich pfeifen hören. In diesem Fall dürfte das Fohlen noch von einem früheren Hengst stammen. Hengste töten mitunter die Sprösslinge ihrer Vorgänger, damit ihre eigenen, ganz unvergleichlichen Gene schneller in die nächste Ziehung gelangen. Die Zeit läuft, die Feinde ruhen nicht, kaum ein Hengst behält sei-nen Harem länger als ein paar Jahre, und anders als in Gefangen-schaft haben sie hier draußen auch keine zwei Jahrzehnte zu leben. Die Stute weiß um diese ungeschriebenen Gesetze und hat entspre-chend gehandelt.

Auch zum Sterben sondern Tiere sich meist ab und suchen, so-fern sie es noch können, einen halbwegs geschützten Ort auf. Sonst aber bildet die Herde ihren besten, ja einzigen Schutz. Deshalb sind sie auch von deren Hierarchie besessen. Immer wieder aktualisie-ren sie ihre Rangordnung, ob nun innerhalb eines Harems oder in den Junggesellengruppen. Schon ein zurückgelegtes Ohr kommt einer Kampfansage gleich, ein sacht nach vorn gestreckter Hals ei-nem Ultimatum. Und ein unmerkliches Abwenden des Kopfes ge-nügt bereits als Kapitulation. Die Hengste springen nicht zimper-lich mit den Stuten um, die ihrerseits kräftig auskeilen. Weshalb erfahrene Hengste dicht an sie herantreten, damit sie nicht aus-schlagen können. Wenn die Tyrannen sie allerdings gar zu sehr mal-trätieren, suchen sie in einem unbeobachteten Moment das Weite. Vom Verhalten der Stuten untereinander wusste schon Heinz Heck zu berichten, es sei »nicht besonders freundschaftlich«. Die jungen Hengste liefern sich Schaukämpfe, kaum anders als die Recken beim *Naadam,* die ihrerseits dadurch in Übung bleiben, dass sie beim Fangen aus der Herde die Fohlen niederringen. So schnappen auch kämpfende Hengste nach den Beinen ihrer Kontrahenten und rempeln sie gleichzeitig mit der Schulter an, um sie zu Fall zu bringen. Mal treten und zwicken sie sich, mal knutschen und knuddeln sie. Trächtige Stuten werden geschont, auch rossige noch zuvorkommend behandelt. Nicht rossige Stuten finden sich dagegen schnell an der Peripherie der Herde wieder. Eben das meint der Begriff der Außenseiterin. Sie kann am ehesten geopfert werden und gewährt den anderen dadurch eine weitere Frist.

Gefangene Exemplare gelten als notorisch ungebärdig, und versucht man gar, sie im Stall zu halten, so rasten sie aus. Jiři Volf hat einen imposanten Fall aus der Prager Zucht geschildert – und dabei handelte es sich noch um einen Mischlingshengst: »Bei der Überführung ins Gestüt konnte man ihn den ganzen Tag nicht aus dem Eisenbahnwaggon bekommen, dann trat er das Fenster eines vollbesetzten Busses ein. Als er in einer Pferdebox untergebracht wurde, mußten jeden Tag die Wandbretter ausgetauscht werden. In einer einzigen Nacht gelang es ihm, eine Grube von einem Kubikmeter zu graben … Nach Ausmusterung aus der Zucht wurde er in den Zoo Bratislava gebracht. Während der Überführung zerschlug er die Auslagen einer Molkerei, nachdem er im spiegelnden Schaufenster einen ›Konkurrenten‹ erblickt hatte. Im Zoo biß er innerhalb eines Jahres vier Besucher und wurde anschließend kastriert. Seine männlichen Nachkommen waren sehr unruhig, und auch eine Kastrierung half wenig.«

Man möchte meinen, Biidsch läge schon heillos fernab von allem. Seine mehr oder weniger ständigen Bewohner nehmen es jedoch nicht so wahr und verweisen auf den Grenzposten Ulaan

Chad, Roter Fels. »Die leben wirklich weit draußen.« Und so stechen wir eines Morgens nach Süden in See.

Mitten im Nirgendwo passieren wir einen Motorradfahrer, der einen Metalldetektor auf den Rücksitz geschnallt hat. Ganbaa hält ihn an. Er sei nur auf der Durchreise, sagt der Goldsucher. Mehr als ermahnen kann der Chef ihn nicht, nur wenn er ihn auf frischer Tat ertappte, könnte er vielleicht eine Geldstrafe verhängen. Mit solchen Jägern der verlorenen Bodenschätze gibt es immer wieder Probleme. Neulich, erzählt Ganbaa, sei er mitten in der Gobi einem ganzen Konvoi semiprofessioneller Goldschürfer begegnet, mit fünf Vehikeln und einem Benzintank auf dem Pick-up, mit einem Kran auch und schwerem Gerät. Sie gaben an, sich verfahren zu haben und eigentlich zu einer Fundgrube außerhalb des Schutzgebiets unterwegs zu sein. Die potenziellen Lagerstätten wecken auch die Begehrlichkeit großer Bergbaugesellschaften. Vor zwei Jahren stellte eine von ihnen bei der Naturschutzbehörde einen Antrag auf geologische Prospektion im Süden des Reservats. Er wurde abgelehnt, der Schutz der Natur hätte Vorrang. Daraufhin stellte sie einen zweiten Antrag auf wissenschaftliche Erforschung und Kartierung des Gebiets, der musste dann genehmigt werden. So oder so tun sie das Gleiche.

Auf einem Motorrad, meint Ganbaa hinterher, käme man Wildtieren am nächsten, obwohl es geräuschvoller sei als ein Geländewagen. Doch wie um ihn eines Besseren zu belehren, stürmen wenig später unversehens, aus heiterer Erde, zwei Dutzend Kulane auf uns zu und schwenken dann, mächtig viel Staub aufwirbelnd, auf einen Parallelkurs zur Piste ein. Wir legen es nicht darauf an, uns mit ihnen ein Wettrennen zu liefern – aber sie! Mit hundert Metern Abstand rennen sie in gestrecktem Galopp dahin. Der dralle, wie gedrechselt wirkende Rumpf bleibt dabei stabil, fliegt kraftvoll vorwärts wie ein langgestrecktes Fass. Die Hufe aber schleudern wie wild durch die Gegend, als würden die Beine einer Gliederpuppe im Zeitraffer bewegt. Kinetische Energie in Reinform. Cyril öffnet das Fenster, um sie zu fotografieren. Klickklickklickklick. Doch schon ist die Gelegenheit vorbei, denn sie haben uns abgehängt – obwohl die Tachonadel auf sechzig steht.

Während wir schon länger keine *Tachi* mehr gesichtet haben, verwundert es nicht, hier draußen Kulane anzutreffen. Sie vermögen in noch kargerem Gelände zu überleben. Da sie sich entwicklungsgeschichtlich auf halbem Weg zum Pferd befinden, werden sie auch als Halbesel bezeichnet. Dreiviertelpferde wäre passender. Denn äußerlich unterscheiden sie sich nur wenig von den *Tachi*, am meisten noch durch die langen Ohren, die kurze Mähne und den mageren Schwanz. Akustisch sind sie dagegen leicht auseinanderzuhalten. Während die *Tachi* wie Hauspferde wiehern, nur etwas heller, schreien die Kulane nach Eselsart, als würde ein verrosteter Ziehbrunnen in Gang gesetzt. Rebekka schwärmt, wie sie hier einmal einer Stampede von Kulanen ansichtig wurde. Nur dass es keine Gruppe war, sondern ein wogender Großverband. »Erst nahte sich eine Staubwand, und dann stürmten sieben- oder achthundert von ihnen daraus hervor, Seite an Seite wie ein Kavalleriekorps.«

Insgesamt leben vier- bis fünftausend im Schutzgebiet, in einer defizitären Landschaft an der Schwelle zur Wüste. Rundum bleiche Leere, der Boden biskuitbraun. Die Pflanzendecke wird immer noch unansehnlicher; nur Hunger- und Durstkünstler vermögen sich hier zu halten. Erst zum Grenzkamm hin, nach drei Stunden Fahrt, wird es wieder etwas grüner. Hie und da wächst Saxaul. Carl Anton von Meyer hat diese unverwüstliche Wüstenpflanze vor zweihundert Jahren für die westliche Welt entdeckt. Wenn man sie lässt, werden diese Sträucher mehrere Meter hoch. Sie erschweren die Erosion, indem sie mit ihren verzweigten Wurzeln den Boden zusammenhalten. Sie bremsen Sandstürme, spenden etwas Schatten und bieten Vögeln und Insekten Unterschlupf. Doch die Vorkommen haben stark abgenommen. Wenngleich sie mehr Reisig als wirkliches Brennholz liefern, so bilden sie doch den einzigen nennenswerten pflanzlichen Brennstoff der Gobi. Auch als Weide für Ziegen und Kamele spielen sie eine Rolle. Hauspferde können ihre Blätter nicht verdauen, die *Tachi* als endemische Art dagegen schon. Und Kulane fressen selbst Wurzeln und Rinde, wenn sie denn welche finden.

Wir fahren am Paravent der mal roten, mal aber auch pistaziengrünen oder anthrazitfarbenen Felsen entlang. Wenngleich man nicht von einem wirklichen Gebirge sprechen kann, so verdichten sich die vielen Höhenzüge hier doch zu einem größeren Knoten. Ungefähr in dieser Gegend dürften Nyamsuren und sein Großvater das letzte Wildpferd erblickt haben. Früher führte auch die Karawanenroute von Urumtschi nach Ulaanbaatar unweit von hier vorbei. Wir langen schließlich an einem von einer halbhohen Mauer umschlossenen Geviert an. Die Wache am Schlagbaum lässt uns passieren, unser Besuch ist avisiert. Auch die Ranger haben nur beschränkten Zugang zum Grenzgebiet; der Ober sticht den Unter. Gleichwohl bildet Ulaan Chad eine feste Anlaufstelle auf ihrem Parcours, des Öfteren übernachten sie auch hier. Im Hof nehmen uns drei Zivilistinnen in Empfang; nebenan spielen Kinder. Wir werden ins Mannschaftsheim gebeten, das zugleich als Kantine und Freizeitraum dient. Ganz unkriegerisch offeriert Kommandant Urganbaatar erst einmal eine Bonbonniere. Dann stellt er den Standort vor: »Wir liegen hier, weil ein guter Brunnen vorhanden ist. Und im Winter bieten die Berge einen gewissen Schutz vor den Schneestürmen.« Geheizt wird mit Kohle, auch das Vieh, das sie nebenbei halten, produziert Brennstoff, und Solarzellen liefern Strom. Weil der Posten so entlegen ist, müssen sie den Männern ein Familienleben zubilligen, um einen stabilen Betrieb zu gewährleisten. So werden die Frauen als Köchinnen, Reinigungskräfte oder Krankenschwestern angestellt. Auch ein Kindergarten ist eingerichtet, doch ein Schulbetrieb wäre nicht möglich. »Das Leben hier draußen verlangt allen viel ab. Die Frauen unserer Soldaten sind innerlich selbst wie Soldaten, sind echte Patrioten.«

Ihre Zahl soll hier strategisches Geheimnis bleiben. Immerhin dürfen wir einen Blick ins Kleidungsmagazin werfen. So wie Geschäftsleute diverse Anzüge im Schrank hängen haben, so verfügen die Soldaten von Ulaan Chad über Kampf- und Tarnmonturen für alle Eventualitäten: komplett weiß für den Schnee, weißgrau für die Schneeschmelze, dazu gescheckte Modelle für die übrigen Jahreszeiten, mal grau und khaki, mal schlammbraun und olivgrün. Damit ziehen sie auf schussfesten Kavalleriepferden durch die Berge. »Mit dem Auto oder Motorrad wäre das in diesem Gelände unmöglich, im Winter gleich gar«, erklärt der Kommandant. »Pferde sind außerdem gesünder für Körper und Seele«, lacht er, »und sparsamer, weil sie kein Benzin brauchen. Nicht von ungefähr prangt eines im Staatsemblem.« Ein geflügeltes Windpferd, das zu Lande, zu Wasser und selbst in der Luft eingesetzt werden kann.

Die Patrouillen kontrollieren auch den Grenzzaun, der die Nomaden daran hindern soll, ihre Herden auf die jeweils andere Seite zu treiben, wo das Gras bekanntlich grüner ist. Die Beziehungen zu China scheinen relativ gut. Aber das kann sich auch wieder ändern; Grenzen sind immer neuralgische Zonen. Erinnert sei an den Kleinkrieg zwischen Japan und der Sowjetunion am Chalchin Gol. Ein paar Pferde, die angeblich auf der falschen Seite grasten, verursachten dort einen »Zwischenfall«, der an die zwanzigtausend Mann das Leben kostete.

»Früher haben unsre Soldaten auch gejagt, und sie haben Saxaul als Brennmaterial geschlagen, ohne groß darüber nachzudenken«, gesteht der Kasernenkommandant mit schuldbewusstem Blick zu Ganbaa. »Jetzt aber stehen wir auf derselben Seite.« Einmal die Woche tauschen sich der Posten und die Parkverwaltung telefonisch aus. Auch das Militär überprüft fremde Fahrzeuge, und manchmal stellen sie auch Wilderer oder Viehhalter, die ihre örtlich und saisonal begrenzten Weiderechte überschreiten.

In den Bergen finden sich nur wenige natürliche Wasserstellen, die in Dürreperioden schnell trockenfallen. So auch im vergangenen Jahr. Eines Tages, als zwei Soldaten mit dem mobilen Wassertank vorfuhren, trafen sie eine Herde von Steinböcken in der Nähe des Brunnenhäuschens. Die witterten das Wasser, kamen aber nicht heran. Daraufhin füllten die Männer Schüsseln und Eimer und setzten sie den Kitzen vor. Die tranken alles leer, und bald verloren dann auch die Alttiere die letzte Scheu. So retteten sie eine ganze Kompanie von Steinböcken vor dem Verschmachten.

Vorbei am Camp der Geologen mit der Ausnahmegenehmigung fahren wir schließlich zurück. Als wir später auf einem Feldherrenhügel noch einmal eine Pause einlegen, sehen wir in der Ferne zwei einsame Motorräder dahinjagen. Die Staubwolke ist deutlich zu sehen, der Lärm aber dringt nur mehr schwach herüber. Junge Leute vielleicht, die aus lauter Langeweile eine Mutprobe veranstalten? Denn sie wissen nicht, was sie tun, geschweige denn, was sie tun sollen? In einigem Abstand folgt dann ein drittes Geschoss. Durchs Fernglas wird erkennbar, dass eine tote Gazelle über dem Rücksitz hängt. Mit dem Motorrad kommt man ihnen am nächsten … Ganbaa ruft die Station über Funk, damit sich zwei Ranger an der mutmaßlichen Ausfahrtsroute postieren. Doch dort werden die Wilderer nie eintreffen; gut möglich, dass sie uns gesehen haben. Der letzte größere Fang in dieser Hinsicht waren ausgerechnet zwei Angestellte der Bezirksverwaltung, die gemeinsam mit zwei Lehrern erwischt wurden, als sie mehrere Kulane zur Strecke gebracht hatten. Sie verloren ihre Jobs. Solche Geschichten erzählen die Ranger aber nur zögerlich, vermutlich fürchten sie kritische Nachfragen über die vielen nicht geahndeten Fälle. Oder Sanktionen der Übeltäter?

Bei Einbruch der Nacht erreichen wir schließlich Tachin Tal, unsere winzige Insel im Gobi-Meer.

Das grundsolide Gebäude der Parkverwaltung ist nicht die einzige Errungenschaft, die Biidsch den *Tachi* zu verdanken hat. Eine Kranken- und Entbindungsstation wurde eingerichtet, die Schule renoviert und ein Schulbus organisiert. Schon Christian Oswald fing mit solch begleitenden Hilfsprojekten an, und die ITG und weitere Organisationen haben sie fortgeführt. Sie erleichtern die prekäre Existenz der Hirten. Ihre Welt ist durch die Wiederkunft der Wildpferde etwas mehr ins Lot gekommen. Und unsere Welt mit ihr.

Zusammen mit Thane Maynard hat Jane Goodall, diese Hohepriesterin der Tierwelt, einmal ein Buch über die Rettung bedrohter Arten herausgebracht. Je nach Sichtweise enthält es erfreulich viele oder aber bestürzend wenige solcher Fallgeschichten. Als Direktor des Zoos von Cincinnati ist Maynard einschlägig vorbelastet. Hier starben Anfang des 20. Jahrhunderts der letzte Karolinasittich und die letzte Wandertaube. Und der Tierpark hielt, zusammen mit jenem in New York, als Erster in Amerika Przewalskipferde. Sie stammten noch aus dem hagenbeckschen Kontingent und dürften irgendwo hier draußen gefangen worden sein. In einer Passage zitiert Maynard einen Sioux-Indianer, der sich für den Schutz bedrohter Präriebewohner wie dem Kitfuchs, dem Schwarzfußiltis oder dem Bison einsetzt: »Manchmal fragen mich die Leute, warum das wichtig sei. Und ich sage ihnen, ich tue es, weil diese Tiere auf das Land gehören. Sie haben ein Recht, dort zu sein.«

Um den *Tachi* zu diesem ihrem Recht zu verhelfen, sind ausgewählte Exemplare über dreißig Jahre hinweg sowohl in den mongolischen als auch in den chinesischen Teil der Dsungarei eingeflogen worden. In den letzten Jahren hat vor allem der Prager Zoo diese Bemühungen koordiniert und die tschechische Luftwaffe dafür gewonnen, sie zu reinen Betriebskosten in ihre alte Heimat zu schaffen. In den Anfangsjahren hat die Swissair die Transporte tatkräftig unterstützt; die Begleiter staunten dann beim Überführen der Kisten von einem Flugzeug ins andere, dass »die mongolischen Ringer von Hand bewerkstelligten, wofür in Kloten Hubstapler eingesetzt wurden«. Noch immer werden gelegentlich Tiere verfrachtet, doch das erübrigt sich allmählich, zumindest, was die bereits bestehenden Schutzgebiete angeht, in denen die *Tachi* sich nun aus eigener Kraft zu vermehren vermögen. Ihre Rückführung geschah in Umkehrung der fatalen Fangexpeditionen und diente der Heilung, der Wiedergutmachung; die Zeit beschrieb eine Schleife. Von Antwerpen bis Adelaide waren sie als Exoten bestaunt worden. Hier aber gehörten sie zur Grundausstattung. Hier fielen sie erst auf, als sie fehlten. Deshalb ist es so beglückend, ein paar helle Tupfen in der Ferne zu sehen. Oder ein Fohlen, das neue Turnschuhe ausprobiert. Einfach der Vollständigkeit halber.

Am letzten Nachmittag spaziere ich die Piste entlang, als zwei der Parkangestellten, die mit uns in der kleinen Kolonie wohnen, in einem Pritschenwagen angefahren kommen. Eine Ziege und ein Schaf stehen angebunden auf der Ladefläche, ein lustiger Anblick, wie sie da etwas perplex eine Spazierfahrt machen. Das Fahrzeug kommt vor den Jurten zum Stehen. Die Männer heben die Tiere herunter und schneiden ihnen noch auf dem Boden die Kehle durch, ohne dass ein Laut zu hören wäre.

Am Abend steht im Hauptquartier ein kleines Fest an. Die Mitarbeiter sind mitsamt ihren Ehepartnern eingeladen, dazu ein paar Veteranen, die zwar schon im Ruhestand sind, aber immer noch Anteil am Betrieb nehmen und auch mal mit anpacken. Ranger Tumur etwa, zwanglos in Armeehose und Adidasjacke gekleidet, hat privat für die Solarpumpe draußen am Brunnen gespendet. Gut zwanzig Gäste finden sich im Speisesaal ein, anfangs auch ein paar Kinder, die dann aber lieber draußen herumtollen. Die Söhne und Töchter der Gobi können sich noch stundenlang selbst beschäftigen, sie brauchen keine Apps dafür. In der Küche brutzelt es, auch die Ziege und das Schaf sind dort gelandet.

Anfangs bilanzieren Ganbaa, Rebekka und ein Alt-Ranger die letzten Jahre und erläutern die Pläne für die Vergrößerung des Schutzgebietes. Auch wir werden zum Abschied mit rührender Aufmerksamkeit und Geschenken bedacht. Dann wird geschmaust und gezecht. Wenn du das Fleisch siehst, sei nicht schüchtern. Zwischendurch ertönen die obligatorischen Trinksprüche. Noch wichtiger aber ist das Singen. Aus vollem Herzen und aus vollem Halse stimmt die ganze Runde Volkslieder, besser gesagt Volksschlager an, populäre Nummern, die vom Herbst, vom Altai, von reinen Quellen oder von der Sehnsucht erzählen. Sie werden auch in geschlossenen Räumen noch so intoniert, als müssten sie weit übers Hochland schallen. Belcanto in der Gobi. Singend, lachend und im Stillen auch ein wenig weinend feiert die Gemeinschaft so Kommunion mit sich selbst.

Hinter der offenen Verandatür beginnt die Steppe. Ich schöpfe frische Luft, gewürzt mit lauchigen Aromen. Der Blick geht gen Sonnenuntergang, schwarz und scharf zeichnen sich die Silhouetten der Hügel ab. Lieder tönen aus dem Saal heraus und verwehen. Als wär's ein Stück von Tschechow, nur hemdsärmeliger. »Kaum ist die Sonne untergegangen«, schrieb er, »da ist die Schwermut des Tages verzogen, und die Steppe atmet leicht, aus voller Brust. Das Zirpen wirkt einschläfernd wie ein Wiegenlied.« Er forschte auch dort den Mysterien der Melancholie nach, der Dehnung des Glücks wie des Unglücks, die durch die ungeheure Weite noch verstärkt werden. Und auch ihm widerfuhr dabei der Dornröschen-Effekt: »Endlos zog die Zeit sich hin, als sei auch sie erstarrt. Seit dem Morgen schienen bereits hundert Jahre vergangen zu sein.«

Mücken surren, Fledermäuse kreisen. In Gedanken gehe ich einigen Schicksalssträngen nach, die hier zusammenlaufen. Zumindest zwei der anwesenden Personen haben eine lebensbedrohliche Krankheit überstanden, zumindest eine weitere tritt in dieses Stadium ein. Immerhin habe ich mit der Gobi einen Ort auf der Welt kennengelernt, der dem Verstreichen der Zeit Einhalt zu gebieten vermag. An dem eine tiefe und immerwährende Kraft am Werke ist, und wo doch ein jeder Morgen neu geschieht.

Ein Mann stapft hinaus und erleichtert sich. Drinnen machen die drallen Ehefrauen der Wildhüter mit Rebekkas Schweizer Schokolade kurzen Prozess. Morgen geht es auf den langen Weg zurück nach Peking, zurück auch in die lineare Zeit, der wir etwa acht Tage lang enthoben waren. Ich wünschte, ich könnte noch bleiben. So ist das mit der Steppe: Erst erschrecken wir vor ihrer Leere und Blöße, und dann fühlen wir uns darin so geborgen, dass wir gar nicht wieder rausmöchten. *My heart lay in the desert.* Unser Versuch in eurasischer Heimatkunde ist geglückt. Dazu haben vor allem diese Menschen beigetragen, denen ich nun Lebewohl sage. Durch ihr köstliches Lachen, durch die natürliche Hoheit, mit der sie auf einer Truhe Platz nehmen, oder durch die Unbefangenheit, mit der sie Fremden ihr schlafendes Kind anvertrauen.

Mit blendendem Rücklicht flitzt ein Motorrad hinaus ins Nirgendwo, ein roter Meteor. Drüben im Gehege beschließen die vier Stuten den Tag. Und dahinter, auf diesem Planeten namens Gobi, gehen dreihundert *Tachi* ihrer Wege. Weil sie dort hingehören. Zu denken, dass die Menschen sich anmaßten, sie besäßen keine Daseinsberechtigung. Zu denken, dass sie hier ausgelöscht worden sind. Zu denken, dass Nyamsuren Muchar, der Schweißer von Biidsch, der letzte Mensch geblieben wäre, der sie in Freiheit erblickt hätte. Zu denken, dass sie nie wiederkehren und für alle Zeiten fehlen würden.

Postskriptum eins: Cyril bleibt noch eine Woche im Umkreis der kleinen Rangerhütte. Täglich läuft er schwer bepackt eine Stunde zum Gehege und weiter bis zum Wasserloch von Tachin-Us. Dort hängt auch Tzuut öfter herum, wenn er nicht mit seinem Kumpel über den Zaun hinweg Pläne schmiedet, bis früher oder später Chimbaa dazwischenfunkt. Beharrlich begleitet Cyril Chowds Haremsgruppe und verkürzt den Sicherheitsabstand nach und nach auf dreißig Meter. Am Ende folgt er ihr »wie einer Kuhherde« und fühlt sich als Gast angenommen. Einmal streift ein Fuchs herum. Auch wenn er den Fohlen nicht gefährlich werden kann, heften sich zwei Stuten sicherheitshalber an seine Fersen. Wölfe sind da schon ernster zu nehmen. Nachts hört Cyril sie in der Nähe heulen und findet tags darauf auch manchmal ihre Spuren. Er selbst erblickt keinen, beobachtet jedoch mehrfach, wie die Pferde einen wittern. Dann stellt Chowd sich wie ein Leibwächter neben seine Fohlen. Die aber bleiben entspannt liegen; der Papa wird's schon richten. Ein echter Sultan-Hengst.

Häufig hat Cyril dabei Déjà-vus von Lascaux. Die wilde Herde beschwört jene prähistorischen Silhouetten herauf, die dort am Firmament der Felswand prangen. Ansonsten beschränkt sich sein Leben auf elementare Aufgaben: schauen, trinken, essen, waschen, schlafen, schauen. Er übernachtet teils in der Hütte, teils im Zelt. Es ist so still, dass er den Puls im Leibe pochen hört. Nichts bewegt sich, kein Wasser, keine Bäume, kein Laub, nur all die Halme, die im Wind leicht schwanken. Er fühlt sich »gänzlich aus der Welt und zugleich mittendrin in ihr«. Alle zwei, drei Tage sehen Ranger nach dem Rechten. Und obwohl sie es gut mit ihm meinen, durchbrechen sie damit seine Unbelangbarkeit. Die nächsten Menschen leben hundert Kilometer weit weg. Es gibt kein Telefon, kein Internet, kein Radio. »Da draußen könnte Wunder was passieren. Würde Nordkorea einen Atomkrieg entfesseln, ich bekäme es als Letzter mit.«

Postskriptum zwei: Im Sommer 2019 erobert Tzuut dann das Herz einer Stute aus Chimbaas Harem. Seinem Freund hat er den Laufpass gegeben und zieht nun an der Seite seiner Partnerin rund um Tachin-Us. Um es in der Sprache der Soldaten zu sagen: Die Frauen der Pioniere sind gleichfalls Pioniere.

423

2020 ist seine Gefolgschaft auf acht Stuten angewachsen. Damit rangiert er bereits im Mittelfeld der gut zwanzig Haremsgruppen. Als hätte sich ein totgesagter Klub aus der dritten Liga binnen zweier Jahre in der höchsten Spielklasse festgesetzt. Der Newsletter der ITG bemerkt dazu: »Wildpferdegesellschaften sind keine Streichelzoos. Es kann sehr grob zugehen. Dazu trägt vor allem die Haremsdynamik bei. Als Hengst kann man sich nur fortpflanzen, wenn man einem etablierten Haremsbesitzer Stuten abjagt. Das ist kein Spaziergang: Wildpferde sind überaus wehrhaft. Gegen Konkurrenten verteidigen sie ihre Stuten und Fohlen heftig. Denn wer seinen Harem verliert, verliert den Kern seiner Existenz, die Weitergabe seiner Gene im Mahlstrom der Evolution. Da ein Haremshengst immer wieder von Junghengsten herausgefordert wird, gleicht sein Leben einer Abnützungsschlacht. Von den zehn Haremshengsten des Jahres 2015 führen heute nur noch sieben eine Gruppe, meist eine deutlich kleinere. Einige neue Haremsbesitzer von 2019 sind ihren Status schon wieder los. Und es kann noch schlimmer kommen. Ende Februar verlor der zwölfjährige Hengst Chimbaa seine siebenköpfige Herde an den Junghengst Tzuut. Chimbaa starb keine drei Wochen später. Vielleicht war er bereits krank oder geschwächt, und Tzuut erkannte seine Chance. Wildtiere sprechen nicht, aber sie kommunizieren auf subtile Weise durch Körpersprache, Laute und Düfte. Schwächen bleiben nicht lange verborgen und werden ohne Skrupel ausgenützt.«

Im April 2021 wird Tzuut erstmals Vater eines Fohlens, drei weitere kommen wenig später auf die Welt. Ungläubig lauschen sie nun seinen Erzählungen, dass er in ihrem Alter schon ganz auf sich allein gestellt war. Den Wölfen wäre er glücklich entronnen, dafür sei er einmal von Außerirdischen in einem Raumtransporter entführt worden. Doch die Sache wäre glimpflich abgegangen. Zu seiner Gruppe gehören nun vier Stuten, vier Fohlen und zwei Adoptivsöhne. Die Population in der Gobi B umfasst aktuell dreihundert ältere Tiere – und dazu fast hundert Fohlen! Tzuut grüßt noch einmal mit keckem Lupfen des Kopfes, ein unverhofftes Nachbild im Abspann. Wie ein Maskottchen verkörpert er den Lebenswillen seiner Spezies. Auch in den beiden anderen mongolischen Schutzgebieten haben die Bestände sich in letzter Zeit erfreulich vergrößert. Sie wachsen und mehren sich. Aus China ist Ähnliches zu hören. Noch ein paar weitere gute Jahre, dann sind die *Tachi* über den Berg. Dabei waren sie schon vom Erdboden verschwunden. Ihre Auferstehung bildet eine der großen und viel zu seltenen Erfolgsgeschichten des Artenschutzes. Sie trägt alle Merkmale eines Wunders.

# From Chernobyl with Love

*12. Mai 2021*

Lieber Jean-Louis,
wir haben uns wenig bewegt in letzter Zeit. Ich weiß nicht,
ob Sie nennenswerte Eskapaden unternehmen konnten,
meine einzigen Reisen im vergangenen halben Jahr waren
zwei flüchtige Besuche kurz hinter der Berliner Stadtgrenze.
Aber nun die Ukraine. Das wird Sie freilich kaum überra-
schen, habe ich Ihnen doch, als Gruß, als Spiel, als Ritual,
von fast allen größeren Schauplätzen ein Kärtchen geschickt,
und nur dieses hier steht noch aus. Nur wird der Platz nicht
reichen, so dass ich besser einen Brief beilege.

Ausgerechnet Tschernobyl, werden Sie sagen. In der Tat:
Das Land ist verstrahlt, Corona wütet, die russische Armee
marschiert an der Grenze auf – sehr viel mehr Unbill kann
man sich kaum aufbürden. Normalerweise brächten mich
hier keine zehn Pferde her. Diese Pferde aber schon. Ende
der neunziger Jahre sind etwa dreißig *Tachi* im Sperrgebiet
ausgesetzt worden, überwiegend aus Askania Nova, auch einige Zootiere. Dieses Experiment schlief jedoch bald wieder
ein, die Pferde wurden ihrem Schicksal überlassen, und vermutlich war ihnen das auch das Liebste. Was Katastrophen
angeht, sind sie Routiniers. Etwas Bessres als den Tod finden
wir überall. Hurra, *let's go, dawai, dawai.* Ich möchte sehen,
wie es ihnen ergangen ist.

Wieder stehe ich am Dnjepr, diesmal am Nordrand von
Kiew, ukrainisch Kyjiw, wo mich meine Gastgeber mit einem kampferprobten Geländewagen in Empfang nehmen.

Hat sich Ihnen schon einmal eine junge Frau als Radioökologin vorgestellt? Ich jedenfalls habe nur eine sehr undeutliche Vorstellung von diesem Arbeitsfeld. Doch dort, wo wir hinführen, meint Kateryna Korepanowa, sei das ein gängiger Beruf. Zusammen mit ihrem Kollegen Sergey, im Hauptfach Ornithologe, steuern wir stromaufwärts. Erst durch Trabantenstädte, dann durch Agrarsteppe, nur großflächiger gekachelt als bei uns. Allmählich tritt Wald an ihre Stelle, entlang der Straße prunken Gärten. Die Obstbäume stehen in voller Blüte, dazu der Weißdorn, und die Birken leuchten wie frisch lackiert – ein grün-weißer Rausch. »Radio Nostalgie« lässt alte Zeiten aufleben und spielt *Angie, Smooth Operator* und *Voyage, voyage.*

Finale in Tschernobyl also. Dieser Lebenslauf einer todgeweihten Art, er schlägt noch einmal eine Volte. Wer hätte gedacht, dass er uns selbst in den innersten Höllenkreis führen würde? Doch mich erstaunt es längst nicht mehr, wie viel Pferde überall auf der Welt zu erzählen, oder, wie wir in Bayern sagen, zu verzählen haben. Wäre das nicht auch eine halbwegs honorige Berufsbezeichnung für unsereinen: Andere sind Radioökologen, wir sind Verzähler? Jedenfalls bilden Pferde vorzügliche Speichermedien, in die Geschichte eingeschrieben steht. Ein paar Freaks wie Sie und ich lesen sie dann wieder aus. Womöglich künden sie sogar von Künftigem, nicht umsonst haben Sie, verehrter Jean-Louis, dieses Jahr einen längeren Essai herausgebracht: *Le cheval, c'est l'avenir.* Dem Pferd gehört die Zukunft. Ein elegantes Bändchen von gut siebzig Seiten, ein Pamphlet im besten Sinne, halb Streitschrift und halb Manifest. Es fasst sich auch schön an, ein echter Handschmeichler; bei uns gibt es solche Formate gar nicht. Ich habe diesen Fetisch dabei und werde noch darauf zurückkommen.

Hinter Iwankiw begegnen uns nur mehr ganz vereinzelt Fahrzeuge, und nach vielleicht zwei Stunden rollen wir auch schon auf den Kontrollpunkt zu. Dabei entdeckt Sergey eine Sumpfschildkröte, die über die Straße will. Ein tollkühnes Unterfangen, zumal das nächste Gewässer, der Fluss Usch, bestimmt drei Kilometer entfernt liegt. Also hieven wir sie, bereits in Sichtweite der Kontrollstelle, ins Auto, schieben sie unter den Fahrersitz und geben ihr zu verstehen, schön stillzuhalten. Am Schlagbaum nehme ich dann meinen *Propusk* in Empfang, den schwer zu erlangenden Passierschein für das Sperrgebiet. Ich hatte ein entsprechend ehrwürdiges Dokument erwartet, bekomme aber nur einen etwas längeren Kassenzettel aus Thermopapier. Doch wehe, man trägt ihn einmal nicht bei sich, wenn man an einen Kontrollpunkt kommt oder unterwegs Aufsehern begegnet.

Erinnern Sie sich an Tarkowskis *Stalker?* Und wie Sie sich daran erinnern, es war einer der eindringlichsten und verstörendsten Filme der siebziger Jahre. Der Stalker, der Kundschafter, führt einen Schriftsteller und einen Wissenschaftler durch eine ominöse Zone. Seit einem traumatischen Ereignis – möglicherweise ist damals ein Raumschiff gelandet oder irgendein Festkörper aus dem All abgestürzt – geht dort Unheimliches vor sich. Vor meiner Abreise hatte ich noch damit kokettiert, dass ich dann ja wohl auch einen Stalker bräuchte. Prompt schrieb mir Denis, mein Ansprechpartner: »My colleagues will take you to the Zone.« Ich bin im richtigen Film. Das weißrussische Pendant mitgerechnet, ist das Reservat so groß wie Luxemburg und das Saarland zusammen. Ein künstlich geschaffenes Niemandsland wie der Eiserne Vorhang oder die Demilitarisierte Zone in Korea. Und wie dort, so profitiert auch hier die Natur vom Ausschluss des Menschen, zumal jegliche Nutzung untersagt ist: Es gibt keine

Jagd, keinen Verkehr, keine Spaziergänger, keine Pestizide.
Noch nicht einmal Honig darf geerntet werden, auch kein
Sauerampfer und keine Preiselbeeren. Als Kollateralnutzen ei-
ner Katastrophe entwickelt sich hier eine der hochwertigsten
Naturlandschaften Europas.

Wir schlagen einen Bogen, um unsere Passagierin am sandigen Flussufer auszusetzen. Resolut schnellt sie sich ins Wasser und taucht taumelnd unter. Der Usch bilde die natürliche
Südgrenze des Sperrgebiets, erklärt Sergey. Bis vor Kurzem
hätten die Pferde sich auch daran gehalten. Doch letztes Jahr
seien zwei ausgebüxt und hätten sich einer Herde von Hauspferden angeschlossen. In anderen Schutzgebieten wird in
solchen Fällen Alarmstufe Rot ausgerufen wie damals bei
Tzuut. In Umkehrung des biblischen Verbots einer Vermischung mit wilden Artverwandten – »daß du dein Vieh nicht
lassest mit anderlei Tier zu schaffen haben« – sollen auch die
Wildtiere möglichst in Reinform erhalten werden. Doch hier
fühlt sich niemand für sie verantwortlich, und so ließ man sie
gewähren. Ob sie im Winter übers Eis gelaufen seien, will ich
wissen. Nein, im Sommer über die Brücke.

Bei Tschernobyl mündet der Usch dann in den Prypjat
ein, der sich bald darauf seinerseits dem Dnjepr überantwortet. Tschernobyl ist kein Dorf mehr, aber beileibe auch keine
Stadt, eine bessere Waldsiedlung, auch früher schon Verwal-
tungssitz für die Region. Ich beziehe mein Zimmer in einem
glanzlosen Hotel, in dessen dicken Mauern noch der Winter
steckt. Hier hat 1969 auch Viktor Brjuchanow Quartier genommen, der Chefingenieur des Kernkraftwerks, das dann
nach seinen Plänen zwanzig Kilometer flussaufwärts errichtet wurde, zusammen mit der dazugehörigen Industriestadt
Prypjat. Nach der Havarie wurde er als einer der Sünden-
böcke zu fünfzehn Jahren Haft verurteilt. Die ganze Region

firmiert heute als »Radioökologisches Biosphärenreservat Tschernobyl«. Ein Onlinedienst übersetzt die ukrainische Bezeichnung gar mit »Heiligtum«. Wenn es auch unheilvollen Göttern geweiht ist, bildet es doch ein faszinierendes Laboratorium der Renaturierung. Das Wild ist wie der Mensch, heißt es bei den Navajo, nur heiliger.

Historisch war diese Region als Polesien oder auch Polissja geläufig, was weder mit Polen noch mit Polynesien zu verwechseln wäre. Die Auwälder des Prypjat, das größte Sumpfgebiet Europas, hießen auch Polesische Sümpfe. Ganz gleich, ob sie zu Polen oder zu Russland gehörten, zur Sowjetunion oder zu deren Nachfolgestaaten, sie blieben immer eine Welt für sich. Eine Welt der Übergänge, eine amphibische Landschaft wie unsere Pupplinger Au, nur zwanzigtausendmal so groß. Das Kuddelmuddel mit Przewalskis Namen etwa – waren seine Vorfahren nun Polen, Russen, Ukrainer, Kosaken? – wird in diesem Land der unmöglichen Grenzen sofort verständlich. Uneindeutigkeit ist sein Wesen.

Seit Ende des 18. Jahrhunderts versuchte man, das sumpfige Tiefland zu besiedeln, parallel zur Kampagne im weiter südlich gelegenen »Neurussland«. Es wurde teils durch Brandrodung, teils durch Abholzung für Bau- und Brennholz urbar gemacht, auch Köhlereien und Glashütten verzehrten den Wald im großen Stil. Nachdem die landwirtschaftliche Nutzung sich jedoch als wenig ertragreich erwiesen hatte, wurde er zu Sowjetzeiten wieder aufgeforstet, dann allerdings als reiner Nutzwald. Wo der Boden es hergab, wurden Futtermittel angebaut und Großbetriebe für Massenviehhaltung angelegt. Und dann kam noch eines der damals größten Atomkraftwerke der Welt hinzu.

Die Verwaltung des Schutzgebiets residiert in einem bescheidenen Häuschen mit ein paar Büros und Lagerräumen.

Denis Wyschnewsky, Ökologe und leitender Wissenschaftler des Reservats, ist hier in seinem Element. »Wir haben eine einzigartige Situation. Die radioaktive Verseuchung ist hinzugekommen, die Beeinflussung durch den Menschen dagegen weitgehend weggefallen. Die Natur ist dabei, ein neues Gleichgewicht zu finden.« Wenn der Mensch nicht nennenswert eingreift, wird Ende des Jahrhunderts ein Zustand erreicht sein, wie er vor der Kolonisierung herrschte. Der Zeitvektor kehrt sich um, »die ursprüngliche europäische Waldwelt wird wiedererstehen«. Ein Heinz Heck oder Bengt Berg hätten heute ihre helle Freude an Polesien. Die Zahl der Arten nimmt in allen Bereichen zu. Seltene oder gänzlich verschwundene Spezies wie Bär und Luchs finden sich wieder ein.

Es gibt jedoch einen starken Grund, dem Wald das Terrain nicht gänzlich zu überlassen. Denn dann drohten großflächige Brände, welche die im Boden und in den Bäumen gebundene Radioaktivität schlagartig freisetzen würden. Deshalb sann man darüber nach, wie die vorhandenen Schneisen und Rodungen sich auf Dauer offen halten ließen. Und so kam die »vergessene Megafauna« ins Spiel, die Herden großer Pflanzenfresser. Die Wildpferde machten den Anfang, Wisente sollten folgen, vielleicht auch Heckrinder als Double der Auerochsen. Hirsche und Rehe waren bereits da. Auch Biber können einen Wald umkrempeln. Denis versteht sie allesamt als »Öko-Ingenieure«. Hinzu kommen Stürme, Buschfeuer, Überschwemmungen und Wolkenbrüche, »das ganze Instrumentarium, das eine Naturlandschaft beständig umformt«.

Parallel hatte Askania Nova damals, in den neunziger Jahren, fast zu viel Erfolg mit der Erhaltung der Przewalskipferde, oder zu wenig Geld, um sie alle durchzufüttern.

Gerne trennten sie sich von zwei Dutzend Exemplaren, zumal sie sich bei dieser Gelegenheit auch einiger Problemtiere und Mischlinge entledigen konnten; aus nicht nachvollziehbaren Gründen war die iwanowsche Tradition der Hybridisierung hartnäckig fortgeführt worden. Wie Sie sich denken können, mischten die Neuankömmlinge sich in Tschernobyl dann noch vereinzelt mit herrenlosen Hauspferden, die suchend durch die Zone streiften, so wie sich auch Wölfe und streunende Hunde paarten. In manchen Fällen hat sich ein karamellbrauner, vereinzelt gar kastanienbrauner Teint eingestellt. Sie werden mir beipflichten – der steht den *Tachi* gar nicht.

Der erste Schwung wurde damals kurzerhand am Ortsrand von Tschernobyl freigelassen. Die eine Gruppe zog nach Süden, die andere nach Norden, stracks in das innerste, etwa zehn Kilometer breite Sperrgebiet rund um den Reaktor hinein. Die Pferde pfeifen auf den *Propusk*. Heute leben sie weithin über das Reservat verstreut, überall dort, wo es einen größeren Anteil an Offenland gibt. Wobei sie den Wald keineswegs meiden, sie ziehen sich auch zum Fohlen und zum Sterben dorthin zurück, suchen ihn bei heißem oder garstigem Wetter auf, oder wenn frisches Grün sie lockt. Wirken sie dort nicht wie Fabeltiere, als zählten sie zu Borges' »imaginären Wesen«? Doch Wildpferde haben immer hier gelebt, nur eben in Gestalt des Tarpan. Schon Herodot hatte Kunde von »wilden weißen Rossen« hoch droben an einem Nebenfluss des Dnjepr. Sie gehören genauso zu Osteuropas Fauna wie Hirsch oder Reh. Wie der Wisent, so bevorzugte auch der Tarpan ursprünglich Grasland, musste dann aber vor der expandierenden Landwirtschaft in Sumpfgebiete wie die am Prypjat zurückweichen. Die dsungarischen Tarpane, die Abkömmlinge von Orlik und Orlitza, besetzen nun eine ökologische Nische wieder, die stets vorhanden war, aber in letzter Zeit vakant. Bereits Vetulanis Nachfolger wollten in den sechziger Jahren dessen Tarpan-Rückzüchtungen mit Przewalskipferden aus Askania Nova zu einer Art Universalwildpferd kreuzen, um sie dann hier in Polesien auszusetzen. Doch schon dieses Experiment verlief offenbar im Sande.

»Derzeit leben etwa hundertfünfzig Exemplare hier«, meint Denis, »vielleicht auch schon hundertachtzig.« Mittlerweile gehören praktisch alle Tiere der zweiten oder dritten Generation an, nur zwei tragen noch das Brandzeichen von Askania Nova. Im Folgenden kommen verschiedene Strategien zum Einsatz, um sie und mich zueinanderzubringen. Denis versucht es zunächst mit Optimismus: »Die Chancen stehen nicht schlecht.« Doch ist Optimismus eine Strategie? Ja, meint er, nämlich dann, wenn er auf Wahrscheinlichkeit gründet. Du wirst soundsoviele Stunden im Schutzgebiet verbringen und soundsoviele Kilometer abfahren, um nach hundertfünfzig Pferden zu suchen – da hast du die Statistik auf deiner Seite. Hoffnungsvoll mache ich mich mit Sergey und Kateryna auf den Weg. Doch bald schon sinkt meine Zuversicht. Das Gebiet ist nicht nur riesig, sondern mittlerweile auch wieder zu drei Vierteln bewaldet. Selbst eine Herde Brontosaurier könnte hier unbemerkt Einstand nehmen.

Ein Birkhuhn streicht ab. Sergey fährt das Fenster herunter, greift hinter den Sitz und fischt seine Kamera hervor, mit einem Teleobjektiv, groß wie eine Panzerfaust. Hirsche und Rehe sichten wir zuhauf, auch ein paar Elche. Rebhühner trapsen über die Straße, ein Schwarzstorch wuchtet sich in die Höhe. Allemal eine ergiebige Safari, nur die Pferde machen sich rar. Kateryna vertraut auf Erfahrungswerte: Im Winter ist sie ihnen dort in jener Schneise begegnet, letzte Woche hier auf diesem Weg. Und damals, als sie die Studenten aus Fukushima begleitet hat, kamen sie ihnen dort drüben so nahe, dass sie die Erde erbeben spürten vom Wirbel ihrer Hufe. Sie hat mehr oder weniger ständig welche gesichtet – nur mit mir will sich der Erfolg nicht einstellen. Wir fahren Stichstraßen und Holzwege ab, entvölkerte Dörfer und schwindende Lichtungen. Fehlanzeige. Oh ja, sie sind hier, davon zeugen frische Exkremente, manchmal zu Pyramiden gehäuft, um das Revier zu markieren. Einige haben sie gar herausfordernd mitten auf die Straße gesetzt – fang uns doch! Mehrfach finden wir auch Hufspuren auf sandigen Wegen. Doch ihre Verursacher bleiben verborgen. Sehnsüchtig spähe ich zwischen den Stämmen hindurch. Wir fragen Feuerwehrleute, die auf einem Turm Brandwache halten. *Njet*. Wir fragen Waldarbeiter, die Brennholz für Tschernobyl verladen. *Njet*. In der Gobi sieht man sie kilometerweit, hier aber fährt man auch dann an ihnen vorbei, wenn sie nur hundert Meter entfernt im Wald stehen.

In vergleichbaren Situationen habe ich meist Glück gehabt: bei den Schimpansen von Gombe, bei den Mantas im Korallenring von Rangiroa, bei den Wildhunden im Streifgebiet der Dorobo. Wie wäre es mit Instinkt als Strategie? *Einem guten Jäger läuft das Wild zu.* Also fahre ich alle meine Antennen aus, versuche mögliche Standorte zu erspüren, dem Magnetismus der Beute nachzuforschen. Doch auch das klappt nicht. Unverrichteter Dinge kehren wir schließlich zurück und lassen am Kontrollpunkt noch die Kontaminationsprüfung über uns ergehen. Während der Wagen von oben bis unten mit einer Sonde untersucht wird, betreten wir eine Baracke, in der eine Art Schleuse mit mehreren Abteilen installiert ist. Sie sehen aus wie die Alkoven, in denen die Borg sich regenerieren. Und wenn jetzt ein rotes Lämpchen aufleuchtet, frage ich Kateryna. »Dann brauchst du neue Schuhe.«

Wir essen bei Willy Brandt zu Abend. So nämlich heißt eine Gruppe maisgelber Fertighäuser, die Deutschland als Soforthilfe nach der Katastrophe geschickt hat und in denen dann der Krisenstab sein Hauptquartier aufschlug. Heute beherbergen sie ein kleines Hotel mitsamt Restaurant, das für viele Einrichtungen im Ort auch als Kantine fungiert. Inzwischen kursieren übrigens auch Tausenderscheine. Das Essen ist tadellos, der Kaffee jedoch kläglich. Denis hatte mich gewarnt: »Bei uns heißt er nur Depresso.«

Sie können sich vorstellen, wie das mit meiner Stimmung korrespondiert. Geknickt stapfe ich in mein Quartier. Das Wehklagen eines Waldkauzes verunsichert mich noch mehr. Vielleicht sollte ich langsam über einen ehrenvollen Abgang nachdenken, denn ich will Ihnen ja kein Jägerlatein auftischen. Wenn es so weitergeht, werde ich mir wohl mit Ironie behelfen müssen: Dort sieht man die Pferde vor lauter Bäumen nicht. Man muss auch mal Pech haben. Pech im Spiel, Glück in der Parkplatzsuche. Nein, ich habe sie nicht gesehen, aber sie mich. Und sind Eichhörnchen nicht überhaupt viel lustiger? Wenigstens habe ich jetzt ein dankbares Thema für Partygespräche, sofern eines Tages wieder Partys stattfinden sollten. Beim Einschlafen nehme ich mir vor, auf meine Träume zu achten, vielleicht lassen die *Tachi* mir ja eine Botschaft zukommen. Sie wissen doch, dass ich hier bin!

*13. Mai 2021*

Am Morgen komme ich dem Wecker zuvor, freilich ohne die geringste Erinnerung an einen Traum. Sergey und Denis holen mich ab, wir fahren Richtung Westen. Ein Wiedehopf macht das Empfangskomitee, Fuchs und Hase sagen

sich guten Morgen, ein Sperber geht längsseits. Stell dir vor,
berichtet Sergey, ich hab von Pferden geträumt: Vater, Mutter, Kind. Ach, was seid ihr zauberhaft, selbst das Träumen
nehmt ihr mir ab. Wusste ich doch, dass Tschernobyl eine
Traumfabrik ist, wie Pech Merle oder Okey. In *Stalker* zog die
Zone die Leute magnetisch an, weil hier ihre Wünsche nur
zu wahr wurden.

Denis macht sich daran, der Wahrscheinlichkeit mithilfe
von Fernaufklärung auf die Sprünge zu helfen. Er legt ein
Sperrholzbrett auf die Straße, auf dem in einem Kreis ein
großes H wie Helikopter prangt. Das ist der Startplatz für
seine Drohne. Gleich einer unförmigen Hummel hebt sie
sich brummend von der Straße, um dann schier mit Über-
schallgeschwindigkeit davonzusausen. Auf dem Bildschirm,
seinem Mobiltelefon nämlich, erscheint die Landschaft aus
der Vogelschau. Der Flug geht über eine heideartige Rodung,
in die vom Waldrand her mehr und mehr Büsche und kleine
Bäume vordringen. Und dann beginnt ein erhebender Tier-
film: Eine Herde hellbrauner Vierbeiner mit schwarzer Irokesenmähne genießt die große Freiheit. Das ist jetzt live, frage
ich ungläubig. Ja. Dort drüben, anderthalb Kilometer entfernt.

Wir fahren ein Stück, stiefeln dann querfeldein. Nach einer Viertelstunde gelangen wir an die betreffende Stelle. Weg
sind sie. Doch ein Stück weiter machen wir sie dann hinter einem schmalen Gehölzstreifen ausfindig. Auch sie bemerken uns bald und spitzen die Ohren, der etwas abseits
postierte Hengst geht in Habachtstellung. Doch sie laufen nicht weg, sondern schlendern nur etwas pikiert weiter
in die Büsche. Der Hengst aber führt einen wahren Kriegstanz auf, schnaubt warnend, scharrt mit den Hufen, ereifert
sich, springt auf uns zu, dann wieder weg, und sichert seiner

Herde so den Abgang. Mann, sind die wohlgenährt! Nicht so hager wie ihre Cousins und Cousinen in der Gobi, die tagein, tagaus an ein paar Schnittlauchhalmen mümmeln. Ihr Wohlfühlabstand scheint etwa zweihundert Meter zu betragen. Wir bleiben diesseits des Birkenhains, setzen ihnen nicht nach, ich wollte sie ja bloß mal wieder sehen.

Quer über die Lichtung gehen wir schließlich zurück zum Wagen. Denis berichtet von Projekten mit Tarpanen und anderen großen Weidegängern in Weißrussland. Gerne erzähle ich Ihnen bei Gelegenheit mehr darüber. Jenseits der Grenze leben auch Wisente, sie selbst möchten demnächst mit polnischer Hilfe ebenfalls welche auswildern. Da kommt unsere Herde mit einem Mal von hinten angelaufen und schlägt einen Bogen um uns, viel näher jetzt, siebzig Meter vielleicht, um dann im Wald zu verschwinden. Warum sind sie uns gefolgt? Warum dieser Aufgalopp wie in der Manege, diese Ehrenrunde vor versammeltem Publikum? Wollten sie uns inspizieren? Wollten sie uns kümmerlichen Zweibeinern ihre hoffnungslose Überlegenheit vor Augen führen? Wollten sie uns eine Kostprobe der *Genialität ihres Tierseins* geben?

Um acht sitzen wir schon zum Frühstück bei Willy Brandt, mit Kwass und Apfelkuchen. Wie sich herausstellt, liest Denis wie ein Weltmeister. Er bringt das Gespräch mal auf Ernst Jünger, mal auf Ulrich Beck und dann wieder auf Edward O. Wilson, der zuletzt dafür plädierte, »die Hälfte der Erde« unter Naturschutz zu stellen, wenn die Biosphäre nicht kollabieren solle. Anschließend inspiziere ich mit Kateryna und Sergey mehrere verlassene Dörfer. Nicht als Voyeure, sondern weil das Revier einer jeden Pferdeherde auch immer ein Dorf beinhaltet. Als hätten sie sie auf der Generalstabskarte unter sich aufgeteilt. Und nicht nur das. Sie suchen auch gezielt ehemalige Hühnerfarmen, Kuh- und

Schweineställe auf. Zum Schutz vor dem Wetter, vor allem aber vor Fliegen und Mücken. Um Mineralien aufzunehmen, knabbern sie auch gerne an Ziegelmauern und tun sich an Düngemitteln gütlich, die in großen Haufen zurückgeblieben sind. Ist es nicht ironisch, dass eines der seltensten Tiere der Erde aus freien Stücken die Stallungen der Massentierhaltung aufsucht? Kateryna erzählt, wie sie einmal durchs vordere Tor hineinging – und eine ganze Herde zum hinteren Tor hinausstob. Seither späht sie vorher immer erst durch eine Fensteröffnung. Wir aber scheuchen lediglich einen Falken auf; ein Uhu nistet auf dem Dach. Auch Fledermäuse finden in den Ruinen der Agrarbetriebe eine reiche Auswahl wohlfeiler Unterkünfte. Die Pferde aber sind heute ausgeflogen.

Am Nachmittag installieren wir ein paar Bärenfallen, meint Sergey. Kommst du mit? Au ja, rufe ich, auch wenn ich keine rechte Vorstellung davon habe. Werden sie Fallgruben ausheben und mit Ästen und Laub kaschieren? Werden sie eiserne Käfige zwischen den Bäumen aufhängen, die dann herunterrasseln, wenn der Bär den Köder annimmt? Was wollen sie ihm überhaupt als Lockspeise vorsetzen, ein Steak, einen fetten Barsch oder einen Honigtopf? *Kokoo!* Im Kofferraum sehe ich nichts Ungewöhnliches, keine angespitzten Pfähle, keinen Zwinger, nur ein sorgloses Durcheinander von Werkzeug, Gummistiefeln, Decken und Eimern. Irgendetwas riecht benebelnd, zwischen Schutzlack und Zugsalbe. Wir sind zu viert, verstärkt durch einen zweiten Sergey. Es geht in den entlegensten und unzugänglichsten Teil des Reservats. »Bis vor Kurzem streunten sie höchstens gelegentlich aus Weißrussland herüber«, erklärt Kateryna, »doch offenbar haben sich Einzelne nun hier angesiedelt. Doch sie sind scheu und nachtaktiv, wir wissen so gut wie nichts über sie.

Deshalb stellen wir jetzt Fallen auf.« Zunächst scheint es freilich, als habe ein fieser Waldschrat uns jede Menge Fallen in
den Weg gestellt. Während die Hauptstraßen freigehalten
werden, wachsen die Nebenwege zu, wer dort auf ein Hindernis stößt, muss es selbst beseitigen. Alle fünfzig bis hundert Meter liegt ein Baumstamm über dem Weg, mal kleiner
und mal größer. Seit den Winterstürmen hat offenbar noch
niemand diese Strecke befahren, oder wenn, dann sind sie
bald entnervt umgekehrt. Was aber Katerynas Art nicht ist.
Aufmüpfige Äste walzt sie mit dem Geländewagen einfach
nieder, und selbst auf massive Stämme hält sie forsch drauf
zu, als wolle sie einen vernichtenden Karateschlag anbringen.
Neben ihr ruft Sergey immer inständiger »stoj, stoj!«, bis sie
widerstrebend doch noch anhält. Dann greift sich jeder, was
zur Hand ist, Fuchsschwanz, Motorsäge, Axt, oder versucht
es mit brachialer Muskelkraft. Der Begriff Schlagbaum wird
hier unmittelbar anschaulich. Die meisten kriegen wir früher
oder später klein, doch einige sind auch für die Motorsäge zu
dick. Dann hauen wir eine Umgehungsroute frei. Mal finden wir dabei eine Adlerfeder, mal einen mumifizierten Wolf.
Spät erst langen wir am ersten Einsatzort an.

Der andere Sergey, der größte von uns, hantiert mit einer
dicken Plastikflasche, in der eine zähflüssige schwarzbraune,
im Sonnenlicht rötlich schimmernde Masse steckt: vergore-
nes Birkenpech. Falls Sie mal einen Bären fangen möchten,
Jean-Louis – es wirkt garantiert. Sergey macht sich so lang
wie er kann und streicht es mit einem Malerpinsel auf einen
Kiefernstamm. Weiter unten klopft sein Namensvetter dann
etwas Stacheldraht in der Rinde fest. Falls Meister Petz sich
nach der Götterspeise streckt und halb am Baum empor-
klettert, wird das Team beim nächsten Mal ein paar Bors-
ten an den eisernen Dornen vorfinden. Das reicht für eine

DNA-Analyse, weiter wird dem Tier kein Haar gekrümmt. Kateryna sprüht ein Kreuz auf den nächsten Baum und verzeichnet die Standortdaten auf einer Karte. Statt acht solcher Fallen schaffen wir freilich nur zwei, dann dämmert es, und wir müssen zurück. Wenigstens sind die Wege jetzt frei.

Für den Abend sind Denis und ich bei drei Kollegen des Hydrobiologischen Instituts eingeladen. Sie wohnen, oder soll man sagen hausen, in einem düsteren Block, der wie ein arger Rohbau wirkt, jedoch bis zur Katastrophe bewohnt und begehrt war. Die meisten Zimmer sind verwaist, doch einige stehen Spezialkräften zur Verfügung, die wie unsere Gastgeber im Schichtbetrieb zum Einsatz kommen. Entweder arbeiten sie vier Tage in der Zone, woraufhin sie drei Tage freihaben, oder sie wechseln in zweiwöchigem Turnus. Sie leben in einer Männer-WG mit einfachen Betten, Sperrholzmobiliar und elektrischer Kochplatte. Alles noch original, der abstrakte Schwulst der Tapeten, das triefende Weinrot der Bettdecken, ein Museum des sowjetischen Alltags. Sie amüsieren sich köstlich dabei. Vorsorglich bagatellisieren sie das Abendessen als *expedition style*, doch bei solcherart Expeditionen wäre ich gerne mit von der Partie: Schweinsgulasch, Salat, Speck mit scharfem Senf, dazu Wodka der Marke *Arctic*. Prächtige Burschen, die hätten Ihnen auch gefallen. Der eine hat an der ukrainischen Antarktis-Mission teilgenommen, der andere als Soldat in der geheimen Plutoniumanlage Krasnojarsk-26 gedient. Sie reden über Strontium, Cäsium und Gammastrahlung so geläufig wie andere Leute über Schnee und Graupel.

Ihr Institut war das erste, das erhöhte Radioaktivität im Prypjat feststellte, noch bevor von dem Unfall etwas nach außen gedrungen war. Doch ihr Frühwarnsystem war auf dem Posten. Zwei Tage später brachte die zu Recht so genannte

*Prawda* dann eine erste kleine Meldung über einen Unfall in Tschernobyl mit zwei Toten. Da waren sie längst im Notfalleinsatz und nahmen fortan täglich das Hubschraubershuttle von Kiew aus. Zu Anfang sollten sie vor allem messen, ob und wie sich die Verseuchung über die Fließgewässer, aber auch über das Grundwasser ausbreitete. Eine ganze Weile forschten sie auch an Mikroben in dem verwegenen Versuch, ein Gegenmittel für Radioaktivität zu finden. Ihr jüngstes Vorhaben aber reizt sie noch mehr: Versuchsweise brennen sie aus Äpfeln, die derzeit noch von knapp außerhalb der Zone stammen, einen Schnaps namens *Atomik*. Die Markteinführung wurde noch nicht genehmigt, obwohl Schwermetalle und damit etwaige Radioaktivität bei der Destillation zurückbleiben. Mir zu Ehren stimmen sie schließlich noch das Lied »Druschba – Freundschaft« an, das bei Treffen zwischen sowjetischen und ostdeutschen Delegationen unausweichlich gesungen wurde. Glücklicherweise kommen sie über die ersten Takte nicht hinaus. Dann wird es Zeit für den letzten Trinkspruch. In der Ukraine lautet er seit alters her: »Auf das Pferd!«

Im Auto hängt immer noch das schwere Bukett des Birkenpechs. Ich schnüffle forschend. Bliebe ich länger hier, würde ich noch zum Bären.

*14. Mai 2021*

Kommunismus, lieber Jean-Louis, das ist nach Lenins Wort Sowjetmacht plus Elektrifizierung, deshalb trug dieses Kraftwerk ja auch seinen Namen. Mit beiden Komponenten nahm es hier ein schlechtes Ende. Zusammen mit Kateryna fahre ich nach Prypjat. Von dort stammt ihre Großmutter,

deren Schicksal ihre Studienwahl beeinflusst hat. Die Räu-
mung der Stadt war eine logistische Meisterleistung; binnen weniger Stunden fiel die Einwohnerzahl von fünfzigtausend auf null. Der außer Kontrolle geratene Reaktor bedingte
Massenverschiebungen, wie Europa sie zuletzt im Krieg erlebt hatte. Insgesamt wurden dreihundertfünfzigtausend
Menschen aus der Zone evakuiert. Anfangs sagte man ihnen
noch, es wäre nur für drei Tage. Wie gut, dass man auch in
kritischen Lagen auf die Worte der Politiker vertrauen kann.

Die Leute wurden vom Frühstückstisch weg regelrecht deportiert, wie man es auch aus den Erzählungen der Vertrie-
benen kennt. Noch Jahre später lagen Brot und Käse scheinbar unversehrt da, so verstrahlt, dass sie nicht verschimmelt
waren. In den Augenzeugenberichten gibt es Szenen, die den
Wahnsinn ahnen lassen. Die alte Frau, die zurückkommt, um
die Katzen zu füttern. Die plötzliche Solariumsbräune der
Angler am Fluss. Der HNO-Arzt, der mit einer alten Schere
die Mandeln herausnehmen muss und dem als schmerzlin-
derndes Mittel nur seine Schnelligkeit bleibt. Die Kinder, die
im Ferienlager abgewiesen werden wie Aussätzige. Für die
Operation einer zwei Monate alten Protagonistin lassen sich
in Amerika Unsummen von Dollars auftreiben, für hunderttausend anonyme Betroffene nicht eine müde Mark.

Die Katastrophe besteht nicht zuletzt in der Unfassbar-
keit und Uneindeutigkeit der Katastrophe. In den Berichten
schwankt die Zahl der Todesopfer zwischen einunddreißig
und einer Viertelmillion, die Bewertung der Strahlenbe-
lastung zwischen Entwarnung und Hausverbot auf zigtau-
send Jahre hin. Empirisch herrscht über dieses Desaster nicht
mehr Einigkeit als über die Sintflut. Tschernobyl ist überall und nirgends. Ein schlimmes Märchen, wie Dornröschen
ohne Prinzen und ohne rettenden Zauberspruch. Prypjat war

ein sowjetisches Vorzeigeprojekt, das Ust-Kamenogorsk der
Breschnew-Ära, das eine rosige Zukunft verhieß. Doch die
brach Ende April 1986 mit einem Schlag ab. Seitdem ist es
auf dem Weg zur geheimnisvollen Dschungelstadt, wie Tikal,
wie Machu Picchu, wie Khajuraho. Während der Unglücks-
reaktor versiegelt und die Übrigen nach und nach stillgelegt
wurden, nimmt die Natur ihren Betrieb in vollem Umfang
wieder auf. Langsam und gleichmütig, denn sie kennt keine
Zeit. Das hat Tschernobyl mit der Gobi gemein.

Es steht alles noch da, in unterschiedlichen Stadien des
Verfalls: das Hotel *Polissja,* der Kulturklub, das Kaufhaus, das
Stadion, der Flusshafen mit dem schicken Terminal für Trag-
flügelboote, die in gut zwei Stunden dröhnend bis nach Kiew
brausten. Und das Riesenrad im Vergnügungspark. Es sollte
zum 1. Mai in Betrieb genommen werden, doch es hat sich
nie gedreht. Ein Lagerraum birgt noch die Requisiten für die
anstehende Kundgebung zum Kampftag der Arbeiterklasse.
Der ganze rote Zinnober, die Transparente, die Luftballons,
die Parolen, die geschönten Porträts der Parteiführer, die
Wimpel für den Jubelchor der Komsomolzen. Wie in Pompeji, so liegt auch hier alles noch an Ort und Stelle, nur die
Menschen haben sich in Luft aufgelöst. Ein irrer Kuckuck
ruft ohne Unterlass. Ein Elch watet im Kühlsee.

Zur Katastrophe kam es bezeichnenderweise durch eine
Sicherheitsübung. Je sicherer das System, desto sicherer auch
die Katastrophe. Wie schon der erste Sarkophag, so ist auch
der zweite längst zum Wahrzeichen geworden. Von Weitem
mutet er wie eine schimmernde Roulade an, die bei ent-
sprechendem Lichteinfall mit den Wolken verschmilzt wie
eine Tarnkappe. Es handle sich, so wird gemunkelt, um eine
streng geheime Legierung, womöglich gar außerirdische
Technologie. Tatsächlich könnte es ein Hangar für Raum-

schiffe sein oder eine futuristische Kultstätte. Stellen Sie sich vor, man kommt sogar direkt heran. Daneben steht ein gänzlich reizloses Denkmal, dessen Sockel von einer schmalen Grünfläche eingefasst wird. Ein Schild gebietet allen Ernstes, den Rasen nicht zu betreten. Unmittelbar dahinter erhebt sich der Atommeiler, der Chaos über die halbe Welt gebracht hat, der ein Gebiet entvölkerte, das größer ist als die meisten Schweizer Kantone – doch hier, in diesem Sperrgebiet des Sperrgebiets, im innersten Kern des Mysteriums, wo in Tarkowskis Film die Wahrheit ihr Gesicht zeigt, hier hat gefälligst Ordnung zu herrschen.

Hinter dem Sarkophag prangt ein weiteres Denkmal, das früher in Prypjat stand und keinem Geringeren als Prometheus huldigt, dem Bändiger des Feuers und ersten Entwicklungshelfer der Menschheit. Doch statt seiner wurde eine atomare Kettenreaktion entfesselt. Die rückwärtige Fassade schmückt ein gewaltiges Wandbild. Links ragt ein Bleihandschuh in die Welt hinein, über dessen geöffneter Handfläche ein magisch blitzendes Atom rotiert. Den Hauptteil des Bildes aber füllt eine Herde von Przewalskipferden, die am Waldrand entlang durch frisches Grün zieht. Europas Mustangs. Zwei von ihnen, Adam und Eva oder auch Orlik und Orlitza, stehen auf vorgeschobenem Posten und blicken frohgemut in die Zukunft. *Le cheval, c'est l'avenir.* Der Himmel leuchtet azurblau, mit üppig sich bauschenden Wolken. Natur, Vertrauen, Harmonie: die *Tachi,* diese Stehaufpferdchen, sind hier zu Hoffnungsträgern geworden. Ganz im Sinne Aby Warburgs, der solcherart Abwehrzauber im Schlangenritual der Hopi hellsichtig beschrieb, vollbringen sie eine symbolische »Bändigung der Gefahr«. Blühende Landschaften stehen immer dann hoch im Kurs, wenn die Kacke am Dampfen ist.

Ganz am Anfang meiner Reise, an der Kuppel von Lascaux, da prangten sie gleichfalls an der Wand. Wir haben uns ja schon damals darüber unterhalten. Auch dort waren sie in diesem Gestus der Beschwörung gemalt worden und schienen vom Ende einer Ära zu künden. Manchmal wird mir ein bisschen unheimlich zumute: Ist es wirklich nur Zufall, dass sie an den unmöglichsten Orten und zu den unwahrscheinlichsten Zeiten unsere Wege kreuzen? Dass sie uns selbst in Tschernobyl erwarten, als Utopie und Menetekel, als Talisman und Totemtier? Was, wenn diese Sphinx über Wohl und Wehe der Menschheit zu entscheiden hätte? Wenn sie beim Weltgericht das Zünglein an der Waage bildete? Mal besser nicht dran denken.

Vor drei Jahren wurde Sir David Attenborough als Erzähler für die Netflix-Serie *Our Planet* verpflichtet. Dabei beeindruckten ihn die Aufnahmen aus den Wäldern von Tschernobyl derart, dass er sich mit zweiundneunzig Jahren aufmachte, diese aparte Welt noch mit eigenen Augen zu sehen. Er bezeichnete sie als einen Ort der Hoffnung und meinte, entweder würde der Mensch die von ihm verursachten Probleme im Einklang mit der Natur lösen, oder die Natur würde sie ohne ihn lösen. Tschernobyl führt uns vor Augen, dass sie am längeren Hebel sitzt. Und spätestens hier, lieber Meister, kommen wieder die Pferde ins Spiel. Zwar sind wir beide, was wilde oder auch verwilderte Pferde angeht, nicht immer einer Meinung. Doch vielleicht gelingt es mir ja, Sie mit diesem Buch zum Proselyten zu machen. Was Sie in Ihrer luziden Abhandlung schreiben, gilt ohnehin für Pferde aller Art. Sie sagen ihnen eine große Zukunft vorher, und eine neue Karriere dazu. Und sprechen ihnen auch in einem höheren, existenzielleren Sinn seelsorgerische Qualitäten zu: »Das Pferd ist nicht nur ein großer Tröster für unsere kleinen Nöte, ein bewährter Therapeut, ein geduldiger Begleiter bei der Arbeit oder beim Spiel, sondern auch ein Führer, ein Wegweiser für uns. Es lehrt uns, wieder mit der Natur in Verbindung zu treten. Es dient als ein Verstärker für unsere Sinne. Es hilft uns, die Welt besser zu verstehen.« Angesichts der Herausforderungen der Gegenwart haben wir den Beistand dieses noblen Tiers durchaus nötig. »Je mehr wir urbanisiert, mechanisiert, computerisiert werden, desto unentbehrlicher wird es für uns, denn es wird unseren letzten wirklichen Kontakt mit der echten Natur darstellen.«

Mit der Domestikation des Pferdes und der Selbstdomestikation des Menschen sind beide ihrer Natur entfremdet worden. Doch in unseren wilden Freunden wirkt sie auf unverbrüchliche, kreatürliche Art weiter. Freiheit ist der Pferde Kern. Wann, so fragen Sie rhetorisch, »wann werden wir entdecken (oder wiederentdecken), dass sie in der Lage sind, uns mit unserer tiefen, instinktiven, wilden, prähistorischen, unauslöschlichen und universellen Natur zu versöhnen?«

All das trifft auch auf *Equus ferus przewalskii* zu. Seit es der westlichen Welt überhaupt bekannt geworden ist, was, wie wir gesehen haben, reichlich spät und mit mannigfachen Komplikationen erfolgte, gilt es als eine im Aussterben begriffene Art. Doch Totgesagte leben länger, zumindest hin und wieder. Ein letztes Beispiel für die offenbar unbegrenzte Leidensfähigkeit dieser Spezies wie auch für ihr Naturtalent zum Überleben mag die Geschichte eines jungen Pferdes aus Tschernobyl geben. Ich habe es, nachdem Sergey und Kateryna mich schließlich wieder nach Kiew expedierten, dort noch selbst gesehen.

*15. Mai 2021*

Vanilka – welch süßer Name. Wie Kalinka, nur anders. Sie verdankt ihn ihrem gelblich beigen Fell, das freilich derzeit, wie bei allen jungen Przewalskipferden, noch recht unansehnlich daherkommt, zudem wirft sie gerade das Winterkleid ab. Doch die rauesten Fohlen werden bekanntlich die glattesten Pferde. Nach den Waldbränden im vergangenen Jahr ist sie, gerade drei, vier Tage alt, mit schweren Verletzungen alleine aufgefunden worden. Heute lebt sie in einem Tierheim am Rande von Kiew, wo sie letzte Woche ihren ersten Geburtstag begehen konnte. Und selten dürfte ein solcher Tag so dankbar gefeiert worden sein, war Vanilka doch ein hoffnungsloser Fall. Aber ich greife vor. Zunächst möchte ich Ihnen diesen Ort vorstellen: ein ziemlich ungewöhnliches Tierheim, betrieben von einer ziemlich famosen Frau, Maryna Schkwyrja. Einer Biologin mit internationalem Renommee, im Hauptberuf leitende Wissenschaftlerin des Kiewer Zoos. Doch damit scheint sie nicht ganz ausgelastet, und so betreibt sie mit ein paar eingeschworenen Helfern privat noch dieses Tierheim, für das sie und ihr Mann sich gehörig verschuldet haben, und das eigentlich auf einen zweiten Zoo hinausläuft. Es liegt auf dem Gelände eines Reitstalls mit ausgedehnten Stallungen, mehreren Reitplätzen und einer Halle, die ein ganzes Kavallerieregiment aufnehmen könnte. Er gehört einer Freundin, die diesem Asyl dort Asyl gewährt. Aber nicht, dass Sie denken, sie hielten eben verstoßene Schoßhündchen und überschüssige Zebrafinken. Mit so etwas gibt diese zierliche, kompromisslose Frau sich nicht ab. Verteilt über die weitläufige Anlage mit ihren vielleicht achtzig Pferden leben freigekaufte Tanzbären, angefahrene Hirsche, ausgemusterte Zirkuslöwen oder auch Schmusetiger, die ihren

447

Besitzern über den Kopf gewachsen sind. Sie sollen hier ein tierwürdiges Leben führen können. Ihren sechs Bären etwa baut Maryna gerade ein Freigehege mit Planschbecken, Kletterbaum und Unterschlupf für die Winterruhe. Letzterer ein strohgepolstertes Souterrain, über dem sich ein wahrer Kurgan aus Knüppeln und Gestrüpp wölbt, auf gut Bayrisch ein Verhau. Hier bin ich Bär, hier darf ich's sein.

Bären, Luchse und Wölfe bilden Marynas Spezialgebiet, ihnen gilt auch in Tschernobyl ihr Hauptaugenmerk. Habe ich schon erwähnt, dass sie selbst vegetarisch lebt? Sie ist es gewohnt, dass die Leute über ihre psychische Disposition rätseln. »Aber da gab es nichts Besonderes. Als Kind hatte ich einen Goldfisch, später einen Papagei, mehr nicht. Mein Traum war es, Kosmonautin zu werden. Doch meine Eltern meinten, dass ich da aus gesundheitlichen Gründen ausgemustert würde. Dann schwenkte ich auf Taucherin um, aber auch das hielten sie für unrealistisch. Und so blieb nur noch Stahlkocherin, denn andere Berufe kannte ich nicht.« Kunstpause. »Aber mit sieben habe ich dann eine Tigerfütterung gesehen, und seither war das mein Traum.«

Parallel ist sie von klein auf geritten, hat intensiv Dressur gemacht, auch Springreiten. »Vor fünfzehn Jahren habe ich mich dann aber vom Reitsport zurückgezogen. Doch kaum hatte ich das letzte Pferd abgegeben, kam das erste hier im Tierasyl an.« Seither hat sie sich noch so manchen Problemfall angelacht. »Dabei erregen sie mich gar nicht sonderlich. Um ehrlich zu sein, Wölfe sind viel intelligenter. Pferde sind typische Beutetiere. Das hat die Evolution so eingerichtet: Die rennen erst weg, und dann denken sie. Würden sie es umgekehrt machen, hätten die Wölfe längst alle gefressen.«

Wenn sie gar keine so hohe Meinung von ihnen hat, warum ist sie ihnen trotzdem verfallen? »Ich begreife es selbst

nicht«, bekennt sie zugleich treuherzig und verschmitzt. »Ich
habe ja versucht, davon loszukommen, so wie andere sich
vornehmen, mit dem Rauchen aufzuhören. Doch es hat alles
nichts geholfen.« Wieder dieses verklärte Lächeln, das mir im
Laufe meiner Suche so oft begegnet ist, diese selige Kapitulation, mit der die Vernunft sich dem Herzen ergibt.

Diese Arche hat dann auch Vanilka in ihre Obhut genommen. »Sie hatte schwere Verbrennungen, insbesondere an den
Hufen«, erinnert sich Maryna. »Ein Hauspferd hätte damit
keine zwei Tage überlebt, vom Verlust der Mutter und der
Herde nicht zu reden. Über Monate hinweg haben wir damit
gerechnet, sie einschläfern zu müssen.« Doch die Tierärzte
konnten das Hufgewebe in einer langwierigen Behandlung
regenerieren, und Vanilka überstand alle Qualen. »Inzwischen kann sie normal laufen. Aber natürlich ist sie längst
an menschliche Fürsorge gewöhnt und könnte in der Wildnis nicht mehr überleben.« Also bauen sie jetzt auch noch
ein Freigehege für sie und ihre Spielgefährtin, ein Pony. »Du
kannst mit ihr nicht umspringen wie mit einem Hauspferd«,
erklärt Maryna. »Du musst sie überzeugen, sich dir anzu-
vertrauen und dir zu folgen.« Eine Adoptivmutter kümmert
sich geduldig um sie und führt sie auch auf die Weide, denn
im Moment ist sie noch in einem Stall untergebracht. Dafür
reicht ein leichtes, aus einem dünnen Seil geknotetes Strickhalfter. Es schneidet nirgendwo ein, sie hat auch nichts im
Maul, was sie beim Fressen stören würde. Doch es genügt,
um ihr die Wünsche ihrer Ziehmutter zu vermitteln: folge
mir hierhin, gehen wir dorthin. Der forstgrüne Strick kon-
trastiert charmant mit ihrem Kopf, der allmählich diesen
orangefarbenen Pastellton annimmt.

So könnte es einst gewesen sein: Frauen und Kinder nahmen sich verwaister Fohlen an und zogen sie groß. Sie haben

mit ihnen gespielt, sie gezähmt und mit der Gruppe mitge-
führt. Aber sie haben sie noch nicht geritten, vielleicht überhaupt nicht groß genutzt, auch nicht gezielt in ihr Verhalten
und ihre genetische Ausstattung eingegriffen, womit dann
sehr viel später die Domestikation im engeren Sinne begann.

Bestimmt kennen Sie den Pferdekopf aus den Grotten von
Arudy am Nordrand der Pyrenäen. Diese minutiöse Gra-
vur auf einem Stück Rentiergeweih wurde schon Ende des
19. Jahrhunderts gefunden, als man solche Artefakte oft noch
für Fälschungen hielt, weil man den eiszeitlichen Menschen
so viel Kunstfertigkeit nicht zutrauen wollte und sie in der
Bibel gar nicht vorkamen. Man hat diese Jäger und Sammler immer unterschätzt, nur weil sie weder Runkelrüben an-
bauten noch Rechtsassessoren kannten. Die Abbildung zeigt
ein pausbäckiges *Tachi,* das grinst wie ein Honigkuchenpferd,
und über dessen Nasenrücken und Kinnbacken allerhand Linien und Stränge laufen. Man hat sich viel Mühe gegeben,
sie als Ornamente oder als magische Zeichen zu deuten. Aber
ich will Ihnen etwas sagen, Jean-Louis: Sie sehen genauso aus
wie Vanilkas Strickhalfter. Als hätte sie dafür Modell gestanden. Auch vor fünfzehntausend Jahren konnten die Menschen schon Kordeln herstellen und Knoten knüpfen, selbstverständlich.

Die Zeit ist um. Adieu, Vanilka, du Findelkind mit dem
samtweichen Maul und den Augen wie aus Obsidian. Hab
ein schönes, langes Leben. Das werden sie schon hinbekommen, dass du auch noch deinesgleichen kennenlernst.

Das war sie also: die Geschichte eines edlen Tieres, das
aus dem Nichts auftauchte, im Nirgendwo lebte, zu nichts
nutze war und beinah auf Nimmerwiedersehen verschwunden wäre. Sein Lächeln wirkt melancholischer als das der
Delphine. Möglich, dass es sich um eine Projektion handelt,

doch werden Sie nicht manchmal auch dieses eigentümlich wissenden Blicks der Wildformen gewahr? Sofern eben noch welche übrig sind, wie bei den zweihöckrigen Kamelen, den Wildschafen oder den *Tachi*. Als läge ein stoisches Einverständnis darin, eine intime Kenntnis des Schicksals ihrer domestizierten Artgenossen? Überhaupt habe ich zuweilen den Eindruck, dass sie um Dinge wissen, von denen sie eigentlich nichts wissen können. Für heute möchte ich daher mit einer kleinen, funkelnden Trouvaille schließen. Sie stammt von Friedrich de la Motte Fouqué, Spross einer alten hugenottischen Familie, aus gutem Stall also. Er lebte zu einer Zeit, in der es offenbar noch möglich war, sowohl Romantiker als auch Militär zu sein, zugleich kaltblütig und empfindsam. Als Kavallerieoffizier hatte er täglich mit Pferden Berührung, und seine Betrachtung über *Des alten Schimmels letzte Stunde* galt »der innig wehmüthigen Thierliebe in uns«. Eine Regung, deren Tragweite ihn selbst erstaunte. Sie, die *Thiere* nämlich, »sie sagen bisweilen etwas, das Thränen aus unseren Augen lockt. Und die Thränen sind Wegweiser nach einer anderen Welt hinüber.« Es können, wie bei der Rettung von Vanilka, oder den wilden Pferden, die nach Tachin Tal zurückkehren, auch Freudentränen sein.

# Losung

Das Prinzip dieses Buches, hier im Kleingedruckten sei's verraten, ist kein anderes als das des Kuhfladen- oder vielmehr Pferdeäpfel-Roulettes. Überall dort, wo die *Tachi* ihre Losung hinterlassen haben, habe ich nachgesucht. Aus Sicht der Menschen mögen es abseitige, unnütze Orte gewesen sein, für sie hingegen nicht. Und für mich auch nicht, führten sie mich doch zu so aufregenden Koordinaten wie Saissan, Lascaux, Prypjat, Feldmoching oder Askania Nova. Manchmal lagen mehrere Äpfel im gleichen Feld, da konnte ich dann, den Regeln entsprechend, nur einen wirklich aufnehmen. So kommen in Mitteleuropa Köln und Prag zu kurz, weil ich mich für München entschieden habe, nachdem München sich nun einmal für mich entschieden hat. In der Mongolei blieben Chustain Nuruu und Chomin Tal weitgehend außen vor, da der Schwerpunkt in der dsungarischen Gobi lag. Selbstverständlich sind die Verdienste der anderen Standorte deshalb nicht geringer und ihre Arbeit nicht minder wichtig.

Ein Feld aber war unerreichbar für mich: der südliche, der chinesische Teil der Dsungarei. Die Reise dorthin konnte infolge der Corona-Pandemie nicht stattfinden. *Rien ne va plus.* Natürlich hätten es auch die chinesischen Bemühungen verdient, in einer solchen Darstellung gewürdigt zu werden. Um so mehr, als die *Tachi* auch dort nur ein stiefmütterliches Dasein führen. Ich hoffe, dass diese Mission sich zu einem günstigeren Zeitpunkt nachholen lässt. So ist das chinesische Kapitel etwas kurz geraten, und ich habe stellenweise auf Passagen zurückgegriffen, die schon im Tachi-Kapitel von *Das Glück auf Erden,* meines Buches über das Reisen zu Pferd, vorgeformt waren. Auch das dortige Kapitel über Lascaux habe ich hier wieder aufgegriffen.

# Geisterbeschwörung

Als Sándor Bökönyi sich Anfang der siebziger Jahre daran-machte, ein Buch über das Przewalskipferd zu schreiben, war er sich bewusst, dass es zu einem Abgesang geriet. Die Menschen hatten eine weitere noble Tierart zugrunde gerichtet; in freier Wildbahn war sie zu diesem Zeitpunkt bereits ausgerottet. In der Diaspora, in den Zoologischen Gärten, war der Bestand noch immer bedenklich klein, erholte sich aber allmählich. Doch eine Wiederansiedlung in der Gobi erschien ihm und seinen Weggefährten damals noch utopisch. Immerhin aber wurde zu dieser Zeit der Hortobágy-Nationalpark eingerichtet, der den *Tachi* ersatzweise eine Freistatt bot. Die Puszta bildet den westlichsten Abschnitt des eurasischen Steppenbogens, sie reicht bis vor die Tore Wiens. Bökönyi war dort aufgewachsen. Er hat gesehen, dass diese Geschichte erzählerisches Potenzial besitzt, dass darin ein turbulentes Epos von Ursprung, Untergang und Wiederauferstehung aufbewahrt ist, das, wie die Steppe, die beiden Erdteile zusammenspannt.

Leider habe ich ihn nicht mehr kennengelernt. Ein anderer Vertreter »jener seltenen, inzwischen fast gänzlich verschwundenen Spezies des umfassend gebildeten Spezialisten« aber stand mir vor Augen: der Biologe Robert Sokal, dessen Lebensgeschichte ich in *Letzte Zuflucht Schanghai* erzählt habe, zusammen mit der seiner Frau Julie. Nicht von ungefähr entstammte auch er dem einstigen österreichisch-ungarischen Kulturraum. Auch er vereinte umfassende Bildung und ein beängstigendes Sprachenrepertoire mit stupender Fachkenntnis und unersättlichem Forschergeist.

Vor über fünfundzwanzig Jahren verehrte mir Ernest Callenbach einmal ein druckfrisches Exemplar seines Buches über den Bison. Intellektuelle schrieben zu dieser Zeit, wie Callenbach es als Dozent und Publizist in Berkeley ebenfalls tat, über Politik und Gesellschaft, über Film und Literatur, über vergangenes, gegenwärtiges und bisweilen auch künftiges Zeitgeschehen. Aber sie schrieben nur selten über Natur, und ganz bestimmt nicht über Tiere. Und doch hatte er ebendas in den vorausgegangenen Jahren getan – und er zeigte sich sowohl von der Recherche wie vom Ergebnis tief befriedigt. Er entschuldigte sich nicht für dieses ausgefallene Sujet, und weder ironisierte noch glorifizierte er es. Sondern er kostete es aus. Mit *Bring back the Buffalo* hielt er Amerika den Spiegel vor, zeigte es in seiner ganzen Gier und Torheit, mit der es diese charismatische Tierart und das, wofür sie stand, fast vernichtet hätte. Zugleich aber wies der Bison einen Weg für großräumigen Naturschutz, nachhaltige Weidewirtschaft und eine panamerikanische Passion, die als Verbindung zwischen den indianischen Erstbewohnern und der später eingewanderten Bevölkerung dienen konnte. Tatsächlich erlebte er damals eine Renaissance, die bis heute andauert. Über Callenbach habe ich dann auch in jene bewegte Szene von Literaten, Tüftlern und Intellektuellen der Pazifikküste hineingeschnuppert, die sich damals viel auf ihre Vordenker-, um nicht zu sagen Vorreiterrolle in ökologischen Belangen zugutehielt. Sie wurde von einem unerschütterlichen Optimismus getragen. Eine Art Sturm und Drang an der Schwelle zum dritten Jahrtausend; geistige Aufwärmübungen auf dem langen Weg nach Ökotopia.

Man kann nicht an der Westküste leben und unempfänglich für die Wunder der Natur bleiben. Kategorien, die wir säuberlich zu trennen pflegen, würfelten diese Leute unbekümmert durcheinander: Human- und Naturwissenschaften, Geist und Gummistiefel, Empirie und Engagement, Forschung und Erzählung. Etwas keck warf ich Humboldts Namen in den Ring, und zwar als Vorbild und Problemfall gleichermaßen. Hatte es ihn nicht fast in Stücke gerissen bei dem Bemühen, Diener zweier Herrinnen zu sein? Hatte er sich nicht zeitlebens abgemüht, den Künsten wie der Wissenschaft die Treue zu halten? Die immensen Formprobleme seines *Kosmos* gleichen denen eines Schriftstellers, der einen ausufernden Stoff zu bändigen sucht. Er war literarisch gebildet und versiert, hatte mit Schiller und Goethe verkehrt. Zugleich aber sah er sich ganz den Idealen der Naturwissenschaften verpflichtet, die damals gerade erst ihre moderne Ausformung fanden. Meine Gesprächspartner jedenfalls nahmen ihn unbesehen als Verbündeten in ihre Reihen auf. Zumal einer der schönsten dortigen Küstenabschnitte, der von Humboldt County, seinen Namen trägt.

Auf der Reise nach Baty hatte ich nun Gelegenheit, mich wieder etwas näher mit ihm und seinen Schriften zu befassen. Und kam aus dem Staunen kaum heraus. Wie eindringlich sind seine Naturschilderungen selbst nebenbei noch geraten, und mit welcher Meisterschaft hat er Serenaden wie diese hier zu Papier gebracht:

*Unterhalb der Mission von Santa Barbara de Arichuna brachten wir die Nacht wie gewöhnlich unter freiem Himmel auf einer Sandfläche am Ufer des Apure zu. Sie war von dem nahen, undurchdringlichen Walde begrenzt. Wir hatten Mühe, dürres Holz zu finden, um die Feuer anzuzünden, mit denen nach der Landessitte jedes Biwac wegen der Angriffe des Jaguars umgeben wird. Die Nacht war von milder Feuchte und mondhell. Mehrere Krokodile näherten sich dem Ufer. Ich glaube bemerkt zu haben, daß der Anblick des Feuers sie ebenso anlockt wie unsre Krebse und manche andere Wassertiere. Die Ruder unserer Nachen wurden sorgfältig in den Boden gesenkt, um unsere Hängematten daran zu befestigen. Es herrschte tiefe Ruhe; man hörte nur bisweilen das Schnarchen der Süßwasser-Delphine in langen Zügen aufeinander folgen.*

Monsieur le Baron – wir beneiden Euch! Um die Anmut Eurer Sprache, das zuvörderst, und um Eure Gabe der »empfindsamen Weltanschauung«. Sodann um den tiefen Frieden, in dem Ihr dem

»nächtlichen Thierleben im Urwalde« lauschen konntet. Heute geben dort Motorsägen und Planierraupen den Ton an; die tropischen Regenwälder, die Euch noch unermesslich dünkten, werden rund um die Erde zu Kleinholz gemacht. Wir beneiden Euch ferner um die Beiläufigkeit der Begegnung mit den Flussdelphinen, sind doch auch sie akut vom Aussterben bedroht. Der Vertreter vom Jangtsekiang, Baiji genannt, vermochte dem unmenschlichen menschlichen Druck nicht standzuhalten und ist bereits eliminiert worden. Seine südamerikanischen Verwandten, darunter *Inia geoffrensis humboldtiana,* halten sich gerade noch, doch auch ihre Tage könnten bald gezählt sein. Und dann sind unsere es auch. Wir bedürfen dieses Geräusches. Wie das Hufgetrappel der Wildpferde in der Gobi, schwingt und klingt ihr Schnarchen rund um die Erde. Wir können nur hoffen, dass es so lange wie möglich vernehmbar bleibt. Dass wir ihren Schlaf behüten und sie den unsrigen. Und dass wir geistiger Anregungen höherer Ordnung teilhaftig werden in der Schwebe zwischen Träumen und Denken.

# Bildnachweis

Vorsatz: Heimkehr in die Fremde – eine der ersten Wiederauswilderungen von Przewalskipferden im Schutzgebiet Gobi B (Harald Schmitt)

Nachsatz: Wegbereiter – Przewalskipferde vor dem Sarkophag des Reaktors in Tschernobyl (Denis Wyschnewsky / Radioökologisches Schutzgebiet Tschernobyl)

Bildteile: Arterra Picture Library / Alamy Stock Foto (1), Hilde Jensen / Universität Tübingen (3), Dominic Robinson / Alamy Stock Foto (2), Cyril Ruoso (11, 15, 17–25), Wladimir Salensky (10), Harald Schmitt (12, 14, 16), Reinhard Schnidrig / ITG (13), Stefan Schomann (4-9, 28), Denis Wyschnewsky / Radioökologisches Schutzgebiet Tschernobyl (26, 27, 29)

# Danksagung

Vielen Menschen bin ich für Zuspruch und Unterstützung bei der Beschäftigung mit diesem Thema verbunden: Sergazy Adilchanow, Aelita Achmetsalimkyzy, Rebekka Blumer, Barbara van Bürck und Jürgen Müller-Schneck, Margret Bunzel-Drüke, Walter Frisch, Christine Gohl, Michael Goshgarian, Johannes Groschupf, Udo Haase, Gerhard Haindl, Stephanie Haug, Bernhard Just vom Naumann-Museum in Köthen, Dietmar Kamper, Julia Karmo, Daniel Kufner, Tamara Kunze, Iryna Lobachova, Peter Matthiessen, Walter Mayr, David Meyer, Tilman Müller, Anna Maria Oswald und Astrid Brenninger, Ganbaatar Ojunsaichan, Bolor-Erdene Otgonbaigal, Hans-Peter Paulenz, Edgar Reisinger, Cyril Ruoso, Silke Schauder, Frank Scherbaum, Harald Schmitt, Michael Skupin, Ulla Steffan, Galsan Tschinag, Georgia Tornow und Ulrich Meyer, Karin Uttendörfer, Galina und Denis Wyschnewskyje. Air Astana und Atout France haben einzelne Recherchen dankenswerterweise unterstützt.

Besonderer Dank gebührt Jürgen Blume, Gottfried Derka und *Terra Mater,* Viktoria und Wolodimir Kononenko, Ralf Kreuels und Wu Hui.

Rainer Willmann hatte die große Freundlichkeit, sich als Fachberater zur Verfügung zu stellen. Ich hätte gar keinen Besseren finden können als ihn, Evolutionsbiologe an der Universität Göttingen, im Nebenfach noch Paläontologe, und dazu, mitsamt seiner Familie, Pferdeliebhaber und Pferdehalter. Als ich ihn ansprach, war er frisch emeritiert, aber nur umso mehr beschäftigt. Allein für seine Biographie Ernst Haeckels hatte er vierzehntausend Seiten von und über den Naturforscher gelesen. Und doch fand er noch Zeit, sich meines Manuskripts und meiner Fragen anzunehmen. Ich habe mich sehr gefreut, dass er mit mir »durch Raum und Zeit gereist ist«.

Amerikanisches Mastodon †,
Armenische Bartfledermaus †, Atlasbär †, Beutellöwe †,
Blaubock †, Buschochse †, Chatham-Ente †,
Elefantenvogel †, Falklandfuchs †, Galápagos-Riffbarsch †,
Glyptodon †, Haast-Adler †, Hokkaido-Wolf †,
Java-Kiebitz †, Karibische Spitzmaus †, Kaspischer Tiger †,
Kaukasischer Wisent †, Kleiner Kaninchennasenbeutler †,
Königskleidervogel †, Kouprey-Wildrind †, Kurznasenbär †,
Maclear-Ratte †, Madagassisches Flusspferd †,
Maltesischer Riesenschläfer †, Mauritiusboa †,
Neuseelandschwan †, Nordseeschnäpel †,
Pyrenäensteinbock †, Riesenfingertier †, Riesenwombat †,
Rotmeerschwalbe †, Sankt-Helena-Riesenohrwurm †,
Saudi-Gazelle †, Schwarzer Emu †, Schwertstör †,
Tasmanischer Beutelwolf †, Weißbunter Rabe †

## »Ein Buch voll Wärme und Klugheit.«
### *Deutschlandfunk Kultur*

544 Seiten, 32 € (D) / 32,90 € (A)

»Eine lange Reise voller Entdeckungen, spannend und vergnüglich zu lesen.« *Berliner Zeitung*

20 Jahre lang fahndet Frank Vorpahl nach den Spuren Georg Forsters, dem Weltumsegler, Revolutionär, Naturkundler und Philosoph. Er trifft Reiseforscher, Biologen, Ökologen, Sprachwissenschaftler, Fischer auf der Osterinsel und die angeblich letzten Kannibalen auf Tanna; stößt auf unbekanntes Archivmaterial und Reste der Cook'schen Expedition. Der Welterkunder ist der Bericht einer von Passion getragenen jahrzehntelangen Spurensuche, bei der Georg Forster neu Gestalt annimmt.

www.galiani.de

»Ein echter Augenöffner für die Welten
unter Wasser.« *taz*

352 Seiten, 25€ (D) / 25,70€ (A)

»Was das Buch aber neben allem Fachlichen lesenswert macht, ist
die spürbare Begeisterung des Autors für die Unterwasserwelt – ein
Enthusiasmus, der ansteckt.« *Deutschlandfunk Kultur*

Die packende Biografie eines Mannes, der über 10.000 Stunden unter
Wasser verbracht, Tauchboote und ein Unterwasserhaus gebaut,
verschüttete Schätze aus Brunnen und Meeren geborgen, den Quasten-
flosser und andere faszinierende Lebensformen erforscht hat:
Hans Frickes Buch ist abenteuerliche Tauchgeschichte, lebendiger
Forschungsbericht, Ökothriller – und eine poetische Liebeserklärung
an die Unterwasserwelt.

www.galiani.de